普通高等教育"十三五"规划教材

中国石油和化学工业优秀教材奖

食品安全检测技术

王　硕　王俊平　主编

U0209731

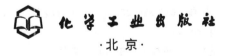

化学工业出版社

·北京·

本书介绍了食品安全检测操作规范、实验设计和数据处理、食品样品净化等基础知识，重点是食品中残留危害物质、食品中有害元素、食品添加剂、食品中天然毒素物质、食品中持久有机污染物、食品加工过程产生的有害物质、食品接触材料可迁移有害物质、食源性致病微生物、转基因食品和食品掺伪物质的检测技术，不同检测对象相关检测技术的原理、操作过程及结果分析方法，以及不同检测技术的优劣与适用范围。

本书适合作为高等学校食品质量与安全专业教材，也可以作为食品检测机构、食品企业及有关科技人员的参考书。

图书在版编目（CIP）数据

食品安全检测技术/王硕，王俊平主编 . —北京：化学工业出版社，2016.6（2023.9重印）

普通高等教育"十三五"规划教材

ISBN 978-7-122-26862-4

Ⅰ.①食… Ⅱ.①王…②王… Ⅲ.①食品安全-食品检验-高等学校-教材 Ⅳ.①TS207

中国版本图书馆 CIP 数据核字（2016）第 082330 号

责任编辑：赵玉清 　　　　　　　　　文字编辑：周 偶
责任校对：王素芹 　　　　　　　　　装帧设计：史利平

出版发行：化学工业出版社（北京市东城区青年湖南街 13 号　邮政编码 100011）
印　　装：北京天宇星印刷厂
787mm×1092mm　1/16　印张 16½　字数 400 千字　　2023 年 9 月北京第 1 版第 8 次印刷

购书咨询：010-64518888（传真：010-64519686）　售后服务：010-64518899
网　　址：http://www.cip.com.cn
凡购买本书，如有缺损质量问题，本社销售中心负责调换。

定　　价：40.00 元　　　　　　　　　　　　　　　　版权所有　违者必究

食品安全既关系到消费者的身体健康，也关系到食品产业的可持续发展，因此受到广大消费者、生产企业和政府部门的高度关注。现代农业的发展造成的农业生产环境恶化，食品生产加工和流通消费过程中不恰当操作带来的不安全因素，从源头到餐桌威胁着食品安全。检测技术是食品安全监管的重要技术手段，学习和掌握食品安全检测技术对于食品安全检测工作者具有重要意义。

当前，为满足我国对于食品安全技术人才的需求，不少高等院校都相继建立了食品质量与安全专业，食品安全检测技术是食品质量与安全专业的必修课。但是，目前能够满足该专业培养目标需求的检测技术教材不多，给该课程的开设和学生的学习造成了很大困难。

针对食品质量与安全专业的培养目标和食品安全检测技术课程的教学重点，我们组织相关院校一线教师编写了这本教材。编写过程中，在充分参考国内外现有教材、结合国内外食品安全检测技术的发展动态和学科前沿的基础上，以检测技术的基本原理和经典方法为教材的讲述重点，对于相关检测技术进行了较为详尽的阐述与评价，使学生通过学习可以很好地了解每种方法的优缺点及适用范围，具备基本的食品安全检测技术的理论基础。

教材共分 13 章，编写分工如下：第 1 章由天津科技大学钱坤编写；第 2 章、第 11 章由山东师范大学张鸿雁编写；第 3 章、第 8 章和第 12 章由渤海大学汤轶伟编写；第 4 章由天津科技大学钱坤、王硕编写；第 5 章、第 6 章和第 7 章由齐鲁工业大学何金兴编写；第 9 章和第 13 章由天津师范大学宋洋编写；第 10 章由天津科技大学王俊平编写；全书由王硕、王俊平统稿。教材得以顺利出版，是全体编写人员共同努力的成果，同时也是化学工业出版社编辑辛勤工作的结果，在此表示衷心感谢！

本书适合作为高等学校食品质量与安全专业教材，同时也可以作为食品检测机构、食品企业及有关科技人员的参考书。

虽然参加本书编写的人员均为多年从事食品质量检测的教学与科研的专业技术人员，但由于检测技术飞速发展，食品安全检测技术内容非常广泛，加之编者水平有限，书中难免存在疏漏与不足，敬请广大读者批评指正。

编者
2016 年 3 月

目 录
CONTENTS

3   样品前处理技术

4　食品中残留危害物质检测技术

5　食品中有害元素检测技术

6　食品添加剂检测技术

7　食品中天然毒素物质检测技术

8 食品中持久性有机污染物检测技术

9 食品加工过程产生的有害物质检测技术

10　食品接触材料检测技术

11　食源性致病微生物分子生物学检测技术

12 转基因食品检测技术

13 食品掺伪鉴别技术

1 绪 论

1.1 食品检测技术的重要性

食品是人类赖以生存和发展的物质基础，食品安全关系到国计民生。1996年世界卫生组织对食品安全的定义是：对食品按其原定用途进行制作、食用时不会使消费者健康受到损害的一种担保。基于国际社会的共识，食品安全的概念可以表述为：食品（食物）的种植、养殖、加工、包装、贮藏、运输、销售、消费等活动符合国家强制标准和要求，不存在可能损害或威胁人体健康的有毒有害物质。食品应当无毒、无害，符合应有的营养要求，对人体健康不造成任何急性、亚急性或者慢性危害。

近年来，随着我国国民经济的持续快速增长，食品供应和消费也与日俱增，食品安全问题日益受到重视。食品安全是保障人们身心健康、提高食品在国内外市场上竞争力的需要，同时还是保护和恢复生态环境，实现可持续发展的需要。人类社会的发展和科学技术的进步，正在使人类的食物生产与消费活动经历巨大的变化，一方面是现代饮食水平与健康水平普遍提高，反映了食品的安全性状况有较大的甚至质的改善；另一方面则是人类食物链环节增多和食物结构复杂化，这又增添了新的饮食安全风险和不确定因素。社会的发展提出了在达到温饱以后如何解决吃得好、吃得安全的要求，食品安全性问题正是在这种背景下被提出，而且它所涉及的内容与方面也越来越广，并因国家、地区和人群的不同而有不同的侧重。今日，食品安全的责任也不单是政府在立法和执法方面的责任，而是每位参与食物供应链的人员的责任。由此看来，食品安全问题是个系统工程，需要全社会各方面积极参与才能得到全面解决。

解决食品安全问题最好的方法就是尽早发现问题，将其消灭在萌芽状态。要达到这一目的，能在现场快速准确测定食品中有害物质含量的技术、方法和仪器就是必不可少的。随着科学技术的发展，大量新技术、新原料和新产品被应用于农业和食品工业中，食品污染的因素也日趋复杂化，要保障食品安全就必须对食品及其原料在生产流通的每个环节都进行监督检测。

首先，食品安全的提出不能离开"检测技术"而空谈，食品安全控制的重要手段就体现在检测技术上，缺乏必要的检测技术手段很难探明是哪种危害因素。同时，检测和监测的过程也是对目前食品安全标准的校验。通过检测、监测，可以检验当前的食品安全标准是否能最大限度地保证食品安全，是否适应食品安全市场管理需求，真正起到监管作用。随着科技和经济水平的发展，食品安全标准是需要不断做出修改的。如旧的标准中对啤酒中甲醛的含量并没有做出限定，而新标准的实施中，对甲醛的含量就有明确的限定。

其次，要关注食品安全内在问题。食品安全问题多源于农药、兽药残留中毒和致病菌对人的侵害。应认识到农药、兽药残留的潜在危害性，可使人体产生耐药性；在人们生产使用添加剂原料不当和生活对废弃物处理不当，会造成二噁英、多氯联苯等（被称为"持久性有机污染物"）污染原料（饲料）和食品，有致癌、破坏内分泌系统和破坏人体免疫能力的可能；应了解有毒有害元素的价态不同、毒性差异很大；应重视硝酸盐、高氯酸盐等污染物通过空气和水等进入食物链造成的危害，甚至警示烧烤、油炸食品中可含有较高的苯并芘及丙烯酰胺成分，可能致癌等。人们对食品安全的认识和对自身健康的关注是无止境的，所以对有毒有害残留物、污染物检测方法的要求也将日新月异。

再次，食品安全的检测是要在十分复杂的动植物产品和加工产品的样品中，检测几种甚至几十种有毒有害残留物或污染物的组分，其含量又极低（微克级、纳克级），而且有一些污染物如呋喃有135种同分异构体，毒性差异很大，很难分离、萃取和分析。据统计，测试领域对仪器和方法的检出限平均每5年下降一个数量级。对食品安全检测而言形势紧迫，既出于对食品安全的重视，也出于发达国家采取技术性贸易壁垒。近几年来，国外对有关食品安全标准进行了重大、快速修订，为了与世界接轨和应对挑战，我国也不断修订标准，对有害物限量标准、样品前处理、分析检测技术和仪器都提出越来越高的要求。

20世纪80年代末以来，一系列食品原料的化学污染、畜牧业中抗生素的应用、基因工程技术的应用，使食品污染导致的食源性疾病呈上升趋势。在发达国家，每年大约30%的人患食源性疾病，而食品安全问题已成为公共卫生领域的突出问题。一方面，食源性疾病频频暴发；另一方面，食品生产及加工工艺创新同时也带来了新的危害，由此引起的食品贸易纠纷不断发生。这些都是制约食品产业提升国际竞争力、影响食品出口的主要因素。食品安全检测技术及预警体系的建立，已成为当前各国加强食品安全保障体系的重要内容。

要从根本上解决食品安全问题，就必须对食品的生产、加工、流通和销售等各环节实施全程管理和监控，就需要大量能够满足这些要求的快速、灵敏、准确、方便的食品安全分析检测技术。由此可见，将现代检测技术引入食品安全监测体系，积极开展食品有害残留的检测和控制研究，对保证食品安全、维护公共卫生安全、保护人民群众身体健康意义重大。

1.2 食品安全检测技术概况

1.2.1 食品安全危害因子

国际食品法典委员会（CAC，1997）将危害定义为会对食品产生潜在的健康危害的生物、化学或物理因素或状态。国际食品微生物规范委员会（ICMSF）在危害的定义里将安全性和质量都包括在内。食品中的危害从来源上可分为自源性和外源性。自源性危害是原料本身所固有的危害，如原料自身的腐败、天然毒素及其生长环境中受到污染等。外源性危害是指在加工过程中引入食品中的危害，包括从原料采购、运输、加工直至储存、销售过程中引入食品中的危害。主要的危害因子包括：生物危害、物理危害和化学危害。

1.2.1.1 生物危害

主要包括：有害的细菌、真菌、病毒、寄生虫及由它们所产生的毒素（有的教科书将毒素归为化学危害）。食品中的生物危害既有可能来自于原料也有可能来自于食品的加工过程。

微生物种类繁多、分布广泛。食品中重要的微生物包括：酵母、霉菌、细菌、病毒和原生动物。某些有害微生物在食品中存活时可以通过活菌的摄入引起人体感染或预先在食品中产生的毒素导致人类中毒。前者称为食品感染，后者称为食品中毒。由于微生物是活的生命体，需要营养、水、温度以及空气条件（需氧、厌氧或兼性），因此通过控制这些因素就能有效地抑制、杀灭致病菌，从而把微生物危害预防、消除或减少到可接受水平，符合规定的卫生标准，例如，控制温度和时间是常用且可行的预防措施，低温可抑制微生物生长，高温可以杀灭微生物。

寄生虫是需要有寄主才能存活的生物，生活在寄主体表或其体内。世界上存在几千种寄生虫。只有约20%的寄生虫能在食物或水中发现，所知的通过食品感染人类的不到100种。通过食物或水感染人类的寄生虫有线虫、绦虫、吸虫和原生动物。多数寄生虫对人类无害但是可能让人感到不舒服，少数寄生虫对人类有严重危害。寄生虫感染通常与生的或未煮熟的食品有关，因为彻底加热食品可以杀死食品所带的寄生虫。在特定情况下冷冻可以被用来杀死食品中的寄生虫。然而消费者生吃含有感染性寄生虫的食品会造成危害。

误食有毒动植物或将有毒动植物当作原料加工食品也是常见的食品生物危害。总之生物危害是危及食品安全的第一杀手。

1.2.1.2　物理危害

主要包括：食物中存在的可能使人致病或致伤的任何非正常的物理材料都称为食品的物理危害，通常是指食品生产过程中外来的物体或异物。物理危害是最常见的消费者投诉的问题，因为伤害立即发生或吃后不久发生，并且伤害的来源是容易确认的。食品中物理性质危害物种类多种多样，常见的物理危害有玻璃、金属、沙石、木屑、塑料、头发、饰物、昆虫残体和骨头等，尤其是金属，最为常见。物理危害的污染途径主要来自以下几个方面：①原料外来物质污染食品；②包装材料中的携带物质；③加工过程操作失误、污染或由员工带来的外来物质。物理危害预防的关键在于防止外来物质进入食品加工过程，主要应从以下几个方面加强控制：对植物原料着重于害虫的控制，防止夹杂物质进入原料；检查包装材料的处理和制造步骤，对玻璃包装物的检查尤为引起注意；严格规章制度，强化员工培训，做好清洁卫生；加强加工过程的监督与管理和设备维护；除此之外还可通过对产品采用金属探测装置或经常检查可能损坏的设备部分予以控制。

1.2.1.3　化学危害

① 重金属危害：食品中的重金属残留主要来源于被污染的环境，通过饲料添加剂进入动物体内或通过食品添加剂进入加工对象。重金属元素可以引发人的急性毒性，一旦进入人体，很难被彻底清除，会导致蓄积性的慢性中毒，造成人的神经、造血、免疫等多个系统的损伤和功能异常，引起中毒性脑炎、贫血、腹痛、内分泌紊乱等。

② 农药、兽药残留：我国是农药生产和使用的大国，由于滥用和违规使用，有毒或剧毒农药的污染和残留已严重威胁到人类健康、破坏生态环境。农药通过大气和饮用水进入人体的量仅占10%，通过食物进入人体占90%。此外，兽用抗生素、激素和其他有害物质残留于禽、畜、水产品体内，这些都给食品安全和人体健康构成了很大的威胁。

③ 食品中添加剂的超范围、超剂量使用。为了有助于加工、包装、运输、贮藏过程中保持食品的营养特性、感官特性，适当使用一些食品添加剂是必要的，但用量一定要严格控制在最低有效量的水平，否则会给食品带来毒性，影响食品的安全性，危害人体健康。一些

不法商家为了使产品的外观和品质达到很好的效果，往往超范围、超剂量地使用食品添加剂，更有甚者将非食品加工用的化学物质添加到食品中。

④ 食品加工、贮藏和包装过程中产生的有害物质。食品加工过程中化学危害有由高温产生的多环芳烃、杂环胺等，都是毒性极强的致癌物。食品加工及贮藏过程中使用的机械管道及包装材料也有可能将毒性物质带入食品中，如单体苯乙烯可从聚苯乙烯塑料进入食品；用荧光增白剂处理的纸包装食品，纸上残留的有毒胺类物质易污染食品。即使使用无污染的食品原料，加工出来的食品也不一定都是安全的，因为很多动植物体内存在天然毒素。另外食品贮藏过程中产生的过氧化物、龙葵素和酮类物质等，也给食品带来了很多的安全性问题。

⑤ 持久性有机污染物（POPs）：是指能够在各种环境介质（大气、水、生物体、土壤和沉淀物）中长期存在，并能通过环境介质（特别是大气、水和生物体）远距离迁移以及通过食物链富集，进而对人类健康和生态环境产生严重危害的天然或人工合成的有机污染物。

1.2.2 主要检测技术

1.2.2.1 仪器分析方法

色谱法是仪器分析的主要方法，广泛应用于物质的分离和检测，尤其以高效液相色谱（HPLC）技术的适用范围最广，目前已成为食品检测中的常用方法。检测时将样品注入色谱柱中，根据固定相与流动相之间的物理、化学作用实现对多种组分的分离。常用于食品添加剂、农药残留和生物毒素的分析检测。20 世纪 80 年代后期，固相微型萃取柱的出现，引起了一场萃取技术性的革命。它具有高效、简便、快速、安全、重复性好、便于前处理及操作自动化的优点，可大大提升液相色谱技术的检测灵敏度。

1.2.2.2 酶联免疫吸附技术（ELISA）

酶联免疫吸附技术（ELISA）采用抗原与抗体的特异反应将待测物与酶连接，然后通过酶与底物产生颜色反应，用于定量测定。在测定时，把受检标本（测定其中的抗体或抗原）和酶标抗原或抗体按不同的步骤与固相载体表面的抗原或抗体起反应。用洗涤的方法使固相载体上形成的抗原抗体复合物与其他物质分开，最后结合在固相载体上的酶量与标本中受检物质的量成一定的比例。加入酶反应的底物后，底物被酶催化变为有色产物，产物的量与标本中受检物质的量直接相关，故可根据颜色反应的深浅进行定性或定量分析。由于酶的催化频率很高，故可极大地放大反应效果，从而使测定方法达到很高的敏感度。在食品检测中，ELISA 作为一种重要的检测手段可用于食品农兽药残留、食品微生物、食品毒素以及转基因食品的检测。具体方法主要分为：竞争法、间接法测抗体、双抗夹心法、双位点一步法和捕获法测 Ig M 抗体等。

1.2.2.3 现代分子生物学方法

主要分为核酸探针检测和基因芯片检测两种。

（1）核酸探针技术 是目前分子生物学中应用最为广泛的技术之一。该技术是以研究和诊断为目的，用来检测特定序列核酸的 DNA 或 RNA 片段。作为探针的核酸探针片段可以较短（20bp），也可以较长（5kb）。核酸探针具有特定的序列，能够与具有相应核酸碱基互补序列的核酸片段结合，因此可用于样品中特定基因片段的检测。而每一种病原体都有其独特的核酸片段，通过分离和标记这些片段即可制备出探针，用于食品安全检测研究。核酸探针检测的优势是具有特异性且灵敏度较高，且兼具组织化学染色的定位性和可视性。近年来，DNA杂交探针技术研究取得了重要进展，在实际应用过程中，核酸探针检测技术主要应用于致病病原菌的检测，可用于检测食品中的金黄色葡萄球菌、蜡样芽孢杆菌、沙门氏菌、大肠杆菌、李斯特氏菌等。但此法也有其局限性，如操作复杂、实验费用较高、同位素标记的核酸探针半衰期较短等。

（2）基因芯片检测技术　基因芯片属于生物芯片的一种，是物理学、微电子学、化学和生物学等高新技术的综合运用。将大量基因探针或片段按照特定的排列方式固定在载体（硅片、尼龙膜、玻璃、塑料等）上，形成致密而有序的DNA分子点阵。基因芯片技术作为一种新技术，具有高通量、快速、灵敏的优点，可以同时平行检测大量样本，因此其在食品安全检测中的应用越来越多，主要适用于食品中有害微生物和转基因成分分析。

1.3 研究进展

1.3.1 现代高新技术在食品安全检测中的发展应用

现代高新技术的迅猛发展，随之带来的是分析仪器的更新和分析技术的进步。其中，分析仪器的更新主要包含两个方面：一是硬件的更新，即仪器本身更新；二是软件的升级，即计算机技术在分析仪器中的应用。近年来，分析仪器在食品安全领域的发展趋势有以下特点。

① 大量采用高新技术，不断改善仪器性能，不断涌现新技术和新方法。如在色谱分析样品前处理过程中采用固相微萃取技术，并辅助光纤流动池、芯片技术、纳米技术及液相色谱的激发光散色检测器用于多聚物检测，为食品安全领域中鉴别分析特殊复杂化合物提供更加快速、便捷、有效的检测手段。

② 仪器的自动化、微型化和智能化发展。采用集成度高的计算机自动化技术，开发特殊智能软件技术提高仪器性能，使仪器趋于小型化，价格成本低廉化，如便携式气相色谱仪、芯片实验室装置、微型质谱仪等产品的涌现。

③ 对仪器检测的灵敏度要求越来越高。近年来随着超分子化学识别理论的深入普及，仪器分析方法的精准度已由经典意义拓展至手性水平。灵敏度的提高主要包括化学和物理两种途径。

④ 分析仪器中仿生技术的发展。20世纪分析科学的发展可以概括为50年代仪器化、60年代电子化、70年代计算机化、80年代智能化、90年代信息化。21世纪将是仿生技术进一步智能发展阶段。其核心是信号传感及灵敏度的提升。化学传感器逐渐趋于小型化，具有仿生特征，如生物芯片、化学和物理芯片、嗅觉、味觉、鲜度和食品检测传感器等。目前生物传感器主要包括：组织传感器、酶传感器、免疫传感器、微生物传感器、场效应生物传感器等。其作用元件探头主要由两部分组成：一是对被测定物质（底物）具有高选择性的分子识别能力的膜所构成的"感受器"；二是能把生物反应中消耗或生产的化学物质或产生的光和热转变为电信号的"换能器"，所得的信号经电子技术处理后可在仪器上显示和记录下来。

⑤ 多维硬件技术及多维软件数据采集处理技术的发展。仪器的维数是指仪器的各个系统都可配有不同组件，这些组件之间可以串联或并联，并联时可以任意选择。

⑥ 各种联用技术发展应用。如色谱类仪器具有较高分离能力，但无定性鉴别能力；而红外、质谱、核磁等具有极高的定性鉴别能力，但无分离能力；将二者联用，相辅相成，互为补充。色谱技术与质谱技术的联用发展迅猛，发展出了气相色谱-红外-质谱（GC-IR-MS）、气相色谱-质谱-傅里叶变换红外光谱（GC-MS-FTIR）、超临界流体色谱-核磁共振波谱（SFC-NMR）等。

1.3.2 食品安全领域重要有害物质技术分析进展

1.3.2.1 农药残留检测技术研究进展

在农药残留检测方面，我国在多残留检测和快速检测技术上取得了较大的进展，发展了新型提取技术，如微波萃取、固相萃取、超临界萃取、加速溶剂快速萃取等，这些新型萃取技术的出现提高了提取目标物的产率和检测灵敏度，消耗试剂少，操作简便。我国从20世纪90年代初，开始研究和利用多残留分析方法，相继出台了一系列国家标准。如：GB/T 1731—1998《食品中有机磷和氨基甲酸酯类农药的多种残留的测定》、GB/T 1732—1998《食品中有机氯和拟除虫菊酯类农药残留量的测定》等，均可以同时测定不同类型农药中的20多种农药残留量。我国研制的食品安全监测车，成功实现了食品安全现场执法从经验型向技术型的转变。监测车可开往超市、养殖场、田间、农贸市场等地点，随时到达随时监测，2h可以监测8个农药残留测试样品，为我国食品的源头生产、流通、消费等方面的监控提供快捷可靠的技术手段。

我国近年来还成功研制开发具有知识产权的固体酶抑制技术、酶联免疫法、胶体金免疫法等农药残留快速检测试纸条、试剂盒及酶速测仪，研究建立了果蔬、果汁、粮谷、茶叶等农产品中农药多残留检测和验证方法。农业部门多个实验室在验证的基础上已经直接应用国外先进的农药多残留检测技术，建立了有机磷、氨基甲酸酯类等农药残留快速检测方法。

1.3.2.2 兽药残留检测技术研究进展

在兽药残留检测技术方面，主要开展多残留仪器分析和验证方法的研究。农业部门已经建立了两个兽药残留国家基准实验室，已经发展了几十种兽药在饲料和动物源性食品中残留的测定方法，完成了新型综合微量样品处理仪、超临界流体萃取在线富集离线净化装置、高效快速浓缩仪、便携式酶标仪的研制。针对出口需求，国家质量监督检验检疫总局每年都投入大量资金，建立一些兽药残留检测方法。对于饲料中的"瘦肉精"，农业部门已经发展了成熟的检测方法。另外，根据表面等离子体谐振分析原理，在微流控芯片上成功实现了对兽药盐酸克伦特罗的小分子免疫传感技术检测。检测方法不需要标记物、试剂消耗量少、检测周期短、特异性强、稳定性好、灵敏度高。

1.3.2.3 生物毒素检测技术研究进展

目前大多数真菌毒素的检测以色谱分析方法为主，生物毒素的分析检测早期主要通过动物实验、常规免疫方法及普通理化分析手段等进行。近年来，随着分析技术的不断发展，生物质谱、色谱-质谱联用和各类新型传感技术越来越多地应用于生物毒素的检测中，使生物毒素的定性与鉴别更加准确，分析的灵敏度和特异性也有很大提高。色谱-质谱联用技术在定量检测的同时可对毒素进行准确的定性鉴别，成为科研和实验室检测的主流方法。免疫色谱法和荧光免疫法等技术将免疫检测的高特异性与光谱法的高灵敏度或色谱法的分离、富集作用有效整合在一起，可对小分子生物毒素进行快速、准确的鉴别，成为现场快速侦检和筛查的主要手段。运用免疫学测定法，在生物毒素检测技术方面，完成了真菌毒素、藻类污染毒素、贝类毒素 ELISA 试剂盒检测方法，常见食品中毒物质快速检测箱，通过单克隆抗体技术获得了一批生物毒素检测抗体，开发了一批藻类污染毒素的检测方法；在食品中重要人兽疾病病原体检测技术方面，建立了多种病毒实时定量 PCR 检测技术，建立了从猪肉样品中分离伪狂犬病毒和口蹄疫病毒的方法和程序。

1.3.2.4　持久性有机污染物检测技术研究进展

持久性有机污染物在环境介质中的含量较少，前处理和检测存在一定的难度，但均取得了一定的进展。目前发展较快的持久性有机污染物前处理方法主要包括：固相萃取（SPE）、固相微萃取（SPME）、超临界流体萃取（SFE）、微波萃取（MAE）等。

至于持久性有机污染物和内分泌干扰物的检测和处理，虽有一定的难度，但也取得了一定的进展。目前，主要检测方法有：高效液相色谱-质谱联用技术、气相色谱-质谱联用技术等。在重要有机污染物的痕量与超痕量检测技术方面，完成了二噁英、氯丙醇和多氯联苯的痕量与超痕量检测技术研究；建立了国际公认的二噁英检测方法，通过了国际社会的分子质量保证考核，并获得了我国二噁英膳食暴露水平数据；建立了以稳定性同位素稀释技术同时测定食品中氯丙醇方法；建立了食品中丙烯酰胺、有机锡、六氯苯、灭蚊灵等的检测技术。

1.3.2.5　食品添加剂、饲料添加剂与违禁化学品检测技术研究进展

在食品添加剂、饲料添加剂与违禁化学品检验技术方面，开展了纽甜、三氯蔗糖、防腐剂的快速检测，番茄红色素、辣椒红色素、甜菜红色素、红花色素、虾青素、白梨芦醇等检测研究，建立了阿力甜、姜黄素、保健食品中的红景天苷、15 种脂肪酸测定方法，番茄红素和叶黄素、红曲发酵产物中迈克劳林开环结构与闭环结构的定量分析方法，食品（焦糖色素、酱油）中 4-甲基咪唑含量的毛细管气相色谱分析方法，芬氟拉明、杂氟拉明、杂醇油快速检验方法，磷化物快速检验方法。

1.3.2.6　重金属检测技术研究进展

当前食品中重金属元素分析主要采用的分析方法以光谱为主，如原子吸收光谱法（AAS）、电感耦合等离子体原子发射光谱法（ICP）、原子荧光法（AFS）、电感耦合等离子体质谱联用法（ICP-MS）、流动注射-原子吸收（原子发射、原子荧光）法联用等。另外，高效液相色谱法（HPLC）在无机分析中的应用日益广泛，可使不同化学形态的金属元素、金属络合物更好地分离，测定结果准确，选择性较高。

但是，与国际水平相比，我国目前的食品安全检测技术仍然比较落后，很多问题有待解决。发达国家对食品安全检测技术日益呈现出系列化、精准化、标准化和速测化等特征。快速检测方法灵敏度和特异性高，适用范围广，检测费用低。多残留的分析方法在发达国家已得到广泛应用。美国多残留方法可检测 360 多种农药，德国多残留分析方法可以检测 325 种农药。国外的农药环境监测机构在大气、土壤、水和污染源等方面的可检测项目有 680 个左右，对二噁英及其类似物，发达国家检测方法的灵敏度已达到超痕量水平。我国已制定的很多种农药、兽药及其他食品有害物残留标准中，很多没有配套相应的检测方法，在实际执行过程中存在一些问题。因此，我国在食品安全检测系列化、精准化、标准化和速测化等方面必须寻求突破。从定性和定量检测技术两方面出发，准确、可靠、快速、方便、经济、安全是食品安全检测的发展方向，尽可能使得快速检测技术的灵敏度及准确度能达到标准残留限量要求，尽可能在较短的时间内检测大量的样本，且具有实际推广价值。样品前处理、光谱、色谱、免疫学、生物传感器、生物芯片等现代检测手段和技术依然是食品安全检测技术

的研究热点，多学科交叉技术在食品安全检测中的应用日益显现。

1.4 食品安全检测技术中的标准物质要求

国外的食品安全检测标准主要包括国际标准和各国自身指定的标准，根据各国的国情不同，标准体系的结构和具体内容也各有不同。国际上制定有关食品安全检测标准的组织有国际食品法典委员会（CAC）、国际标准化组织（ISO）、美国分析化学家协会（AOAC）、国际兽疫局（OIE）等。其中，由国际食品法典委员会（CAC）和美国分析化学家协会（AOAC）制定的标准具有较高的权威性。

CAC有一些食品安全通用分析方法标准，包括污染物分析通用方法、农药残留分析的推荐方法、预包装食品取样方案、分析和取样推荐性方法、用化学物质降低食品源头污染的导向法、果汁和相关产品的分析和取样方法、涉及食品进出口管理检验的实验室能力评估、鱼和贝类的实验室感官评定、测定符合最高农药残留限量时的取样方法、分析方法中回复信息的应用（IUPAC参考方法）、食品添加剂纳入量的抽样评估导则、乳过氧化酶系保藏鲜奶的导则等。通则性食品安全分析方法标准是建立专用分析方法标准及指导使用分析方法标准的基础和依据，建立这样的标准对于标准体系的简化和应用十分方便。

ISO发布的标准很多，其中与食品安全有关的仅占一小部分，ISO发布的与食品安全有关的综合标准多数是由TC34/SC9发布的，主要是病原食品微生物的检验方法标准，包括食品和饲料微生物检验通则，用于微生物检验的食品和饲料试验样品的制备规则，实验室制备培养基质量保证通则，食品和饲料中大肠杆菌、沙门氏菌、金黄色葡萄球菌、荚膜梭菌、酵母和霉菌、弯曲杆菌、耶尔森氏菌、李斯特氏菌、假单胞菌、硫降解细菌、嗜温乳酸菌、嗜冷微生物等病原菌的计数和培养技术规程，病原微生物的聚合酶链反应的定性测定方法等。由此可见，随着食品微生物学研究的深入及分子生物技术的发展，ISO制定的食品病原微生物的检验方法标准将不断更新。

目前，我国已经初步建立起了一套食品安全检测技术标准体系，既有国家标准，也有行业标准和地方标准。这些标准主要规定了食品中某些特定物质的测量方法，这些特定物质包括食品中对人体有害的物质，如农药、兽药残留、致病微生物、微生物及真菌毒素、重金属等，也包括食品中的某些组成成分，如果汁含量、钙含量等。根据标准的效力，这些标准还可以分为强制性标准和推荐性标准两大类。

在实际的检测中，由于受各种条件的限制，不可能对所有样品都采用规定的方法进行检测，为了兼顾检测机构实验条件的高低，许多标准给出了两种以上的检测方法。此外，不同部门制定的标准还存在着对于同一物质可能有不同检测方法的现象，因此，由于检测方法不同而造成的检测结果不同可能引起纠纷。为了解决这一问题，在遇到对检测结果存在争议的情况时，必须要有一个仲裁方法测定的结果为准。在实际工作中，通常都以国家标准规定的方法为仲裁方法。对于国家标准中规定了两种以上检测方法的，一般都会说明其中的某一种方法为仲裁方法，没有明确说明的，则以第一种方法为仲裁方法。

我国虽制定了一系列食品安全检测方法标准，但某些标准技术水平比较落后，且缺乏系统性，为标准的应用和实施带来一定的障碍。我国食品安全检测技术标准体系与国外相比存在的不足主要表现在：标准体系中存在很多空白、标准体系得不到及时更新、标准体系比较混乱等。综上所述，我国的食品安全检测技术标准体系虽已初步形成，但还并不完善，特别是与国外相比存在不小的差距。这些问题不仅为加强监督执法、保障我国食品质量安全造成了障碍，也使得我国生产的食品在国际贸易中容易受到别国贸易壁垒的影响，在激烈的国际市场竞争中处于被动地位。因此，加快解决我国食品安全检测技术标准体系中存在的种种不足，进一步完善我国食品安全检测技术标准体系，对于加强我国食品标准化建设，保障食品质量安全，提高食品类产品的国际竞争力，具有十分深远的意义。

1.4.1 标准物质的范畴及溯源性

标准物质是《中华人民共和国计量法》中规定依法管理的计量标准，是具有准确量值的测量标准，它在化学测量、生物测量、工程测量和物理测量领域得到了广泛的应用。

按照"国际通用计量学基本术语"和"国际标准化组织指南30"，标准物质定义如下：①标准物质（reference material，RM），具有一种或多种足够均匀或很好确定的特性值，用以校准设备、评价测量方法或给材料赋值的材料或物质；②有证标准物质（certified reference material，CRM），附有证书的标准物质，其一种或多种特性值用建立了溯源性的程序确定，使之可溯源到准确复现的用于表示该特性值的计量单位，而且每个标准值都附有给定置信水平的不确定度；③基准标准物质（primary reference material，PRM），这是一个比较新的概念。国际计量委员会（CIPM）于1993年建立了物质量咨询委员会（CCQM），在1995年的物质量咨询委员会会议上提出了如下定义：基准方法（primary method of measurement，PMM）——具有最高计量品质的测量方法，它的操作可以完全地被描述和理解，其不确定度可以用SI单位表述，测量结果不依赖被测量的测量标准。基准标准物质：一种具有最高计量品质、用基准方法确定量值的标准物质。

标准物质具有以下特点：①标准物质的量值只与物质的性质有关，与物质的数量和形状无关；②标准物质种类多，仅化学成分量标准物质就数以千计，其量限范围跨越12个数量级；③标准物质实用性强，可在实际工作条件下应用，既可用于校准检定测量仪器，评价测量方法的准确度，也可用于测量过程的质量评价以及实验室的计量认证与测量仲裁等；④标准物质具有良好的复现性，可以批量制备且在用完之后复制。

作为高度均匀、良好稳定和量值准确的测量标准，标准物质具有复现、保存和传递量值的基本作用，在物理、化学、生物与工程测量领域中，用于校准测量仪器和测量过程、评价测量方法的准确度和检测实验室的检测能力、确定材料或产品的特性量值、进行量值仲裁等。作为建立化学测量最有效的工具，标准物质可以保证检测结果的准确性和可溯源性。

标准物质按照《中华人民共和国：标准物质目录2010年》可分为一级标准物质和二级标准物质。一级标准物质1686种，主要类别包括：钢铁成分分析标准物质、有色金属及金属中气体成分分析标准物质、建材成分分析标准物质、核材料成分分析与放射性测量标准物质、高分子材料特性测量标准物质、化工产品成分分析标准物质、地质矿产成分分析标准物质、环境化学分析标准物质、临床化学分析与药品成分分析标准物质、食品成分分析标准物质、煤炭石油成分分析和物理特性测量标准物质、工程技术特性测量标准物质、物理特性与物理化学特性测量标准物质。二级标准物质4096种，主要类别包括：钢铁成分分析标准物质、有色金属及金属中气体成分分析标准物质、建材成分分析标准物质、核材料成分分析与放射性测量标准物质、高分子材料特性测量标准物质、化工产品成分分析标准物质、地质矿产成分分析标准物质、环境化学分析标准物质、临床化学分析与药品成分分析标准物质、食品成分分析标准物质、煤炭石油成分分析和物理特性测量标准物质、工程技术特性测量标准物质、物理特性与物理化学特性测量标准物质。

1.4.2　标准物质的应用发展

国家一级、二级标准物质已在国内外各领域，如地质、环境、能源、材料、农业、食品、医药、医疗等方面得到广泛应用，为科研、生产、贸易和法律法规的贯彻，为经济、技术和法律法规的决策提供了可靠保证，在保证不同国家、不同地区和不同时期测量结果的一致性和可比性、产品质量管理、资源开发利用、环境保护、消除贸易技术壁垒、保证人民健康等方面发挥了积极作用。

在未来的发展中，为了更好地进行标准物质的应用发展，一方面可以适当引进国际标准物质，运用符合国际标准的标准物质进行分析研究；另一方面可以积极研发纳米标准物质，在分析测试中积极利用纳米标准物质进行分析。随着现代技术的不断发展，标准物质的要求不断提高，在分析测试中要注意标准物质的各项保障指标，实现标准物质的科学应用。

食品安全检测基础知识

2.1 实验室类型与操作规范

2.1.1 实验室类型

实验室可以在一个固定的场所，也可以在离开固定设施的场所，或者是在临时或移动的设施中开展检测/校准活动。ISO/IEC 17025 标准中，实验室分为第一方实验室、第二方实验室和第三方实验室。

第一方实验室是组织内实验室，检测/校准自己生产的产品，或委托某实验室代表其检测/校准自己生产的产品，数据为我所用，目的是提高和控制自己生产的产品质量，服务于企业生产。

第二方实验室也是组织内的实验室，检测/校准供方提供的产品，或委托某实验室代表其检测/校准供方提供的产品，数据为我所用，目的是提高和控制供方产品质量，服务于销售方。

第三方实验室是独立于第一方实验室和第二方实验室，为社会提供检测/校准服务的实验室，数据为社会所用，目的是提高和控制社会产品质量，为社会提供公正检测服务。

2.1.2 实验室要求与管理

2.1.2.1 实验室的硬件要求

（1）工作场所：实验室的设计及工程施工必须合理，实验室要有足够的空间与合理的布局、便利的水源（上、下水）、相对稳定的电源，以及能够满足实验室日常工作必要的通风、光照、安全防护设施等条件。

（2）仪器设备配备：实验室设备种类及数量，应足以满足日常工作的要求，分析仪器与辅助设施配备要合理。涉及定量分析的仪器设备，要定期计量与校准（包括常用玻璃器皿）。

（3）要有特殊要求的必要配备：包括微生物检验的无菌间、大型仪器的防静电地板、特殊气体的气瓶间或气瓶柜、剧毒药品及微生物菌种的保管设施等。

（4）实验室环境条件基本要求：实验室内温度、湿度、照明度、噪声和洁净度等内环境符合工作要求和其他有关要求。

2.1.2.2 实验室的软件要求

（1）实验室人员：实验室人员结构要合理，专业要相对对口，上岗前及工作过程中要经过培训和考核，并不断更新知识。实验室人员的分工相对合理，包括管理人员、技术人员、质量监督人员等。相应岗位的人员，应具备相应的技术能力和技术能力证明。实验室的每个人必须对自己所工作的环境有清楚的了解，以便于应对意外情况的发生和处置。

（2）合理的档案及资料管理体系：实验室要建立实验室的人员档案、大型仪器和精密仪器的仪器档案及操作规程，建立实验室在用资料的管理及更新制度，确保所用资料的现行有效性，与实验有关的原始记录要建立良好的保管制度（记录控制）。

（3）严格控制所用消耗品：实验室分析检测所用药品、试剂、气体的纯度等要符合要求，存放合理，避免交叉污染或失效。

（4）检测样品控制：实验室用于检验分析的样品要依据既定程序进行采样（根据实验的具体要求决定采样程序和方法）。样品制备要保证样品具有代表性，用于微生物分析的样品，其采样和制备要求严格无菌操作。样品的接收与保存方法得当，选择最佳样品及制备过程。实验结束后样品仍然要合理保存，以备复验。

（5）分析数据准确并具溯源性：检验分析中，样品称量与制备方法要得当；分析用试剂的量取、定容及测量过程应加以控制（包括分析物质的提取、净化、浓缩、定容、测定及结果计算）；记录要保持完整；标准品的配制、标准曲线的绘制、计算过程的控制与结果报告要保证准确可靠。实验室一切分析操作过程的数据记录要具有溯源性。

2.1.2.3　实验室的管理要求

实验室基本的管理要求主要包括：①管理责任；②员工健康管理；③仪器设施管理；④药品管理；⑤制定标准操作程序；⑥安全计划的制订、审核及检查；⑦记录；⑧培训；⑨实验室内务管理。

实验室的安全管理要求主要包括：①建立实验室安全守则；②防火防爆；③防止中毒；④防止意外伤害；⑤防止微生物等生物性污染；⑥废弃物的处理。

2.1.3　实验室认可与认证

实验室认可（accreditation）的定义是"权威机构对实验室有能力进行规定类型的检测和（或）校准所给予的一种正式承认"。实验室认可的实质是对实验室开展的特定的检测/校准项目的认可，并非实验室的所有业务活动。认证（certification）的定义则是"第三方认证机构依据程序对产品、过程或服务符合规定的要求给予书面保证（合格证书）"。认可是证明机构的能力满足要求，认证是证明机构的质量体系满足要求，二者均属于合格评定（conformity assessment），即通过直接或间接方法确定相关要求被满足的任何有关的活动。实验室认可和质量体系认证是有区别的，主要表现在如下几点。①对象不同：认可对象是检测实验室或（和）校准实验室。认证对象是产品、过程或服务。②负责机构不同：认可机构独立开展认可活动，除国务院认证认可监督管理部门确定的认可机构外，其他任何单位不得直接或者变相从事认可活动。我国的认可机构是中国实验室国家认可委员会（China National Accreditation Board for Laboratories，CNAL）。认证则由第三方认证机构进行。③性质不同：认可是权威机构正式承认，说明经批准可从事某项活动，检测或（和）校准的结果常得到国家的承认。实验室通过认可机构的认可，以保证其认证、检查、检测能力持续稳定地符合认可条件。认证是书面保证，通过由第三方认证机构颁发的认证证书，使其他方面确信经认证的产品、过程和服务满足质量体系的要求。④结果不同：认可是证明具备能力，是对能力的评审，说明经认可的实验室具有从事某个领域检测或（和）校准工作的能力。认证是证明符合性，证明产品、过程或服务符合特定标准的要求，是对符合性的审核。⑤标志使用方式不同：认证标志不能用于产品，认可标志可用于检验报告（证书）。

实验室认可的要求往往比质量体系认证更高一些。对实验室认可的要求包含了质量体系认证的要求，但质量体系认证的要求并不包含对实验室必须具备的技术能力要求。实验室通过质量体系认证，只说明实验室的质量管理体系符合 ISO 标准的要求，绝不证明其具有可靠的技术能力，特别是正确可靠地出具检测或校准结果数据的能力。所以实验室必须获得认可资格，证明机构的质量体系运行有效，技术能力满足要求，出具的测试结果是可靠的。国家实验室认可准则 ISO 17025 的前言中明确表明"依据 ISO 9001 和 ISO 9002 进行的认证，并不证明实验室具有出具技术上有效数据的能力"。因此，对于检测/校准实验室而言，应选择 ISO/IEC 17025 实验室认可。

在我国实验室认可只能由 CNAL 代表国家进行，没有任何其他机构可以进行此项工作。获得认可的实验室，意味其技术能力和所出的数据均得到国家的承认。实验室认可能增强实验室在校准/检测市场的竞争能力，提高实验室知名度，获得政府部门和社会的信任。可以参与国际间实验室认可双边、多边合作，得到更广泛的承认。在认可项目范围内使用认可标志，实验室也可获得正当的权益，并受到保障。

2.2 样品的采集与保存

在食品安全监督检测以及科学研究等工作中，为了取得可靠真实的分析数据，正确的采样方法十分重要。因为样品是获得分析、测试数据的基础，如果采样不合理，就不能获得有用的数据，反而可能被假的数据所欺骗，得出错误的结论。再者，由于科学技术的迅速发展，各种先进技术应用于分析工作，可获得精密度、准确度均较高的数据，但是如果采样不合理，这些数据再好也无用。由此可见，正确采样以及样品保存是一项十分重要的工作。

2.2.1 样品的采集

样品的采集也称抽样或取样（sampling），是指取出物质、材料或产品的一部分，作为其整体的代表性样品进行检测或校准的一种规定程序。通过分析一个或数个抽取的样品，可对整体的质量做出估计。因此，样品采集是食品安全检测中非常重要的环节，在食品检测中，无论是成品还是原料，即使是同一种类，由于品种、产地、成熟期、含水率、加工或保藏条件的不同，其成分及含量可能有很大的差异。从具有复杂特征的待检物质中采集分析样品，必须掌握科学的采样技术，在防止成分逸散和不被污染的情况下，均匀、随机地采集有代表性的样品，是保证分析结果准确的前提之一。在食品工业中，样品可能被用于各种各样的检验和分析，但是采样原则与检验原则是完全一致的。样品的采集、保存和分析都有特别的规定。采样应遵循如下原则。

① 代表性：采样时必须考虑食品的原料情况（来源、种类、地区、季节等）、加工方法、运输、贮藏条件等因素，能真正反映被采样品的总体水平，能客观地推测食品的质量。尽量保持样品的原有微生物情况和理化指标，检验前不产生污染或发生变化。采样工具，如采样器、容器、包装纸都应清洁，不应带入有害物质，供细菌检验用的食品应严格遵守无菌操作。

② 典型性：因检测的目的而异。样品应采集接近污染源的食品或易受污染的那一部分，同时还应采集确实被污染的同种食品做空白对照。采集引起中毒的食品时，可选含毒量最多的样品；采集掺假食品时，可选有问题的典型样品。

③ 适时性：很多被检物质会随时间发生变化，根据样品的性质和环境，需要有严格的时间要求。从采样到样品分析的整个过程中，食品不能发生明显的特性改变。采样后应迅速送往实验室进行分析，尽量避免发生变化。

④ 适量性：采样数量应根据检验项目和目的而定，一般每份样品不少于检验需要量的三倍，一式三份供检验、复验、备查或仲裁之用。每件样品的标签须标记清楚，尽可能提供详尽的资料。

⑤ 程序性：采样、送检、留样和出具报告，均按照规定程序进行，各阶段均需有完整的手续，责任分明。

食品采样的方式有随机采样、整群采样、系统采样、混合采样、指定代表性采样和自动采样系统等。

① 简单随机采样：是指一批食品的每一部分，都具有均等的机会被抽取来代表这一批食品。这种方法要求样品集中的每一个样品，都有相同的被抽选概率。这种方法易于操作，但是被抽选的样品可能不能完全代表样品集。

② 分层随机采样：如果一个批次内是由质量明显差异的几个部分所组成，则可将其分为若干层，使层内的质量较均匀，层间的差异较明显。从各层中按一定的比例随机采样，即为分层按比例采样，通过分层可降低错误概率。

③ 整群采样：整群采样是从样品集中一次抽选一组或一群样品。在样品集处于大量分散状态时，这种方法可以降低时间和成本。

④ 系统采样：是在已掌握样品随时间和空间变化的规律的基础上进行的。首先在一个时间段内选取一个开始点，然后按有规律的间隔抽选样品。由于采样点均匀分布，这种方法比简单随机采样更精确；但是如果样品有一定周期性变化，则容易引起误导。

⑤ 混合采样：这种方法从各个散包中抽选样品，然后将两个或更多的样品组合在一起，以减少样品间的差异。

⑥ 指定代表性采样：有某种特殊检验重点的样品采集，如掺假的食品、被污染变质的食品是否合格的检验。

⑦ 自动采样系统：在样品制备过程中，可以使用一些采样辅助系统，包括液体处理系统和样品加工设备。

另外，对于微生物检验的采样需注意以下问题：采样过程应遵循无菌操作程序，防止一切可能的外来污染。应采取必要的措施防止样品中原有微生物的数量变化，保持样品的原有状态。采样工具和容器应无菌、干燥、防漏，形状及大小适宜。一件用具只能用于一个样品，防止交叉污染。

2.2.2 样品运送与保存

样品从采集到实验室分析、检验的一段中间过程为样品的运输、保存。尽管采样时应充分注意采样的各项规则，使样品能充分代表被测的食品品质，但是如果运输或保存不当，也会带来不利影响。因此在样品运输、保存直至检验期间，应最大限度地保持食品的原有状态。

采样过程中应对所采样品进行及时、准确的标记；采样结束后，由采样人撰写采样报告。采样后，应将样品在接近原有储存温度条件下尽快送往实验室检验。如不能及时运送，冷冻样品应存放在－15℃以下冰箱或冷藏库内，冷却和易腐食品应存放在0～4℃冰箱或冷却库内，其他食品可放在常温冷暗处。运送冷冻和易腐食品时，应在包装容器内加适量的冷却剂或冷冻剂，保证运送途中样品不升温或不融化。必要时可于途中补加冷却剂或冷冻剂。无法由专人送样时，也可托运，托运前必须将样品包装好，应能防破损、防冻结、防腐、防止冷冻样品升温或融化。在包装上应注明"防碎"、"易腐"、"冷藏"等字样。做好样品运送记录情况，并由运送人签字。

实验室接到送检样品后应认真核对登记，确保样品的相关信息完整并符合检验要求，实验室应在36h内进行检测。对无法立即进行检测的样品，要采取适当的方式保存，使样品在检测之前维持原来的状态。一般要求如下。

① 盛放样品的容器不应影响所保存食品的物理、化学、生物性质。

② 保存的样品应进行必要的标记，包括被采样单位、样品名称、生产日期、采样方式、测试目的、采样现场环境条件（包括温度、湿度等）、采样人、采样地点、采样日期等。

③ 样品如果是干燥的，一定要保存在干燥清洁的容器内，不要同有异味的样品一同保存。供病原学检验样品的容器，要彻底清洁干净并高压灭菌。装入样品后加盖，并用胶布或胶带固封。如为液态样品，还须用熔化的石蜡加封，以防液体外泄。如果选用塑料袋，则应用两层袋，分别用线扎紧袋口。

④ 常规样品可置于4℃冰箱保存，但保存时间不宜过长，应在36h内进行检测。易腐败或易挥发的样品应在低温冷冻条件下保存。

⑤ 易腐烂的非冷冻食品，在检测前不冷冻保存（除非不能及时检测），如需短时间保存，应在0～4℃下冷藏，但冷藏时间不超过36h。

⑥ 冰冻食品要用干冰或冰袋保持冰冻状态，并使用密封容器运输到实验室，置于－18℃冷冻保存，检测前要始终保持冷冻状态，防止食品暴露在二氧化碳气体中。

⑦ 对样品的保存过程进行跟踪记录。

2.3 样品的制备和预处理

采集的样品多数不能直接用于检验，应先制备成样品溶液。

样品的预处理是指食品样品在测定前消除干扰成分，浓缩待测组分，使样品能满足分析方法要求的过程。由于食品的成分复杂，待测成分的含量差异很大，有时含量甚微，当用某种分析方法对其中某种成分的含量进行测定时，其他共存组分常常会干扰测定。为了保证检测的顺利进行，得到可靠的分析结果，必须在分析前除去干扰成分。对于食品中含量极低的待测组分，还必须在测定前对其进行富集浓缩，以满足分析方法的检出限和灵敏度的要求。通常可以采用水浴加热、吹氮气或空气、真空减压浓缩、固相萃取等方法。样品的预处理是食品安全检测中非常重要的环节，其效果的好坏直接关系到分析工作的成败。样品没有统一的预处理方法，必须根据样品的种类、待测项目、测试目的及分析方法等几方面制定具体的预处理方案。样品的预处理方法很多，具体运用时，往往几种方法配合使用，以期得到更好的效果。

2.3.1　理化检验样品的制备和预处理

2.3.1.1　粉碎

是将块状或大颗粒样品细化的过程，目的是增大样品表面积，有利于待测组分的提取。

2.3.1.2　消化与灰化

在加热条件下用强氧化剂如硝酸、硫酸、高氯酸、高锰酸钾、双氧水等分解有机物的过程称为消化或无机化。用酸分解样品时，最终使样品呈无色或淡黄色液态，又称为湿式消化法。本法优点是简便、快速、效果好，但消化过程中产生大量酸雾以及氮、硫的氧化物等刺激性气体，具有强烈的腐蚀性，故需有良好的全塑管道的通风设备。

灰化是利用坩埚将样品炭化后，在温度为500℃左右的条件下加热分解样品中的有机物。此法所用设备简单、操作容易，适用于毫克至克数量级的食品样品的处理，是实验室中最常用的分解方法之一。在实际使用时还需考虑其他因素，如灰化温度、灰化时间、容器的清洗、添加助灰化剂、坩埚可能存在的瓷效应问题等。

2.3.1.3　提取

提取是使待测组分与样品分离的过程。提取的方法较多，有匀浆法、酸碱直接提取法、静置法、振荡提取法和专用装置提取法等。

匀浆法是食品检测中最常用的一种提取方法。将经粉碎的样品与等量或数倍于其体积的溶剂混合，通过高速旋转的叶片（10000r/min）使待测组分与溶剂充分接触，从而将待测组分提取出来。使用的主要设备有高速组织捣碎机、组织匀浆机、高速均质器等。

振荡法是将装有样品和提取溶剂的具塞容器放在振荡机上，进行往返振荡或旋转振荡，使容器内的提取溶剂与样品充分接触，以提取待测组分。一般情况下振荡10～30min，重复提取2～3次。

萃取法是利用被测组分在两种互不相溶的溶剂中溶解度的不同，使被测组分从原来的溶剂中定量地转入另一溶剂中，然后再从该溶剂中将被测组分提取出来。如果从固体有机物中提取某种组分，一般采用有机溶剂浸取。

酸（或碱）提取法是用盐酸或氢氧化钠（或氢氧化钾）与样品一起加热，过滤或离心后，测定某些组分的方法。要求样品煮沸时间要合适，以保证回收率符合要求。

索氏提取法是通过专用装置——索氏提取器提取待测组分，提取效率高，操作简便，但提取时间长，应充分考虑待测组分的热稳定性。

此外，超临界流体萃取、高压溶剂萃取等是近几十年发展起来的提取技术，另外还有一些辅助手段，如超声波辅助提取、微波辅助提取等。

2.3.1.4　净化

经过提取处理后，提取物中通常含有与该组分结构相似的杂质，将待测组分与杂质分离的过程称为净化。净化是样品前处理的技术难点，也是关系到分析结果真实性及分析方法可靠性的重要步骤。常用的净化方法有液液分配法、柱色谱法、固相萃取法（SPE）、固相微萃取法（SPME）、蒸馏法等。

液液分配法：是一种十分常用的净化方法，实质上就是萃取法，其原理是利用待测组分在一组互不相溶的溶剂中的分配系数不同，通过反复多次分配，可使待测组分与杂质分离，以达到净化目的。常用的溶剂对有乙腈提取液的正己烷分配、丙酮提取液的石油醚分配、丙酮提取液的二氯甲烷分配、丙酮提取液的己烷分配、正己烷提取液的甲醇分配等。

柱色谱法：柱色谱法是目前应用最多的净化方法之一，是样品的待测组分在色谱柱中吸附剂上被吸附与解吸的反复过程。样品液通过一适宜的色谱柱，使样品中的待测组分与杂质吸附在具表面活性的吸附剂上，然后用适当极性的溶剂淋洗，使被测组分与杂质分别先后洗脱下来，从而达到净化的目的。常用的吸附剂有弗罗里硅土、氧化铝、活性炭、硅胶、氧化镁等。

固相萃取法：实际上就是柱色谱分离方法。在小柱中填充适当的固定相制成固相萃取柱，当样品液通过小柱，待测成分被吸附，用适当的溶剂洗涤除去样品基体或杂质，然后用一种选择性的溶剂将待测组分洗脱，从而达到分离、净化和浓缩的目的。该方法简便快速，使用有机溶剂少，在痕量分离中应用广泛。根据分离原理不同，可分为吸附、分配、离子交换、凝胶过滤、螯合和亲和固相萃取。其中采用化学键合反应制备的固相材料，如 C_{18} 键合硅胶、苯基键合硅胶等填装的固相萃取小柱使用广泛。

固相微萃取法：固相微萃取法是根据有机物与溶剂之间"相似相溶"的原理，利用石英纤维表面的色谱固定液对待测组分的吸附作用，萃取和浓缩试样中的待测组分，然后将萃取的组分从固相涂层上解析下来，利用色谱仪进行分析的一种样品预处理方法。与传统分离富集方法相比，固相微萃取具有几乎不使用的溶剂、操作简单、成本低、效率高、选择性好等优点，是一种比较理想的新型样品预处理技术。固相微萃取的方式有两种：一种是石英纤维直接插入试样中进行萃取，适用于气体与液体中组分的分离；另一种是顶空萃取，适用于所有基质类型的试样中挥发性、半挥发性组分的分离。

2.3.1.5　富集与浓缩

用于净化过程所引入的溶剂，可能会降低待测组分的浓度或不适宜直接进行分析，需要除去部分或全部溶剂，或进行溶剂转换，此过程为浓缩或富集。主要通过旋转蒸发仪蒸干或惰性气体（如氮气）吹干除去溶剂。

2.3.2　微生物检验的样品处理

实验室接到送检样品后应认真核对登记，确保样品的相关信息完整并符合检验要求。实验室应按要求尽快检验，若不能及时检验，应采取必要的措施保持样品的原有状态，防止样品中的目标微生物因客观条件的干扰而发生变化。冷冻食品应在 45℃ 以下不超过 15min，或 2~5℃ 不超过 18h 解冻后进行检验。

2.4 分析方法的种类及选用原则

2.4.1　分析方法的种类

由于发展水平、食品种类、文化、地理、政策、职能等方面的差别，各区域、各国、各部门和各组织关于食品检验的技术法规和检验标准不尽相同，按检验标准的性质，可分为标准方法和非标准方法。

标准方法（standard method）是指国际、区域、国家发布的经过严格认证的和公认的方法。食品质量检测体系的标准化是保证食品安全的关键。制定和发布食品标准检验体系的国际权威机构包括：美国官方分析化学家协会（AOAC）、联合国粮农组织（FAO）、世界卫生组织（WHO）、国际食品微生物标准委员会（ICMSF）、国际乳品业联合会（IDF）、国际标准化组织（ISO）和北欧食品分析委员会（NMKL）。

目前国外应用的一些官方标准体系有：欧盟（EN）标准、澳新食品标准委员会（FSANZ）标准、美国食品与药品管理局（FDA）标准、美国农业部（USDA）标准、法国标准协会（AFNOR）标准、AOAC标准等。此外，国际食品法典委员会（CAC）标准现已成为进入国际市场的通行证。CAC是联合国粮农组织（FAO）和世界卫生组织（WHO）于1962年建立的协调各国政府间食品标准的国际组织，旨在通过建立国际政府组织之间，以及非政府组织之间协调一致的农产品和食品标准体系，保护全球消费者的健康，促进国际农产品及食品的公平贸易。CAC标准是全球消费者、食品生产和加工者、各国食品管理机构和国际食品贸易的参照标准，也是世界贸易组织（WTO）认可的国际贸易仲裁依据。

我国食品工业标准包括国家标准、行业标准、地方标准和企业标准四部分。按照标准的约束性，国家标准和行业标准分为强制性标准（如GB）和推荐性标准（如GB/T）两类，食品安全国家标准属于强制性标准。

非标准方法，是指标准方法中未包含的、需要确认后才能采用的方法。非标准方法种类主要包括：①实验室研发的未出版的方法；②由知名技术组织或有关科学文献和期刊公布的，或由设备生产厂家指定的方法；③扩充或修改过的标准方法；④企业标准或地方标准中的方法。

2.4.2 分析方法的选用原则

选择分析检验方法时，应考虑以下因素：客户的要求，分析检验的目的，方法的灵敏度（检测限）、准确度、精密度、重现性、特异性、实用性、快速性、简便性及实验室条件等。食品检验通常按其检验目的分为三类：筛选性检验、常规分析检验和确证性检验。筛选性检验，对分析方法只要求具有半定量和一定的定性能力。常规分析检验要求方法具有准确的定性、定量能力。确证性检验则要求准确度更高。

一般情况下，检测方法的选择应首先考虑客户要求，再根据自身的实验室条件考虑其适用性。应优先使用国际、区域或国家标准，再考虑非标准方法，使用非标准方法时必须进行严格验证和确认，并经客户同意。同一检验项目，如有两个或两个以上检验方法时，应根据不同条件选择使用。必须以国家标准（GB）方法的第一法为仲裁方法。检验时必须同时做空白试验和对照试验。

2.5 实验设计和数据处理

2.5.1 食品检验的实验设计

食品检验的实验设计，首先要考虑实验目的、客户要求、受试对象、处理因素和实验效应等几个基本因素。通过参阅文献资料，充分了解样品信息和方法信息，包括待测组分的极性、酸碱性、溶解性、稳定性等相关的物理化学性质，可能适用的提取净化方法、溶剂、条件等，可能适用的检测方法、测定条件、标准物和内标物质的选择等。进而选择样品前处理及测定方法并进行预试验。通过验证分析方法的性能指标，如准确度、精密度、灵敏度、重现性等，对分析方法的设计进行质量控制和评价。

2.5.2　数据处理

食品检验结果应报告出所测组分的含量，根据样品状态及所测组分含量范围，检验结果可用不同的单位表示。常量组分的检验结果，常用以下单位表示：mg/100g 或 mg/100mL，g/100g 或 g/100mL，g/kg 或 g/L。微量或痕量组分的检验结果，常用以下单位表示：mg/kg 或 mg/L，μg/kg 或 μg/L，ng/kg 或 ng/L。

在分析数据的记录、运算与报告时，要注意有效数字问题。有效数字就是实际能测量到的数字，它表示了数字有效意义的准确程度。报告的各位数字，除末位数外，都是准确已知的。

在数据处理中必须遵守下列基本规则：①记录数据时只保留一位可疑数字，结果报告中只能保留一位可疑数字。②可疑数字后面可根据四舍五入，奇进偶合的原则进行修约。③数据相加减时，各数所保留的小数点后的位数，应与所给的各数中小数点后位数最少的相同，在乘除运算中各因子位数应以有效数字位数最少的为准。④在计算平均值时，若为 4 个或超过 4 个数相平均时，则平均值的有效数字可增加一位。表示分析方法的准确度与精密度时大都取 1～2 位有效数字。⑤对常量组分测定，一般要求分析结果为 4 位有效数字；对微量组分测定，一般要求分析结果为 2 位有效数字。

在检测到的系列数据中，常发现某一数值较其他数值偏离很远，数值特大或特小，会影响平均值的准确性。处理这类数据应慎重，不可为单纯追求分析结果的一致性而随便舍弃。如极端值是偶然误差造成的，可进行重复试验，加以核对。如果测定值在 3 个以上，应遵循 Q 检验法或 t 检验法取舍。

2.5.3　检测结果的评价

2.5.3.1　检测结果的误差

所谓误差是指测定值与真实值之间的差别。根据其来源和性质，可以分为两类：系统误差和偶然误差。

系统误差是在一定试验条件下，保持恒定或以可预知的方式变化的测量误差。系统误差可重复出现且向同一方向发生。这种误差大小是可测的，所以又叫"可测误差"，主要来源于仪器、试剂、环境、方法及人员（包括检验者的习惯和读数的偏低、偏高等）。系统误差可以通过采取一定措施而消除或减免，但系统误差与测量次数无关，不能用增加测量次数的方法使其消除或减小。

偶然误差是由于未知的因素引起的，大小不一，或正或负。这种误差大小是不可测的，所以又叫"不可测误差"。其产生的原因不固定，是由于试验过程中某些偶然的、暂不能控制的微小因素引起的，如实验过程中的仪器故障、仪器本身的不稳定、温度变化、气压的偶然波动等。偶然误差不能修正，也不能完全消除，但可通过严格控制试验条件、严格操作规程及增加平行测定次数来加以限制和减小。至于检测过程中由于粗心所造成的过失如读错、记错数据、样品损失等不属于误差范围。

2.5.3.2　检测结果的评价

准确度与精密度是对某一检测结果的可靠性进行科学评价的常用指标。

准确度：是指大量测试结果的（算术）平均值与真值或接受参照值之间的一致程度，常用误差来表示。它是反映测量系统中存在的系统误差及偶然误差的综合性指标，它决定了检验结果的可靠程度。误差越小，测量准确度越高。准确度可通过测定回收率的方法来进行确定。

精密度：是指在相同条件下进行多次测量，测量结果之间的一致程度，反映了测量方法中存在的偶然误差的大小，表示为各次测定值与平均值的偏离程度。精密度一般用算术平均值、算术平均偏差、相对误差、标准偏差和变异系数等来表示，最常用的是标准偏差和相对误差。

灵敏度：是指检验方法和仪器能测到的最低限度，一般用最低检出限或最低浓度来表示。

准确度反映真实性，说明结果好坏；精密度反映重复性，说明测量方法的稳定性；灵敏度反映检测方法的能力。为获得准确可靠的测定结果，必须提高分析检验的准确度和精密度，这就必须消除或减少分析检验过程中的系统误差和偶然误差。通常可以采取以下措施：对各种试剂、仪器及器皿经常进行校正，选取适宜的样品量，增加测定次数，做空白试验，做对照试验，做回收率试验，标准曲线的回归，选用最合适的分析方法。

2.6 常用仪器分析技术简介

仪器分析法是以测量物质的物理化学性质为基础的分析方法，它是食品安全检测工作中的主要技术手段，是现代分析技术的主流。仪器分析具有操作准确、快速的特点，特别是对于含量低的组分的测定。另外，绝大多数分析仪器易自动化和智能化。仪器分析除了能为定性定量分析任务提供优质的服务外，还能提供化学分析法难以胜任的物质结构、价态、空间分布等诸多信息。仪器分析包括光学分析、电化学分析、色谱分析、质谱分析等。

2.6.1 原子吸收光谱和原子发射光谱法

原子吸收光谱分析（atomic absorption spectrometry，AAS）是最常用的分析技术之一，又称原子吸收分光光度分析，是利用物质的气态原子对特定波长的光的吸收来进行分析的方法。当适当波长的光通过含有基态原子的蒸气时，基态原子就可以吸收某些波长的光而从基态被激发到激发态，从而产生原子吸收光谱。由于样品蒸气相中被测元素的基态原子，对光源发出的该原子特征性窄频辐射产生共振吸收，且其吸光度在一定范围内与蒸气相中被测元素的基态原子浓度成正比，所以可用于测定样品中该元素的含量水平。原子吸收光谱主要用于分析各类样品中金属元素的含量，方法灵敏度高、准确度高、分析速度快。原子吸收光谱的定量方法主要有标准曲线法、标准加入法、内标法。商品化原子吸收分光光度计一般均由光源、原子化仪器、分光装置及检测显示系统四部分组成。

原子发射光谱分析，是根据处于激发态的待测元素原子回到基态时发射的特征谱线，对待测元素进行定性分析的方法。原子的外层电子由高能级向低能级跃迁，多余能量以电磁辐射的形式发射出去，这样就得到了发射光谱，为线状光谱。由于各种元素的原子结构不同，在光源的激发作用下，样品中每种元素都发射自己的特征光谱。分析时所使用的谱线称为分析线，如果只见到某元素的一条谱线，不能断定该元素确实存在于样品中，必须有两条以上不受干扰的最后线与灵敏线。灵敏线是一些强度较大的谱线，多为共振线；最后线是指当样品中某元素的含量逐渐减少时，最后仍能观察到的几条谱线。原子发射光谱一般用谱线强度比较法进行半定量分析。在一定的试验条件下，原子发射光谱的谱线强度与待测元素的浓度成正比，这是发射光谱定量分析的依据。原子发射光谱分析能同时测定多种元素，分析速度快，有较好的选择性，灵敏度及准确度较高，样品用量少。原子发射光谱仪器的基本结构由激发光源、单色器和检测器三部分组成。

2.6.2　气相色谱法

气相色谱主要是利用物质的沸点、极性及吸附性质的差异来实现混合物的分离。待分析样品在汽化室汽化后被惰性气体（即载气，也叫流动相）带入色谱柱，柱内含有液体或固体固定相，由于样品中各组分的沸点、极性或吸附性能不同，每种组分都倾向于在流动相和固定相之间形成分配或吸附平衡。但由于载气是流动的，这种平衡实际上很难建立起来。也正是由于载气的流动，使样品组分在运动中进行反复多次的分配或吸附/解吸，结果是在载气中分配浓度大的组分先流出色谱柱，而在固定相中分配浓度大的组分后流出。当组分流出色谱柱后，立即进入检测器。检测器能够将样品组分的存在与否转变为电信号，而电信号的大小与被测组分的量或浓度成比例。当将这些信号放大并记录下来时，就得到了色谱图，它包含了色谱的全部原始信息。根据代表样品中各组分的色谱峰，可以进行相应的定性和定量分析。

气相色谱仪都由气路系统、进样系统、分离系统、检测系统、温度控制系统、信号记录或微机数据处理系统六大部分组成（图 2-1）。新一代的气相色谱仪，采用计算机控制色谱仪工作，并能自动进行数据采集和处理。气相色谱工作站可自动进行色谱峰的识别、基线的校正、计算峰参数（如峰面积、保留时间、峰高等）等许多数据处理功能，并可以自动地进行定性定量分析。

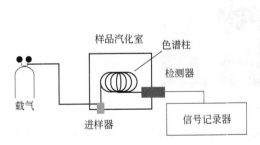
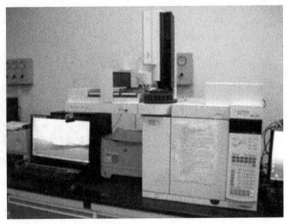

图 2-1　气相色谱结构示意图及气相色谱仪

用气相色谱法进行定性分析，就是确定每个色谱峰代表的物质。具体来说，就是根据保留值或与其相关的值来进行判断，包括保留时间、保留体积、保留指数及相对保留值等。但在许多情况下，还需要与其他化学或仪器方法相配合，才能准确判断这些组分是否存在。常用的气相色谱定量分析方法主要有外标法、内标法和归一化法。采用外标法定量时需严格控制色谱操作条件不变，这时在一定进样量范围内物质的浓度与峰高（或峰面积）呈线性关系，配制一系列不同浓度的已知样品，分别进样同等体积的样品，根据所得色谱图中的峰高（或峰面积），做出标准曲线。分析未知样品时，进样与制作标准曲线同等体积的样品，按所测得色谱峰高（或峰面积），从标准曲线上查出未知样品浓度。内标法是选择一种样品中不存在的物质（纯品）作内标物，定量地加入到已知质量的样品中，测定内标物和样品中组分的峰高（或峰面积），引入质量校正因子，就可计算样品中待测组分的质量百分数。内标法是气相色谱常用的准确定量方法，分析条件不如外标法严格，进样量也不必严格控制。缺点是每次分析都要称取样品和内标物，不适于快速分析。同时内标物必须满足以下条件：内标物和样品互溶；内标物和样品组分的峰能分开；内标物的峰尽量和被测物靠近；内标物的量要接近被测组分含量，且性能相近。归一化法：若待测样品各组分在色谱操作条件下都能出峰，并已知待测组分的相对校正因子，可以用归一化法计算各组分含量。

2.6.3　高效液相色谱法

高效液相色谱法的基本原理是利用混合物各组分在固定相及流动相中的吸附能力、分配系数、离子交换作用或分子尺寸大小存在较大的差异。当混合物中各组分随液体流动相通过固定相时，与流动相和固定相间发生液固吸附、液液分配、化学键合、离子交换或分子排阻等作用。其作用力的大小、强弱不同，决定了在固定相中滞留时间不同，从而使各组分按不同的次序先后流出，得到的液相色谱谱图与气相色谱谱图相似。高效液相色谱按照流动相和固定相的状态或作用机制不同，可分为液固吸附色谱、液液分配色谱、离子交换色谱、离子色谱、离子对色谱、尺寸排阻色谱和亲和色谱等。高效液相色谱法与气相色谱法比较，不受样品挥发度和热稳定性的限制，非常适合于分离生物大分子、离子型化合物、不稳定的天然产物以及其他各种高分子化合物等。高效液相色谱仪由高压输液系统、进样系统、分离系统、检测系统、记录系统组成，商品化的液相色谱仪如图2-2所示。

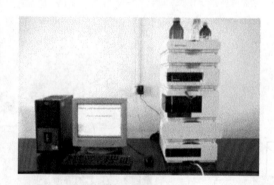

图2-2　液相色谱仪

色谱柱是高效液相色谱的核心部件，其中固定相是影响色谱柱柱效和分离度的关键因素。固定相决定了物质的分离过程，也决定了流动相的基本性质。按分离原理可分为分配色谱、吸附色谱、离子交换色谱、尺寸排阻色谱和亲和色谱等。流动相又称为淋洗液或洗脱剂。流动相组成、极性可显著改变组分的分离状况，正确选择流动相直接影响组分的分离度。流动相按组成可分为单组分和多组分流动相；按极性可分为非极性、弱极性、极性流动相；按洗脱方式可分为等度洗脱和梯度洗脱流动相。流动相选择溶剂时，溶剂的极性是选择的重要依据，常采用二元或多元溶剂混合作为流动相，以便灵活调节流动相的极性，改进分离或调整出峰时间。高效液相色谱实现定性和定量的方法与气相色谱基本相同，但由于液相色谱中影响组分迁移的因素较多，其定性的难度较大。最常用的定量方法有外标法、内标法和归一化法。

2.6.4 色质联机

质谱分析法（mass spectrometry，MS）常简称质谱，是通过对样品离子的质量和强度的测定来进行定量分析和结构分析的一种方法。利用质谱进行样品分析时，样品通过进样系统进入离子源，由于结构性质不同而电离为各种不同质荷比（m/z）的分子离子和碎片离子，而后带有样品信息的离子碎片被加速进入质量分析器，不同的离子在质量分析器中被分离并按质荷比大小依次抵达检测器，经记录即得到按不同质荷比排列的离子质量谱，也就是质谱。

质谱可以对样品中的有机化合物或无机化合物进行定性及定量分析。在有机化合物的质谱中，能给出有机分子的分子量，分子离子和碎片离子以及碎片离子和碎片离子的相互关系，各种离子的元素组成以及有机分子的裂解方式及其与分子结构的关系。质谱分析具有很强的结构鉴定能力，但不能直接用于复杂化合物的鉴定。气相色谱和液相色谱对混合物中各组分的分离和定量有着显著的优势，但仅用色谱难以进行确切的定性。因此把分离能力强的色谱仪与定性检测能力强的质谱仪结合在一起，可提供一种对复杂化合物最为有效的定性定量分析方法。色谱将样品混合物进行分离，质谱检测器检测每一个被分离的组分，产生质谱图用于定性及定量分析。

色质联用的工作原理包括以下过程：样品在色谱柱中进行分离。样品中的各个组分在色谱柱内通过物理分离并在不同的保留时间出峰。从色谱柱中分离流出的样品组分进入到质谱的真空室中，在这里通过合适的离子化模式离子化。产生的离子通过质量分析器进行质荷测定。在给定的质量范围内，每个质量数的离子流量被适当的检测器测量出来。用离子流量对碎片的质量数作图形成质谱图。每一个化合物都有其特征的可作为指纹图谱的质谱图，这是鉴定化合物的基础。质谱图中离子流量与化合物的量成正比，这是定量分析的基础。通常用全扫描质谱图对未知物进行定性鉴定，该图可看作被测组分原来结构的指纹图。谱图中分子离子峰可确定被测组分的相对分子质量，各碎片离子是该分子的一些组成部分。质谱检测器的定量基础是被测组分的峰强度与其含量成正比。采用全扫描和选择离子扫描进行数据采集，用外标法或内标法定量。其步骤为：对待定量组分进行鉴定，确保样品中有被定量组分存在；确定用于定量的特征离子；用标准样品做标准曲线；实际样品分析。色质联用仪由下面五个部分组成：色谱分离部分；离子源（包括电子轰击源、化学电离源）；质量分析器（包括四极杆、离子阱等）；检测器（包括电子倍增器、光电倍增管），以及数据采集及分析系统。

2.6.5 光度分析

紫外-可见吸收光谱法（ultraviolet and visible spectroscopy，UV-VIS），是利用某些物质的分子吸收 200~800nm 光谱区的辐射来进行分析测定的方法。这种分子吸收光谱产生于价电子和分子轨道上的电子在电子能级间的跃迁，广泛用于有机和无机物质的定性和定量测定。

物质的紫外吸收光谱基本上是其分子中生色团及助色团的特征，而不是整个分子的特征。如果物质组成的变化不影响生色团和助色团，就不会显著地影响其吸收光谱，如甲苯和乙苯具有相同的紫外吸收光谱。另外，外界因素如溶剂的改变也会影响吸收光谱，在极性溶剂中某些化合物吸收光谱的精细结构会消失，成为一个宽带。所以，只根据紫外光谱是不能完全确定物质的分子结构的，还必须与红外吸收光谱、核磁共振波谱、质谱以及其他化学、物理方法共同配合才能得出可靠的结论。

红外吸收光谱又称为分子振动-转动光谱。当样品受到频率连续变化的红外光谱照射时，分子吸收了某些频率的辐射，并由其振动或转动运动引起偶极矩的净变化，产生分子振动和转动能级从基态到激发态的跃迁，使相应于这些吸收区域的透射光强度减弱。记录红外光的百分透射比与波数或波长关系的曲线，就得到红外吸收光谱。红外吸收光谱分析就是利用物质的分子对红外辐射的吸收，得到与分子结构相应的红外光谱图，从而来鉴别分子结构的方法。任何分子的原子总是在围绕它们的平衡位置附近做微小的振动，这些振动的振幅很小，而振动的频率却很高，正好和红外光的振动频率在同一数量级。分子发生振动能级跃迁时需要吸收一定的能量，这种能量通常可由照射体系的红外线供给。这种吸收的能量将取决于键力常数与两端连接的原子的质量，即取决于分子内部的特征，这就是红外光谱可以测定化合物结构的理论依据。红外光谱的吸收带强度既可用于定量分析，也是化合物定性分析的重要依据。红外光谱可用于分子结构的基础研究及对化学组成的分析。红外光谱最广泛的应用在于对物质的化学组成进行分析，用红外光谱法可以根据光谱中吸收峰的位置和形状来推断未知物结构，依照特征吸收峰的强度来测定混合物中各组分的含量。红外光谱仪主要由光源、单色器、样品室、检测器和记录仪组成。

本章小结

本章重点对实验室类型与操作规范、样品的采集与保存、样品的制备和预处理、分析方法的种类及选用原则、实验设计和数据处理、常用仪器分析技术进行了介绍，使学生对食品安全检测的基础知识有初步了解。

思考题

1. 检测实验室有哪几类？
2. 检测实验室的基本操作规范是什么？
3. 检测样品的采集与保存有哪些基本要求？
4. 检测样品制备和预处理的基本程序是什么？
5. 常用的分析方法有哪些，如何合理选用？

参考文献

[1] 赵新淮主编. 食品安全检测技术. 北京：中国农业出版社，2007.
[2] 王世平主编. 食品安全检测技术. 北京：中国农业大学出版社，2009.
[3] GB 4789.1—2010食品安全国家标准 食品微生物学检验 总则.
[4] GB/T 5009.1—2003食品卫生检验方法 理化部分 总则.

③ 样品前处理技术

3.1 概述

样品前处理技术是指样品的制备和对样品采用合适的分解和溶解方法以及对待测组分进行提取、净化和浓缩的过程，使被测组分转变成可以测定的形式，从而进行定量和定性分析。由于待测组分受其共存组分的干扰或者由于测定方法本身灵敏度的限制以及对待测组分状态的要求，绝大多数分析方法需要对试样进行有效的、合理的处理，即在进行分析测定前应对试样进行物理或者化学的处理，将待测组分从样品中提取出来，排除其他组分对待测组分的干扰。同时还要将待测组分稀释或浓缩或转变成分析测定所要求的状态，使待测组分的量及存在形式适应所选分析方法的要求，从而使测定顺利进行，并保证分析测定结果的准确性和可靠性。

样品前处理技术的分类有不同的标准，按照样品的形态，可以将其分为固体、液体和气体样品的前处理技术。按照待测物质的结构和理化性质，可以将其分为无机污染物和有机污染物的样品前处理技术。随着各种技术的应用与发展，一些新的提取、净化方法开始在食品中的有机污染物前处理中得到较为广泛的应用，如固相萃取（SPE）、固相微萃取（SPME）、基质固相分散萃取（MSPD）、分子印迹技术（MIP）、免疫亲和色谱（IAC）、凝胶渗透色谱（GPC）、浊点萃取（CPE）、离子液体分散液相微萃取（IL-DLME）、加速溶剂提取（ASE）、超临界流体萃取（SFE）、亚临界水萃取（SWE）和微波辅助萃取（MAE）等技术方法。

3.2 液液分配法

液液分配法（liquid liquid partition，LLP）又称为液液萃取法，该方法装置简单、操作容易，不仅能分离、提纯常量物质，更适合微量或痕量目标物的分离、富集和净化，是食品安全检测中常用的净化技术之一。

3.2.1 基本原理

利用目标物在两种互不相溶（或微溶）溶剂中溶解度或分配系数的不同，使目标物从一种溶剂转移到另一种溶剂中，经多次反复萃取后目标物被提取出来。

分配定律是液液分配法的主要依据，物质在不同的溶剂中有不同的溶解度。实验证明，在一定温度下，如果该物质与两种溶剂不发生电离、分解、缔合或溶剂化等作用，那么物质在两液层中的物质的量浓度比是一个定值，称为分配系数。

3.2.2　萃取溶剂的选择

萃取用溶剂应与原溶剂互不相溶，对被测组分有最大溶解度，而对杂质有最小溶解度。即被测组分在萃取溶剂中的分配系数最大，杂质的分配系数最小。萃取溶剂应易于挥发，且不能与原溶液的溶质反应。萃取溶剂对目标物具有较快的传质速率，无毒或毒性较小。萃取溶剂应价廉、易得。常用的萃取溶剂有：四氯化碳、二氯化碳、环己烷、乙醇、甲醇、苯等。实际应用时除了选择合适的萃取溶剂外，为了节约资源，还要对萃取溶剂的用量加以优化。

液液分配法有机溶剂消耗量大，对成分复杂样品的净化效果不佳。

3.2.3　在食品安全检测中的实例分析

黄曲霉毒素 B_1、黄曲霉毒素 B_2、黄曲霉毒素 G_1、黄曲霉毒素 G_2 为黄曲霉菌、寄生霉菌的代谢产物，其理化性质极为稳定。该毒素微溶于水，易溶于甲醇、丙酮、氯仿等有机溶剂，不溶于石油醚、己烷、乙醚等，具有很强的致癌、致畸、致突变毒性。

黄曲霉毒素样品提取溶剂一般为甲醇、乙腈水溶液，其提取液中的共提取物将对该毒素的检测带来干扰。为了消除基质干扰，可采用液液萃取净化方法。

3.2.3.1　样品制备

取代表性脱壳、粉碎（粒度＜2mm）的稻谷或玉米、小麦样品 500～1000g，混匀。

3.2.3.2　样品提取

称取 20.0g 粉碎样品，4.0g 氯化钠，置于搅拌杯中，再加入 100mL 甲醇/水（80∶20，体积比），盖上搅拌杯的盖子，高速搅拌 2min，静置 1～2min，取下盖子，将提取物依次用快速滤纸、玻璃纤维滤纸过滤，滤液备用。

3.2.3.3　净化

准确移取 1mL 滤液，加入 300μL 三氯甲烷混匀振荡，再将此溶液加入预先装有 3mL 水的带塞玻璃离心管中，混匀振荡，离心 3min（4000r/min）分层，移取上层液体，再加 300μL 三氯甲烷混匀振荡提取 2 次，合并 3 次下层萃取液，氮气吹干。重新溶解残留物后，经 0.45μm 有机滤膜过滤后做液相色谱分析。

3.3 固相萃取法

固相萃取（solid phase extraction，SPE）是从 20 世纪 80 年代中期由液固萃取和液相色谱技术相结合发展起来的一项样品前处理技术。该技术集样品净化和富集于一身，能提高检测方法的灵敏度和检测线；与液液萃取相比更为节省溶剂，可实现自动化批量处理，重现性好，是目前食品安全检测中最为常用的样品净化技术之一。

3.3.1　基本原理

SPE 技术基于液固色谱理论，采用选择性吸附、选择性洗脱的方式对样品进行分离、净化和富集，是一种液相和固相的物理萃取过程，也可以看作是一种简单的色谱过程。

常用方法是液体样品通过一种吸附剂，保留其中被测物质，再选用适当溶剂冲去杂质，然后用少量溶剂洗脱目标物，从而达到快速分离、净化与浓缩的目的。同样，也可以选择性吸附干扰杂质，让被测物流出。

3.3.2 固相萃取装置

3.3.2.1 固相萃取柱

SPE 柱（图 3-1）是固相萃取净化技术的核心，主要由聚丙烯柱管、聚丙烯筛板和填料组成。目前常用的填料类型分为四类：①键合硅胶，包括 C_{18}（封端）、C_{18}-N、C_8、CN、NH_2、PAS、SAX、COOH 等，该类型填料是 SPE 中最常用的吸附剂，pH 适用范围 $2 \sim 8$；②高分子聚合物，包括 PEP、PAX、PCX、HXN、PS，是以聚苯乙烯/二乙烯苯为基质的固相萃取填料，具有纯度高、比表面积大的特点；③吸附型填料，包括 Florisil（硅酸镁）、PestiCarb（石墨化碳）、Alumina-N（中性氧化铝）、Alumina A（酸性氧化铝）、Alumina B（碱性氧化铝）等；④混合型和专用柱系列，如 C_8/SCX、Pesticarb/NH_2 等。

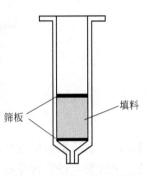

图 3-1 固相萃取柱示意图

筛板 填料

3.3.2.2 固相萃取装置

目前，固相萃取装置（图 3-2）有真空 SPE 装置和自动化 SPE 装置。前者需要人为控制上样流速、洗脱流速等条件；后者可通过程序设置控制条件，避免人为操作影响，节省溶剂。

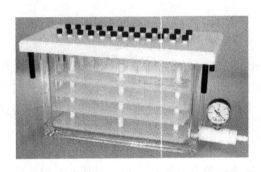

图 3-2 固相萃取装置

3.3.3 操作步骤

根据填料保留机理的不同，操作有所不同。

（1）填料保留目标化合物 可分为 4 步完成（图 3-3）：①活化，除去柱子内杂质并创造一定的溶剂环境；②上样，将样品提取液挥发完后用一定的溶剂溶解后转移入柱，使组分保留在柱上；③淋洗，使用一定的溶剂洗脱柱子以最大限度除去干扰物；④洗脱，选用合适的溶剂将被测组分洗脱下来并收集。

（2）填料保留杂质 一般由 3 步完成 ①活化；②上样，该步大部分目标物会随样品基

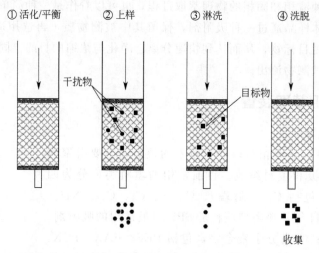

图 3-3　固相萃取流程示意图

液流出，杂质被保留在柱上，故上样时就要开始收集；③洗脱，用小体积溶剂将待测组分淋洗下来收集，最后合并收集液。

3.3.4　在食品安全检测中的应用

食品种类繁多，实际应用中应根据待测目标物的理化性质及样品的组成成分选择合适的 SPE 柱。如 Florisil 柱可用于蔬菜/水果样品中有机氯、拟除虫菊酯类等农药的净化处理（NY/T 761—2008）；Alumina-N 柱可用于食品中苏丹红残留的净化处理；Cleanert SCX 柱用于动物组织中盐酸克伦特罗样品的进化处理等。

3.4 固相微萃取技术

固相微萃取技术（solid-phase microextraction，SPME）是 20 世纪 90 年代兴起的一项新颖的集萃取、浓缩和进样于一体的样品净化技术，属于非溶剂型萃取法。与 SPE 相比，SPME 具有操作简单、萃取快捷、无需溶剂、可在线和活体取样、可自动化等特点。

3.4.1　基本原理

SPME 方法包括吸附和解吸两步。吸附过程是待测物在样品基质和萃取介质间的分配平衡。SPME 装置由在微量进样器中插入一段涂有萃取相的石英纤维构成，当萃取达到平衡时，进入萃取相分析物的量（n）与样品中的浓度（C_0）成正比：

$$n=\frac{K_{fs}V_fC_0V_s}{K_{fs}V_f+V_s} \tag{3-1}$$

式中　K_{fs}——分析物在萃取相和试样间的分配系数；

　　　V_f——萃取相体积；

　　　V_s——样品体积。

解吸过程随 SPME 后续分离手段的不同而不同，对于气相色谱来说，萃取纤维插入进样口进行热解析；对于液相色谱而言，要通过溶剂进行洗脱。

目前，商品化的萃取头主要包括膜厚的聚二甲基硅氧烷（PDMS）、二乙烯基苯（DVB）、聚丙烯酸酯（PA）、专利炭吸附剂（CAR）、聚乙二醇（CW）以及它们的结合体，如 PDMS/DVB、PDMS/CAR 或 CW/DVB 等。SPME 对有机物的萃取符合"相似相溶"原则，不同的涂层萃取不同的待测物。非极性涂层（如聚二甲基硅氧烷）对非极性物质如烃类萃取效果良好；极性涂层（如聚丙烯酸酯）对极性物质如苯酚、羧酸类的吸附效果最好。但是，不同萃取方式和萃取环境会影响涂层的吸附效果，比如在直接 SPME 中，极性涂层若要在水相环境中萃取极性化合物，则涂层对待测物的亲和力须大于水对待测物的亲和力才行。

但是，当前商品化的萃取头涂层存在热稳定性和机械强度差、选择性不好、对极性基质中的极性化合物萃取效率低等不足。为了解决上述问题，人们研究合成了多种对分析物具有高选择性的吸着剂，如分子印迹聚合物、离子液体、各类碳纳米材料、无机纳米材料、金属有机框架化合物等。

3.4.2　固相微萃取装置和萃取方式

SPME 装置如图 3-4 所示，吸附涂层涂于 SPME 萃取头上，萃取头外套有细的不锈钢针管以保护石英纤维不被折断。萃取头可在针管内收缩。根据涂层萃取头（涂层纤维）与样品基质的相对位置，SPME 可分为顶空 SPME 和直接 SPME 两种萃取方式。直接 SPME 适合于气体基质或干净的水样品，萃取头直接伸入基质中；顶空 SPME 适合于任何基质中挥发性、半挥发性有机化合物的萃取。

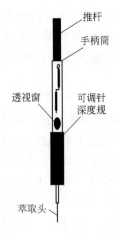

推杆
手柄筒
透视窗
可调针深度规
萃取头

图 3-4　SPME 装置示意图

3.4.3　固相微萃取操作步骤

3.4.3.1　样品萃取

（1）将 SPME 针管穿透样品瓶隔垫，插入瓶中。

（2）推手柄杆使纤维头伸出针管，纤维头可以进入水溶液中或置于样品上部空间，萃取时间 2～30min。

（3）缩回纤维头，将针管退出样品瓶。

3.4.3.2　气相色谱分析

（1）将 SPME 针管插入气相色谱仪进样口。

（2）推手柄杆，伸出纤维头，热解析样品进入色谱柱。

（3）缩回纤维头，移出针管。

3.4.3.3 高效液相色谱分析

（1）将 SPME 针管插入 SPME/HPLC 接口解吸池，进样阀置于"load"位置。

（2）推手柄杆伸出纤维头，关闭阀密封夹。

（3）将阀置于"inject"位置，流动相通过解吸池洗脱样品进样。

（4）阀重新置于"load"位置，缩回纤维头，移走 SPME 针管。

3.4.4　在食品安全检测中的应用

有机磷农药的大量使用严重污染了环境水的安全，用 SPME 技术对水样中甲基对硫磷、二嗪农、对硫磷和水胺硫磷的净化富集既简单又实用。具体操作如下：取 4mL 水样于萃取瓶中，用顶端带孔和聚四氟乙烯隔垫的盖子密封，置于工作台上，磁力搅拌；然后将 SPME 萃取纤维直接插入萃取瓶中，保持涂层完全进入水相，萃取针套管的其他部分不能与样品接触；室温萃取 60min 后将 SPME 直接插入气相色谱进样口热解析。

实际应用时应针对目标物的理化性质选用不同涂层的 SPME。

3.5 凝胶渗透色谱技术

凝胶渗透色谱（gel permeation chromatography，GPC）是液相色谱的一种，也称为空间排阻色谱或分子筛凝胶色谱，是 20 世纪 70 年代由 J. C. Moore 首先研制成功的一种样品净化技术。随着色谱技术的发展，GPC 已发展成为从进样到收集的全自动净化系统，也已成为食品安全检测方法中样品净化处理很重要的一种方法。

3.5.1　基本原理

凝胶渗透色谱（图 3-5）以多孔硅胶为固定相，以单一或混合溶剂为流动相，利用凝胶孔穴的空间尺寸效应，使分子量或体积大小不同的分子得到分离。随着流动相的移动，被测量的高聚物溶液中较大分子的组分被排除在粒子（硅胶等）的小孔之外，主要沿着凝胶颗粒间的孔隙移动，移动路径较短，速度较快，先流出色谱柱；相对分子质量小的组分可进入凝胶颗粒的小孔内，迁移路径长，通过速率慢，在色谱柱中的滞留时间长，后流出色谱柱。

目前应用较多的凝胶种类为：聚丙烯酰胺凝胶、交联葡聚糖凝胶、琼脂糖凝胶、聚苯乙烯凝胶等。

3.5.2　凝胶渗透色谱仪

基于凝胶渗透色谱原理开发的凝胶渗透色谱仪（图 3-6）主要由输液系统（溶剂储存器、输液泵、进样器等）、色谱柱、检测器、信号记录仪、控制系统等部分组成。色谱柱是发生分离作用的关键，一般按照样品分子量范围来选择柱子的型号，样品分子量应该处在排阻极限和渗透极限范围内。

3.5.3　在食品安全检测中的应用

凝胶渗透色谱可对不同分子量的混合物分离净化，适于对样品中多残留物质的净化处

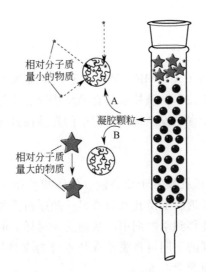

图 3-5　GPC 示意图

A—相对分子质量较小的物质由于扩散作用进入凝胶颗粒内部被滞留；
B—相对分子质量较大的物质排阻在凝胶颗粒外面，在颗粒之间迅速通过

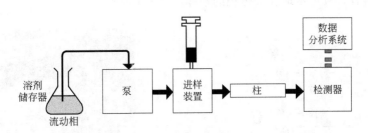

图 3-6　凝胶渗透色谱仪结构示意图

理。如可用聚苯乙烯凝胶 SX-3 色谱对黄瓜、番茄和青椒中 15 种有机磷农药进行分离净化，消除样品基质影响，具体步骤如下（KL-SX-3 型半自动凝胶色谱仪）。

① 装柱　称取 7g 聚苯乙烯凝胶 SX-3 浸泡于 50mL 环己烷-乙酸乙酯（1∶1，体积比）溶液中至少 5h，吸涨后的凝胶要保持在液面下，在半自动凝胶色谱仪上，利用 N_2 的压力将吸涨的凝胶转移至玻璃柱（10mm×200mm）内，用环己烷-乙酸乙酯（1∶1，体积比）溶液淋洗，在 N_2 的压力作用下流经凝胶柱，调节流速至 1mL/min，稳定后待用。

② 确定淋洗溶剂用量　吸取 0.5mL 的 10mg/L 有机磷农药混合标样，直接注入凝胶色谱柱中，用环己烷-乙酸乙酯（1∶1，体积比）溶液淋洗，每 1mL 流出液收集于 1 个试管中，共收集 20mL，用气相色谱检测各段流出液中农药的含量，制作有机磷农药在凝胶色谱上的流出曲线，确定淋洗溶剂使用量及收集体积。

③ 样品处理及净化　准确称取切碎的蔬菜样品 30g、碳酸氢钠 5g、无水硫酸钠 30g，放入组织捣碎机中，加入 60mL 乙酸乙酯，匀浆 1min。将样品转移至 250mL 离心管中，以 2300r/min 离心 10min。吸取上清液 20mL 转移至 100mL 圆底烧瓶，减压浓缩近干，用 N_2 吹干，再用环己烷-乙酸乙酯（1∶1，体积比）溶液定容至 2mL 作为提取液。取提取液 1mL 进样到凝胶渗透色谱柱上，开启压力保持流动相流速为 1mL/min，收集第 10～18mL 流出物。在 40℃下用旋转蒸发仪浓缩淋洗液近干，再用 N_2 吹干，用乙酸乙酯定容至 1mL 待测。

3.6 膜萃取

膜萃取（membrane extraction，ME）又称固定膜界面萃取，是一种将膜分离与液液萃取过程相结合的新型分离净化技术。该技术具有简单快速、操作步骤少、可自动化、可与各种检测仪器联用等优点，适于食品安全检测过程中的样品前处理要求。

3.6.1　基本原理

膜萃取（图 3-7）即将一微孔膜置于原料液（供体相）和萃取剂（受体相）之间，当萃取剂因对膜的浸润性而迅速浸透膜上微孔并与膜另一侧原料液相接处形成稳定界面层时，微分离溶质透过界面层从原料液移到萃取剂中，从而实现对样品的净化。

根据装置构造及萃取原理的不同可将膜萃取技术分为支持液膜萃取、微孔膜液液萃取、中空纤维膜液相微萃取、固相膜萃取等。

固相膜萃取是固相萃取的另一种表现形式，其使用的固相萃取膜（图 3-8）截面积大、传质速率快，可使用较大的流量；膜状介质吸附剂的粒径较小且分布均匀，能增大吸附表面积并改善传质过程，故可萃取较大体积的水样。

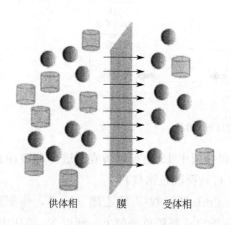

供体相　膜　受体相

图 3-7　膜萃取传质原理示意图

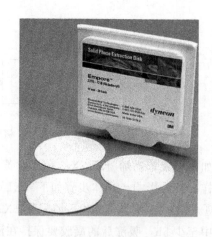

图 3-8　固相萃取膜

3.6.2　在食品安全检测中的应用

【实例 1】　固相膜萃取养殖用水中痕量有机磷农药，具体步骤如下。

① 加标水样制备　移取 1.0mg/L 有机磷农药混合标准溶液 200μL，用去离子水稀释至 500mL，摇匀，配制成 0.4μg/L 中间液，备用（现用现配）。

② 样品净化　固相萃取膜（C_{18}）使用前依次用乙酸乙酯 20mL、丙酮 10mL 淋洗，再用甲醇 20mL、去离子水 20mL 活化，此过程中膜表面应持有液膜。然后，取 500mL 加标水样或实际水样（0.45μm 聚偏氟乙烯微孔滤膜过滤）进行固相膜萃取，水样通过后，真空泵抽真空以除去固相萃取膜中的残留水分，然后用丙酮（5mL）、二氯甲烷（15mL）为淋洗液洗脱目标化合物。洗脱液用无水硫酸钠过柱除水后于 35℃ 水浴中旋转蒸发至干，用丙酮定容至 1mL，供气相色谱分析。

【实例 2】 液膜萃取法富集水中铜，具体步骤如下。

① 膜相组成　膜溶剂（工业煤油，油相中体积分数 42%；表面活性剂 Mx-1，聚醚胺类，油相中体积分数 3%）；载体（N902，2-羟基-5-壬基水杨酸肟；P204，磷酸二异辛酯，油相中体积分数 5%）；内水相（2mol/L H_2SO_4；油内比：$R_{io}=1:1$，体积比）。

② 膜相操作条件　制乳转速为 4700～4900r/min，10min；提取转速为 700～720r/min，10min；乳水比 1:5（体积比），破乳电压为 70～80kV，电流 0.2mA。

③ 实验步骤　a. 制乳：将膜溶剂、表面活性剂和载体按比例加入 400mL 烧杯中，配成油相，再按油内比加入内水相即 2mol/L H_2SO_4，开启制乳搅拌机，制乳 10min，制得 W/O 型乳状液；b. 水处理：将含一定浓度铜的废水置于直径 4cm、高 20cm 的圆柱形玻璃提取器中，用电动搅拌机边慢速搅拌边将乳液按一定的乳水比缓慢加到外水相中，处理 10min；c. 乳水分离：处理完毕后，将混合液转移至分液漏斗中，静置分层，分离油相；d. 破乳：将富集了铜离子的乳液转移至破乳器中，通过高压静电破乳，使铜离子从乳液中释放出来，形成高浓度的含铜溶液。

3.7 低温冷冻

低温冷冻净化技术是在低温条件下浓缩精制常温条件下不稳定溶质为目的而发展起来的样品净化技术。该技术是一种无污染无破坏的分离技术，且操作方法简便。

该方法基于不同物质在同一溶剂中的溶解度随温度的不同而不同的原理进行净化分离，适用于净化分离微量或痕量目标物。例如，徐娟等通过正己烷-水溶液分散橄榄油、棕榈油、花生油样品后，以乙腈为提取溶剂对样品中 104 种常用农药进行提取，提取后虽然大部分油脂被去除，但仍有少部分进入乙腈层，故为了进一步净化，将乙腈提取层放入 -18℃ 冰箱内冷冻除脂，随着冷冻时间的延长，提取液中的油脂含量显著下降。

3.8 免疫亲和色谱技术

亲和色谱是利用生物大分子对一类分子或某种分子特意性识别和可逆结合的特性而建立起来的一种分离净化技术。该技术过程简单、迅速、分离效率高、纯化倍数大、产物纯度高。

3.8.1 基本原理

免疫亲和色谱（immunoaffinity chromatography，IAC）技术是利用抗原、抗体之间高特异性的亲和力进行分离的方法（图 3-9）。首先在有机或无机填料载体表面键合具有一般反应性的间隔臂，然后再连接抗体组成固定相。当含有目标物（相应抗原）的样品提取液流经固定相时，固定相上的抗体将特异性地吸附目标物，使其滞留在柱内，其他分子不被保留而流出色谱柱，最后用洗脱液洗脱目标物。

3.8.2 在食品安全检测中的应用

免疫亲和色谱净化技术可从样品提取液中对目标物进行选择性净化和浓缩，然后再从固相支持物中提取纯化目标物。免疫亲和色谱柱的柱容量、固相支持物基质、基质的活化与抗

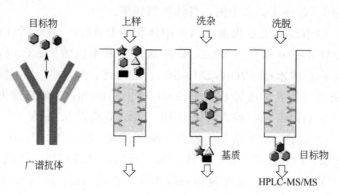

图 3-9　免疫亲和色谱（引自 Zhen L X 等）

体的偶联、抗原结合能力等因素对免疫亲和色谱效率影响较大，实际应用时要十分注意。

大米中黄曲霉毒素的免疫亲和色谱净化方法如下。

① 提取　准确称取经磨细（粒度小于 2mm）的试样 25.0g 于 250mL 具塞锥形瓶中，加入 5.0g 氯化钠及甲醇-水（7+3）至 125.0mL，以均质器高速搅拌提取 2min。定量滤纸过滤，准确移取 15.0mL 滤液并加入 30.0mL 水稀释，用玻璃纤维滤纸过滤 1~2 次，至滤液澄清，备用。

② 净化　将免疫亲和色谱柱连接于 20.0mL 玻璃注射器下。准确移取 15.0mL 样品提取液注入玻璃注射器中，将空气压力泵与玻璃注射器连接，调节压力使溶液以约 6mL/min 流速缓慢通过免疫亲和色谱柱，直至 2~3mL 空气通过柱体。以 10mL 水淋洗柱子两次，弃去全部流出液，并使 2~3mL 空气通过柱体。准确加入 1.0mL 色谱级甲醇洗脱，流速为 1~2mL/min，收集全部洗脱液于玻璃试管中，供检测用。

3.9　分子印迹技术

分子印迹技术（molecular imprinting technique，MIT）是近年发展起来的制备功能性材料的新方法，利用该技术制备的分子印迹聚合物（molecularly imprinted polymers，MIP）具有理化性质稳定、成本低、可重复利用等特点，已成为检测领域研究的热点，也为食品安全检测中样品净化提供了新选择。

3.9.1　基本原理

分子印迹技术以 Ficher 提出的酶-底物相互作用的"锁-钥匙"模型为理论基础，以该技术制备的功能性材料称为分子印迹聚合物（molecular imprinted polymers，MIPs）。MIPs 制备过程：首先，将功能单体和模板分子溶解在某种溶剂中形成类似酶与底物结合物的楔合物；然后加入交联剂，在引发剂的作用下使形成的楔合物与交联剂发生自由基共聚合形成高分子聚合物；最后用适当的方法除去模板分子，得到与底物（模板分子）相匹配的三维立体孔穴结构，这种结构具有类似酶对底物的专一性（图 3-10）。

根据聚合过程中模板分子和功能单体之间作用力形式的不同，分为由 Wulff 等人提出的共价键聚合和由 Mosbach 等人提出的非共价键聚合。根据聚合方式的不同又可分为本体聚合、悬浮聚合、沉淀聚合、表面印迹聚合、可控/活性自由基聚合等。

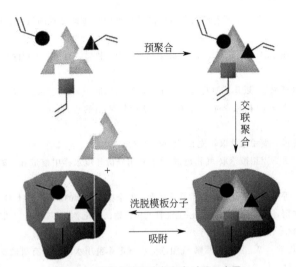

图 3-10　分子印迹聚合物制备过程示意图

3.9.2　在食品安全检测中的应用

分子印迹技术和免疫亲和色谱净化技术是样品净化技术中对目标物具有特异性识别功能的两种技术，也是当前食品安全检测领域研究的热点。

以食品中有毒、有害物质为目标物的分子印迹聚合物已被广泛研究，研究效果也较为理想。分子印迹聚合物主要以固相萃取柱、分散固相萃取等形式用于样品净化的研究。目前以分子印迹聚合物为基质商品化的净化装置还为数不多。

本章小结

本章主要介绍了目前应用较多的样品净化技术，液液分配法、固相萃取法、固相微萃取技术、凝胶渗透色谱技术、膜萃取、低温冷冻、免疫系和色谱技术、分子印迹等技术的基本原理、所涉及的装置及应用实例。样品净化技术多种多样，实际应用过程中应根据具体情况选择适合的样品净化方法。

思考题

1. 在食品安全检测前为什么要对样品进行净化处理？
2. 目前常用的样品净化技术有哪些？
3. 液液萃取过程中，选择萃取溶剂的原则是什么？
4. 固相萃取技术的原理是什么？
5. 免疫亲和色谱技术的原理是什么？
6. 什么是分子印迹技术？

参考文献

[1]　朱屯，李洲.溶剂萃取.北京：化学工业出版社，2007.

[2] 彭志兵，章烜，蒋建云.液液萃取-高效液相色谱法测定粮食中黄曲霉毒素的研究.粮食科技与经济，2013，38（1）：26-29.

[3] 中华人民共和国农业行业标准 NY/T 761—2008 蔬菜和水果中有机磷、有机氯、拟除虫菊酯和氨基甲酸酯类农药多残留的测定.

[4] 傅若农.固相微萃取（SPME）近几年的发展.分析试验室，2015，34（5）：602-620.

[5] 孙婕，张华，尹国友，等.固相微萃取技术在食品分析领域中的应用.东北农业大学学报，2011，42（8）：154-158.

[6] 马继平，王涵文，关亚风.固相微萃取新技术.色谱，2002，20（1）：16-20.

[7] 王新平，杨云，栾伟，等.固相微萃取-气相色谱-质谱联用分析环境水样中痕量有机磷农药.分析实验室，2003，22（5）：5-9.

[8] 周相娟，李伟，许华，等.凝胶渗透色谱技术及其在食品安全检测方面的应用.现代仪器，2009，1：1-4.

[9] 潘灿平，王丽敏，孔祥雨，等.凝胶色谱净化-毛细管气相色谱法测定黄瓜、番茄和青椒中 15 种有机磷农药.色谱，2002，20（6）：565-568.

[10] 胡红美，郭远明，金衍键，等.固相膜萃取-气相色谱法测定养殖用水中痕量有机磷农药.理化检验：化学分册，2015，51（6）：770-774.

[11] 刘利民，曾立华，肖国光.液膜萃取法处理含铜废水的研究.矿冶工程，2009，29（5）：86-89.

[12] 徐娟，王岚，黄华军，等.低温冷冻及分散固相萃取净化-超高效液相色谱-串联质谱法测定植物油中 104 种农药残留.色谱，2015，33（3）：242-249.

[13] 王迪，杨曙明.兽药残留检测有效净化技术——免疫亲和层析.中国畜牧兽医，2006，（33）3：45-48.

[14] 中华人民共和国国家标准 GB/T 18979—2003 食品中黄曲霉毒素的测定.

[15] Ge Y，Turner A P F. Too large to fit? Recent developments in macromolecular imprinting. Trends in Biotechnology，2008，26（4）：218-224.

[16] Simpson N J K. Solid-Phase Extraction：Principles，Techniques，and Applications. Boca Raton：CRC Press，2000.

[17] Zhen L X，Wen J S，Jin Y Y，et al. Development of a solid-phase extraction coupling chemiluminescent enzyme immunoassay for determination of organophosphorus pesticides in environmental water samples. Journal of Agricultural and Food Chemistry，2012，60：2069-2075.

4 食品中残留危害物质检测技术

4.1 概述

农药残留物是由于喷施农药后存留在环境和农产品、食品、饲料、药材中的农药及其降解代谢产物、杂质，还包括环境背景中存有的污染物或持久性农药的残留物再次在商品中形成的残留。一般来说农药残留量是指农药本体物及其代谢物的残留量的总和，并构成不同程度的毒性。根据防治对象的不同，常将防治害虫的农药称为杀虫剂，防治红蜘蛛的称为杀螨剂，防治作物病菌的称为杀菌剂，防治杂草的称为除草剂，防治鼠类的称为杀鼠剂等。根据农药的来源可分为化学农药、植物农药、微生物农药；根据化学组成和结构可分为无机农药和有机农药（包括元素有机化合物，例如有机氯、有机磷、有机砷、有机硅、有机氟等；还有金属有机化合物，例如有机汞、有机锡等）；根据药剂的作用方式可分为触杀剂、胃毒剂、熏蒸剂、内吸剂、引诱剂、趋避剂、拒食剂、不育剂等。此外，还可以根据使用方法、防治原理以及其他许多种方法分类农药，这里就不一一赘述。

食品中普遍存在的农药残留，其种类很多，常见的有有机氯和有机磷农药两大类，此外，氨基甲酸酯类农药和拟除虫菊酯类农药也占有一定比例。残留量随食品种类及农药的种类不同而有很大差异。农药的毒性都很大，有些还可在人体内蓄积，对人体造成严重危害，因此许多国家和组织都对食品中农药残留的允许量做了相关规定，我国对有机氯和有机磷农药、氨基甲酸酯类农药、拟除虫菊酯类农药等在食品中的允许量也都做了相关规定，具体内容详见 GB 2763—2005 中规定的食品中农药最大残留量。

4.2 食品中农药残留的检测技术

4.2.1 食品中有机磷农药残留检测技术

4.2.1.1 有机磷农药简介

有机磷农药（OPPs）是含有 C—P 键或 C—O—P、C—S—P、C—N—P 键的有机化合物，目前常用的主要有：①磷酸酯类，磷酸中 3 个氢原子被有机基团置换后生成的化合物被称为磷酸酯；②硫代磷酸酯类，磷酸分子中的氧原子被硫原子置换后生成的化合物称为硫代磷酸，当硫代磷酸中的氢原子被有机基团取代后，即成为硫代磷酸酯；③膦酸酯类和硫代膦酸酯类，磷酸中的一个羟基被有机基团置换，在分子中形成P—C键的称为"膦酸"，膦酸中羟基的氢原子再被有机基团取代，即为膦酸酯，当膦酸酯中的氧原子再被硫原子取代，即形成硫代膦酸酯；④磷酰胺和硫代磷酰胺类，磷酸分子中的羟基被氨基置换，生成磷酰胺；或者磷酰胺分子中剩下的氧原子被硫原子所代替，即为硫代磷酰胺。

4.2.1.2　有机磷农药检测方法

以植物性食品中有机磷农药残留量的测定方法为例。

（1）适用范围　可对水果、蔬菜、谷类等作物中有机磷农药如敌敌畏、速灭磷、久效磷、甲拌磷、巴胺磷、二嗪农、乙嘧硫磷、甲基嘧啶硫磷、甲基对硫磷、稻瘟净、水胺硫磷、氧化喹硫磷、稻丰散、甲喹硫磷、克线磷、乙硫磷、乐果、喹硫磷、对硫磷、杀螟硫磷等20种农药制剂的残留进行分析。

（2）原理　含有机磷的样品在富氢焰上燃烧，以HPO碎片的形式放射出波长526nm的特性光，这种光通过滤光片选择后由光电倍增管接收转换成电信号，经微电流放大器放大后被记录下来。样品的峰面积或峰高与标准品的峰面积或峰高进行比较定量。

（3）主要仪器　包括组织捣碎机、粉碎机、旋转蒸发仪和气相色谱仪〔火焰光度检测器（FPD）〕。

（4）测定方法

1）试样的制备　取粮食样品经粉碎机粉碎过20目筛制成试样。取水果、蔬菜样品洗净，晾干去掉非可食部分后制成待分析试样。

2）提取　水果、蔬菜和谷物的提取分别按以下方法进行。

① 水果、蔬菜　精确称取50.00g试样，置于300mL烧杯中，加入50mL水和100mL丙酮（提取液总体积为150mL），用组织捣碎机提取1～2min。匀浆液经铺有两层滤纸和约10g Celite 545的布氏漏斗减压抽滤。从滤液中分取100mL移至500mL分液漏斗中。

② 谷物　称取25.00g试样置于300mL烧杯中，加入50mL水和100mL丙酮，以下步骤同①。

3）净化　向2）中①或②的滤液中加入10～15g氯化钠使溶液处于饱和状态。猛烈振摇2～3min，静置10min，使丙酮从水相中盐析出来，水相用50mL二氯甲烷振摇2min，再静置分层。将丙酮与二氯甲烷提取液合并，经装有20～30g无水硫酸钠的玻璃漏斗脱水滤入250mL圆底烧瓶中，再以约40mL二氯甲烷分数次洗涤容器和无水硫酸钠。洗涤液也并入烧瓶中，用旋转蒸发器浓缩至约2mL，浓缩液定量转移至5～25mL容量瓶中，加二氯甲烷定容。

4）气相色谱测定　色谱条件为色谱柱玻璃柱2.6m×3mm，填装涂有4.5% DC-200＋2.5% OV-17的Chromosorb WAW DMCS（80～100目）的担体；玻璃柱2.6m×3mm，填装涂有1.5% DCOE-1的Chromosorb WAW DMCS（60～80目）的担体。气体速度，氮气（N₂）50mL/min、氢气（H₂）100mL/min、空气50mL/min。温度，柱温240℃、汽化室260℃、检测器270℃。

吸取2～5μL混合标准液及样品净化液注入色谱仪中，以保留时间定性。以试样的峰高或峰面积与标准比较定量分析。

（5）结果计算　按式（4-1）计算。

$$X_i = A_i V_1 V_3 m_s \times 1000/(A_{si} V_2 V_4 m \times 1000) \tag{4-1}$$

式中　V_1——试样提取液的总体积，mL；

　　　V_2——净化用提取液的总体积，mL；

　　　V_3——浓缩后的定容体积，mL；

　　　A_i——试样中 i 组分的峰面积，积分单位；

　　　V_4——进样体积，mL；

　　　X_i—— i 组分有机磷农药的含量，$\mu g/kg$；

　　　m——样品的质量，g；

　　　m_s——注入色谱仪中的标准组分的质量，ng；

　　　A_{si}——混合标准液中 i 组分的峰面积，积分单位。

（6）允许值　相对相差≤15%。

4.2.2　食品中持久性有机氯农药残留检测技术

4.2.2.1　有机氯农药简介

通常有机氯杀虫剂（OCLs）分为三种主要类型，即 DDT 及其类似物、六六六和环戊二烯衍生物。这三类不同的氯代烃均为神经毒性物质，它们在物理化学性质上均有较高的化学稳定性和极低的水溶性，在正常环境中不易分解，常温下为蜡状固体，有很强的亲脂性，易通过食物链在生物体脂肪中富集和积累。OCLs 具有较高的化学稳定性，长期过分使用易导致残留污染严重，害虫的抗性增加。从二十世纪七十年代开始，许多工业化国家相继限用或禁用某些 OCLs，其中主要是 DDT、六六六及狄氏剂，但由于它们的稳定性，世界上很多地方的水和空气中都能检测出微量的 OCLs。

4.2.2.2　有机氯农药的提取

根据食品中残留的有机氯农药的基体不同，提取方法有多种选择：可用单一溶剂或者混合溶剂。目前报道的检测方法大多是多种有机氯农药如 DDT、六六六、狄氏剂、艾氏剂、多氯联苯等同时检测，所以提取时多采用混合溶剂。提取方法主要有索氏提取、加速溶剂提取、振荡提取、超声波仪超声提取、微波提取等。对于仅测定 DDT、六六六等酸稳定的有机氯农药可采用高氯酸消解法。

4.2.2.3　有机氯农药的净化

对于仅测定 DDT、六六六等酸稳定的有机氯农药时，最常用的方法是采用浓硫酸磺化法，但如果同时要测定狄氏剂、艾氏剂等有机氯农药时，一般采用柱色谱法，报道最多的是弗罗里硅土柱色谱法。对于多种有机氯农药的同时测定，可根据所测定的具体农药，选择不同的洗脱剂，如 AOAC 方法，可用正己烷-乙醚（4+96）洗脱 DDT、六六六、艾氏剂、七氯、七氯环氧化物、硫丹Ⅰ、o，p'-DDE，再用正己烷-乙醚（15+85）洗脱狄氏剂和异狄氏剂。除此之外，也有报道采用氧化铝和硅胶柱的净化方法。

4.2.2.4　有机氯农药的测定

近年来，有机氯农药的测定大多采用毛细管色谱法，使用的毛细管柱为非极性至弱极性，如 OV-1701、SE-54、DB-5、DB-608 等，其中 OV-1701 分离效果最佳，但分析时间较长。

气相色谱-电子捕获检测器（GC-ECD）以其灵敏度高、定量准确、分离效果好等优点成为在有机氯农药分析领域应用最为广泛的检测技术。

4.2.3 食品中有机菊酯类农药残留检测技术

4.2.3.1 有机菊酯类农药简介

有机菊酯是一类重要的合成杀虫剂,具有防治多种害虫的广谱功效,其杀虫毒力比老一代杀虫剂如有机氯、有机磷、氨基甲酸酯类提高 10～100 倍。拟除虫菊酯对昆虫具有强烈的触杀作用,有些品种兼具胃毒或熏蒸作用,但都没有内吸作用。其作用机理是扰乱昆虫神经的正常生理,使之由兴奋、痉挛到麻痹而死亡。有机菊酯因用量小、使用浓度低,故对人畜较安全,对环境的污染很小。其缺点主要是对鱼毒性高,对某些益虫也有伤害,长期重复使用也会导致害虫产生耐药性。

有机菊酯在化学结构上的特点之一是分子结构中含有数个不对称碳原子,因而包含多个立体和光学异构体。这些异构体的生物活性不同,杀虫效果也不尽相同。因此,需要提供准确、快速地测定食品中有机菊酯总量和最具生物活性的异构体含量的方法。

4.2.3.2 有机菊酯类农药的检测方法

动物性食品中有机氯农药和拟除虫菊酯农药多组分残留量的测定方法如下。

(1) 范围 适用于肉类、蛋类及乳类动物食品中五氯硝基苯、艾氏剂、狄氏剂、除螨酯、杀螨酯、七氯、环氧七氯、氯菊酯、氯氰菊酯、溴氰菊酯等 20 种常用有机氯农药和拟除虫菊酯农药多组分残留的分析。

(2) 原理 试样经提取、净化浓缩、定容,用毛细管柱气相色谱分离,电子捕获检测器检测,以保留时间定性,外标法定量。出峰顺序:五氯硝基苯、七氯、艾氏剂、除螨酯、环氧七氯、杀螨酯、狄氏剂、氯菊酯、氯氰菊酯、溴氰菊酯。

(3) 主要仪器:凝胶净化柱(长 30cm、内径 2.5cm)、气相色谱仪(配备电子捕获检测器)、旋转蒸发仪、毛细管色谱柱。

(4) 测定方法

1) 试样制备 蛋品去壳,制成均浆;肉品去筋后,切成小块,制成肉糜;乳品混匀待用。

2) 提取与分配

① 称取蛋类试样 20g(精确到 0.01g)于 100mL 带塞三角瓶中,加水 5mL(视试样水分含量加水,使总水量约 20g,通常鲜蛋水分含量约 75%,加水 5mL 即可),加 40mL 丙酮振摇 30min,加氯化钠 6g,充分摇匀,再加 30mL 石油醚振荡 30min。取 35mL 上清液经无水硫酸钠滤于旋转蒸发瓶中浓缩至约 1mL,加 2mL 乙酸乙酯-环己烷(1:1),溶液再浓缩,如此反复 3 次,浓缩至约 1mL。

② 称取肉类试样 20g(精确到 0.01g),加水 6mL,以下按照蛋类的提取与分配步骤处理。

③ 称取乳类样品 20g(精确到 0.01g,鲜奶不需要加水,直接加丙酮提取),以下按照蛋类的提取与分配步骤处理。

3) 净化

① 凝胶净化柱的制备:柱底垫少许玻璃棉,用洗脱剂乙酸乙酯-环己烷(1:1)浸泡的凝胶以湿法装入柱中,柱床高约 26cm,胶床始终保持在洗脱剂中。

② 将浓缩液经凝胶柱以环己烷-乙酸乙酯(1:1)溶液洗脱,弃去开始的 0～35mL 馏分,收集 35～70mL 馏分。将收集的馏分旋蒸至 1mL,氮气吹干溶剂,用石油醚定容至

1mL，以备气相色谱分析。

4）气相色谱分析条件　色谱柱：涂以 OV-101 0.25μm，30m×0.32mm 石英弹性毛细管柱；柱温，程序升温 60℃，进样口温度 270℃；检测器，电子捕获检测器（ECD）300℃；氮气流速 1mL/min；尾吹，50mL/min。

5）测定　分别量取 1μL 混合标准液及试样净化液注入气相色谱仪中，以保留时间定性，以试样和标准的峰高和峰面积定量。

（5）结果计算　按公式（4-2）计算。

$$X = m_1 \times V_2 / (m \times V_1) \tag{4-2}$$

式中　X——试样中各农药的含量，ng/kg；

　　m_1——被测样液中各农药的含量，ng；

　　m——试样质量，g；

　　V_2——样液进样体积，μL；

　　V_1——样液最后定容体积，mL。

计算结果保留两位有效数字。

（6）精密度　在重复性条件下获得的两次独立测定结果的绝对差不得超过算术平均值的 15%。

4.2.4　食品中氨基甲酸酯类农药残留检测技术

4.2.4.1　氨基甲酸酯类农药简介

自 20 世纪 50 年代，由瑞士一家公司研制出氨基甲酸酯类农药开始，这种有机合成的杀虫剂开始被广泛使用。最早被成功开发的氨基甲酸酯类农药是西维因，该类杀虫剂性能优良，一投入市场就被广泛使用。一直到 20 世纪 70 年代末，由于有机氯类农药被禁用，菊酯类、有机磷和氨基甲酸酯类农药的用量越发逐年递增。这就使得建立氨基甲酸酯类农药残留的检测分析方法迫在眉睫。

从化学结构的角度分类，氨基甲酸酯类农药的结构特征是分子中都含 N-甲基基团，大致可分为三类：第一类是 N-甲基氨基甲酸酯类，该类型的农药种类最多，包括残杀威、仲丁威等，这类农药的共同特点是 R 取代基多为苯基或者是萘环和杂环；第二类是 N-甲基氨基甲酸肟类，代表是涕灭威和灭多威等；第三类是 N，N-二甲基氨基甲酸酯，这类的种类最少，典型代表是抗蚜威。

4.2.4.2　氨基甲酸酯类农药的理化特性

多数氨基甲酸酯类农药纯品为白色结晶体，难溶于水，易溶于多种有机溶剂，如甲醇、乙腈、丙酮、氯仿等。在酸性条件下比较稳定，但在碱性环境或高温条件下易分解。这类农药的特点是种类繁多，杀虫能力强，对人畜的毒性较小。氨基甲酸酯类农药可以通过消化道、呼吸道以及皮肤吸收的途径进入人体。氨基甲酸酯类农药在施用后不长时间内会降解，降解后的代谢产物的生物活性与母体相同甚至更高，具有更强的抗胆碱酯酶的作用。对氨基甲酸酯类农药的中毒机制近年来学者们争论不休，主要存在两种观点：一种观点是中毒机制是产生了可逆、竞争性抑制，该抑制是由氨基甲酸酯分子的酯解部位与胆碱酯酶的阴离子部位发生结合引起的；另一种观点是认为中毒是由不可逆的竞争性抑制引起的，这种中毒机理与有机磷类农药的中毒机制相类似。但无论是哪种观点，都认同是对乙酰胆碱酯酶的抑制作用，使得乙酰胆碱酯酶蓄积过量，从而造成胆碱能症状。更有研究表明，通过对刚出生小鼠进行接触低剂量氨基甲酸酯类农药速灭威，结果表明，速灭威会对小鼠成年后的空间记忆功能产生严重的影响。

4.2.4.3 植物性食品中氨基甲酸酯类农药残留量的测定方法

（1）范围　适用于粮食与蔬菜中速灭威、异丙威、残杀威、克百威、抗蚜威和甲萘威的残留分析，其检测限分别为 0.02mg/kg、0.02mg/kg、0.03mg/kg、0.05mg/kg、0.02mg/kg、0.10mg/kg。

（2）原理　含氮有机化合物被色谱柱分离后，在加热的碱金属片的表面产生热分解形成氰自由基，并且从被加热的碱金属表面放出的原子状态的碱金属（Rb）接受电子变成 CN^- 再与氢原子结合，放出电子的碱金属变成正离子，由收集器收集并作为信号电流而被测定。电流信号的大小与含氮化合物的含量成正比。以峰面积或峰高比较定量。

（3）主要仪器　气相色谱仪（火焰热离子检测器）、电动振荡器、组织捣碎机、粮食粉碎机、恒温水浴锅和减压浓缩装置等。

（4）试样的制备　取粮食经粮食粉碎机粉碎，过 20 目筛制成粮食试样。取蔬菜去掉非食用部分后剁碎或经组织捣碎机捣碎制成蔬菜试样。

（5）检测方法

1）提取　根据待检试样不同采用不同的提取方法。

① 粮食试样　称取约 40g 粮食试样精确至 0.001g，置于 250mL 具塞锥形瓶中，加入 20～40g 无水硫酸钠（视试样的水分而定）、100mL 无水甲醇。塞紧，摇匀，于电动振荡器上振荡 30min。然后经快速滤纸过滤于量筒中，收集 50mL 滤液转入 250mL 分液漏斗中，用 50mL 50g/L 氯化钠溶液洗涤量筒，并入分液漏斗中。

② 蔬菜试样　称取 20g 蔬菜试样，精确至 0.001g，置于 250mL 带塞锥形瓶中，加入抽滤瓶中，用 50mL 无水甲醇分次洗涤提取瓶及滤器。将滤液转入 500mL 分液漏斗中，用 100mL 50g/L 氯化钠水溶液分次洗涤滤器并入分液漏斗中。

2）净化　根据待检试样不同，采用不同的净化方法。

① 粮食试样　于盛有试样提取液的 250mL 分液漏斗中加入 50mL 石油醚，振荡 1min 静置分层后，将下层（甲醇-氯化钠溶液）放入第二个 250mL 分液漏斗中，加 25mL 甲醇-氯化钠溶液于石油醚层中。振荡 30s 静置分层后，将下层并入甲醇-氯化钠溶液中。

② 蔬菜试样　于盛有试样提取液的 500mL 分液漏斗中加入 50mL 石油醚，振荡 1min，静置分层后将下层放入第二个 500mL 分液漏斗中，并加入 50mL 石油醚振荡 1min，静置分层后将下层放入第三个 500mL 分液漏斗中。然后用 25mL 甲醇-氯化钠溶液洗涤，并入第三个分液漏斗中。

3）浓缩　于盛有试样净化液的分液漏斗中，用二氯甲烷（50mL、25mL、25mL）依次提取 3 次，每次振摇 1min，静置分层后将二氯甲烷层经铺有无水硫酸钠（玻璃棉支撑）的漏斗（用二氯甲烷预洗过）过滤于 250mL 蒸馏瓶中，用少量二氯甲烷洗涤漏斗，并入蒸馏瓶中。将蒸馏瓶接上减压浓缩装置，于 50℃ 水浴上减压浓缩至 1mL 左右，取下蒸馏瓶。将残余物转入 10mL 刻度离心管中，用二氯甲烷反复洗涤蒸馏瓶并入离心管中。然后吹氮气除尽二氯甲烷溶剂，用丙酮溶解残渣并定容至 2.0mL，供气相色谱分析用。

4）气相色谱条件　色谱柱为玻璃柱，内装涂有 2% OV 101＋6% OV-210 混合固定液的 Chromosorb W（HP）80～100 目担体；气体速度，氮气 65mL/min，空气 150mL/min，氢气 3.2mL/min；温度，柱温 190℃，进样口或检测温度 240℃。

5）测定　取上述浓缩步骤中的试样液及标准液各 $1\mu L$ 注入气相色谱仪中，做色谱分析。根据组分在两根色谱柱上的出峰时间与标准组分比较定性分析；用外标法与标准组分比较定量分析。

（6）结果计算　按式（4-3）计算。

$$X_i = E_i \times A_i \times 2000 / (m \times A_E \times 1000) \qquad (4\text{-}3)$$

式中　X_i——试样中组分 i 的含量，mg/kg；

　　　　E_i——标准试样中组分 i 的含量，ng；

　　　　A_i——试样中组分 i 的峰面积或峰高，积分单位；

　　　　A_E——标准试样中组分 i 的峰面积或峰高，积分单位；

　　　　m——样品质量，g；

　　　2000——进样液的定容体积，2.0mL；

　　　1000——换算单位。

（7）精密度　在重复性条件下获得的两次独立测定结果的绝对差值不得超过算术平均值的 15%。

4.3 食品中兽药残留的检测技术

兽药是指用于预防、治疗、诊断动物疾病或者有目的地调节动物生理机能的物质（含药物饲料添加剂）。用于畜牧生产和兽医临床中的兽药按照用途分类，主要有抗微生物制剂（抗生素和化学治疗试剂）、驱寄生虫剂、激素类、其他生长促进剂等。其中用于防治疾病的兽药主要有抗微生物药物、驱虫剂、抗球虫药物和其他抗原生动物药物。这些药物都有可能在动物源性食品中残留。主要残留兽药有抗生素类、磺胺药类、呋喃药类、激素药类、抗球虫药、驱虫药类等。

4.3.1　食品中抗生素残留的检测技术

食品中抗生素残留对人体存在潜在的巨大毒性和危害。其检测方法有很多种，如微生物测定法、理化检测法、酶联免疫检测法、传感器法和蛋白质芯片等。为了最大限度地减少食品中脂肪、蛋白质等的干扰，减少样品处理过程的损失，需要进行复杂的样品前处理方法，如超声波提取法、超临界流体萃取技术、固相萃取技术、固相微萃取技术等。除此之外还需对样品进行纯化和浓缩。

4.3.1.1　β-内酰胺类抗生素的检测

（1）简介　β-内酰胺类抗生素包括种类繁多的天然和半合成化合物，这些物质都具有 β-内酰胺环的共同结构，典型代表是青霉素 G。通过在青霉素或头孢核心结构加不同的支链可以合成不同的 β-内酰胺类抗生素。β-内酰胺类抗生素按照母核的结构可分为青霉素类、头孢菌素类、头霉素类、单环 β-内酰胺类和碳青霉烯类等。其中应用范围最广泛和品种较多的是青霉素类和头孢菌素类。

（2）测定方法　目前对于常见的 β-内酰胺类抗生素残留最常用、最便捷的检测方法是 ELISA 法，但用化学检测方法作为最终评判。普通的 HPLC 法难以满足如此低的检测量，采用 HPLC-MS（如 ESI、APCI 等）具有测定小于 10^{-9} 级 β-内酰胺类残留的能力，是检测该类药物残留的理想方法。

4.3.1.2　氨基糖苷类抗生素的检测

（1）简介　氨基糖苷类是一种在其糖苷结构中含有一个或一个以上氨基基团的碳水化合物，通常是半个氨基糖苷以一个糖苷键与一个氨基环多醇相连接的一类化合物。

（2）前处理

① 提取　氨基糖苷类抗生素分子含有若干亲水性的羟基基团，易溶于水，微溶于甲醇，难溶于大多数其他有机溶剂。由于它们可能吸附在玻璃表面，所以标准溶液应制备在塑料容量瓶内。萃取时通常采用的方法是以水溶液进行机械均质化处理，并用金属均质器制备组织匀浆。采用碱性缓冲液能有效地从组织中萃取 2-脱氧链霉胺氨基糖苷类庆大霉素和新霉素。一般认为，带有多价阳离子的氨基糖苷类物质与肾脏细胞膜上磷脂膜阴离子结合，碱性溶液能打破氨基糖苷类与细胞膜之间的静电相互作用，用高氯酸能有效地从组织中提取链霉胍类抗生素（链霉素和二氢链霉素）。

② 净化　对于碱性的氨基糖苷类药物，一般采用液-液溶剂分配净化。药物在碱性条件下能分配进入有机相，在酸性条件下又被分配回水相。但氨基糖苷类抗生素分子的极性，无论是以游离碱或盐的形式，在有机溶剂中的溶解度都极其有限，可用有机溶剂洗涤含有氨基糖苷类抗生素的水相萃取液，以除去非极性的组织共提取物。氨基糖苷类抗生素对酸、碱和热相对比较稳定，采用加热法或调节水相萃取液的 pH 值可沉淀共提取出的蛋白质。

（3）测定方法

① HPLC 测定法　氨基糖苷类抗生素紫外吸收很少或没有吸收，因此在检测时必须加入紫外生色团或荧光基团形成衍生物。2-脱氧链霉胺类氨基糖苷分子含有多个伯胺基团，一般使用邻苯二胺（OPA）进行衍生。OPA 在碱性条件下可与伯胺快速反应，产生具有强烈荧光的衍生物。OPA 的衍生技术分为柱前和柱后两种，其中柱前衍生法技术上较为简单，缺点是可能产生多种不稳定的衍生物；柱后衍生法需要较为复杂的仪器。

在 NaOH 或 KOH 存在的条件下，茚三酮和 1，2-萘醌-4-磺酸可与胍基化合物反应，生成荧光衍生物，用于 HPLC 检测链霉素和二氢链霉素。氨基糖苷类抗生素是一种强极性、碱性化合物，大多以离子形式存在于溶液，在亲脂的反相 HPLC 柱上，这些分子的洗脱十分接近排空体积。采用柱前衍生方法形成非极性荧光 OPA 衍生物，这样可采用反相 HPLC 法分析，通常使用甲醇含量大于 50% 的流动相。或者采用离子对色谱法分离极性的氨基糖苷类抗生素，接着联机进行柱后衍生化。离子对色谱分析碱性药物时，需要在流动相中加入离子对试剂（如烷烃磺酸钠盐类），以形成疏水离子对，可增加亲水性药物的保留时间。但 2-脱氧链霉胺类氨基糖苷会与烷烃磺酸根形成非常强的离子对，需要用高浓度的甲醇流动相洗脱，这会导致出现不对称的色谱峰。

② 气相色谱测定法　当用气相色谱测定氨基糖苷类抗生素，氨基糖苷类药物为强极性、非挥发性的高分子量化合物，在进行气相色谱分析之前必须进行衍生。常用的衍生化方法包括多氟酰化和硅烷化。

③ 液相色谱串联质谱法　有报道使用液相色谱串联质谱法定量检测牛奶中链霉素、庆大霉素等 6 种抗生素。该方法的检出限很低，但仅限于牛奶样品的测定。

4.3.1.3　大环内酯类抗生素的检测

（1）简介　结构特征是以一个大环内酯为母核，一般为十二元、十四元或十六元内酯环，内酯环通过苷键与 1 或 2 个糖链连接。这类物质的品种有红霉素、罗红霉素、依托红霉素、克拉霉素、吉他霉素、罗他霉素等。

（2）前处理

① 提取　提取大环内酯类抗生素时，可将猪和牛的组织（肾脏、肝和肌肉）与甲醇、缓冲溶液、乙腈或乙腈-缓冲液混合物进行均质处理。由于大环内酯在乙腈中溶解度很大，且乙腈还可以沉淀蛋白质和渗透组织，同时脂肪和类脂类物质难溶于乙腈，因此乙腈或乙腈-缓冲液混合物为首选的提取溶剂。研究发现，如果降低缓冲液的 pH 值，可改善肝和肾脏中红霉素的萃取效果。乙腈-缓冲液还可用于从奶和蛋中萃取大环内酯。

② 净化

a. 液液分配　有文献报道将药物从乙腈-缓冲液萃取物中分配进入二氯甲烷。还有文献报道使用氯仿作为分配溶剂。在萃取前将溶液的 pH 值调节到碱性。还可将氯化钠加到水相中使大环内酯"盐析"进入有机溶剂。此外，为了消除基体干扰而进行的附加净化步骤也可采用液液分配来完成。

b. 柱色谱　有文献报道用含硅胶-弗罗里硅土的双层柱从猪组织中去除杂质并分离出西地霉素及其代谢物。还有人采用传统填充柱的结合、离子交换树脂和活性炭，从肌肉组织分离了包括大环内酯在内的几种药物。

c. SPE 柱　有文献报道采用固相硅胶萃取小柱从含泰乐菌素的组织提取物中去除亲脂类物质；还有人用氨丙基 SPE 小柱纯化含红霉素的鲑鱼组织提取物。

（3）测定方法　到目前为止，对大环内酯类抗生素的分析方法主要有薄层色谱法、光度法、微生物法、液相色谱法、液相色谱-质谱联用分析法、气相色谱-质谱联用分析法、电泳法等。其中液相色谱-质谱联用是检测大环内酯类抗生素较好的方法。

① 薄层色谱法　1985 年 Moats 对薄层色谱分析大环内酯类抗生素的方法作了综述。还有报道从动物组织、牛奶和蛋中提取泰乐菌素、红霉素、螺旋霉素和竹桃霉素。

② 液相色谱法　可用正相色谱分析测定动物组织器官中的西地霉素，紫外检测波长为 227nm。对于有些如阿维菌素、爱普菌素、多拉菌素和伊维菌素的残留测定，可采用荧光衍生化法，可使检测的选择性和灵敏度显著提高。

③ 气相色谱法　由于大环内酯类物质的低挥发性和热不稳定性，所以不太常用气相色谱测定。但有报道在经水解和乙酰化后成功地用气相色谱-质谱联用分析了红霉素，此法可用于检测肌肉组织中的红霉素。

④ 高效液相色谱-质谱联用法　这是近几年较为常用的方法。有报道称使用高效液相色谱-质谱联用对牛奶、鸡蛋、动物组织中的五种大环内酯类抗生素进行测定，用高效液相色谱定性，流动相梯度洗脱，二级质谱定量，用 ESI 离子源在氩气撞击诱导分离的流动模式下对质谱参数进行优化，用多级反应检测对子离子进行扫描，用缓冲溶液代替有机溶剂进行提取，该法高效、便捷、重现性好，每天可分析几十个样品。

4.3.1.4　四环族抗生素的检测

（1）简介　四环素类（TCs）抗生素由放线菌产生，在化学结构上都属于氢化并四苯环衍生物，具有相似的理化性质，易溶于水和较低级的伯醇类，不易溶于非极性有机溶剂。在 pH3～8 范围内可离子化，pH 约为 3 时以阳离子形式存在，pH3.5～7.5 时是两性离子，pH 在 7.5 以上为阴离子，因此易溶于酸性或碱性溶液，在弱酸性溶液中相对稳定，在 pH<2、中性或 pH>7 时易发生降解而失效。在仅可见光区（350nm 附近）具有强紫外吸收和荧光性质。常见的 TCs 有：四环素、土霉素、金霉素、强力霉素、甲烯土霉素、去甲基金霉素、二甲胺四环素等。其中，四环素、金霉素和土霉素在动物体内经代谢分别转化为差向四环素、差向金霉素和差向土霉素，这些物质的药效极低甚至消失，但毒副作用增加。

（2）测定方法

① 液相色谱法　对四环素类化合物的检测，主要采用液相色谱法。检测时如仅采用一些简单的样品处理方法如蛋白质沉淀等，基质影响会较大，对结果产生一定的影响。为了提高检测的准确性和灵敏度，简化样品处理过程，有报道采用氨基键合的固相萃取柱提取、净化样品，并进行柱后衍生，荧光检测，可大幅提高检测的准确度。

② 液相色谱-质谱联用　目前，文献报道的检测 TCs 的主要方法是液质联用。有报道利用在线固相微萃取 HPLC-ESI-MS/MS 对 7 种四环素类残留进行分析，流动相为乙腈＋水（2％甲酸溶液），梯度洗脱。LOD 值在 4～40ng/mL 之间。

4.3.1.5　胺苯醇类抗生素的检测

（1）简介　胺苯醇类抗生素包括氯霉素（CAP）、氟苯尼考（FF）和甲砜霉素（THA）。

（2）前处理

① 提取　样品中胺苯醇类抗生素的提取，通常采用加入溶剂后均质的方法，常用的溶剂为乙酸乙酯、乙腈、10％三氯乙酸溶液。如果需测定该类药物的代谢物，应该选取极性更强的甲醇。如果需要脱脂，溶剂可选择正己烷。

② 净化　提取液经浓缩加入水后，用己烷洗涤除去脂溶性杂质，还需经色谱柱净化，分离柱较常用的是 C_{18} 小柱、弗罗里硅土和硅胶柱。

（3）测定方法

① 气相色谱和气相色谱-质谱联用法　在气相色谱分析之前，大多需要硅烷化试剂通过"苯醇类"官能团对分析物进行衍生。一般用 99％ BSTFA＋1％ TMS、99％ BSTFA＋1％ TMCS、六甲基双硅烷（HMDS）、三甲基氯硅烷（TMCS）和吡啶的混合物进行硅烷化。因为硅烷化试剂极易与水反应，反应最好是在无水环境中进行。在衍生前使用无水乙醇作为干燥剂。

② 液相色谱和液相色谱-质谱联用法　美国 FDA、欧盟、香港政府化检所等均采用本法作为标准检测法，最低检出限可达 0.1mg/kg。

③ 酶联免疫法　国外已有商品试剂盒供应市场，最低检出限可达 0.1mg/kg。

④ 放射免疫法　有报道在蛋、肉、奶中氯霉素的放射免疫痕量分析。对于动物组织和其他可食用产品，此方法的检出限很低，回收率较高。

⑤ 其他分析方法　毛细管区域电泳兼具高压电泳高速、高分辨率和液相色谱灵活、高效的优点，可简化样品前处理、多残留分析以及分析自动化，但缺点是样品量太少，限制了检测的灵敏度。超临界流体色谱可方便地连接各种灵敏的检测器，但不能取代液相色谱和气相色谱。

4.3.1.6　磺胺类药物的检测

（1）简介　磺胺类药物（SAs）是一类具有对氨基苯磺酰胺结构的药物总称，是一种被广泛用于预防和治疗细菌感染性的化学治疗药物。常用的磺胺类药物包括：磺胺、磺胺嘧啶、磺胺甲基嘧啶、磺胺二甲基嘧啶、磺胺-5-甲氧嘧啶、磺胺间氧嘧啶、磺胺吡啶、磺胺噻唑等。

（2）前处理

① 提取　最常见的是从组织中提取样品均质化后对匀浆进行液液萃取。常见的提取溶剂有乙腈和乙酸乙酯。还有报道采用超临界流体萃取和基质固相分配萃取。

② 净化　最常见的净化方法是固相萃取（SPE）。有大量报道将肉和鱼组织中的固相萃取与均质化处理、液液分配、沉淀、超声处理和离心等方法相结合。所使用的固相萃取柱极性多种多样，包括 C_{18} 柱、硅胶柱、氧化铝柱、氨基柱和离子交换柱。对于牛奶、蜂蜜等流体样品，可在沉淀蛋白质之后使用 SPE，以获得用于色谱分析的样品。还可采用免疫亲和柱净化。有报道将免疫亲和柱用于净化加标牛奶样品中磺胺嘧啶和磺胺二甲基嘧啶。

（3）测定方法

1）筛选方法

① 微生物抑制　目前许多用于检测蜂蜜、尿等其他基体以及蛋、肌肉等组织的磺胺使用 Charm Ⅱ 方法，该法是一种竞争性细菌受体结合实验，最低检出限可达 "ng/g" 级。

② 酶联免疫吸附分析（ELISA）　目前市售多种 ELISA 检测试剂盒，可用于检测饲养动物和水产养殖动物体内多种磺胺类药物残留。

2）高效液相色谱法　高效液相色谱紫外检测器（HPLC-UV）是最常用的检测食用动物中磺胺类残留的定量方法。关于本方法有很多报道，大多数使用反相 C_{18} 柱，流动相一般含有相对高比例的水（60%～90%）、低 pH 值（pH2～5）磷酸盐或醋酸盐缓冲液，有机溶剂一般选择甲醇或乙腈。根据待测物的不同，检测波长为 254～280nm。还可采用荧光或化学发光等衍生化技术，可提高检测灵敏度。通用的衍生方法是将荧光标记物连接到游离的 N^4-氨基上。

3）气相色谱和气相色谱-质谱法　许多磺胺类药物的分子量较大，具有相对热不稳定性和不挥发性，通常需要化学衍生以获得 GC 或 GC-MS 检测所需条件。在分析之前用重氮甲烷对磺胺类药物进行甲基化，由于在分析前需要进行冗长的样品制备和净化工作，该法的应用不如液相色谱那样广泛。

4）液相色谱-质谱法　目前报道最多的是电喷雾或 APCI 检测食品磺胺类残留物的方法，使用 HPLC-MS/MS 三重四极杆质谱是主流验证方法。

5）HPTLC 法　有报道用此法同时检测多种磺胺类残留，适用于猪、鸭和火鸡组织。在检测 6 种浓度接近法定允许限量的磺胺类残留时，该法的准确度和精密度较好。

4.3.1.7　喹诺酮类药物的检测

（1）简介　（氟）喹诺酮类是指具有 4-喹诺酮环结构的一类药物。目前批准上市的该类药物包括：恩诺沙星、环丙沙星、二氟沙星、诺氟沙星、沙拉沙星、氟甲喹等。

（2）前处理

① 提取　一是中性 pH 值条件下用有机溶剂提取，可选择乙腈或乙酸乙酯。二是在碱性条件下提取。喹诺酮类可溶解于强碱中，采用在弱碱性溶液如 0.1mol/L NaOH 溶液中用乙腈提取。三是在酸性条件下提取。有报道在三氯乙酸存在下，用甲醇匀浆提取。

② 净化　喹诺酮能溶解于碱性溶液中，一般不溶于酸，所以交替用酸（85%磷酸-氯仿溶液）以及碱性缓冲液（2mol/L 的氢氧化钠-氯仿溶液）。也有用固相萃取（SPE）作为纯化或浓缩的方法。

（3）测定方法

① 薄层色谱法　该法和液相色谱法相比灵敏度较低。据报道，硅胶 G60 F254 荧光高效薄层色谱法测定组织中的恩诺沙星，检出限接近 $1000\mu g/kg$。

② 荧光分光光度法　有报道用荧光分光光度法对鸡、鸭组织中的恩诺沙星进行了检测，先用甲醇和二氯甲烷进行多次提取，在激发波长 350nm、发射波长 450nm 条件下，检出限为 $10\sim50\mu g/kg$。

③ 高效液相色谱法　喹诺酮类药物的液相色谱检测基本都有报道，反相液相色谱柱对其有较好的分离效能。

④ 液相色谱-质谱法　这种方法较为灵敏，检出限较低。有报道对猪肾中的 11 种（氟）喹诺酮类的 HPLC-ESI-MS/MS 测定方法，定量限小于 $50\mu g/kg$。

4.3.1.8　硝基咪唑类药物的检测

（1）简介　硝基咪唑类药物（NMZ）是一类人工合成的具有 5-硝基咪唑基本结构的抗菌、抗原虫药物，主要包括甲硝唑、二甲硝咪唑、罗硝唑、替硝唑、奥硝唑和塞克硝唑等。这些药物的咪唑环上都有 N1 位甲基和 5-硝基取代基，但 C2 位上的取代基不同。甲硝唑在 N1 位上还有一个羟乙基取代基。这类药品可溶于水、甲醇、乙醇、丙酮、氯仿和乙酸乙酯，还可溶于酸，但在碱中不稳定，最好保存在棕色瓶中。

（2）前处理

① 提取　选择乙腈、二氯甲烷、乙酸乙酯等溶剂进行提取。由于硝基咪唑类药物在弱碱性呈现分子状态，在提取时可加入 pH 8.0 的 5% K_2HPO_4。

② 净化　可选择液液萃取。由于硝基咪唑类药物在酸性条件下溶于水，碱性条件下溶于有机溶剂，因此，有报道用酸性二氯甲烷洗涤，再用碱性二氯甲烷萃取。更为常见的净化方法为固相萃取，可选用 C_{18} 固相萃取柱、SCX 固相萃取柱、Al_2O_3 固相萃取柱等。样品经乙酸乙酯提取，蒸干后用酸转移，正己烷去脂后调节成弱碱性，再通过固相萃取柱。

（3）测定方法

① 高效液相色谱法　大量文献报道用此方法检测硝基咪唑。色谱柱大多选择 C_{18} 柱，流动相选择 pH4.0 的甲醇-水或乙腈-水，检测器选择紫外检测器。

② 高效液相色谱串联质谱法　对于 HPLC-MS/MS 测定法，用 ESI 和 APCI 均有报道。以检测二甲基硝唑为例，母离子 $m/z=142$，子离子 $m/z=112$、96。

③ 气相色谱法和气质联用法　这种方法的使用没有 HPLC 法普遍。检验检疫行业标准（SN）使用 GC-NPD 测定二甲硝咪唑。多种硝基咪唑同时测定要用衍生法。

4.3.1.9　硝基呋喃类药物的检测

（1）简介　硝基呋喃类药物主要是指呋喃唑酮、呋喃西林、呋喃妥因、呋喃他酮、呋喃地腙等，是引入硝基的人工合成抗菌药。该类药物对光敏感，在动物体内代谢快，半衰期不超过数小时，所以一般检测不到原药残留。对呋喃唑酮的研究表明，其代谢产物 3-氨基-2-噁唑酮以蛋白质结合物的形式存在，在体内可残留数周，在适当的酸性条件下，这些酸性残留物可从结合物中释放出来。其他硝基呋喃类药物也有类似的性质。目前，各国均已将硝基呋喃代谢物作为指示硝基呋喃类药物残留的标示物。

（2）前处理

① 样品的酸解和衍生　硝基呋喃类药物经体内吸收后迅速代谢，主要以蛋白质结合物的形式存在于机体组织中。只有在适当的酸性条件下，硝基呋喃代谢物才会释放出来。此类代谢物均为小分子化合物，对代谢物的自由氨基进行衍生化，可以形成一个具有较好特性的化合物。2-NBA 是较为常用的衍生化试剂，但反应时间较长。为了缩短反应时间，也有研究者尝试使用其他芳香醛类作衍生化试剂。

② 净化　衍生化后的硝基呋喃代谢物主要以离子状态存在于盐酸溶液中，将 pH 值调至中性后，主要以分子形式存在于水溶液中，此时可用有机溶剂（如乙酸乙酯）将其提取出来。再经过 SPE 小柱净化，常用的净化小柱有 C_{18} 和离子交换固相萃取柱。

（3）测定方法　近年来对硝基呋喃类药物的检测重点为对其代谢物的检测方法的研究。主要有酶联免疫法、液相色谱-紫外法和液相色谱串联质谱法。其中酶联免疫法只能检测呋喃他酮和呋喃唑酮代谢物；由于呋喃类药物的紫外吸收特征不明显，液相色谱-紫外法检测的灵敏度偏低，而液相色谱串联质谱法能够满足检测的需求。

4.3.1.10　食品中抗生素残留的检测方法

以对鲜乳中抗生素残留的检测为例。

牧场内经常应用抗生素治疗乳牛的各种疾病，特别是乳牛的乳房炎，有时用抗生素直接注射乳房部位进行治疗，因此凡经抗生素治疗过的乳牛其乳中在一定时期内仍残存着抗生素。对抗生素有过敏体质的人服用后就会发生过敏反应，也会使某些菌株对抗生素产生耐药性。因此检查乳中有无抗生素残留已成为一项急需开展的常规检验工作。2，3，5-氯化三苯四氮唑（TTC）试验是用来测定乳中有无抗生素残留的较简易方法。

（1）范围　适用于鲜乳中抗生素残留和能杀灭嗜热乳酸链球菌的各种常用抗生素残留的检测。

（2）原理　鲜乳中如有残留抗生素，则在鲜乳中加入菌液培养时细菌不增殖，指示剂 TTC 不被还原，无颜色反应，否则，TTC 被还原而显红色。

（3）菌种、培养基的试剂　菌种：嗜热乳酸链球菌；脱脂乳：经 113℃ 灭菌 20min；4% TTC 水溶液：称取 1.0g TTC，溶于 5mL 灭菌蒸馏水中，装褐色瓶内于 7℃ 冰箱保存，临用时用灭菌蒸馏水稀释至 5 倍，如遇溶液变为淡褐色即失效，不能再用。

（4）操作步骤

① 菌液制备　将菌种移种脱脂乳，经 36℃ 培养 15h 后，以灭菌脱脂乳 1∶1 稀释待用。

② 测定方法　取检样 9mL，置试管，80℃ 水浴加热 5min，冷却至 37℃ 以下，加菌液 1mL，36℃ 水浴培养 2h，加 TTC 0.3mL，于 36℃ 水浴培养 30min，观察如为阳性，再水浴培养 30min 做第二次观察。每份检样做两份，另外再做阴性和阳性对照各一份，阳性对照管用无抗生素的乳 8mL 加抗生素及菌液和 TTC。阴性对照管用无抗生素乳 9mL 加菌液和 TTC。

③ 判断方法　准确培养 30min，观察结果，如为阳性再继续培养 30min 做第二次观察。在观察时要迅速，避免光照过久干扰结果，乳中如有抗生素存在，则在向检样中加入菌液培养时细菌不增殖，此时由于加入的指示剂 TTC 不还原，所以不显色。与此相反，如果没有抗生素存在，则加入菌液即进行增殖，TTC 被还原而显红色。也就是说检样呈乳的原色时为阳性，呈红色为阴性。

4.3.2　食品中重要激素残留的检测技术

（1）简介　动物源性食品中的激素残留会危及消费者的健康，目前使用最多的为性激素和促生长激素，对人类健康威胁最大。主要激素种类包括：类固醇类，如雌二醇、雌三醇、睾酮、氯睾酮、诺龙、康力龙、甲孕酮、孕激素等；二苯乙烯类及其衍生物，如己烯雌酚、己烷雌酚、己二烯雌酚。

（2）前处理

1）提取 激素通过代谢残留于动物的肝、肾、组织器官中，含量很低（μg/kg～ng/kg），需要高效率的样品制备和高灵敏的检测方法。目前常用的样品制备方法有免疫亲和柱法和多步骤的柱色谱法，前者仅能用于个别激素的提取，不能用于多种激素的同时提取；后者步骤繁琐，试剂消耗量大，不利于环保。常用的用于萃取激素的溶剂主要有乙腈、乙醚、二氯甲烷、水-甲醇、水-丙酮、甲基叔丁基醚等，其中水-甲醇以其环保、经济和易挥发性应用最广。

2）净化

① 液液萃取 生物样品中含有脂肪，通过液液萃取可以去脂。通常用正己烷等非极性溶剂从水-甲醇体系除脂。有研究表明，当溶液的pH值为5.2时，提取效果最佳。

② SPE柱净化 固相萃取小柱可选择C_{18}小柱、硅胶柱、氨基柱、HLB等，还可使用免疫亲和柱。

（3）测定方法 目前常用的测定动物源性食品中激素残留的分析方法主要有免疫方法、气相色谱-质谱联用法和液相色谱-质谱联用法。免疫方法仅适用于部分激素的大量筛选，但不能准确定性；GC-MS和GC-MS-MS的使用较多，需要衍生，衍生试剂如醋酸酯、三氟乙酸酯、三甲基硅烷醚，虽然该类方法灵敏度和特异性较高，但衍生产物不稳定、易分解。因此，选择同样灵敏的更为直接的HPLC-MS成为目前的发展趋势。

4.4 非法添加物的检测

非法添加物是指不属于传统上认为是食品原料的、不属于批准使用的新资源食品的、不属于卫生部公布的食药两用或作为普通食品管理物质的、未列入我国食品添加剂［《食品添加剂使用卫生标准》（GB 2760—2007）及卫生部食品添加剂公告］和营养强化剂品种名单［《食品营养强化剂使用卫生标准》（GB 14880—1994）及卫生部食品添加剂公告］的、其他我国法律法规允许使用物质之外的物质。主要代表物质有孔雀石绿、苏丹红和三聚氰胺等。

4.4.1 孔雀石绿的检测

孔雀石绿是一种有毒的三苯甲烷类人工合成有机化合物，是具有金属光泽的晶体，易溶于水，溶于乙醇、甲醇和戊醇，水溶液呈蓝绿色，pH＝0.0以下呈黄色，最大吸收波长616.9nm。孔雀石绿既是染料，也是杀菌剂，可致癌。

孔雀石绿以价格低廉、操作方便、药效明显等特征被广泛应用于水产养殖业。自20世纪30年代以来，许多国家曾采用孔雀石绿杀灭鱼类体内外寄生虫和鱼卵中的霉菌。还可以用孔雀石绿消毒，用以延长鱼类长途贩运的存活时间。从20世纪90年代开始，国内外研究人员逐渐发现孔雀石绿具有较多的副作用，目前已被禁用。

检测方法：孔雀石绿在水生动物体内迅速代谢成无色孔雀石绿，而无色孔雀石绿的毒性甚至超过孔雀石绿，所以通常将孔雀石绿和无色孔雀石绿的总量作为动物源性食品中孔雀石绿残留的限量指标。孔雀石绿的检测方法以理化检测法和免疫学检测法为主。其中理化检测法包括：薄层色谱法、分光光度法、高压液相色谱法、液相色谱-质谱联用法、气相色谱-质谱联用法等。相较之下免疫学检测方法更为常用。典型检测方法：高效液相色谱法。

孔雀石绿在波长为618nm处有吸收峰，可采用紫外可见检测器检测。无色孔雀石绿在波长 267nm 处有吸收峰，但由于很多有机小分子在 267nm 处都有吸收，无色孔雀石绿目标峰附近干扰峰较多，该方法定性和定量的准确性不够理想。在此基础上我国现行的水产行业标准及国家标准利用 PbO_2 将无色孔雀石绿氧化成孔雀石绿，并在 618nm 进行检测，克服了以前检测方法中对无色孔雀石绿定性准确性不高和灵敏度低的缺点。但氧化铅会将部分孔雀石绿转化成去甲基孔雀石绿，影响检测灵敏度，同时氧化柱的性能对色谱峰的对称性和响应值的大小会有一定的影响。

4.4.2 苏丹红的检测

苏丹红是一组人工合成的亲脂性偶氮化合物，属工业染料，一般不溶于水，易溶于有机溶剂，可作为化学合成着色剂应用于蜡、油彩、地板蜡等化工产品生产中。但苏丹红却被违法作为食品添加剂而广泛应用。在食品中添加苏丹红的主要目的是增色，苏丹红对光线的敏感性不强，食品中添加苏丹红后能长期保持鲜红。苏丹红主要包括苏丹红 I（$C_{16}H_{12}N_2O$）、苏丹红 II（$C_{18}H_{16}N_2O$）、苏丹红 III（$C_{22}H_{16}N_4O$）、苏丹红 IV（$C_{24}H_{20}N_4O$），其中苏丹红 II、III、IV 都是苏丹红 I 的衍生物，这四种物质均被国际癌症研究机构确定为致癌物。苏丹红在体内代谢成胺类物质（包括苯胺、萘酚等），均为有毒有机化合物。研究表明，苏丹红对机体具有致癌、致氧化损伤、致突变、皮肤过敏等毒性作用。自 2003 年 4 月在辣椒制品中发现苏丹红起，世界各国均对苏丹红的检测方法进行了研究。由于样品本身的复杂基质直接干扰仪器检测，且苏丹红不溶于水，导致样品提取、纯化、富集非常困难。目前国内外对苏丹红的检测大多采用高效液相色谱法或气相色谱-质谱联用法，具体方法为：将样品经匀浆（或粉碎）后，加入乙腈（苏丹红 III 和 IV 加入氯仿）进行提取，过滤后将滤液用高效液相色谱进行分析，苏丹红 I 和 II 的检测波长为 478nm，苏丹红 III 和 IV 的检测波长为 520nm。

4.4.3 三聚氰胺的检测

三聚氰胺是一种重要的化工原料，目前广泛应用于木材、涂料、造纸、塑料、医药等行业。化学式为 $C_3H_6N_6$，是一种三嗪类含氮杂环有机化合物。外观为白色晶体，可溶于甲醇、乙酸、甲醛、甘油等有机溶剂，受热分解释放剧毒气体氰化物。三聚氰胺自身毒性较低，成年人体内的三聚氰胺大部分可排出体外，但如果与三聚氰酸同时存在，会生成人体无法溶解的氰尿酸三聚氰胺。

自 2008 年 8 月我国发生了三聚氰胺奶粉中毒事件，儿童在食用含三聚氰胺的婴幼儿奶粉后，出现了不同程度的中毒症状，严重者甚至出现肾结石和泌尿系统的代谢疾病，造成了极其恶劣的社会影响。同年 10 月，我国卫生部连同多个部门联合发布公告，婴幼儿配方奶粉中三聚氰胺限量值为 1mg/kg，其他食品中，三聚氰胺的限量值为 2.5mg/kg。

检测方法：三聚氰胺的检测方法在 2008 年毒奶粉事件暴发之后逐渐发展起来。目前比较常见的方法有高效液相色谱法、液相色谱-质谱联用法、气相色谱-质谱联用法、毛细管电泳-质谱联用法、试剂盒检测法、拉曼光谱法、红外光谱法、离子色谱法等。其中高效液相色谱法以其分离效果好、测定范围广、选择性好等优点最为常用。《原料乳与乳制品中三聚氰胺检测方法》（GB/T 22388—2008）规定：测定原料乳和乳制品中的三聚氰胺采用 HPLC 方法。该方法以三氯乙酸和乙腈为提取液，经混合型阳离子交换固相萃取柱富集净化后采用 C_{18} 或 C_8 液相色谱柱，以乙腈和柠檬酸-辛酸钠缓冲液为流动相，采用二极管阵列检测器或紫外检测器进行检测，在三聚氰胺为 2～10mg/kg 的浓度范围内，回收率在 80％～110％之间，其检测限为 2mg/kg。

本章小结

食品中外源污染物的残留是影响食品安全的主要因素之一，残留危害物检测技术是食品安全监管中应用最多的检测技术。本章主要介绍了食品中常见的农药、兽药及非法添加物等残留危害物的检测技术，但是由于食品中污染残留危害物种类繁多，检测技术复杂，本章所述内容仅是对食品中常见的且检测方法较为成熟的残留危害物检测技术做了简要介绍。要想全面深入学习残留危害物检测技术，还需要阅读相关专著。

思考题

1. 食品中常见的残留危害物有哪些？基本的检测技术有哪些？
2. 食品中有机磷农药残留检测技术有哪些？
3. 食品中有机氯农药残留检测技术有哪些？
4. 食品中大环内酯类、青霉素类兽药残留检测技术有哪些？
5. 如何根据检测目标物合理选择检测技术？

参考文献

[1] 王世平主编 . 食品安全检测技术 . 北京：中国农业大学出版社，2009.
[2] 赵新淮主编 . 食品安全检测技术 . 北京：中国农业出版社，2007.
[3] 王硕，张鸿雁，王俊平编著 . 酶联免疫吸附分析方法 . 北京：科学出版社，2011.

⑤ 食品中有害元素检测技术

5.1 概述

重金属是指密度大于 $5g/cm^3$ 的金属元素，包括金、银、铜、铅、镉、硒、锡等 45 种元素，广泛存在于食品及食品加工过程中，大多数重金属对人体具有毒性作用，而且由于其可以在人体内长期累积，长期摄入重金属含量较高的食品会危及人类身体健康，甚至导致疾病的产生。重金属污染指的是因人类活动导致环境中重金属的含量增加，超出正常范围，并导致环境质量恶化。天然存在的重金属在大多数情况下对环境不存在危险性，但随着人类活动的日益加剧，重金属以不同形式进入土壤和水体，由于其不易被代谢且容易被富集的特点，对人类赖以生存的环境造成了巨大的影响。工业采矿废水、汽车尾气、农药化肥及石油开采等人类活动加剧了我国重金属污染。

传统的重金属检测方法主要包括原子吸收光谱法（AAS）、原子荧光法（AFS）、电感耦合等离子体法（ICP）、高效液相色谱法（HPLC）等。

（1）原子吸收光谱法（AAS）　原子吸收光谱法是我国食品重金属检测中使用最多的方法。原子吸收光谱法的原理是基态的原子对特定辐射光产生共振吸收，辐射光将会减弱，通过检测这种减弱程度，就可以检测出食品中某种重金属含量。原子吸收法常用的有两大类：石墨炉原子吸收法和火焰原子吸收法。其他的原子吸收分光光度法是在不同前处理条件下使用的，一般不常使用。

（2）原子荧光法（AFS）　通过测量待测元素的原子蒸气在辐射能激发下所产生荧光的发射强度来测定待测元素含量的一种分析方法。边静（2010）等采集青岛栈桥海滨浴场等海域实际海水样品，用氢化物-原子荧光光谱法分析海水中的 As（Ⅲ）和 As（Ⅴ），表明有机砷在海水中的含量低，该法能快速有效测定海水中砷的含量，可以及时、准确、可靠地反映近海岸海域环境质量及污染状况。

原子荧光法具有灵敏度高、光谱简单等优点，但线性范围较宽，应用元素有限，并要注意荧光猝灭效应、散射光的影响。

（3）电感耦合等离子体法（ICP）　电感耦合等离子体法包括电感耦合等离子体原子发射光谱法（ICP-AES）和电感耦合等离子体质谱法（ICP-MS）两种。

电感耦合等离子体原子发射光谱法（ICP-AES）：高频感应电流产生的高温将反应气加热、电离，利用元素发出的特征谱线进行测定，谱线强度与重金属量成正比。ICP-AES 灵敏度高、干扰小、线性宽，可同时或顺序检测多种金属元素，有对高温金属元素进行快速分析的特点。

电感耦合等离子体质谱法（ICP-MS）：利用电感耦合等离子体使样品汽化，将待测金属分离出来，用质谱进行测定。ICP-MS 原子吸收法的检测限低，是分析痕量元素最先进的方法，但其价格昂贵，易受污染，可用于除汞以外的绝大多数重金属的检测。

（4）高效液相色谱法　痕量金属离子可以与有机试剂形成稳定的有色络合物，用 HPLC 分离，紫外-可见检测器检测，可实现多元素的同时测定（Ueharan N，1997）。卟啉类试剂能与多种金属元素生成稳定的络合物，目前已广泛作为 HPLC 测定金属离子的衍生试剂，但络合试剂种类选择的限制使 HPLC 的应用受到局限。

重金属仪器检测方法能精确测量样品中单种金属的总量，但检测相对费时、费力并且费用昂贵，需要专业人员使用大型分析设备在室内操作，有一定的局限性。随着人民生活水平的不断改善，对环境质量的要求也不断提高，重金属的快速检测技术应运而生。

（1）生物化学传感器方法　生物化学传感器检测方法具有操作简单、选择性好、灵敏度高、分析速度快、成本低的优点被国外研究者普遍采用。它利用重金属对某些蛋白质或酶生物活性的抑制，产生可逆或不可逆的变性作用，研究重金属对蛋白质或酶影响作用的动力学关系，并将筛选获得的蛋白质、酶及其复合体系实现固定化，一般多固定在电极或生物膜上，制作成生物或化学传感器对重金属进行快速测定。

（2）酶抑制法　重金属具有一定的生物毒性，与形成酶活性中心的巯基或甲巯基结合后，改变了酶活性中心的结构与性质，从而建立起重金属浓度与酶系统变化的定量关系。脲酶、氧化酶、过氧化氢酶、蔗糖酶、胆碱酯酶等多种酶已被广泛应用于重金属的快速检测，孙璐等研究了 Pb^{2+}、Cu^{2+}、Ag^+ 对葡萄糖氧化酶的抑制，采用酶抑制比色法实现了对 Pb^{2+}、Cu^{2+}、Ag^+ 金属离子的检测。

（3）免疫学检测方法　免疫学检测是以抗原抗体的特异性、可逆性结合反应为基础的分析技术。重金属离子免疫检测的关键在于重金属特异性克隆抗体的制备。按抗体种类，分为多克隆抗体免疫检测和单克隆抗体免疫检测，后者又分间接竞争性 ELISA、一步法免疫检测、KinExA 免疫检测等。免疫学检测具有检测速度较快、费用低廉、简单易携带、高灵敏度和选择性等特点，可广泛应用于环境分析领域。自从 1985 年 Reardan 等首次通过金属-螯合剂抗原产生并分离出单克隆抗体以来，国内外研究人员开展了广泛的研究，越来越多的抗 Hg^{2+}、Cd^{2+}、In^{3+}、U^{6+}、Pb^{2+} 等金属-螯合剂复合物抗原被研制出来，获得了以上重金属离子的特异性抗体，建立了相应的重金属离子免疫检测方法。目前，用免疫法测定重金属的检测结果与传统的检测方法，如 ICP-AES、ICP-MS 等具有高度的一致性。

5.2 食品中汞的检测技术

汞在自然界中以金属汞、无机汞和有机汞的形式存在。有机汞的毒性要比金属汞和无机汞的毒性大。无机汞可通过物理、化学或者微生物的作用转化为有机汞，例如甲基汞、乙基汞和甲氧基乙基汞等，这些化合物均为脂溶性，毒性很大。有机汞对热、氧和水比较稳定，但可与酸、碱、卤素、金属等还原剂发生化学反应。

对食品中汞的测定，当食品中汞含量达到 1mg/kg 时，用双流脲比色法；当含量在 1mg/kg 以下时，可用汞蒸气测定仪法。而甲基汞的测定则采用气相色谱法。

5.2.1 食品中总汞的原子荧光光谱法检测技术

5.2.1.1 方法目的
掌握原子荧光光谱法检测食品中总汞的原理和方法。

5.2.1.2 原理
试样经酸加热消解后，在酸性介质中，试样中汞被硼氢化钾（KBH_4）或硼氢化钠（$NaBH_4$）还原成原子态汞，由载气（氢气）带入原子化器中，在特制汞空心阴极灯照射下，基态汞原子被激发至高能态，在去活化回到基态时，发射出特征波长的荧光，其荧光强度与汞含量成正比，与标准系列比较定量。

5.2.1.3 试剂
硝酸（优级纯）、30%过氧化氢、硫酸（优级纯）、氢氧化钾溶液（5g/L）、硼氢化钾（5g/L）、汞标准储备液、汞标准使用溶液。

5.2.1.4 仪器
双通道原子荧光光度计、高压消解罐（100mL 容量）、微波消解炉。

5.2.1.5 实验步骤
（1）试样消解

1）高压消解法　本方法适用于粮食、豆类、蔬菜、水果、瘦肉类、鱼类、蛋类以及乳制品类食品中总汞的测定。

① 粮食及豆类干样　称取经粉碎混匀过 40 目筛的干样 0.2～1.00g，置于聚四氟乙烯塑料罐中，加 5mL 硝酸，混匀后放置过夜，再加 7mL 过氧化氢，盖上内盖放入不锈钢外套中，旋紧密封，然后将消解器放入普通干燥箱中加热，升温至 120℃后保持恒温 2～3h，至消解完全，自然冷至室温。将消解液用硝酸溶液（1+9）定量转移并定容至 25mL 摇匀。同时做试剂空白试验，待测。

② 蔬菜、瘦肉、鱼类及蛋类水分含量高的鲜样　用捣碎机打成匀浆，称取 1.00～5.00g，置于聚四氟乙烯塑料内罐中，加盖留缝放于 65℃鼓风干燥箱或一般烤箱中烘至近干，取出，下一步按照"粮食及豆类干样"方法的自"加 5mL 硝酸"起操作。

2）微波消解法　称取 0.10～0.50g 试样于消解罐中加入 1～5mL 硝酸、1～2mL 过氧化氢，盖好安全阀后，将消解罐放入微波炉消解系统中，根据不同种类的试样设置微波炉消解系统的最佳分析条件，至完全消解。冷却后用硝酸溶液（1+9）定量转移并定容至 25mL（低含量试样可定容至 10mL）混匀待测。

（2）测定

1）仪器参考条件　光电倍增管高负压：240V；汞空心阴极灯电流：30mA；原子化器：温度 300℃，高度 8.0mm；氩气流速：500mL/min；屏蔽气：1000mL/min。

测量方式：标准曲线法；读数方式：峰面积；读数延迟时间：1.0s；读数时间：10.0s。硼氢化钾溶液加液时间：8.0s；标液或样液加液体积：2mL。

2）测定方法　设定好仪器最佳条件，逐步将炉温升至所需温度后，稳定 10～20min 后开始测量，连续用硝酸溶液（1+9）进样，待读数稳定后，转入标准系列测量，绘制标准曲线。转入试样测量，先用硝酸溶液（1+9）进样，使读数基本回零，再分别测定试样空白和试样消化液。每次测量不同的试样前都应清洗进样器。

5.2.1.6 计算

试样中总汞的含量按照公式（5-1）进行计算。

$$X = \frac{(C - C_0) \times V}{m} \tag{5-1}$$

式中 X——试样中汞的含量，ng/g 或 ng/mL；

C——试样消化液中汞的含量，ng/mL；

C_0——试剂空白液中汞的含量，ng/mL；

V——试样消化液总体积，mL；

m——试样质量或体积，g 或 mL。

5.2.1.7 精密度

在重复性条件下获得的两次独立测定结果的绝对差值不得超过算术平均值的 10%。

5.2.2 食品中汞的冷原子吸收光谱法检测技术

5.2.2.1 方法目的

掌握冷原子吸收光谱法测定食品中汞含量的原理和方法。

5.2.2.2 原理

汞蒸气对波长 253.7nm 的共振线具有强烈的吸收作用。试样经过酸消解或催化酸消解使汞转为离子状态，在强酸性介质中以氯化亚锡还原成元素汞，以氮气或干燥空气作为载体，将元素汞吹入汞测定仪，进行冷原子吸收测定，在一定浓度范围其吸收值与汞含量成正比，与标准系列比较定量。

5.2.2.3 试剂

硝酸、盐酸、过氧化氢（30%）、无水氯化钙、五氧化二钒、盐酸羟胺溶液（200g/L）。

硝酸（0.5+99.5）：取 0.5mL 硝酸缓慢加入 50mL 水中，然后加水稀释至 100mL。

高锰酸钾溶液（50g/L）：称取 5.0g 高锰酸钾置于 100mL 棕色瓶中，以水溶解稀释至 100mL。

硝酸-重铬酸钾溶液：称取 0.05g 重铬酸钾溶于水中，加入 5mL 硝酸，用水稀释至 100mL。

氯化亚锡溶液（100g/L）：称取 10g 氯化亚锡溶于 20mL 盐酸中，以水稀释至 100mL，临用时现配。

氯化亚锡溶液（300g/L）：称取 30g 氯化亚锡，加少量水，并加 2mL 硫酸使溶解后，加水稀释至 100mL，放置冰箱保存。

汞标准储备溶液：准确称取 0.1354g 经干燥器干燥过的二氧化汞溶于硝酸-重铬酸钾溶液中，移入 100mL 容量瓶中，以硝酸-重铬酸钾溶液稀释至刻度，混匀。此溶液每毫升含 1.0mg 汞。

汞标准使用液：由 1.0mg/mL 汞标准储备液经硝酸-重铬酸钾溶液稀释成 2.0ng/mL、4.0ng/mL、6.0ng/mL、8.0ng/mL、10.0ng/mL。

5.2.2.4 仪器

双光束测汞仪（附气体循环泵、气体干燥装置、汞蒸气发生装置及汞蒸气吸收瓶）、恒温干燥箱、压力消解器。

5.2.2.5　实验步骤

（1）试样消解

1）压力消解罐消解　称取 1.00～3.00g 试样（干样、含脂肪高的试样＜1.00g，鲜样＜3.00g 或按压力消解罐使用说明书称取试样）于聚四氟乙烯内罐，加硝酸 2～4mL 浸泡过夜，再加过氧化氢（30%）2～3mL（总量不能超过罐体积的三分之一），盖好内盖，旋紧不锈钢外套，放入恒温干燥箱，120～140℃保持 3～4h，在箱内自然冷却至室温，用滴管将消化液洗入或过滤到（视消化后试样的盐分而定）10.0mL 容量瓶中，用水少量多次洗涤，洗液合并于容量瓶中并定容至刻度，混合备用，同时做空白对照。

2）回流消化法　粮食或水分少的食品，称取 10.00g 试样，置于消化装置锥形瓶中，加玻璃珠数粒，加 45mL 硝酸、10mL 硫酸，转动锥形瓶防止局部炭化；植物油及动物油脂，称取 5.00g 试样，置于消化装置锥形瓶中，加数粒玻璃珠，加入 7mL 硫酸，小心混匀至溶液颜色变为棕色，然后加 40mL 硝酸；薯类及豆制品，称取 20.00g 捣碎混匀的试样（薯类须先洗净晾干），置于消化装置锥形瓶中，加数粒玻璃珠及 30mL 硝酸、5mL 硫酸，转动锥形瓶防止局部炭化；肉及蛋类，称取 10.00g 捣碎混匀的试样，置于消化装置的锥形瓶中，加数粒玻璃珠及 30mL 硝酸、5mL 硫酸，转动锥形瓶防止局部炭化；牛乳及乳制品，称取 20.00g 牛乳或酸牛乳，或相当于 20.00g 牛乳的乳制品，置于消化装置的锥形瓶中，加数粒玻璃珠及 30mL 硝酸，牛乳或酸牛乳加 10mL 硫酸，乳制品加 5mL 硫酸，转动锥形瓶防止局部炭化。上述步骤完成后，装上冷凝管，小火加热，开始发泡即停止加热，发泡停止后，加热回流 2h。如加热过程中溶液变棕色，再加 5mL 硝酸，继续回流 2h，放冷后从冷凝管上端小心地加 20mL 水，继续加热回流 10min，放冷。用适量水冲洗冷凝管，洗液并入消化液中，将消化液经玻璃棉过滤于 100mL 容量瓶中，用少量水洗锥形瓶、滤器，洗液并入容量瓶中，加水至刻度，混匀。并同时做空白试验。

3）五氧化二钒消解法　本法适用于水产品、蔬菜、水果。

取可食部分，洗净，晾干，切碎，混匀。取 2.50g 水产品或 10.00g 蔬菜，置于 50～100mL 锥形瓶中，加 50mg 五氧化二钒粉末，再加 8mL 硝酸，振摇，放置 4h，加 5mL 硫酸，混匀，然后移至 140℃的沙浴上进行加热，开始作用较猛烈，以后渐渐缓慢，待瓶口基本上无棕色气体逸出时，用少量水冲洗瓶口，再加热 5min，放冷，加 5mL 高锰酸钾溶液（50g/L），放置 4h（或过夜），滴加盐酸羟胺溶液（200g/L）使紫色褪去，振摇，放置数分钟，移入容量瓶中，并稀释至刻度。蔬菜、水果为 25mL，水产品为 100mL。

（2）试样测定

1）用压力消解罐消解的试样　吸取配制的汞标准溶液 2.0ng/mL、4.0ng/mL、6.0ng/mL、8.0ng/mL、10.0ng/mL 各 5.0mL（相当于 10.0ng、20.0ng、30.0ng、40.0ng、50.0ng），置于测汞仪蒸气发生器的还原瓶中，分别加入 1.0mL 还原剂氯化亚锡（100g/L），迅速盖紧瓶盖，随后有气泡产生，从仪器读数显示的最高点测得其吸收值，然后打开吸收瓶上的三通阀将产生的汞蒸气吸收于高锰酸钾溶液（50g/L）中，待测汞仪上的读数达到零点时进行下一次测定。并求得吸光值与汞的质量关系一元线性回归方程。

分别称取样液和试剂空白液各 5.0mL 置于测汞仪蒸气发生器的还原瓶中，下面步骤按照上述绘制一元线性回归方程中的步骤。

2）用回流消化法制备的试样　吸取 10.00mL 试样消化液，置于汞蒸气发生器内，连接抽气装置，沿壁迅速加入 3mL 氯化亚锡（300g/L），立即通过流速为 1.0 L/min 的氮气或经活性炭处理的空气，使汞蒸气经过氯化钙干燥管进入测汞仪中，读取测汞仪上最大读数，同时做空白试验。

吸取 0.0、0.10mL、0.20mL、0.30mL、0.40mL、0.50mL 汞标准使用液（相当于 0.0、0.01µg、0.02µg、0.03µg、0.04µg、0.05µg 汞），置于试管中，各加 10mL 混合液（1＋1＋8），下面步骤按照上述测定步骤进行。绘制标准曲线。

3）用五氧化二钒消解法制备的样液　吸取 0、1.0mL、2.0mL、3.0mL、4.0mL、5.0mL 汞标准使用液（相当于 0、0.1µg、0.2µg、0.3µg、0.4µg、0.5µg 汞），置于 6 个 50mL 容量瓶中，各加 1mL 硫酸（1＋1）、1mL 高锰酸钾溶液（50g/L），加 20mL 水，混匀，滴加盐酸羟胺溶液（200g/L）使紫色褪去，加水至刻度混匀，分别吸取 10.0mL（相当于 0、0.02µg、0.04µg、0.06µg、0.08µg、0.10µg 汞），下一步骤按照 2）中的步骤进行。绘制标准曲线。

吸取 10.0mL 试样消化液，以下步骤按照 2）中的步骤进行操作。

5.2.2.6　计算

试样中汞的含量按照公式(5-2)计算。

$$X = \frac{(A_1 - A_2) \times 1000}{m \times (V_2/V_1) \times 1000} \tag{5-2}$$

式中　X——试样中汞的含量，mg/kg；

A_1——测定用试样消化液中汞的质量，µg；

A_2——试样空白液中汞的含量，µg；

m——试样质量，g；

V_1——试样消化液总体积，mL；

V_2——测定用试样消化液体积，mL。

计算结果保留两位有效数字。

5.2.2.7　精密度

在重复性条件下，获得的两次独立测定结果的绝对差不得超过算术平均值的 15%。

5.2.3　鱼肉中甲基汞的气相色谱法检测技术

5.2.3.1　方法目的

掌握食品中甲基汞的气相色谱检测方法。

5.2.3.2　原理

试样中的甲基汞，用氯化钠研磨后加入含有 Cu^{2+} 的盐酸（1＋1）（Cu^{2+} 与组织中结合的 CH_3Hg 交换）完全萃取后，经离心或过滤，将上清液调至一定的酸度，用巯基棉吸附，再用盐酸（1＋5）洗脱，最后以苯萃取甲基汞，用带电子捕获检测器的气相色谱仪分析。

5.2.3.3　试剂

氯化钠、氯化铜（42.5g/L）、甲基橙指示液（1g/L）。

苯：色谱上无杂峰，否则应重蒸馏纯化。

无水硫酸钠：用苯提取，浓缩液在色谱上无杂峰。

盐酸（1+5）：取优级纯盐酸，加等体积水，恒沸蒸馏，蒸出盐酸为（1+1），稀释配制。

氢氧化钠溶液（40g/L）：称取40g氢氧化钠加水稀释至1000mL。

盐酸（1+11）：取83.3mL盐酸（优级纯）加水稀释至1000mL。

淋洗液（pH 3.0~3.5）：用盐酸（1+11）调节水的pH为3.0~3.5。

巯基棉：在250mL具塞锥形瓶中依次加入35mL乙酸酐、16mL冰乙酸、50mL硫代乙醇酸、0.15mL硫酸、5mL水，混匀，冷却后加入14g脱脂棉，不断翻压，使棉花完全浸透，将塞盖好，置于恒温培养箱中，在37℃保温4d，取出后用水洗至近中性，除去水分后平铺于瓷盘中，再在37℃恒温箱中烘干，成品放入棕色瓶中，放置冰箱中保存备用。

甲基汞标准溶液：准确称取0.1252g氯化甲基汞，用苯溶解于100mL容量瓶中，用苯稀释至刻度，此溶液每毫升相当于1.0mg甲基汞，放置冰箱保存。

甲基汞标准使用液：吸取1.0mL甲基汞标准溶液，置于100mL容量瓶中，用苯稀释至刻度。此溶液每毫升相当于10μg甲基汞。取此溶液1.0mL，置于100mL容量瓶中，用盐酸（1+5）稀释至刻度，此溶液每毫升相当于0.10μg甲基汞，临用时新配。

5.2.3.4　仪器

酸度计、离心机、巯基棉管、玻璃仪器。

气相色谱仪：附[63]Ni电子捕获检测器或氚源电子捕获检测器。

[63]Ni电子捕获检测器：柱温185℃，检测器温度为260℃，汽化室温度215℃。

氚源电子捕获检测器：柱温185℃，检测器温度为190℃，汽化室温度185℃。

载气：高纯氮，流量为60mL/min（选择仪器最佳条件）。

色谱柱：内径3mm、长1.5m的玻璃柱，内装涂有质量分数为7%的聚丁二酸乙二醇酯（PEGS）或涂质量分数为1.5%的OV-17和1.95%QF-1或质量分数为5%的聚丁二乙酸乙二醇酯固定液的60~80目Chromosorb WAWDMCS。

5.2.3.5　实验步骤

称取1.00~2.00g去皮去刺绞碎混匀的鱼肉，加入等量氯化钠，在研钵中研成糊状，加入0.5mL氯化铜溶液（42.5g/L），轻轻研匀，用30mL盐酸（1+11）分次完全转入100mL带塞锥形瓶中，剧烈振摇5min，放置30min，样液全部转入50mL离心管中，用5mL盐酸（1+11）淋洗锥形瓶，洗液与样液合并，离心10min，转速为2000r/min，将上清液全部转入100mL分液漏斗中，于残渣中再加10mL盐酸（1+11），用玻璃棒搅拌均匀后再离心，合并两份离心溶液。

加入与盐酸（1+11）等量的氢氧化钠溶液（40g/L）中和，加1~2滴甲基橙指示液，再调至溶液变黄色，然后滴加盐酸（1+11）至溶液从黄色变橙色，此溶液的pH在3.0~3.5范围内。

将塞有巯基棉的玻璃滴管接在分液漏斗下面，控制流速为4~5mL/min，然后用pH 3.0~3.5的淋洗液冲洗漏斗和玻璃管，取下玻璃管，用玻璃棒压紧巯基棉，用洗耳球将水尽量吹尽，然后加入1mL盐酸（1+5）分别洗脱一次，用洗耳球将洗脱液吹尽，收集于10mL具塞比色管中。

　　另取两支 10mL 具塞比色管，各加入 2.0mL 甲基汞标准使用液（0.10μg/mL）。向含有试样及甲基汞标准使用液的具塞比色管中各加入 1.0mL 苯，提取振摇 2min，分层后吸出苯液，加少许无水硫酸钠，振摇，静置，吸取一定量进行气相色谱测定，记录峰高，与标准峰高比较定量。

5.2.3.6　计算

试样中甲基汞的含量按公式(5-3)进行计算。

$$X = \frac{V_1 \times h_1 \times m_1 \times 1000}{V_2 \times h_2 \times m_2 \times 1000} \qquad (5\text{-}3)$$

式中　X——试样中甲基汞的含量，mg/kg；

　　　m_1——甲基汞标准量，μg；

　　　h_1——试样峰高，mm；

　　　V_1——试样苯萃取溶剂的总体积，mL；

　　　V_2——测定用试样的体积，mL；

　　　h_2——甲基汞标准峰高，mm；

　　　m_2——试样质量，g。

计算结果保留两位有效数字。

5.2.3.7　精密度

在重复性条件下获得两次测定结果的绝对值不得超过算术平均值 20%。

5.3　食品中无机砷及有机砷化合物的检测技术

5.3.1　砷的形态分析

　　砷是一种自然界常见的非金属元素，具有较强的毒性，砷及其化合物对体内酶蛋白的巯基具有特殊的亲和力，可以引起酶失活，从而影响细胞代谢，导致细胞死亡。目前由于工业发展导致环境污染的加剧，以及有机砷农药的肆意乱用，使得部分农产品种植或养殖地区的土壤和水体中砷的污染逐渐加剧，这些砷不可避免地被动植物吸收和富集，给人类的健康造成很大的威胁。

　　砷的化合物形态主要可以分为两大类：有机砷和无机砷。其中有机砷主要包括单甲基砷酸（MMA）、二甲基砷酸（DMA）、砷甜菜碱、砷胆碱、砷糖等。无机砷主要包括亚砷酸盐和砷酸盐。不同形态的砷的毒性差别很大，例如以有机砷形态存在的砷糖、砷甜菜碱几乎没有毒性，但无机砷化物的毒性很高。国际癌症研究中心已确认无机砷及其化合物为Ⅰ级致癌物质，MMA 和 DMA 也被归为潜在的致癌物质。各形态砷的毒性大小顺序为：AsH_3＞亚砷酸盐（AsⅢ）＞砒霜（As_2O_3）＞砷酸盐（AsⅤ）＞单甲基砷酸（MMA）＞二甲基砷酸（DMA）＞砷甜菜碱（AsB）＞砷胆碱（AsC）。不同食品中的砷形态存在着明显的差异，如水稻籽粒中砷以无机 As(Ⅲ＋Ⅴ)、二甲基砷酸（DMA）为主，其中无机砷占总砷的 10%～90%。海洋生物中砷主要以有机砷形式存在，并且植物与动物之间也存在显著的差异。海洋植物（藻类）体内的砷主要以砷糖的形式存在，而海洋动物体内的砷主要以砷甜菜碱的形式存在。

5.3.2　食品中总砷的原子荧光光谱法检测技术

5.3.2.1　方法目的

掌握用原子荧光光谱法检测样品中总砷的方法。

5.3.2.2　原理

食品试样经湿法消解或者干法灰化后，加入硫脲使五价砷还原为三价砷，再加入硼氢化钠或硼氢化钾使其还原为砷化氢，由氩气载入石英原子化器中分解为原子态砷，在特制砷空心阴极灯的发射光激发下产生原子荧光，其荧光强度在固定条件下与被测液中的砷浓度成正比，与标准系列比较定量。

5.3.2.3　试剂

氢氧化钠溶液（2g/L）、硫脲溶液（50g/L）、氢氧化钠溶液（100g/L）。

硼氢化钠（$NaBH_4$）溶液（10g/L）：称取硼氢化钠10.0g（也可称取14g硼氢化钾代替10g硼氢化钠），溶于2g/L氢氧化钠溶液1000mL中，混匀，此液于冰箱中可保存10天，取出后应当日使用。

硫酸溶液（1+9）：量取硫酸100mL，小心倒入900mL水中，混匀。

砷标准储备液：含砷0.1mg/mL。精确称取于100℃干燥2h以上的三氧化二砷（As_2O_3）0.1320g，加100g/L氢氧化钠10mL溶解，用适量水转入1000mL容量瓶中，加（1+9）硫酸25mL，用水定容至刻度。

砷使用标准液：含砷1μg/mL。称取1.00mL砷标准储备液于100mL容量瓶中，用水稀释至刻度。此液应当日配制使用。

湿消解试剂：硝酸、硫酸、高氯酸。

干灰化试剂：六水硝酸镁（150g/L）、氯化镁、盐酸（1+1）。

5.3.2.4　仪器

原子荧光光度计；光电倍增管电压：400V；砷空心阴极灯电流：35mA；原子化器：温度820～850℃，高度7mm；氩气流速：载气600mL/min；测量方式：荧光强度或浓度直读；读数方式：峰面积；读数延迟时间：1s；读数时间：15s；硼氢化钠溶液加入时间：5s；标准溶液或样品溶液加入体积：2mL。

5.3.2.5　实验步骤

（1）试样消解

1）湿法消解　固体试样称样1.00～2.50g，液体试样称样5.00～10.00g（或mL），置于50～100mL锥形瓶中，同时做两份空白试剂。加硝酸20～40mL、硫酸1.25mL，摇匀后放置过夜，置于电热板上加热消解。若消解液处理至10mL左右时仍有未分解物质或色泽变深，取下放冷，补加硝酸5～10mL，再消解至10mL左右观察，如此反复两次，注意避免炭化。如仍不能消解完全，则加入高氯酸1～2mL，继续加热至消解完全后，再持续蒸发至高氯酸的白烟散尽，硫酸的白烟开始冒出。冷却，加水25mL，再蒸发至冒硫酸白烟。冷却，用水将内容物转入25mL容量瓶或比色管中，加入50g/L硫脲2.5mL，补水至刻度并混匀，备测。

2）干法灰化　一般应用于固体试样。称取1.00～2.50g试样于50～100mL坩埚中，同时做两份试剂空白。加150g/L硝酸镁10mL混匀，低热蒸干，将氧化镁1g仔细覆盖在干渣上，于电炉上炭化至无黑烟，移入550℃高温炉炭化4h。取出放冷，小心加入（1+1）盐酸

10mL 以中和氧化镁并溶解灰分，转入 25mL 容量瓶或比色管中，向容量瓶或比色管中加入 50g/L 硫脲 2.5mL，另用（1＋9）硫酸分次涮洗坩埚后转出合并，直至 25mL 刻度，混匀备测。

（2）标准溶液制备　取 25mL 容量瓶或比色管 6 支，依次准确加入 1μg/mL 砷使用标准液 0、0.05mL、0.2mL、0.5mL、2.0mL、5.0mL（各相当于砷浓度 0、2.0ng/mL、8.0ng/mL、20.0ng/mL、80.0ng/mL、200.0ng/mL），各加（1＋9）硫酸 12.5mL、50g/L 硫脲 2.5mL，补加水至刻度，混匀备测。

（3）测定　分别测定标准溶液、空白对照溶液和样品消化液，绘制标准曲线，根据回归方程求出试剂空白液和样品被测液的砷浓度。

5.3.2.6　计算

按照公式(5-4)计算样品的砷含量。

$$X=\frac{(C_1-C_0)\times 25}{m} \tag{5-4}$$

式中　X——试样的砷含量，ng/g 或 ng/mL；

C_1——试样被测液的浓度，ng/mL；

C_0——试剂空白液的浓度，ng/mL；

m——试样的质量或体积，g 或 mL；

计算结果保留两位有效数字。

5.3.2.7　精密度

湿法消解在重复性条件下获得的两次独立测定结果的绝对差值不得超过算术平均值的 10%。

干法灰化在重复性条件下获得的两次独立测定结果的绝对差值不得超过算术平均值的 15%。

5.3.2.8　准确度

湿法消解测定的回收率为 90%～105%；干法灰化测定的回收率为 85%～100%。

5.3.3　食品中总砷的银盐法检测技术

5.3.3.1　方法目的

掌握银盐法测定食品中总砷的方法。

5.3.3.2　原理

试样经消化后，以碘化钾、氯化亚锡将高价砷还原为三价砷，然后与锌粒和酸产生的新生态氢生成砷化氢，经银盐溶液吸收后，形成红色胶态物，与标准系列比较定量。

5.3.3.3　试剂

硝酸、硫酸、盐酸、氧化镁、无砷锌粒、乙酸铅溶液（100g/L）、氢氧化钠溶液（200g/L）。

硝酸-高氯酸混合溶液（4＋1）：量取 80mL 硝酸，加 20mL 高氯酸，混匀。

硝酸镁溶液（150g/L）：称取 15g 硝酸镁 [$Mg(NO_3)_2 \cdot 6H_2O$] 溶于水中，并稀释至 100mL。

碘化钾溶液（150g/L）：储存于棕色瓶中。

酸性氯化亚锡溶液：称取 40g 氯化亚锡（$SnCl_2 \cdot 2H_2O$），加盐酸溶解并稀释至 100mL，加入数粒金属锡粒。

盐酸（1+1）：量取 50mL 盐酸加水稀释至 100mL。

乙酸铅棉花：用乙酸铅溶液（100g/L）浸透脱脂棉后，压除多余溶液，并使疏松，在 100℃以下干燥后，储存于玻璃瓶中。

硫酸（6+94）：量取 6.0mL 硫酸加于 80mL 水中，冷后再加水稀释至 100mL。

二乙基二硫代氨基甲酸银-三乙醇胺-三氯甲烷溶液：称取 0.25g 二乙基二硫代氨基甲酸银 $[(C_2H_5)_2NCS_2Ag]$ 置于研钵中，加少量三氯甲烷研磨，移入 100mL 量筒中，加入 1.8mL 三乙醇胺，再用三氯甲烷分次洗涤乳钵，洗液一并移入量筒中，再用三氯甲烷稀释至 100mL，放置过夜，滤入棕色瓶中储存。

砷标准储备液：准确称取 0.1320g 在硫酸干燥器中干燥过的或在 100℃ 干燥 2h 的三氯化二砷，加 5mL 氢氧化钠溶液（200g/L），溶解后加 25mL 硫酸（6+94），移入 1000mL 容量瓶中，加新煮沸冷却的水稀释至刻度，储存于棕色瓶中。此溶液每毫升相当于 0.10mg 砷。

砷标准使用液：吸取 1.0mL 砷标准储备液，置于 100mL 的容量瓶中，加 1mL 硫酸（6+94），加水稀释至刻度，此溶液每毫升相当于 1.0μg 砷。

5.3.3.4 仪器

分光光度计、100~150mL 锥形瓶、导气管、吸收管。

5.3.3.5 实验步骤

（1）试样消解

1）硝酸-高氯酸-硫酸法 称取 5.00g 或 10.00g 的粉碎试样，置于 250~500mL 定氮瓶中，先加水少许使湿润，加数粒玻璃珠、10~15mL 硝酸-高氯酸混合液，放置片刻，小火缓慢加热，待作用缓和，放冷。沿瓶壁加入 5mL 或 10mL 硫酸，再加热，至瓶中液体开始变成棕色时，不断沿瓶壁滴加硝酸-高氯酸混合溶液至有机质完全分解。加大火力，至产生白烟，待瓶口白烟冒净后，瓶内液体不再产生白烟为消化完全，该溶液应澄明无色或微带黄色，放冷。加 20mL 水煮沸，除去残余的硝酸至产生白烟为止。如此处理两次，放冷。将冷后的溶液移入 50mL 或 100mL 容量瓶中，用水洗涤定氮瓶，洗液并入容量瓶中，放冷，加水至刻度，混匀。定容后的溶液每 10mL 相当于 1g 试样，相当于加入硫酸量 1mL。取消化试样相同量的硝酸-高氯酸混合液和硫酸，按同一方法做试剂空白试验。

2）灰化法 称取 5.00g 磨碎试样，置于坩埚中，加 1g 氧化镁及 10mL 硝酸镁溶液，混匀，浸泡 4h。于低温或置水浴锅上蒸干，用小火炭化至无烟后移入马弗炉中加热至 550℃，灼烧 3~4h，冷却后取出。加 5mL 水湿润后，用细玻璃棒搅拌，再用少量水洗下玻璃棒上附着的灰分至坩埚内。放水浴上蒸干后移入马弗炉 550℃ 灰化 2h，冷却后取出，加 5mL 水湿润灰分，再慢慢加入 10mL 盐酸（1+1），然后将溶液移入 50mL 容量瓶中，坩埚用盐酸（1+1）洗涤 3 次，每次 5mL，再用水洗涤 3 次，每次 5mL，洗液均并入容量瓶中，再加水至刻度，混匀。定容后的溶液每 10mL 相当于 1g 试样，其加入盐酸量不少于 1.5mL。按同一方法做试剂空白试验。

（2）测定 吸取 0、2.0mL、4.0mL、6.0mL、8.0mL、10.0mL 砷标准使用液（相当于 0、2.0μg、4.0μg、6.0μg、8.0μg、10.0μg），分别置于 150mL 锥形瓶中，加水至

40mL，再加 10mL 硫酸（1+1）。

1）用湿法消解液　于试样消化液、试剂空白液及砷标准溶液中各加 3mL 碘化钾溶液（150g/L）、0.5mL 酸性氯化亚锡溶液，混匀，静置 150min。各加入 3g 锌粒，立即分别塞上装有乙酸铅棉花的导气管，并使管尖端插入盛有 4mL 银盐溶液的离心管中的液面下，在常温下反应 45min 后，取下离心管，加三氯甲烷补足 4mL。用 1cm 比色杯，以空白管调节零点，于波长 250nm 处测吸光度，并绘制标准曲线。

2）用灰化法消解液　取灰化法消解液、试剂空白液分别置于 150mL 锥形瓶中，吸取 0、2.0mL、4.0mL、6.0mL、8.0mL、10.0mL 砷标准使用液（相当于 0、2.0μg、4.0μg、6.0μg、8.0μg、10.0μg），分别置于 150mL 锥形瓶中，加水至 43.5mL，再加 6.5mL 盐酸。下列步骤按照上述 1）中"于试样消化液……"进行操作。

5.3.3.6　计算

试样中砷的含量按照公式(5-5)进行计算。

$$X = \frac{(A_1 - A_2) \times 1000}{m \times (V_2/V_1) \times 1000} \tag{5-5}$$

式中　X——试样中砷含量，mg/kg 或 mg/L；

　　　A_1——测定用试样消化液中砷的含量，μg；

　　　A_2——试剂空白液中砷的质量，μg；

　　　m——试样质量或体积，g 或 mL；

　　　V_1——试样消化液的总体积，mL；

　　　V_2——测定用试样消化液的体积，mL。

计算结果保留两位有效数字。

5.3.3.7　精密度

在重复条件下获得的两次独立测定结果的绝对差值不得超过算术平均值的 10%。

5.3.4　食品中的砷化物离子色谱-原子荧光光谱法检测技术

5.3.4.1　方法目的

学习和掌握离子色谱-原子荧光光谱法检测食品中砷化物技术及其样品处理技术。

5.3.4.2　原理

样品中的砷化物经离子色谱分离后，与盐酸和硼氢化钾反应，生成的气体经气液分离器分离，在载气的带动下进入原子荧光光度计进行检测。

5.3.4.3　试剂

甲醇、4% 乙酸、0.5% 氢氧化钾、7% 盐酸、砷储备液（1mg/mL）、10mmol/L 嘧啶。

流动相：5mmol/L 磷酸氢二铵（用 4% 乙酸调节 pH 6.0）。

1.5% 硼氢化钾：将硼氢化钾溶解在 0.5% 氢氧化钾溶液中。

5.3.4.4　仪器

高效液相色谱、氢化物发生-原子荧光光度计。

5.3.4.5　实验步骤

（1）样品处理　固体样品用粉碎机粉碎，称取 0.5g 鲜样捣碎，混合均匀后称取 5g，放入离心管中，加入 10mL 甲醇-水溶液（1:1），超声提取 10min，离心 10min。将上清液转移至圆底烧瓶中，样品重复提取 3 次，合并提取液，30℃ 旋干，用 10mL 水溶解，过 0.45μm 滤膜，用于液相色谱分析。水样直接过 0.45μm 滤膜，备用。依据标准物质进行定量分析。

(2) 仪器条件　色谱柱：Hamilton PRP-X 100；流动相：5mmol/L 磷酸氢二铵（用 4％乙酸调节 pH 6.0）；流速：1mL/min；进样量：20μL。

原子荧光光度计：1.5％硼氢化钾；灯电流：50mA；载流：7％ HCl，流速为 6.0mL/min；载气：氩气，400mL/min。

5.3.5　食品中砷化物的高效液相色谱-等离子发射光谱检测技术

5.3.5.1　方法目的
学习和掌握高效液相-等离子发射光谱法检测食品中砷化物技术及其样品处理技术。

5.3.5.2　原理
样品中砷化物提取后，经色谱柱分离，进入等离子发射光谱进行检测，外标法定量。

5.3.5.3　试剂
硝酸、甲醇、氨水、乙酸、20mmol/L 磷酸缓冲液、砷标准溶液（1000μg/mL）、砷工作液浓度（1.0～20.0μg/L）。

5.3.5.4　仪器
高效液相色谱仪、等离子发射光谱、超声波清洗仪。

5.3.5.5　实验步骤
(1) 样品处理　样品用粉碎机粉碎，称取干样 0.5g，鲜样捣碎，混合均匀后称取 5g。放入离心管中，加入 10mL 甲醇-水溶液（1∶1），超声提取 10min，离心 10min。将上清液转移至圆底烧瓶中，样品重复提取 3 次，合并提取液，30℃ 旋干，用 10mL 水溶解，过 0.45μm 滤膜，用于液相色谱分析。

(2) 仪器条件
① 色谱条件　阴离子交换色谱柱：PRP-X100；柱温：40℃；流动相：20mmol/L 磷酸缓冲液（用氨水调 pH 6.0）；流速：1.5mL/min。

阳离子交换色谱柱：Zorbax 300 SCX 柱；柱温：30℃；流动相：10mmol/L 嘧啶（用乙酸调 pH 2.3）；流速：1.5mL/min；进样量：20μL。

② 等离子发射光谱条件　RF 电压 1.2 kW，辅助氩气流量 0.8 L/min，雾化氩气流量 0.96 L/min，冷却氩气 15 L/min。

其中，阳离子交换色谱可用于分离砷甜菜碱、砷胆碱、三甲基砷、四甲基砷离子；阴离子交换色谱可用于分离 As^{3+}、As^{5+}、MMA、DMA 砷的无机形态。

5.4 食品中铅及有机铅化合物的检测技术

5.4.1　铅的形态及毒性

铅（Pb）是一种常见的有色重金属元素，在自然界中分布广泛，其中大多数以铅的化合物形式存在。随着含铅制剂在工农业上的大量应用，特别是含铅汽油的燃烧和废气排放，生态环境中铅含量发生了变化。例如，正常大气中铅的天然浓度为 $0.005\mu g/m^3$，但是在受到污染的空气中铅的浓度可以达到 10^4 倍，其中四甲基铅、四乙基铅是空气中铅的主要污染来源。天然水中铅含量很少，而受到工业废气、废渣污染的河流湖泊水中铅浓度会大大高于标准值。水中铅的生物利用度较食物中高，所以铅超标的水更容易引起人与动物铅中毒。

在有机铅化合物中，化合物毒性的大小与取代基的种类及数量有关。例如，烷基铅的毒性比苯基铅大，而带正电的有机铅的毒性比中性有机铅化合物大。铅及其化合物主要通过呼吸道和消化道进入机体，铅在机体内沉积会造成急慢性中毒，主要表现在神经系统、造血系统方面。

5.4.2　食品中总铅的原子吸收光谱法检测技术

5.4.2.1　方法目的
学习掌握利用原子吸收光谱法检测食品中总铅的方法及样品前处理技术。

5.4.2.2　原理
试样经灰化或酸消解后，注入原子吸收分光光度计石墨炉中，电热原子化后吸收 283.3nm 共振线，在一定浓度范围内，其吸收值与铅含量成正比，与标准系列比较定量。

5.4.2.3　试剂
硝酸（优级纯）、过硫酸铵、过氧化氢（30%）、高氯酸（优级纯）。

硝酸（1+1）：取 50mL 硝酸慢慢加入 50mL 水中。

硝酸（0.5mol/L）：取 3.2mL 硝酸加入 50mL 水中，稀释至 100mL。

硝酸（1mol/L）：取 6.4mL 硝酸加入 50mL 水中，稀释至 100mL。

磷酸二氢铵溶液（20g/L）：称取 2.0g 磷酸二氢铵，以水溶解稀释至 100mL。

混合酸：硝酸+高氯酸（9+1）。取 9 份硝酸与 1 份高氯酸混合。

铅标准储备液：准确称取 1.000g 金属铅（99.99%），分次加少量硝酸（1+1），加热溶解，总量不超过 37mL，移入 1000mL 容量瓶，加水至刻度。混匀。此溶液每毫升含 1.0mg 铅。

铅标准使用液：每次吸取铅标准储备液 1.0mL 于 100mL 容量瓶中，加硝酸（0.5mol/L）至刻度。如此经多次稀释成每毫升含 10.0ng、20.0ng、40.0ng、60.0ng、80.0ng 铅的标准使用液。

5.4.2.4　仪器
原子吸收光谱仪，附石墨炉及铅空心阴极灯。马弗炉、天平、干燥恒温箱、瓷坩埚、压力消解器、可调式电热板。

5.4.2.5　实验步骤
（1）试样预处理　粮食、豆类去除杂物后，磨碎，过 20 目筛，储于塑料瓶中，保存备用；蔬菜、水果、鱼类、肉类及蛋类等水分含量高的鲜样，用食品加工机或匀浆机打成匀浆，储于塑料瓶中，保存备用。

（2）试样消解（选其一）

1）压力消解罐消解法　称取 1~2g 试样于聚四氟乙烯内罐，加硝酸 2~4mL 浸泡过夜。再加过氧化氢（30%）2~3mL（总量不能超过罐体积的 1/3）。盖好内盖，旋紧不锈钢外套，放入恒温干燥箱，120~140℃保持 3~4h，在箱内自然冷却至室温，用滴管将消化液洗入或过滤入 10～25mL 容量瓶中，用水少量多次洗涤罐，洗液合并于容量瓶中并定容至刻度，混匀备用。同时做试剂空白。

2) 干法灰化　称取 1～5g 试样于瓷坩埚中，先小火在可调式电热板上炭化至无烟，移入马弗炉 500℃±25℃ 灰化 6～8h，冷却。若个别试样灰化不彻底，则加 1mL 混合酸在可调式电炉上小火加热，反复多次直到消化完全，放冷，用硝酸（0.5mol/L）将灰分溶解，用滴管将试样消化液洗入或过滤入 10～25mL 容量瓶中，用水少量多次洗涤瓷坩埚，洗液合并于容量瓶中并定容至刻度，混匀备用。同时做试剂空白。

3) 过硫酸铵灰化法　称取 1～5g 试样于瓷坩埚中，加 2～4mL 硝酸浸泡 1h 以上，先小火炭化，冷却后加 2.00～3.00g 过硫酸铵盖于上面，继续炭化至不冒烟，转入马弗炉，500℃±25℃ 恒温 2h，再升至 800℃，保持 20min，冷却，加 2～3mL 硝酸（1mol/L），用滴管将试样消化液洗入或过滤入 10～25mL 容量瓶中，用水少量多次洗涤瓷坩埚，洗液合并于容量瓶中并定容至刻度，混匀备用。同时做试剂空白。

4) 湿式消解法　称取试样 1～5g 于锥形瓶或高脚烧杯中，放数粒玻璃珠，加 10mL 混合酸，加盖浸泡过夜，加一小漏斗于电炉上消解，若变棕黑色，再加混合酸，直至冒白烟，消化液呈无色透明或略带黄色，放冷，用滴管将试样消化液洗入或过滤入 10～25mL 容量瓶中，用水少量多次洗涤锥形瓶或高脚烧杯，洗液合并于容量瓶中并定容至刻度，混匀备用。同时做试剂空白。

（3）测定

1) 仪器条件　波长 283.3nm；狭缝 0.2～1.0nm；灯电流 5～7mA；干燥温度 120℃，20s；灰化温度 450℃，持续 15～20s；原子化温度 1700～2300℃，持续 4～5s；背景校正为氘灯或塞曼效应。

2) 标准曲线绘制　吸取上面配制的铅标准使用液 10.0ng/mL、20.0ng/mL、40.0ng/mL、60.0ng/mL、80.0ng/mL 各 10μL，注入石墨炉，测得其吸光值并求得吸光值与浓度关系的一元线性回归方程。

3) 试样测定　分别称取样液或试剂空白液各 10μL，注入石墨炉，测得其吸光值，带入标准系列的一元线性回归方程中求得样液中铅含量。

5.4.2.6　计算

试样中铅含量按公式(5-6)进行计算。

$$X = \frac{(C_1 - C_0) \times V}{m} \tag{5-6}$$

式中　X——试样中铅含量，ng/g 或 ng/mL；

　　C_1——测定样液中铅含量，ng/mL；

　　C_0——空白液中铅含量，ng/mL；

　　V——试样消化液定量总体积，mL；

　　m——试样质量或体积，g 或 mL。

以重复性条件下获得的两次独立测定结果的算术平均值表示，结果保留两位有效数字。

5.4.2.7　精密度

在重复性条件下获得的两次独立测定结果的绝对差值不得超过算术平均值的 20%。

5.4.3　食品中总铅的原子荧光光谱法检测技术

5.4.3.1　方法目的

学习和掌握食品中总铅的原子荧光光谱检测技术及其样品前处理技术。

5.4.3.2　原理

试样经酸热消化后，在酸性介质中，试样中的铅与硼氢化钠（$NaBH_4$）或硼氢化钾（KBH_4）反应生成挥发性铅的氢化物（PbH_4）。以氩气为载气，将氢化物导入电热石英原子化器中原子化，在特制铅空心阴极灯照射下，基态铅原子被激发至高能态；在去活化回到基态时，发射出特征波长的荧光，其荧光强度与铅含量成正比，根据标准溶液系列进行定量。

5.4.3.3　试剂

硝酸＋高氯酸混合酸（9＋1）：分别量取硝酸 900mL、高氯酸 100mL，混匀。

盐酸（1＋1）：量取 250mL 盐酸倒入 250mL 水中，混匀。

草酸溶液（10g/L）：称取 1.0g 草酸，加入溶解至 100mL 水中，混匀。

铁氰化钾［$K_3Fe(CN)_6$］溶液（100g/L）：称取 10.0g 铁氰化钾，加水溶解并稀释至 100mL，混匀。

氢氧化钠溶液（2g/L）：称取 2.0g 氢氧化钠，溶于 1 L 水中，混匀。

硼氢化钠溶液（10g/L）：称取 5.0g 硼氢化钠，溶于 500mL 氢氧化钠溶液（2g/L）中，混匀，临用前配制。

铅标准储备液（1.0mg/mL），铅标准使用液（1.0μg/mL）。

5.4.3.4　仪器

原子荧光光度计，铅空心阴极灯，电热板，天平。

5.4.3.5　实验步骤

（1）试样湿法消化　称取固体试样 0.20～2.00g 或液体试样 2.00～10.00g，置于 50～100mL 消化容器中，然后加入硝酸-高氯酸混合酸 5～10mL 摇匀浸泡，放置过夜。次日置于电热板上加热消解，至消化液呈淡黄色或无色（如消解过程色泽较深，稍冷补加少量硝酸，继续消解），稍冷加入 20mL 水再继续加热赶酸，至消解液 0.5～1.0mL 止，冷却后用少量水转入 25mL 容量瓶中，并加入盐酸（1＋1）0.5mL、草酸（10g/L）溶液 0.5mL，摇匀，再加入铁氰化钾溶液（100g/L）1.00mL，用水稀释准确定容至 25mL，摇匀，放置 30min 后测定，同时做试剂空白。

（2）标准系列制备　在 25mL 容量瓶中，依次准确加入铅的标准使用液 0.00mL、0.125mL、0.25mL、0.50mL、0.75mL、1.00mL、1.25mL，用少量水稀释后，加入 0.5mL 盐酸（1＋1）和 0.5mL 草酸溶液（10g/L）摇匀，再加入铁氰化钾溶液（100g/L）1.0mL，用水稀释至刻度，摇匀，放置 30min 后待测。

（3）测定

1）仪器参考条件　负高压：323V；铅空心阴极灯灯电流：75mA；原子化器：炉温 750～800℃，炉高 8mm；氩气流速：载气 800mL/min，屏蔽气 1000mL/min；加还原剂时间：7.0s；读数时间：15.0s；延迟时间：0.0s；测量方式：标准曲线法；读数方式：峰面积；进样体积：2.0mL。

2）试样测定　设定好仪器的最佳条件，逐步将炉温升至所需温度，稳定 10～20min 后开始测量，连续用标准系列的零管进样，待读数稳定之后，转入标准系列的测量，绘制标准曲线，转入试样测量，分别测定试样空白和试样消化液。

5.4.3.6　计算

试样中铅含量按公式(5-7)计算。

$$X = \frac{(C_1 - C_0) \times V}{m} \tag{5-7}$$

式中　X——试样中铅含量，ng/g 或 ng/mL；

　　C_1——测定样液中铅含量，ng/mL；

　　C_0——空白液中铅含量，ng/mL；

　　V——试样消化液定量总体积，mL；

　　m——试样质量或体积，g 或 mL。

以重复性条件下获得的两次独立测定结果的算术平均值表示，结果保留两位有效数字。

5.4.3.7　精密度

在重复性条件下获得的两次独立测定结果的绝对差值不得超过算术平均值的 10%。

5.5 食品中镉及有机镉化合物的检测技术

5.5.1　镉的来源与危害

镉（Cd）是一种银白色有光泽的金属，在自然界中分布很广但含量很低，主要以硫镉矿的形式存在，并常与锌、铅、铜、锰等矿并存。镉污染的主要来源包括电镀和镀锌产品、污泥污水、固体垃圾、冶炼排水和蓄电池排污，农业上使用农药和化肥也是造成镉污染的另一渠道。在环境中镉不能被生物降解，在土壤和水体中不断积累增加，进而通过食物链和生物本身的富集作用而在动物和植物体内常年蓄积。我国蔬菜、水稻等农作物中镉超标严重，在镉污染较严重的地区，在其下风口种植的蔬菜中镉的含量可达到 0.5～32mg/kg。农作物可通过根部从被污染的土壤中吸收镉。不同作物对镉的吸收能力是不同，一般蔬菜中的叶菜、根菜类高于瓜果类，同时，蔬菜含镉量高于谷类作物中的籽粒。动物源性食品中镉的含量比较低，肉和淡水鱼类低于 0.1mg/kg，但是内脏（肝、肾）中较高，可达 1～2mg/kg（湿重）。镉污染严重的地区，动物体内镉的含量也高，特别是水产品中。镉能在某些水产品中富集，例如牡蛎，据报道，新西兰所产的牡蛎中镉含量高达 8mg/kg。陆生动物中镉的富集与寿命有关，寿命较长的哺乳动物的肝和肾镉的含量较高。乳品饮料中镉的含量一般低于 1μg/L。

镉进入动物机体内可损害血管，导致组织缺血，从而引起多器官系统损伤。镉还可干扰其他微量元素的代谢，阻碍肠道吸收铁，从而抑制血红蛋白的合成，还可以抑制肺泡巨噬细胞的氧化磷酸化的过程，从而引起肺、肾和肝的损害。20 世纪 60 年代日本某地区居民由于长期饮用被硫酸镉污染的水源而引起了慢性镉中毒症状，患者出现骨软化症，周身疼痛，因此称为"痛痛病"。

5.5.2　食品中总镉的原子吸收光谱法检测技术

5.5.2.1　方法目的

学习和掌握食品中总镉的原子吸收光谱法技术及其样品前处理技术。

5.5.2.2　原理

试样经灰化或酸消解后，注入原子吸收分光光度计石墨炉中，电热原子化后吸收 228.8nm 共振线，在一定浓度范围，其吸收值与镉含量成正比，与标准系列比较定量。

5.5.2.3　试剂

硝酸、硫酸、过氧化氢（30%）、高氯酸。

硝酸（1+1）：取 50mL 硝酸慢慢加入 50mL 水中。

硝酸（0.5mol/L）：取 3.2mL 硝酸加入 50mL 水中，稀释至 100mL。

盐酸（1mol/L）：取 50mL 盐酸加入 50mL 水中。

磷酸铵溶液（20g/L）：称取 2.0g 磷酸铵，以水溶解稀释至 100mL。

混合酸：硝酸＋高氯酸（4+1）。取 4 份硝酸与 1 份高氯酸混合。

镉标准储备液：准确称取 1.000g 金属镉（99.99%），分次加 20mL 盐酸（1+1）溶解，加 2 滴硝酸，移入 1000mL 容量瓶，加水至刻度，混匀。此溶液每毫升含 1.0mg 镉。

镉标准使用液：每次吸取镉标准储备液 10.0mL 于 100mL 容量瓶中，加硝酸（0.5mol/L）至刻度。如此经多次稀释成每毫升含 100.0ng 镉的标准使用液。

5.5.2.4　仪器

原子吸收光谱仪（附石墨炉及铅空心阴极灯），马弗炉，天平，干燥恒温箱，瓷坩埚，压力消解器和可调式电热板。

5.5.2.5　实验步骤

（1）试样预处理　粮食、豆类去除杂物后，磨碎，过 20 目筛，储于塑料瓶中，保存备用；蔬菜、水果、鱼类、肉类及蛋类等水分含量高的鲜样，用食品加工机或匀浆机打成匀浆，储于塑料瓶中，保存备用。

（2）试样消解（选其一）

1）压力消解罐消解法　称取 1.00～2.00g 试样于聚四氟乙烯内罐，加硝酸 2～4mL 浸泡过夜，再加过氧化氢（30%）2～3mL（总量不能超过罐体积的 1/3），盖好内盖，旋紧不锈钢外套，放入恒温干燥箱，120～140℃保持 3～4h，在箱内自然冷却至室温，用滴管将消化液洗入或过滤入 10～25mL 容量瓶中，用水少量多次洗涤罐，洗液合并于容量瓶中并定容至刻度，混匀备用。同时做试剂空白。

2）干法灰化　称取 1.00～5.00g 试样于瓷坩埚中，先小火在可调式电热板上炭化至无烟，移入马弗炉 500℃灰化 6～8h，冷却。若个别试样灰化不彻底，则加 1mL 混合酸在可调式电炉上小火加热，反复多次直到消化完全，放冷，用硝酸（0.5mol/L）将灰分溶解，用滴管将试样消化液洗入或过滤入 10～25mL 容量瓶中，用水少量多次洗涤瓷坩埚，洗液合并于容量瓶中并定容至刻度，混匀备用。同时做试剂空白。

3）过硫酸铵灰化法　称取 1.00～5.00g 试样于瓷坩埚中，加 2～4mL 硝酸浸泡 1h 以上，先小火炭化，冷却后加 2.00～3.00g 过硫酸铵盖于上面，继续炭化至不冒烟，转入马弗炉，500℃恒温 2h，再升至 800℃，保持 20min，冷却，加 2～3mL 硝酸（1.0mol/L），用滴管将试样消化液洗入或过滤入 10～25mL 容量瓶中，用水少量多次洗涤瓷坩埚，洗液合并于容量瓶中并定容至刻度，混匀备用。同时做试剂空白。

4）湿式消解法　称取试样 1.00～5.00g 于锥形瓶或高脚烧杯中，放数粒玻璃珠，加 10mL 混合酸，加盖浸泡过夜，加一小漏斗于电炉上消解，若变棕黑色，再加混合酸，直至冒白烟，消化液呈无色透明或略带黄色，放冷，用滴管将试样消化液洗入或过滤入 10～25mL 容量瓶中，用水少量多次洗涤锥形瓶或高脚烧杯，洗液合并于容量瓶中并定容至刻度，混匀备用。同时做试剂空白。

（3）测定

1）仪器条件　参考波长 228.8nm；狭缝 0.5～1.0nm；灯电流 8～10mA；干燥温度 120℃，20s；灰化温度 350℃，15～20s；原子化温度 1700～2300℃，4～5s；背景校正为氘灯或塞曼效应。

2）标准曲线绘制　吸取上面配制的镉标准使用液 0.0、1.0mL、2.0mL、3.0mL、5.0mL、7.0mL、10.0mL 于 100mL 容量瓶中稀释至刻度，相当于 0.0、1.0ng/mL、2.0ng/mL、3.0ng/mL、5.0ng/mL、7.0ng/mL、10.0ng/mL，吸取 10μL 注入石墨炉，测得其吸光值并求得吸光值与浓度关系的一元线性回归方程。

3）试样测定　分别吸取样液和试剂空白液各 10μL 注入石墨炉，测得其吸光值，代入标准系列的一元线性回归方程中求得样液中镉含量。

4）基体改进剂的使用　对有干扰试样，则注入适量的基体改进剂磷酸铵溶液（20g/L）消除干扰。绘制镉标准曲线时也要加入与试样测定时等量的基体改进剂。

5.5.2.6　计算

试样中镉含量按公式(5-8)计算。

$$X = \frac{(A_1 - A_2) \times V \times 1000}{m \times 1000} \tag{5-8}$$

式中　X——试样中镉含量，$\mu g/kg$ 或 $\mu g/L$；

A_1——测定试样消化液中镉含量，ng/mL；

A_2——空白液中镉含量，ng/mL；

V——试样消化液总体积，mL；

m——试样质量或体积，g 或 mL。

计算结果保留两位有效数字。

5.5.2.7　精密度

在重复性条件下获得的两次独立测定结果的绝对差值不得超过算术平均值的 20 %。

5.5.3　食品中总镉的原子荧光光谱法检测技术

5.5.3.1　方法目的

学习和掌握食品中总镉的原子荧光光谱法检测技术及其样品前处理技术。

5.5.3.2　原理

食品试样经湿消解或干灰化后，加入硼氢化钾，试样中的镉与硼氢化钾反应生成镉的挥发性物质，由氩气带入石英原子化器中，在特制镉空心阴极灯的发射光激发下产生原子荧光，其荧光强度在一定条件下与被测定液中的镉浓度成正比，与标准系列比较定量。

5.5.3.3 试剂

硫酸（优级纯）、硝酸（优级纯）、高氯酸（优级纯）、过氧化氢（30%）。

二硫腙-四氯化碳溶液（0.5g/L）：称取0.05g二硫腙，用四氯化碳溶解于100mL容量瓶中，稀释至刻度，混匀。

硫酸溶液（0.02mol/L）：将11mL硫酸小心倒入900mL水中，冷却后稀释至1000mL，混匀。

硫脲溶液（50g/L）：称取10g硫脲，用硫酸（0.20mol/L）溶解并稀释至200mL，混匀。

含钴溶液：称取0.4028g六水氯化钴（$CoCl_2 \cdot 6H_2O$），或0.220g氯化钴（$CoCl_2$），用水溶解于100mL容量瓶中，稀释至刻度。此溶液每毫升相当于1mg钴，临用时逐级稀释至含钴离子浓度为50μg/mL。

氢氧化钾溶液（5g/L）：称取1g氢氧化钾，用水溶解，稀释至200mL，混匀。

硼氢化钾溶液（30g/L）：称取30g硼氢化钾，溶于5g/L氢氧化钾溶液中，并定容至1000mL，混匀，临用现配。

镉标准储备液：准确称取1.000g金属镉（99.99%），分次加20mL盐酸（1+1）溶解，加2滴硝酸，移入1000mL容量瓶，加水至刻度。混匀。此溶液每毫升含1.0mg镉。

镉标准使用液：精确吸取镉标准储备液，用硫酸（0.20mol/L）逐级稀释至50ng/mL。

5.5.3.4 仪器

双道原子荧光光度仪，控温消化器。

5.5.3.5 实验步骤

（1）试样湿法消解　称取经粉碎（过40目筛）的试样0.50~5.00g，置于消解器中（水分含量高的样品应先置于80℃鼓风干燥箱中烘至近干），加入5mL硝酸+高氯酸（4+1）、1mL过氧化氢，放置过夜。次日加热消解，至消化液均呈淡黄色或无色，赶尽硝酸，用硫酸（0.20mol/L）约25mL将试样消解液移至50mL容量瓶中，精确加入5.0mL二硫腙-四氯化碳（0.5g/L），剧烈振荡2min，加入10mL硫脲（50g/L）及1mL含钴溶液，用硫酸（0.20mol/L）定容至50mL，混匀待测。同时做空白试验。

（2）标准溶液配制　分别吸取50ng/mL镉标准使用液0.45mL、0.90mL、1.80mL、3.60mL、5.40mL于50mL容量瓶中，各加入硫酸（0.20mol/L）约25mL，精确加入5.0mL二硫腙-四氯化碳溶液（0.5g/L），剧烈振荡2min，加入10mL硫脲（50g/L）及1mL含钴溶液，用硫酸（0.20mol/L）定容至50mL，同时做标准空白。标准空白液用量视试样份数多少而增加，但至少要配200mL。

（3）测定　连续用标准空白进样，待仪器读数稳定后，转入标准系列测量。在转入试样测量之前，再进入空白值测量状态，用试样空白液进样，让仪器取均值作为扣除空白影响的空白值。随后依次测定试样。

5.5.3.6 计算

按公式（5-9）计算。

$$X = \frac{(A_1 - A_2) \times V}{m} \tag{5-9}$$

式中　X——试样中镉含量，ng/g或ng/mL；

A_1——测定试样消化液中镉含量，ng/mL；

A_2——空白液中镉含量，ng/mL；

V——试样消化液总体积，mL；

m——试样质量或体积，g 或 mL。

计算结果保留两位有效数字。

5.5.3.7　精密度

在重复性条件下获得的两次独立测定结果的绝对差值不得超过算术平均值的 10 %。

5.6　食品中硒及有机硒化合物的检测技术

5.6.1　硒的形态分析及作用

硒在自然环境中含量不高，自然界中硒的主要来源于人类活动（矿物燃料燃烧、工农业生产过程）和自然因素（矿石风化等）。环境样品中的硒主要包括无机硒［亚硒酸盐（SeO_3^{2-}）和硒酸盐（SeO_4^{2-}）］和有机硒［二甲基硒（DMSe）、二甲基二硒（DMDSe）和三甲基硒（$TMSe^+$）］等，无机硒的毒性大于有机硒。食物中硒的含量取决于农作物种植的土壤种类、周围环境的状况、植物吸收和富集硒的方式。植物性食品中硒的含量一般在 0.07～1.01mg/kg 以上。在接触硒的地区，家畜中硒的含量在 1.17～8mg/kg。通过食物链的富集作用，硒可在低含量水域中的鱼体内富集，例如金枪鱼。

硒是人体必需的营养元素，它是红细胞谷胱甘肽过氧化物酶的组成部分，主要作用是参与酶的合成，保护细胞膜的结构，免受过度氧化损伤。硒在生物体内主要以有机硒形式存在，硒代氨基酸是人体摄入 Se 的主要形式，其中硒代蛋氨酸主要来自于植物，硒代半胱氨酸主要从动物性食品中摄取。硒的各种生物作用都依赖于有机硒组分的具体形式及其化学性质。当人体的日摄入量低于 11mg 时会导致硒缺乏症，如克山病、大骨节病等，人体摄入过量的硒可以引起硒中毒。当人体日摄入量大于 400mg 时会导致硒中毒，使人患脱发、脱甲、偏瘫等症状。人类的硒中毒主要是自然环境和职业接触造成，自然环境引起的硒中毒也叫地方性硒中毒，是由于某些地区土壤、饮水和食物中含硒量过高引起的，长期通过食物和水摄入硒能造成龋齿。

5.6.2　食品中硒的原子荧光光谱法检测技术

5.6.2.1　方法目的

学习和掌握食品中硒的原子荧光光谱法检测技术和样品的前处理技术。

5.6.2.2　原理

试样经酸加热消化后，在 6mol/L 盐酸介质中，将试样中的六价硒还原成四价硒，用硼氢化钠或硼氢化钾作还原剂，将四价硒在盐酸介质中还原成硒化氢（H_2Se），由载气（氩气）带入原子化器中进行原子化，在硒空心阴极灯照射下，基态硒原子被激发至高能态，在去活化回到基态时，发射出特征波长的荧光，其荧光强度与硒含量成正比，外标法定量。

5.6.2.3　试剂

硝酸（优级纯）、高氯酸（优级纯）、盐酸（优级纯）、氢氧化钠（优级纯）、过氧化氢（30%）。

混合酸：将硝酸与高氯酸按 9∶1 体积混合。

硼氢化钠溶液（8g/L）：称取 8.0g 硼氢化钠（$NaBH_4$），溶于氢氧化钠溶液（5g/L）中，然后定容至 1000mL，混匀。

硒标准储备液：精确称取 100.0mg 硒（光谱纯），溶于少量硝酸中，加 2mL 高氯酸，置沸水浴中加热 3～4h，冷却后再加 8.4mL 盐酸，再置沸水浴中煮 2min，准确稀释至 1000mL，其盐酸浓度为 0.1mol/L，此储备液浓度为每毫克相当于 100μg 硒。

硒标准使用液：取 100μg/mL 硒标准储备液 1.0mL，定容至 100mL，此溶液浓度为 1μg/mL。

盐酸（6mol/L）：量取 50mL 盐酸缓慢加入 40mL 水中，冷却后定容至 100mL。

5.6.2.4　仪器

原子荧光光度计、电热板、微波消解系统、天平、粉碎机、烘箱。

5.6.2.5　实验步骤

（1）试样预处理

① 粮食　试样用水洗三次，于 60℃烘干，粉碎，储于塑料瓶内，备用。

② 蔬菜及其他植物性食物　取可食部，用水洗净后，用纱布吸去水滴，打浆后备用。

③ 其他固体试样　粉碎，混匀，备用。

④ 液体试样　混匀，备用。

（2）试样消解　电热板加热消解：称取 0.50～2.00g 试样，液体试样吸取 1.00～10.00mL，置于消化瓶中，加 10.0mL 混合酸及几粒玻璃珠，盖上表面皿冷消化过夜。次日于电热板上加热，并及时补加硝酸，当溶液变为清亮无色伴有白烟时，再继续加热至剩余体积 2mL 左右，不可蒸干。冷却，再加 5.0mL 盐酸（6mol/L），继续加热至溶液变为清亮无色并伴有白烟出现，将六价硒还原为四价硒，冷却，转移至 50mL 容量瓶中定容，混匀备用。同时做空白试验。

（3）标准曲线的配制　分别取 0.00、0.10mL、0.20mL、0.30mL、0.40mL、0.50mL 标准使用液于 15mL 离心管中，用去离子水定容至 10mL，再分别加盐酸 2mL、铁氰化钾溶液 1.0mL，混匀，制成标准工作曲线。

（4）测定

1）仪器参考条件　负高压：340V；灯电流：100mA；原子化温度：800℃；炉高：8mm；载气流速：500mL/min；屏蔽气流速：1000mL/min；测量方式：标准曲线法；读数方式：峰面积；延迟时间：1s；读数时间：15s；加液时间：8s；进样体积：20μL。

2）试样测定　在设定好仪器的最佳条件后，逐步将炉温升至所需温度后，稳定 10～20min 后开始测量。连续用标准系列的零管进样，待读数稳定后，转入标准系列测量，绘制标准曲线。转入试样测量，分别测定试样空白和试样消化液。每测不同的试样前都应清洗进样器。

5.6.2.6　计算

按照公式(5-10)计算试样中硒的含量。

$$X = \frac{(C - C_0) \times V}{m} \tag{5-10}$$

式中　X——试样中硒含量，ng/g 或 ng/mL；

　　　C——测定样液中硒含量，ng/mL；

　　　C_0——空白液中硒含量，ng/mL；

　　　V——试样消化液定量总体积，mL；

　　　m——试样质量或体积，g 或 mL。

以重复性条件下获得的两次独立测定结果的算术平均值表示，结果保留三位有效数字。

5.6.2.7　精密度

在重复性条件下获得的两次独立测定结果的绝对差值不得超过算术平均值的 10%。

5.6.3　食品中硒的荧光光度法检测技术

5.6.3.1　方法目的

掌握食品中硒的荧光光度检测技术及样品前处理技术。

5.6.3.2　原理

将试样用混合酸消化，使硒化合物氧化为无机硒 Se^{4+}，在酸性条件下 Se^{4+} 与 2,3-二氨基萘（2,3-diaminonaphthalene，DAN）反应生成 4,5-苯并苯硒脑，然后用环己烷萃取。在激发光波长为 376nm、发射光波长为 520nm 条件下测定荧光强度，从而计算出试样中硒的含量。

5.6.3.3　试剂

硒标准溶液：准确称取元素硒 100.0mg，溶于少量浓硝酸中，加入 2mL 高氯酸（70%~72%），至沸水浴中加热 3~4h，冷却后加入 8.4mL HCl（盐酸浓度为 0.1mol/L）。再置沸水浴中煮 2min。准确稀释至 1000mL，此为储备液（Se 含量：100μg/mL）。使用时用 0.1mol/L 盐酸将储备液稀释至每毫升含 0.05μg 硒。于冰箱中保存，两年内有效。

DAN 试剂（1.0g/L）：此试剂在暗室内配制。称取 DAN（纯度为 95%~98%）200mg 于一带盖锥形瓶中，加入 0.1mol/L 盐酸 200mL，振摇约 15min 使其全部溶解。加入约 40mL 环己烷，继续振荡 5min。将此液倒入塞有玻璃棉（或脱脂棉）的分液漏斗中，待分层后滤去环己烷层，收集 DAN 溶液层，反复用环己烷纯化直至环己烷中荧光降至最低时为止（纯化 5~6 次）。将纯化后的 DAN 溶液储于棕色瓶中，加入约 1cm 厚的环己烷覆盖表层，置冰箱内保存。必要时在使用前再以环己烷纯化一次。

混合酸：将硝酸及高氯酸按 9+1 体积混合。

去硒硫酸：取浓硫酸 200mL 缓慢倒入 200mL 水中，再加入 48% 氢溴酸 30mL，混匀，沙浴上加热至出现白浓烟，此时体积应为 200mL。

EDTA 溶液（0.2mol/L）：称取 EDTA 二钠盐 37g，加水并加热至完全溶解，冷却后稀释至 500mL。

盐酸羟胺溶液（100g/L）：称取 10g 盐酸羟胺溶于水中，稀释至 100mL。

甲酚红指示剂（0.2g/L）：称取甲酚红 50mg 溶于少量水中，加氨水（1+1）1 滴，待完全溶解后加水稀释至 250mL。

取 EDTA 溶液（0.2mol/L）及盐酸羟胺溶液（100g/L）各 50mL，加甲酚红指示剂

（0.2g/L）5mL，用水稀释至 1 L，混匀。

氨水、环己烷、盐酸（1+9）。

5.6.3.4 仪器

荧光分光光度计，天平，烘箱，粉碎机，电热板，水浴锅。

5.6.3.5 实验步骤

（1）试样处理

① 粮食　试样用水洗三次，于60℃烘干，粉碎，储于塑料瓶内，备用。

② 蔬菜及其他植物性食物　取可食部分，用水洗净后，用纱布吸去水滴，不锈钢刀切碎，取一定量试样在烘箱中60℃烤干，称重，计算水分；粉碎，备用。

③ 其他固体试样　粉碎，混匀，备用。

④ 液体试样　混匀，备用。

（2）试样消化　称含硒量为 0.01～0.50μg/g 的粮食或蔬菜及动物性试样 0.5～2g（精确至 0.001g），液体试样吸取 1.00～10.00mL 于磨口锥形瓶内，加 10mL 5%去硒硫酸，待试样湿润后，再加20mL混合酸液放置过夜，次日置电热板上逐渐加热。当剧烈反应后，溶液呈无色继续加热至白烟产生，此时溶液逐渐变为淡黄色，即达终点。某些蔬菜试样消化后出现浑浊以至难以确定终点，这时可注意瓶内出现滚滚白烟，此刻立即取下，溶液冷却后又变为白色。有些含硒较高的蔬菜含有较多的 Se^{6+}，需要在消化完成后再加 10mL 10%盐酸，继续加热，使回到终点，以完全还原 Se^{6+} 为 Se^{4+}，否则结果偏低。

（3）测定　上述消化后的试样溶液加入 20.0mL EDTA 混合液，用氨水及盐酸调至淡红橙色（pH 1.5～2.0）。以下步骤在暗室操作：加 DAN 试剂 3.0mL，混匀后，置沸水浴中加热 5min，取出冷却后，加环己烷 3.0mL，振摇 4min，将全部溶液移入分液漏斗，待分层后弃去水层，小心将环己烷由分液漏斗上口倾入带盖试管中，勿使环己烷中混入水滴，于荧光分光光度计上用激发光波长 376nm、发射光波长 520nm 测定 4,5-苯并芘硒脑的荧光强度。

（4）硒标准曲线绘制　准确量取硒标准溶液（0.05μg/mL）0.00、0.20mL、1.00mL、2.00mL 及 4.00mL，相当于 0.00、0.01μg、0.05μg、0.10μg 及 0.20μg 硒，加水至 5.0mL后，按照试样测定的步骤进行测定。

当硒含量在 0.5μg 以下时荧光强度与硒含量呈线性关系，在常规测定试样时，每次只需做试剂空白与试样硒含量相近的标准管（双份）即可。

5.6.3.6 计算

试样中硒含量按照公式(5-11)计算。

$$X = \frac{m_1 \times (F_2 - F_0)}{m \times (F_1 - F_0)} \tag{5-11}$$

式中　X——试样中硒含量，μg/g 或 μg/mL；

m_1——试管中硒的质量，μg；

F_1——标准硒荧光读数；

F_2——试样荧光读数；

F_0——空白荧光读数；

m——试样质量或体积，g 或 mL。

以重复性条件下获得的两次独立测定结果的算术平均值表示，结果保留三位有效数字。

5.6.3.7　精密度

在重复性条件下获得的两次独立测定结果的绝对差值不得超过算术平均值的10%。

5.7 食品中锡及有机锡化合物的检测技术

5.7.1　锡的形态分析及危害

锡是人体必需的微量元素之一，但是过多摄入会对人的健康造成危害。有研究报道，有机锡可能会引起人类生育方面的疾病，并且可以增加人群致癌的风险和其他滤过性病菌引起感染。食品中锡主要来源于外界污染，例如罐头食品多采用镀锡的马口铁作为包装材料，在运输和储存过程中会溶出锡及其化合物，尽管在正常情况下，食品中锡及其化合物含量过低，但是对人体的危害也是不容忽视的。

金属锡的化合物有无机锡和有机锡两类，无机锡大多是低毒或者无毒，只有少数对动物有明显的毒性，而有机锡化合物使用范围广，形态多样，在环境中对生物具有特殊的毒性作用。不同形态的有机锡，其毒性和环境行为有显著差异，其中以三丁基锡和三苯基锡的毒性最大，极低的含量即可引起生物体内分泌混乱，具有肌肉毒性、基因毒性和胚胎毒性等。近几年来，环境中有机锡的污染问题时有发生，有机锡化合物成了引起世界各国政府和环境保护组织普遍重视的环境污染物，许多国家已将其列于优先污染控制的"黑名单"。

5.7.2　食品中总锡的分光光度法检测技术

5.7.2.1　方法目的

学习和掌握食品中总锡的分光光度计检测技术及样品处理技术。

5.7.2.2　原理

试样经消化后，在弱酸性溶液中四价锡离子与苯芴酮形成微溶性橙红色络合物，在保护性胶体存在下与标准系列比较定量。

5.7.2.3　试剂

酒石酸溶液（100g/L），抗坏血酸溶液（10g/L），动物胶溶液（5g/L），氨水（1+1）。

酚酞指示液（10g/L）：称取1g酚酞，用乙醇溶解至100mL。

硫酸（1+9）：量取10mL硫酸，倒入90mL水内，混匀。

苯芴酮溶液（0.1g/L）：称取0.010g苯芴酮（1,3,7-三羟基-9-苯基蒽醌），加少量甲醇及硫酸（1+9）数滴溶解，以甲醇稀释至100mL。

锡标准溶液：准确称取0.1000g金属锡（99.99%），置于小烧杯中，加10mL硫酸，盖上表面皿，加热至锡完全溶解，移去表面皿，继续加热至发生浓白烟，冷却，慢慢加50mL水，移入100mL容量瓶中，用硫酸（1+9）多次洗涤烧杯，洗液并入容量瓶中，并稀释至刻度，混匀。此溶液每毫升相当于1.0mg锡。

锡标准使用液：吸取10.0mL锡标准溶液，置于100mL容量瓶中，以硫酸（1+9）稀释至刻度，混匀，如此再次稀释至每毫升相当于10.0μg锡。

5.7.2.4　仪器

分光光度计。

5.7.2.5　实验步骤

（1）试样消化　称取试样 1.0～5.0g 于锥形瓶中，加 1.0mL 浓硫酸，10.0mL 硝酸＋高氯酸混合酸（4＋1），3 粒玻璃珠，放置过夜。次日置电热板上加热消化，如酸液过少，可适当补加硝酸，继续消化至冒白烟，待液体体积近 1mL 时取下冷却。用水将消化试样转入 50mL 容量瓶中，加水定容至刻度，摇匀备用。同时做空白试验。

（2）标准曲线制备　吸取 1.00～5.00mL 试样消化液和同量的试剂空白溶液，分别置于 25mL 比色管中。

吸取 0、0.20mL、0.40mL、0.60mL、0.80mL、1.00mL 锡标准使用液，分别置于 25mL 比色管中。

（3）试样测量　于试样消化液、试剂空白液及锡标准使用液中各加 0.5mL 酒石酸溶液（100g/L）及 1 滴酚酞指示液，混匀，各加氨水（1＋1）中和至淡红色，加 3mL 硫酸（1＋9）、1mL 动物胶溶液（5g/L）及 2.5mL 抗坏血酸溶液（10g/L），再加水至 25mL，混匀，再各加 2mL 苯芴酮溶液（0.1g/L），混匀，1h 后测量，用 3cm 比色杯以水调节零点，于波长 490nm 处测吸光度，标准各点的吸光值减去零管吸光值后，绘制标准曲线或计算直线回归方程，试样吸光值与曲线比较或代入方程求出含量。

5.7.2.6　计算

试样中锡含量按公式(5-12) 计算。

$$X = \frac{(m_1 - m_2) \times 1000}{m_3 \times (V_2/V_1) \times 1000} \tag{5-12}$$

式中　X——试样中锡的含量，mg/kg 或 mg/L；

m_1——测定用试样消化液中锡的质量，μg；

m_2——试剂空白液中锡的质量，μg；

m_3——试样质量或体积，g 或 mL；

V_1——试样消化液的总体积，mL；

V_2——测定用试样消化液的体积，mL。

计算结果保留三位有效数字。

5.7.2.7　精密度

在重复性条件下获得的两次独立测定结果的绝对差值不得超过算术平均值的 10%。

5.7.3　食品中锡的原子荧光光谱法检测技术

5.7.3.1　方法目的

掌握食品中锡的原子荧光光谱检测技术及样品处理技术。

5.7.3.2　原理

试样经酸加热消化，锡被氧化成四价锡，在硼氢化钠的作用下生成锡的氢化物，并由载气带入原子化器中进行原子化，在特制锡空心阴极灯的照射下，基态锡原子被激发至高能态，在去活化回到基态时，发射出特征波长的光，其荧光强度与锡含量成正比，与标准系列比较定量。

5.7.3.3　试剂

硫酸（优级纯）、硝酸＋高氯酸混合酸（4＋1）。

硫酸溶液（1+9）：量取 100mL 硫酸倒入 900mL 水中混匀。

硫脲（150g/L）＋抗坏血酸（150g/L）：分别称取 15g 硫脲和 15g 抗坏血酸溶于水中，并稀释至 100mL（此溶液需置于棕色瓶中避光保存）。

硼氢化钠溶液（7g/L）：称取 7.0g 硼氢化钠，溶于氢氧化钠溶液（5g/L）中，并定容至 1000mL。

锡标准使用液：准确吸取 100μg/mL 锡国家标准溶液 1.0mL 于 100mL 容量瓶中，用硫酸溶液（1+9）定容至刻度，此溶液浓度为 1μg/mL。

5.7.3.4 仪器

双通道原子荧光光度计，电热板。

5.7.3.5 实验步骤

（1）试样制备　粮食、豆类除杂质和尘土，碾碎过 40 目筛，水果、蔬菜、肉、水产类洗净晾干，取可食部分制成匀浆。

（2）试样消化　称取试样 1.0～5.0g 于锥形瓶中，加 1.0mL 浓硫酸，10.0mL 硝酸＋高氯酸混合酸（4+1），3 粒玻璃珠，放置过夜。次日置电热板上加热消化，如酸液过少，可适当补加硝酸，继续消化至冒白烟，待液体体积近 1mL 时取下冷却。用水将消化试样转入 50mL 容量瓶中，加水定容至刻度，摇匀备用。同时做空白试验。

分别取定容后的试样 10mL 于 15mL 比色管中，加入 2mL 硫脲（150g/L）＋抗坏血酸（150g/L）混合溶液，摇匀。

（3）标准系列的制备　分别吸取锡标准使用液 0.0、0.1mL、0.5mL、1.0mL、1.5mL、2.0mL 于 15mL 比色管中，分别加入硫酸溶液（1+9）2.0mL、1.9mL、1.5mL、1.0mL、0.5mL、0.0，用水定容至 10mL，再加入 2mL 硫脲（150g/L）＋抗坏血酸（150g/L）混合溶液。

（4）测定

① 仪器参考条件　负高压：380V；灯电流：70mA；原子化温度：850℃；炉高：10mm；屏蔽气流量 1200mL/min；载气流量 500mL/min；标准曲线法定量；读数方式：峰面积；延迟时间：1s；读数时间：15s；加液时间：8s；进样体积 2mL。

② 测量方式　设定好仪器的最佳条件后，逐步将炉温升至所需温度后，稳定 10～20min 后开始测量。连续用标准系列标准空白管进样，待读数稳定后，转入标准系列测量，绘制标准曲线。转入试样测定，分别测定试样空白和试样消化液。每次测量不同的试样前都应清洗进样器。

5.7.3.6 计算

试样中锡含量按照公式(5-13)计算。

$$X = \frac{(C_1 - C_0) \times V}{m} \tag{5-13}$$

式中　X——试样中锡的含量，ng/g 或 ng/mL；

C_1——试样消化液中锡的含量，ng/mL；

C_0——试剂空白液中锡的含量，ng/mL；

V——试样消化液总体积，mL；

m——试样质量或体积，g 或 mL。

计算结果保留两位有效数字。

5.7.3.7 精密度
在重复性条件下获得的两次独立测定结果的绝对差值不得超过算术平均值的10%。

5.8 食品中铝及有机铝化合物的检测技术

5.8.1 铝的形态分析

铝（Al）是自然界中含量最丰富的金属元素之一，在地壳中多以铝硅酸盐、高岭土、黏土等矿物形式存在，约占地壳总重量的8.13%，地壳体积的0.47%。Al不仅在多种岩石、矿物和土壤中大量存在，而且空气和水中也含有Al。铝的主要暴露途径有饮水、饮食、服药、呼吸和皮肤接触等。人体铝摄入的主要来源是食源性铝，铝制炊具的溶出铝及过量食用含铝食品添加剂，面制食品中过量使用含铝添加剂是导致铝含量超标的首要原因。在不同的化学条件下，铝具有不同的形态，铝与无机或有机配体的结合决定了它在环境中的传输、固定和毒性。有毒的铝形态包括多核羟基铝和无机单核铝形态 Al^{3+}、$Al(OH)^{2+}$、$Al(OH)_4^-$ 和 $Al(SO_4)^+$ 等，铝与氟形成的配合物次之，铝与有机物形成的配合物则无毒。

Al不属于人体的必需微量元素，但人体内仍含Al约60mg，分布于肺、肝、脑、骨骼和淋巴结等器官。人体每天从食物和水中摄入铝30～50mg，生活中使用铝制品时摄入量会多一些。铝不会导致人体的急性中毒，但是长期摄入过多，会在体内蓄积，对人体健康产生危害。摄入过量的铝会妨碍人体正常钙、磷的代谢，扰乱中枢神经系统，引发骨质疏松、骨质软化、骨折、消化系统紊乱和促发老年痴呆。

5.8.2 食品中铝的分光光度法检测技术

5.8.2.1 方法目的
学习和掌握分光光度法检测食品中铝的技术及样品前处理技术。

5.8.2.2 原理
样品经过处理后，三价铝离子在乙酸-乙酸钠介质中，与铬天菁S及溴化十六烷基三甲胺反应生成蓝色三元络合物，颜色的深浅与铝含量成正比，于640nm波长处测定吸光度，与标准样品进行比较。

5.8.2.3 试剂
硝酸、高氯酸、硫酸、6mol/L盐酸、硝酸-高氯酸（5：1）、0.05%铬天菁S溶液、1%抗坏血酸溶液。

乙酸-乙酸钠溶液：称取34g乙酸钠溶于450mL水中，加入2.6mL冰乙酸，调整pH至5.5，用水稀释至500mL。

溴化十六烷基三甲胺溶液：称取20mg溴化十六烷基三甲胺，用水溶解并稀释至100mL。

铝标准储备液（1mg/mL）：准确称取0.1000g金属铝，加6mol/L盐酸溶液5mL，加热溶解，冷却后，移入100mL容量瓶中，用水稀释至刻度。使用时将铝标准储备液用水稀释制成铝标准工作液1μg/mL。

5.8.2.4 仪器
分光光度计、电热板。

5.8.2.5 实验步骤

(1) 样品前处理　称取粉碎好的样品 1～5g，置于 100mL 三角瓶中，加数粒玻璃珠，加 10mL 硝酸-高氯酸混合酸，盖好表面皿，放置过夜，次日置于电热板上消解至消解液无色透明，并放出大量烟雾，取下三角瓶，冷却后加入 0.5mL 左右的硫酸；再置于电热板上加热除去高氯酸，加 10mL 水煮沸，放冷后，用水定容至 50mL。同时做试剂空白。

(2) 标准曲线绘制及测定　准确吸取 0.0、0.5mL、1.0mL、2.0mL、3.0mL、4.0mL、6.0mL 铝标准工作液，置于 25mL 比色管中，依次加入 1mL 硫酸溶液、8.0mL 乙酸-乙酸钠溶液、1%抗坏血酸溶液 1.0mL，混匀，加 2mL 溴化十六烷基三甲胺溶液，混匀后再加入 2.0mL 铬天菁 S 溶液，用水定容。室温下放置 20min 后在 640nm 下测定。吸取1.0mL 消化好的样品及试剂空白按上述相同步骤加入试剂分析。

本章小结

随着生活水平的提高，人们在关注饮食均衡营养的同时，更加关注食品的安全性问题。现代化工业的超速发展和农药的滥用，使得食物中的有害元素残留问题日益严重，直接影响到人们的饮食安全和身体健康。本章详细地介绍了食品中经常出现的有害元素砷、汞、镉、硒等的理化性质，并进行了形态分析，详细介绍了食品中每一种有害元素的检测方法，对于从事相关专业的学习和工作具有一定的指导意义。

思考题

1. 食品中重金属主要有哪几种，重金属的检测方法主要有哪些？
2. 目前我国重金属的污染现状如何？
3. 简述食品中汞的检测技术有哪些？
4. 简述食品中总砷的银盐法检测技术的具体步骤。
5. 酶联免疫吸附分子生物学法检测食品中镉元素的原理是什么？

参考文献

[1] 王宏镇，束文圣，蓝崇钰. 重金属污染生态学研究现状与展望 [J]. 生态学报，2005，25（3）：596-605.
[2] 刘备，戴京晶，丘汾. 深圳市水产品重金属污染状况调查 [J]. 实用预防医学，2009，16（5）：1487-1488.
[3] 高彭，梁和平，陈东宛，刘秀峰. 2004—2010 年北京市顺义区猪肾中镉污染水平监测 [J]. 职业与健康，2011，(6)：596，721.
[4] 边静，徐芳，李玲辉，王伟，韩晶晶，李莉. 氢化物发生-原子荧光光谱法测定海水中 As(Ⅲ) 和 As(Ⅴ) [J]. 光谱学与光谱分析，2010，30（10）：2834-2837.
[5] 刘功良，王菊芳，李志勇. 重金属离子的免疫检测研究进展 [J]. 生物工程学报，2006，22（6）：877-881.
[6] 柳晓娟，林爱军，孙国新. 可食植物中砷赋存形态研究进展 [J]. 应用生态学报，2010，21（7）：1883-1891.
[7] 陈保卫. 中国关于砷的研究进展 [J]. 环境化学，2011，30（11）：1336-1343.
[8] 王永杰，郑祥民，周立旻. 稻米砷研究进展 [J]. 中国水稻科学，2010，24（3）：329-334.
[9] 郭玉香，徐应明，孙有光等. 试纸法快速检测环境水体中重金属镉 [J]. 农业环境科学学报，2006，25（2）：541-544.

[10] 章晓宁. 2004—2005 年无锡市部分面制食品铝含量监测结果 [J]. 职业与健康，2008，24（5）：448.

[11] Guo D F. Environment sources of Pb and Cd and their toxicity to man and animals [J]. Evolvement of Environment Science, 1994, 2 (3): 71-76.

[12] Lehmann M, Riedel K, Adler K, et al. Amperometric Measurement of Copperions with a Deputy Substrate Using a novel Sac Charomyces Cerevisiae Sensor [J]. Biosensors and Bioelectronics, 2000, 15 (3-4): 211-219.

[13] Norwood W P, Borgmann U, Dixon D G. Chronic toxicity of arsenic, cobalt, chromium and manganese to hyalella azteca in relation to exposure and bioaccumulation [J]. Environmental Pollution, 2007, 147 (1): 262-272.

[14] Volker N, Spiros A P. First report on the detection and quantification of arsenobetaine in extracts of marine algae using HPLC-ES-MS/MS [J]. Analyst, 2005, 130 (10): 1348-1350.

[15] Shona M, Pawet P, Dinoraz V J S. Multidimensional liquid chromatography with parallel IC-MS and electro spray MS/MS detection as a tool for the characterization of arsenic species in algae [J]. Anal Bioanal Chem, 2002: 457-466.

[16] Wang X P, Ding L , Zhang H R, et al. Development of an analytical method for organo tin com pounds in for tified flour samples using microwave-assisted ex traction and normal-phase HP L C with U V detection [J]. Journal of Chromatography B, 2006, 843: 268-274.

6 食品添加剂检测技术

6.1 概述

食品添加剂（food additive）最早是以"化学添加剂"形式出现。"化学添加剂"概念源自 60 多年前美国食品营养部食品保护委员会发表的一份研究报告，该报告的题目就是"食品加工中化学添加剂应用"。1959 年，我国轻工业出版社翻译并出版了这份资料，将其名称翻译为《食品加工中化学附加剂的应用》，自此，食品添加剂以"化学附加剂"的形式出现在中国学术界。随着食品工业的发展，食品添加剂已经成为加工食品不可或缺的成分，它们对改善食品的色、香、味、形，以及对食品及原料的保鲜、提高食品的营养价值、开发食品加工新工艺等方面均起着十分重要的作用。

联合国粮农组织（FAO）和世界卫生组织（WHO）联合食品法规委员会对食品添加剂定义为：食品添加剂是有意识地一般以少量添加于食品，以改善食品的外观、风味、组织结构或储存性质的非营养物质。联合国食品添加剂法典委员会（CCFA）规定食品添加剂的定义为"有意识地加入食品中，以改善食品的外观、风味、组织结构和贮藏性能的非营养物质"。

日本《食品卫生法》规定，食品添加剂是指"在食品制造过程，即食品加工中为了保存目的加入食品，使之混合、浸润及其他目的所使用的物质"。美国规定，食品添加剂是"由于生产、加工、储存或包装而存在于食品中的物质或其他混合物，不是食品的基本成分"。

我国《食品添加剂使用卫生标准》（GB2760）将食品添加剂定义为："为改善食品品质和色、香、味，以及为防腐和加工工艺的需要而加入食品中的化学合成或者天然物质。营养强化剂、食品用香料、胶基糖果中基础剂物质、食品工业用加工助剂也包括在内。"

以上各国和组织对食品添加剂的定义表述虽然不同，但大体含义基本相同。其中 FAO、WHO 和 CCFA 的食品添加剂中不包括以增强食品营养成分为目的的食品营养强化剂，而美国、日本和我国的食品添加剂中包括了营养强化剂。

据食品添加剂的来源、制备方式、功能及安全评价的差异，有不同的类别划分。如按来源看有天然食品添加剂和人工化学合成品之别；从生产方法上则有化学合成、生物合成、天然提取物三类；从安全评价方面食品添加剂和污染物法规委员会（CCFAC）将食品添加剂分为 A、B、C 三类，每类再细分为两类。

食品添加剂按其来源可分为天然食品添加剂与化学合成食品添加剂两大类，目前使用最多的是化学合成食品添加剂。天然食品添加剂是利用动植物或微生物代谢产物等为原料，经提取、分离、纯化或不纯化所得的天然物质。而化学合成食品添加剂通过化学手段，使元素或化合物发生包括氧化、还原、缩合、聚合、成盐等合成反应所得的物质。从安全性、成本和方便性等方面考虑，天然食品添加剂具有高安全性，高成本，不方便运输、保藏等特点；而化学合成食品添加剂具有价格低廉，使用、运输、保藏方便等优点。

根据添加剂的功能，我国《食品添加剂使用卫生标准》（GB 2760—2007）将食品添加剂分为酸度调节剂、抗结剂、消泡剂、抗氧化剂、漂白剂、膨松剂、胶姆糖基础剂、着色剂、护色剂、乳化剂、酶制剂、增味剂、面粉处理剂、被膜剂、水分保持剂、营养强化剂、防腐剂、稳定剂和凝固剂、甜味剂、增稠剂、食品用香料和食品工业用加工助剂等 22 类。此外，食品添加剂还可按安全性评价来划分。

目前对于食品中添加剂的检测主要集中于以下两个方面：一个是已知目标物的检测分析，比如食品中防腐剂、抗氧化剂和甜味剂的检测分析；另一个是新的检测方法的研究，例如毛细管电泳技术、高效液相色谱-质谱联用和气相色谱-质谱联用等技术在食品添加剂检测中的应用等。目前常用的食品添加剂检测技术主要有分子光谱技术、色谱技术、色质联用技术、毛细管电泳技术等。

6.2 食品中主要防腐剂的检测技术

6.2.1 食品中的主要防腐剂

随着社会的发展、科技的进步、世界人口的增长和人们生活水平的提高，在合理、充分利用食品资源的同时，对食品的质量要求也越来越严格，人们需要常年有新鲜食品供应。生产的社会化和市场经济又决定了绝大部分食品不可能一生产出来就能被全部消费光，要通过中间的商业销售环节，这就要求食物或加工食品有一定的保鲜货架期，也就是说，要在存放的一定时间内不会变质、不会腐烂。

为了减少或抑制食品从采收、出厂到消费者手里整个贮运销售过程产生的变质腐烂，可以采用物理方法、化学方法或生物方法。使用防腐剂就是一种常用的简便经济的对食品防腐保质的一项有效辅助措施。因此，防腐剂的使用目的很明确。

① 对于食品生产者和商业供销部门来说，其目的是保证食品产品的质量，延长食品的保鲜货架期。

② 对消费者和管理监督者来说，则是保鲜、耐存放，减少致病菌污染引起的食物中毒的机会，可保障在保质期内食品的安全性，能放心享用食品。

我国允许在一定量内使用的防腐剂有 30 多种，包括苯甲酸、苯甲酸钠、山梨酸、山梨酸钾、EDTA 二钠、亚硝酸钠、二氧化硫、焦亚硫酸钠（钾）、对羟基苯甲酸乙酯、脱氢乙酸、乳酸链球菌素等。新开发的有：果胶分解产物、香辛料提取物、琼脂低聚糖、甜菜碱、日扁柏醇、类黑精、葡萄糖氧化酶、熏液、富马酸二甲酯、溶菌酶、鱼精蛋白等。其中使用较多的是山梨酸和苯甲酸及其盐类。禁用的防腐剂：水杨酸、甲醛、硼酸、萘酚、焦碳酸二乙酯等。随着食品工业的发展，食品防腐剂已成为诸多加工食品不可缺少的物质。但同时食品防腐剂的安全性问题也成为公众关心的社会热点，而它们的检测方法也成为企业在制定行业标准时的一个技术问题。了解掌握食品防腐剂的检测方法对食品生产、运输、销售过程中质量的监控具有十分重要的意义，食品防腐剂先进检测技术的推广应用，不仅是对传统的食品安全检测技术的一个改进和提高，也将使我们的食品质量安全会有进一步的保证，从而推动食品工业更加健康、快速发展。目前，针对食品防腐剂的检测方法主要有薄层色谱分析法、毛细管电泳法、气相色谱法、气相色谱-质谱联用法、液相色谱法、液相色谱-四极杆质谱联用法、液相色谱-飞行时间质谱联用法等。

6.2.2 气相色谱法检测食品中 9 种食品防腐剂

（1）方法目的 学习气相色谱检测食品中 9 种防腐剂的检测方法，掌握气相色谱使用注意事项和使用方法。

（2）适用范围 方法适用于食品中丙酸、山梨酸、苯甲酸、脱氢乙酸、对羟基苯甲酸异丙酯、对羟基苯甲酸甲酯、对羟基苯甲酸乙酯、对羟基苯甲酸丙酯和对羟基苯甲酸异丁酯多种防腐剂的气相色谱检测和样品前处理方法。

适用于盐渍辣椒、方便面、大酱、牛奶、盐渍菇、橙汁、糕点、酱油、果酒和盐渍蕨菜等食品中多种防腐剂含量的测定。

（3）原理 试样中的防腐剂在酸性条件（使硫酸化）下用乙酸乙酯或乙腈（加入无水硫酸镁和氯化钠盐析）提取，移取部分提取液用无水硫酸镁脱水，用气相色谱法（GC）测定，外标法定量。

（4）试剂 除另有规定外，所有试剂均为色谱级。

乙腈、乙酸乙酯、正己烷。

浓硫酸：分析纯。

碳酸钠：分析纯。

氯化钠：分析纯。

无水硫酸镁：分析纯；650℃灼烧 4h，储于密封容器中备用。

硫酸水溶液：10%（体积分数）。

碳酸钠水溶液：0.20g/mL。

防腐剂标准品：纯度大于或等于 98%。

标准储备溶液：分别准确称取适量的防腐剂标准品，用乙腈配成浓度为 10mg/mL 的标准储备液。标准储备液在 0～4℃条件下储存。每 12 个月配制一次。

混合标准储备溶液：分别吸取适量的丙酸、山梨酸、苯甲酸、脱氢乙酸、对羟基苯甲酸甲酯、对羟基苯甲酸乙酯、对羟基苯甲酸丙酯、对羟基苯甲酸异丙酯、对羟基苯甲酸异丁酯 9 种防腐剂的标准储备液，用乙腈混合成混合标准储备溶液，浓度为 500μg/mL。混合标准储备溶液在 0～4℃条件下储存，每 6 个月配制一次。

混合标准工作溶液：将混合标准储备溶液用乙腈稀释成适当浓度的标准工作溶液。在 0～4℃条件下储存，每 3 个月配制一次。

（5）仪器 气相色谱仪：配火焰离子化检测器（FID）。

涡旋混合器。

离心机：5000r/min。

离心管：50mL。

滤膜：0.45μm，有机相。

玻璃管：5mL。

（6）方法步骤

1）提取

① 果酒、酱油、橙汁：称取试样 10.0g（精确到 0.1g）于 50mL 塑料离心管中，加入 1mL 硫酸水溶液，加入 10mL 乙酸乙酯，在涡旋器上涡旋 2min。以 4000r/min 离心 10min，取上清液 2mL 转移至 5mL 玻璃管中，加入 400mg 无水硫酸镁，涡旋 2min，过膜，待测。

② 盐渍辣椒、盐渍蕨菜、盐渍菇：称取试样 10g（精确到 0.1g）于 50mL 塑料离心管中，加入约 5mL 水，加入 1mL 硫酸水溶液，加入 10mL 乙酸乙酯，在涡旋器上涡旋 2min。以 4000r/min 离心 10min，取上清液 2mL 转移至 5mL 玻璃管中，加入 400mg 无水硫酸镁，涡旋 2min，过膜，待测。

③ 大酱、糕点、方便面、牛奶：称取试样 5g（精确到 0.1g）于 50mL 塑料离心管中，加水 10mL（方便面样品加入约 20mL 水），加入 1mL 碳酸钠水溶液，振摇，加入 10mL 正己烷，涡旋 2min，以 4000r/min 离心 10min，弃掉正己烷层，加入 2mL 硫酸水溶液，加入 5mL 乙腈，再加入约 4g 无水硫酸镁和 1g 氯化钠，在涡旋器上涡旋 2min。以 4000r/min 离心 10min，取上清液 2mL 转移至 5mL 玻璃管中，加入约 400mg 无水硫酸镁，涡旋 2min，过膜，待测。

2）气相色谱条件

① 色谱柱：DB-FFAP 石英毛细管柱，30m×0.32mm（内径），膜厚 0.25μm，或相当者。

② 色谱柱温度：70℃ $\xrightarrow{18℃/min}$ 250℃（8min）。

③ 进样口温度：240℃。

④ 检测器温度：270℃。

⑤ 载气：氮气，纯度≥99.995%，2.0mL/min。

⑥ 空气流量：350mL/min。

⑦ 氢气流量：30mL/min。

⑧ 辅助气流量：30mL/min。

⑨ 进样量：1μL。

⑩ 进样方式：无分流进样，0.75min 后开阀。

3）气相色谱测定 根据样品中防腐剂含量情况，选定浓度相近的混合标准工作溶液。混合标准工作溶液和样液中防腐剂响应值均应在仪器线性检测范围内。混合标准工作溶液和样液等体积参插进样测定。

4）空白试验 除不加试样外，均按上述步骤进行。

（7）结果计算 用色谱数据处理机或按下式计算试样中防腐剂的含量，计算结果需将空白值扣除。

$$X = \frac{A \times c \times V}{A_s \times m}$$

式中 X——试样中防腐剂的含量，mg/kg；

c——混合标准工作液中防腐剂的浓度，μg/mL；

A——样品溶液中防腐剂的峰面积；

A_s——混合标准工作溶液中防腐剂的峰面积；

V——样液最终定容体积，mL；

m——最终样液所代表的试样量，g。

注：丙酸盐以丙酸计、山梨酸盐以山梨酸计、苯甲酸盐以苯甲酸计、脱氢乙酸盐以脱氢乙酸计。

（8）精密度　本方法的测定低限均为 2.5mg/kg。

6.3 食品中主要抗氧化剂的检测技术

食品用抗氧化剂是一类食品添加剂，可防止或延缓食品氧化。近年来食品抗氧化剂的研制、开发、生产和应用得到了长足的发展。一些化学性质较稳定、价格相对低廉且有较好应用效果的抗氧化剂被较多应用于预防脂质氧化。但是，由于一些合成抗氧化剂不是食品的成分之一，在食品工业中又存在许多违规添加、过量添加的现象，为此抗氧化剂的安全性受到怀疑。许多动物实验表明，抗氧化剂具有一定的毒性和致癌作用，越来越多的研究也证明了多种人工合成抗氧化剂对人体具有一定的毒副作用。

近年来，食品中抗氧化剂的检测一直是食品工作者研究的热点问题，同时现代食品安全对检测技术方法要求越来越高，在传统检测方法基础上，灵敏度和精密度较高、检测限更低的新检测方法不断出现，使抗氧化剂的分析检测技术与方法得到新的进展。如今最常用的检测方法有比色法（分光光度法）、薄层色谱法、气相色谱法和气相色谱-质谱联用法、电化学分析法、毛细管电泳法、HPLC、液相色谱-串联质谱法。

6.3.1　食品中丁基羟基茴香醚与 2,6-二叔丁基对甲酚的检测技术

6.3.1.1　高效液相色谱法检测食品中丁基羟基茴香醚、2,6-二叔丁基对甲酚和叔丁基对苯二酚

（1）方法目的　学习和掌握高效液相色谱法检测食品中丁基羟基茴香醚（BHA）、2,6-二叔丁基对甲酚（BHT）和叔丁基对苯二酚的方法及样品前处理技术。

（2）适用范围　适用于植物油中丁基羟基茴香醚、2,6-二叔丁基对甲酚和叔丁基对苯二酚（TBHQ）含量的测定。

（3）原理　样品中丁基羟基茴香醚、2,6-二叔丁基对甲酚和叔丁基对苯二酚经甲醇提取纯化，反向 C_{18} 柱分离后，用紫外检测器 280nm 检测，外标法定量。

（4）试剂　除非另有说明，均使用分析纯和二级水。

甲醇：色谱纯。

乙酸：色谱纯。

1mg/mL 混合标样储备液：取丁基羟基茴香醚、2,6-二叔丁基对甲酚和叔丁基对苯二酚各 100mg，用甲醇溶解并定容至 100mL。

流动相：流动相 A 为甲醇，流动相 B 为 1% 乙酸水溶液。

（5）仪器　分析天平，感量 0.0001g；离心机，转速为 3000r/min；旋涡混合器；15mL 具塞离心管；0.45μm 有机相滤膜；Nova-pakC_{18} 色谱柱（3.9mm×150mm）；高效相液相色谱仪，带紫外检测器。

（6）方法步骤

1）试样制备

① 澄清、无沉淀物的液态样品　振摇装有实验样品的密闭容器，使样品尽可能均匀。

② 浑浊或有沉淀物的液态样品　测定下列项目时：

a. 水分和挥发物；

b. 不溶性杂质；

c. 质量浓度；

d. 任何需要使用未过滤的样品进行测定或加热会影响测定时。

剧烈摇动装有实验样品的密闭容器，直至沉积物从容器壁上完全脱落后，立即将样品转移至另一容器，检查是否还有沉淀物黏附在容器壁上，如果有，则需将沉淀物完全取出（必要时打开容器），且并入样品中。

测定所有的其他项目时，将装有实验样品的容器置于50℃的干燥箱内，当样品温度达到50℃后按①操作。如果加热混合后样品没有完全澄清，可在50℃恒温干燥箱内将油脂过滤或用热过滤漏斗过滤。为避免脂肪物质因氧化或聚合而发生变化，样品在干燥箱内放置的时间不宜太长。过滤后的样品应完全澄清。

③ 固态样品　当测定②中规定的a~d项目时，为了保证样品尽可能均匀，可将实验室样品缓慢加温到刚好可以混合后，再充分混匀样品。

测定所有的其他项目时，将干燥箱温度调节到高于油脂熔点10℃以上，在干燥箱中熔化实验样品。如果加热后样品完全澄清，则按照①进行操作。如果样品浑浊或有沉淀物，须在相同温度的干燥箱内进行过滤或用热过滤漏斗过滤。过滤后的样品应完全澄清。

2）试液的制备　准确称取植物油样品约5g（精确至0.001g），置于15mL具塞离心管中，加入8mL甲醇，旋涡混合3min，放置2min，以3000r/min离心5min，取出上清液于25mL容量瓶中，残余物每次用8mL甲醇提取2次，清液合并于25mL容量瓶中，用甲醇定容，摇匀，经0.45μm有机相滤膜过滤，滤液待液相色谱分析。

3）色谱分析　取1mg/mL混合标样储备液，用甲醇稀释至10μg/mL、50μg/mL、100μg/mL、150μg/mL、200μg/mL、250μg/mL，标准使用液连同样品依次进样，进行液相色谱检测，建立工作曲线。

色谱条件：流速0.8mL/min，进样10μL，柱温为室温，检测器波长280nm。流动相A为甲醇，流动相B为1%乙酸水溶液，梯度见表6-1。

表6-1　色谱条件

时间/min	流动相A/%	流动相B/%	流量/(mL/min)
0	40	60	0.8
7.5	100	0	0.8
11.5	100	0	0.8
13.0	40	60	0.8
15.0	40	60	0.8

（7）结果计算　样品中丁基羟基茴香醚、2,6-二叔丁基对甲酚和叔丁基对苯二酚含量测定结果数值以毫克每千克（mg/kg）表示，按以下公式计算：

$$X = A \times \frac{V_1 \times D}{V_2} \times \frac{1000}{M}$$

式中　X——样品中丁基羟基茴香醚、2,6-二叔丁基对甲酚和叔丁基对苯二酚含量，mg/kg；

A——将样品分析所得峰面积代入工作曲线，计算所得进样体积样品中丁基羟基茴香醚、2,6-二叔丁基对甲酚和叔丁基对苯二酚含量，μg；

V_1——加入流动相体积，mL；

V_2——进样量体积，μL；

D——样液的总稀释倍数；

M——样品质量，g。

取平行测定结果的算术平均值为测定结果，结果保留一位小数。

(8) 精密度　在重复性条件下，获得的两次独立测定结果的绝对差值不得超过算术平均值的 10%，以大于这两个测定值的算术平均值的 10% 的情况不超过 5% 为前提。

6.3.1.2　气相色谱法检测糕点和植物油中的丁基羟基茴香醚和 2,6-二叔丁基对甲酚

(1) 方法目的　掌握气相色谱法测定丁基羟基茴香醚和 2,6-二叔丁基对甲酚含量的方法。

(2) 适用范围　糕点和植物油等食品中丁基羟基茴香醚和 2,6-二叔丁基对甲酚的测定。

(3) 原理　试样中的丁基羟基茴香醚和 2,6-二叔丁基对甲酚用石油醚提取，通过色谱柱使丁基羟基茴香醚和 2,6-二叔丁基对甲酚净化，浓缩后，经气相色谱分离，氢火焰离子化检测器检测，根据试样峰高与标准峰高比较定量。

(4) 试剂　石油醚：沸程 30~60℃。

二氯甲烷，分析纯。

二硫化碳，分析纯。

无水硫酸钠，分析纯。

硅胶 G：60~80 目，于 120℃活化 4h，放干燥器中备用。

BHA、BHT 混合标准储备液：准确称取 BHA、BHT（纯度为 99%）各 0.1g，混合后用二硫化碳溶解，定容至 100mL 容量瓶中，此溶液为每毫升分别含 1.0mg BHA、BHT，置冰箱保存。

BHA、BHT 混合标准使用液：吸取标准储备液 4.0mL 于 100mL 容量瓶中，用二氧化碳定容至 100mL 容量瓶中，此溶液为每毫升分别含 0.040mg BHA、BHT，置冰箱中保存。

(5) 仪器　气相色谱仪：附 FID 检测器。

蒸发器：容积 200mL。

振荡器。

色谱柱：1cm × 30cm 玻璃柱，带活塞。

气相色谱柱：柱长 1.5m、内径 3mm 的玻璃柱内装涂质量分数为 10% 的 QF-1Gas Chrom Q（80~100 目）。

(6) 方法步骤

1) 试样的制备　称取 500g 含油脂较多的试样，含油脂少的试样 1000g，然后用对角线取四分之二或六分之二，或根据试样情况选取有代表性试样，在玻璃乳钵中研碎，混合均匀后放置广口瓶内保存于冰箱中。

2) 脂肪的提取

① 含油脂高的试样（如核桃酥等）：称取 50g，混合均匀，置于 250mL 具塞锥形瓶中，加 50mL 石油醚（沸程 30~60℃），放置过夜，用快速滤纸过滤后，减压回收溶剂，残留脂

肪备用。

② 含油脂中等的试样（如蛋糕、江米条等）：称取 100g，混合均匀，置于 500mL 具塞锥形瓶中，加 100～200mL 石油醚（沸程 30～60℃），放置过夜，用快速滤纸过滤后，减压回收溶剂，残留脂肪备用。

③ 含油脂少的试样（如面包、饼干等）：称取 250～300g，混合均匀，置于 500mL 具塞锥形瓶中，加适量石油醚浸泡试样，放置过夜，用快速滤纸过滤后，减压回收溶剂，残留脂肪备用。

3）分析步骤

① 色谱柱的制备：于色谱柱底部加入少量玻璃棉、少量无水硫酸钠，将硅胶-弗罗里硅土（6+4）共 10g，用石油醚湿法混合装柱，柱顶部再加入少量无水硫酸钠。

② 试样制备：称取脂肪 0.50～1.00g，用 25mL 石油醚溶解移入色谱柱上，再以 100mL 二氯甲烷分五次淋洗，合并淋洗液，减压浓缩近干时，用二硫化碳定容至 2.0mL，该溶液为待测溶液。

③ 植物油试样的制备：称取混合均匀试样 2.00g，放入 50mL 烧杯中，加 30mL 石油醚溶解，转移到色谱柱上，再用 10mL 石油醚分数次洗涤烧杯，并转移到色谱柱，用 100mL 二氯甲烷分五次淋洗，合并淋洗液，减压浓缩近干，用二硫化碳定容至 2.0mL，该溶液为待测溶液。

4）测定　注入气相色谱仪 3.0μL 的标准使用液，绘制色谱图，分别量取各组分峰高或峰面积。进 3.0μL 试样待测溶液，绘制色谱图，分别量取各组分峰高或峰面积，与标准峰高或峰面积比较，计算含量。

（7）结果计算　待测溶液 BHA（或 BHT）的质量按下式进行计算：

$$m_1 = \frac{h_i}{h_s} \times \frac{V_m}{V_i} \times V_s \times c_s$$

式中　m_1——待测溶液 BHA（或 BHT）的质量，mg；

　　　h_i——注入色谱试样中 BHA（或 BHT）的峰高或峰面积；

　　　h_s——标准使用液中 BHA（或 BHT）的峰高或峰面积；

　　　V_i——注入色谱试样溶液的体积，mL；

　　　V_m——待测试样定容的体积，mL；

　　　V_s——注入色谱中标准使用液的体积，mL；

　　　c_s——标准使用液的浓度，mg/mL。

食品中以脂肪计 BHA（或 BHT）的含量按下式进行计算：

$$X_1 = \frac{m_1 \times 1000}{m_2 \times 1000}$$

式中　X_1——食品中以脂肪计 BHA（或 BHT）的含量，g/kg；

　　　m_1——待测溶液中 BHA（或 BHT）的质量，mg；

　　　m_2——油脂（或食品中脂肪）的质量，g。

计算结果保留三位有效数字。

（8）精密度　在重复性条件下，获得的两次独立测定结果的绝对差值不得超过算术平均值的 15%。

6.3.2　食品中 D-异抗坏血酸钠含量的检测技术

(1) 方法目的　掌握高效液相色谱法测定食品中 D-异抗坏血酸钠含量的原理及方法。

(2) 适用范围　罐头类食品、水产品及其制品、熟肉制品、果蔬汁（肉）饮料和葡萄酒等食品中 D-异抗坏血酸钠含量的测定。

(3) 原理　试样中 D-异抗坏血酸钠溶于偏磷酸溶液中，滤膜过滤后注入高效液相色谱仪中分离检测，测得峰高与标准比较定量。

(4) 试剂　乙腈（色谱纯），偏磷酸（分析纯）。

4％偏磷酸溶液：取偏磷酸 4g，加水溶解成 100mL，如产生不溶物，需过滤。

2％偏磷酸溶液：取偏磷酸 2g，加水溶解成 100mL，如产生不溶物，需过滤，阴暗处保存。

标准液的制备：准确称取 D-异抗坏血酸钠 10mg，放入 100mL 棕色容量瓶中，用 2％偏磷酸溶液溶解并加至刻度，作为标准液（此液 1mL 相当于 D-异抗坏血酸钠 100μg）。准确吸取标准液 1mL、2mL、3mL，分别加入 10mL 棕色容量瓶中，并用 2％偏磷酸溶液稀释至刻度。此液作为标准曲线用标准液。

(5) 仪器　具有紫外可见分光检测器的高效液相色谱仪，超声波振荡器。

(6) 方法步骤

1) 样品处理

① 液体和半固体食品　一般准确称取相当于 1～5mg D-异抗坏血酸钠的样品 20g 以下，放入 100mL 棕色容量瓶中，再加入等量的 4％偏磷酸溶液，然后加 2％偏磷酸溶液至刻度。用 0.45μg 滤膜过滤器过滤，将此溶液作为样品溶液。

② 粉状和固体食品　一般准确称取相当于 1～5mg D-异抗坏血酸钠的样品 10g 以下，放入 100mL 棕色容量瓶中，加入等体积的 4％偏磷酸溶液，再加入 60mL 2％偏磷酸溶液制成悬浊液。然后用超声波振荡提取 15min，用滤纸过滤，用 100mL 棕色容量瓶接收滤液。容器和残渣用 10mL 2％偏磷酸溶液分两次冲洗，洗液与滤液合并，再加 2％偏磷酸溶液至刻度。此液用 0.45μm 滤膜过滤器过滤，将此溶液作为样品溶液。

2) 测定

① 色谱条件　ODS C$_{18}$ 色谱柱：内径约为 4.6mm，长约 250mm；柱温：50℃；洗脱液：乙腈-水-乙酸（83：15：2）；流速：3.0mL/min；测定波长：254nm；进样量：15μL。

② 标准曲线　分别吸取 15μL 标准曲线用标准液，注入高效液相色谱仪中。用所测得的峰高，绘制标准曲线。

③ 样品测定　准确吸取 15μL 样品溶液，注入高效液相色谱仪中。测得峰高，从标准曲线上求出样品溶液中 D-异抗坏血酸钠的含量（μg/mL），然后按公式计算样品中 D-异抗坏血酸钠的含量（mg/100g）。

(7) 结果计算

$$X = \frac{\rho \times 10}{m}$$

式中　X——D-异抗坏血酸钠含量，mg/100g；

　　　ρ——测试用样品溶液中 D-异抗坏血酸钠的含量，μg；

　　　m——取样量，g。

（8）精密度　计算结果保留两位有效数字。在重复性条件下获得的两次独立测定结果的绝对差值不得超过算术平均值的 10%。

6.4 食品中主要甜味剂的检测技术

甜味剂是指赋予食品以甜味的一种很重要的食品添加剂。按来源可以分为天然甜味剂和人工合成甜味剂；按营养价值可以分为营养性甜味剂和非营养性甜味剂；按化学结构可以分为糖类和非糖类甜味剂。我国是世界上食品甜味剂使用量和生产量均居前列的国家，随着食品种类的增加及使用范围的扩大，目前我国准许使用的食品甜味剂已经达到 20 种左右。随着食品工业的发展，已经研制出多种高强度的甜味剂，这类甜味剂大多为非糖类物质，热量低、甜度高且不易发生龋齿。

基于不同原理的多种分析方法都可以用于饮料及日常食品中甜味剂的检测，常用的方法包括 HPLC、IC、薄层色谱法（TLC）、GC 和 CE 等。

6.4.1　食品中糖精钠的检测技术

6.4.1.1　食品中糖精钠的高效液相色谱检测技术

（1）方法目的　学习和掌握高效液相色谱检测食品中糖精钠的方法。

（2）适用范围　适用于食品中糖精钠的检测。

（3）原理　试样加温除去二氧化碳和乙醇，调节 pH 至近中性，过滤后进高效液相色谱仪，经反相色谱分离后，根据保留时间和峰面积进行定性和定量。

（4）试剂　甲醇：经 $0.45\mu m$ 的滤膜过滤。

氨水（1+1）：氨水加等体积水混合。

乙酸铵溶液（0.02mol/L）：称取 1.54g 乙酸铵，加水至 1000mL 溶解，经 $0.45\mu m$ 滤膜过滤。

糖精钠标准储备液：准确称取 0.0851g 经 120℃烘干 4h 后的糖精钠，加水溶解定容至 100mL。糖精钠含量为 1.0mg/mL，作为储备液。

糖精钠标准使用液：吸取糖精钠标准储备液 10mL 放入 100mL 容量瓶中，加水定容至刻度，经 $0.45\mu m$ 滤膜过滤，该溶液每毫升相当于 0.10mg 的糖精钠。

（5）仪器　高效液相色谱仪配备紫外检测器。

（6）方法步骤

1）试样处理

① 汽水：称取 5.00～10.00g 样品，放入小烧杯中，微温搅拌除去二氧化碳，用氨水（1+1）调 pH 约为 7，加水定容至适当的体积，经 $0.45\mu m$ 滤膜过滤。

② 果汁类：称取 5.00～10.00g 的样品，用氨水（1+1）调节 pH 为 7，加水定容至适当的体积，离心沉淀，上清液经 $0.45\mu m$ 滤膜过滤。

③ 配制酒类：称取 10.00g，放入小烧杯中，水浴加热除去乙醇，用氨水（1+1）调 pH 至 7，加水定容至 20mL，经 $0.45\mu m$ 滤膜过滤。

2）色谱条件　色谱柱：YWG-C_{18}，4.6mm×250mm×10μm 不锈钢柱。

流动相：甲醇：乙酸铵溶液（0.02mol/L）=5∶95。

流速：1mL/min。

检测器：紫外检测器。

检测波长：230nm。

3）测定　取处理过的样品和标准使用液各 10μL（或相同体积），注入高效液相色谱仪进行分离，以其标准溶液峰的保留时间进行定性，以其峰面积求出样液中被检测物质的含量，以备计算。

（7）计算　试样中糖精钠含量按照下式进行计算：

$$X = \frac{A \times 1000}{m \times \frac{V_2}{V_1} \times 1000}$$

式中　X——试样中糖精钠的含量，g/kg；

　　　A——进样体积中糖精钠的质量，mg；

　　　V_2——进样体积，mL；

　　　V_1——试样稀释液总体积，mL；

　　　m——试样质量，g。

计算结果保留三位有效数字。

（8）精密度　在重复性条件下获得的两次独立测定结果的绝对差值不得超过算术平均值的 10%。

6.4.1.2　食品中糖精钠的薄层色谱检测方法

（1）方法目的　学习和掌握食品中糖精钠的薄层色谱检测方法及样品处理技术。

（2）适用范围　适用于食品中糖精钠的检测。

（3）原理　在酸性条件下，食品中的糖精钠用乙醚提取、浓缩，经薄层色谱分离、显色后，与标准相比，进行定性和半定量测定。

（4）试剂　乙醚（不含过氧化物）、无水硫酸钠、无水乙醇及乙醇（95%）、聚酰胺粉（200 目）、氢氧化钠溶液（40g/L）。

盐酸（1+1）：取 100mL 盐酸，加水稀释至 200mL。

展开剂：正丁醇+氨水+无水乙醇（7+1+2）、异丙醇+氨水+无水乙醇（7+1+2）。

显色剂：溴甲酚紫溶液（0.4g/L）。

硫酸铜溶液（100g/L）：称取 10g 硫酸铜，用水溶解稀释至 100mL。

糖精钠标准溶液：准确称取 0.0851g 经 120℃烘干 4h 后的糖精钠，加水溶解定容至 100mL。糖精钠含量为 1.0mg/mL，作为储备液。

（5）仪器　玻璃纸、玻璃喷雾器、微量注射器、展开槽。

紫外光灯：波长 253.7nm。

薄层板：10cm×20cm 或 20cm×20cm。

（6）方法步骤

1）样品前处理

① 饮料、冰棍、汽水：取 10.0mL 均匀试样（如试样中含有二氧化碳，先加热除去。如试样中含有酒精，加 4%氢氧化钠溶液使其呈碱性，在沸水浴中加热除去），置于 100mL 分液漏斗中。加 2mL 盐酸（1+1），用 30mL、20mL 乙醚提取两次，合并乙醚提取液，用

6mL 盐酸酸化的水洗涤一次，弃去水层。乙醚层通过无水硫酸钠脱水后，挥发乙醚，加 2.0mL 乙醇溶解残留物，密塞保存，备用。

② 酱油、果汁、果酱：称取 20.0g 或吸取 20.0mL 均匀试样，置于 100mL 容量瓶中，加入至约 60mL，加 20mL 硫酸铜溶液（100g/L），混匀，再加 4.4mL 氢氧化钠溶液（40g/L），加水至刻度，混匀，静置 30min，过滤，取 50mL 滤液于 150mL 分液漏斗中，加 2mL 盐酸（1+1），用 30mL、20mL 乙醚提取两次，合并乙醚提取液，用 6mL 盐酸酸化的水洗涤一次，弃去水层。乙醚层通过无水硫酸钠脱水后，挥发乙醚，加 2.0mL 乙醇溶解残留物，密塞保存，备用。

③ 固体果汁粉：称取 20.0g 磨碎的均匀试样，置于 200mL 容量瓶中，加 100mL 水，加温使溶解，放冷，加 20mL 硫酸铜溶液（100g/L），混匀，再加 4.4mL 氢氧化钠溶液（40g/L），加水至刻度，混匀，静置 30min，过滤，取 50mL 滤液于 150mL 分液漏斗中，加 2mL 盐酸（1+1），用 30mL、20mL 乙醚提取两次，合并乙醚提取液，用 6mL 盐酸酸化的水洗涤一次，弃去水层。乙醚层通过无水硫酸钠脱水后，挥发乙醚，加 2.0mL 乙醇溶解残留物，密塞保存，备用。

2）薄层板的制备　称取 1.6g 聚酰胺粉，加 0.4g 可溶性淀粉，加约 7.0mL 水，研磨 3~5min，立即涂成 0.25~0.30mm 厚的 10cm×10cm 薄层板，室温干燥后，在 80℃下干燥 1h，置于干燥器中保存。

3）点样　在薄层板下端 2cm 处，用微量注射器点 10μL 和 20μL 的样液两个点，同时点 3.0μL、5.0μL、7.0μL、10.0μL 糖精钠标准溶液，各点间距 1.5cm。

4）展开与显色　将点好的薄层板放入盛有展开剂的展开槽中，展开剂液层约 0.5cm，并预先已达饱和状态，展开至 10cm。取出薄层板，挥干，喷显色剂，斑点显黄色，根据试样点和标准点的比移值进行定性，根据斑点颜色深浅进行半定量测定。

（7）计算　试样中糖精钠的含量按照下式计算：

$$X = \frac{A \times 1000}{m \times \frac{V_2}{V_1} \times 1000}$$

式中　X——试样中糖精钠的含量，g/kg 或 g/L；
　　　A——进样体积中糖精钠的质量，mg；
　　　V_2——点板液的体积，mL；
　　　V_1——试样提取液残留物加入乙醇的体积，mL；
　　　m——试样质量或体积，g 或 mL。
计算结果保留三位有效数字。

（8）精密度　在重复性条件下获得的两次独立测定结果的绝对差值不得超过算术平均值的 10%。

6.4.2　食品中环己基氨基磺酸钠（甜蜜素）的检测技术

6.4.2.1　气相色谱检测方法

（1）目的方法　学习和掌握食品中环己基氨基磺酸钠的气相色谱法检测技术及样品处理方法。

（2）适用范围　适用于饮料、凉果等食品中环己基氨基磺酸钠的检测。

（3）原理　在硫酸介质中环己基氨基磺酸钠与亚硝酸反应，生成环己醇亚硝酸酯，利用气相色谱法进行定性和定量。

（4）试剂　正己烷、氯化钠、色谱硅胶、50g/L亚硝酸钠溶液、100g/L硫酸溶液。

环己基氨基磺酸钠标准溶液：称取1.0000g环己基氨基磺酸钠，加入水溶解并定容至100mL，此溶液每毫升含环己基氨基磺酸钠10mg。

（5）仪器　气相色谱仪附氢火焰离子化检测器、旋涡混合器、离心机、10μL微量注射器。

（6）色谱条件　色谱柱：长2m，内径3mm，U形不锈钢柱。

固定相：Chromosorb W AW DMCS 80～100目，涂以10%SE-30。

测定条件：柱温80℃，汽化温度150℃，检测温度150℃。

流速：氮气40mL/min，氢气30mL/min，空气300mL/min。

（7）方法步骤

1）试样处理及制备

① 液体试样　摇匀后直接称取。含二氧化碳的试样先加热除去，含酒精的试样加40g/L氢氧化钠溶液调至碱性，于沸水浴中加热除去，制成试样。称取20.0g试样于100mL带塞比色管，置冰浴中。

② 固体试样　凉果、蜜饯类试样将其剪碎制成试样。称取2.0g已剪碎的试样于研钵中，加少许色谱硅胶研磨呈干粉状，经漏斗倒入100mL容量瓶中，加水冲洗研钵，并将洗液一并转移至容量瓶中，加水至刻度，不时摇动，1h后过滤，即得试样。准确称取20mL试样于100mL带塞比色管中，置冰浴中。

2）测定

① 标准曲线的制备　准确吸取1.00mL环己基氨基磺酸钠标准溶液于100mL带塞比色管中，加水20mL。置冰浴中，加入5mL 50g/L亚硝酸钠溶液、5mL 100g/L硫酸溶液，摇匀，在冰浴中放置30min，并经常摇动，然后准确加入10mL正己烷、5mL氯化钠，摇匀后置旋涡混合器上振动1min（或振摇80次），待静止分层后吸出己烷层于10mL带塞离心管中进行离心分离，每毫升己烷提取液相当于1mg环己基氨基磺酸钠，将标准提取液进样1～5μL于气相色谱仪中，根据响应值绘制标准曲线。

② 试样测定　按照上述标准曲线的制备方法，将试样同样进样1～5μL，测得响应值，从标准曲线图中查出相应含量。

（8）计算　按照如下公式进行计算：

$$X = \frac{10m_1}{m \times V}$$

式中　X——试样中环己基氨基磺酸钠的含量，g/kg；

　　　m——试样质量，g；

　　　V——进样体积，μL；

　　　10——正己烷加入量，mL；

　　　m_1——测定用试样中环己基氨基磺酸钠的质量，μg。

计算结果保留两位有效数字。

（9）精密度　在重复性条件下获得的两次独立测定结果的绝对差值不得超过算术平均值的 10%。

6.4.2.2　食品中环己基氨基磺酸钠的比色法检测技术

（1）方法目的　学习和掌握食品中环己基氨基磺酸钠的比色法检测技术及样品处理方法。

（2）适用范围　适用于饮料、凉果等食品中环己基氨基磺酸钠的测定。

（3）原理　在硫酸介质中环己基氨基磺酸钠与亚硝酸钠反应，生成环己醇亚硝酸酯，与磺胺重氮化后再与盐酸萘乙二胺偶合生成红色染料，在 550nm 波长测定其吸光度，与标准比较定量。

（4）试剂　三氯甲烷、甲醇、10g/L 亚硝酸钠溶液、100g/L 硫酸溶液、100g/L 尿素溶液（临用时新配或冰箱保存）、100g/L 盐酸溶液、1g/L 盐酸萘乙二胺溶液。

透析剂：称取 0.5g 二氯化汞和 12.5g 氯化钠于烧杯中，以 0.01mol/L 盐酸溶液定容至 100mL。

10g/L 磺胺溶液：称取 1g 磺胺溶于 10% 盐酸溶液中，最后定容至 100mL。

环己基氨基磺酸钠标准溶液：精确称取 0.1000g 环己基氨基磺酸钠，加水溶解，最后定容至 100mL，此溶液每毫升含环己基氨基磺酸钠 1mg。临用时将环己基氨基磺酸钠标准溶液稀释 10 倍，此液每毫升含环己基氨基磺酸钠 0.1mg。

（5）仪器　分光光度计、旋涡混合器、离心机、透析纸。

（6）方法步骤

1）试样前处理

① 液体试样：摇匀后直接称取。含二氧化碳的试样先加热除去，含酒精的试样加 40g/L 氢氧化钠溶液调至碱性，于沸水浴中加热除去，制成试样。

② 固体试样：凉果、蜜饯类将其剪碎制成试样。称取 2.0g 已剪碎的试样于研钵中，加少许色谱硅胶研磨呈干粉状，经漏斗倒入 100mL 容量瓶中，加水冲洗研钵，并将洗液一并转移至容量瓶中。加水至刻度，不时摇动，1h 后过滤，即得试样。

2）提取

① 液体试样：称取 10.0g 试样于透析袋中，加 10mL 透析剂，将透析纸口扎紧。放入盛有 100mL 水的 200mL 广口瓶内，加盖，透析 20～24h 得透析液。

② 固体试样：准确吸取 10.0mL 试样提取液于透析纸中，按上述液体试样提取步骤进行。

3）测定　取 2 支 50mL 带塞比色管，分别加入 10mL 透析液和 10mL 标准液，于 0～3℃冰浴中，加入 1mL 10g/L 亚硝酸钠溶液、1mL 100g/L 硫酸溶液，摇匀后放入冰水中不时摇动，放置 1h，取出后加 15mL 三氯甲烷，置旋涡混合器上振动 1min。静置后吸去上层液。再加 15mL 水，振动 1min，静置后吸去上层液，加 10mL 100g/L 尿素溶液、2mL 100g/L 盐酸溶液，再振动 5min，静置后吸去上层液，加 15mL 水，振动 1min，静置后吸去上层液，分别准确吸出 5mL 三氯甲烷于 2 支 25mL 比色管中。另取一支 25mL 比色管加入 5mL 三氯甲烷作参比管。于各管中加入 15mL 甲醇、1mL 10g/L 磺胺，置冰水中 15min，取出，恢复常温后加入 1mL 1g/L 盐酸萘乙二胺溶液，加甲醇至刻度，在 15～30℃下放置 20～30min，用 1cm 比色杯于波长 550nm 处测定吸光度，测得吸光度 A 及 A_s。

另取 2 支 50mL 带塞比色管，分别加入 10mL 水和 10mL 透析液，除不加 10g/L 亚硝酸钠外，其余步骤与上述步骤相同，测得吸光度 A_{s0} 及 A_0。

（7）结果计算

$$X=\frac{c}{m}\times\frac{A-A_0}{A_s-A_{s0}}\times\frac{100+10}{V}\times\frac{1}{1000}\times\frac{1000}{1000}$$

式中　X——试样中环己基氨基磺酸钠的含量，g/kg；

　　　　m——试样质量，g；

　　　　V——透析液用量，mL；

　　　　c——标准管中环己基氨基磺酸钠含量，μg；

　　　　A_s——标准液吸光度；

　　　　A_{s0}——水的吸光度；

　　　　A——试样透析液吸光度；

　　　　A_0——不加亚硝酸钠的试样透析液吸光度；

计算结果保留两位有效数字。

（8）精密度　在重复性条件下获得的两次独立测定结果的绝对差值不得超过算术平均值的 10％。

6.4.2.3　薄层色谱法检测食品中环己基氨基磺酸钠

（1）方法目的　学习和掌握薄层色谱法检测食品中环己基氨基磺酸钠的方法及样品前处理方法。

（2）适用范围　本方法适用于饮料、果汁、果酱、糕点中环己基氨基磺酸钠的含量测定。

（3）原理　试样经酸化后，用乙醚提取，将试样提取液浓缩，点于聚酰胺薄层板上，展开，经显色后，根据薄层板上环己基氨基磺酸钠的比移值及显色斑深浅，与标准比较进行定性，概略定量。

（4）试剂　异丙醇、正丁醇、石油醚（沸程 30～60℃）、乙醚、氢氧化胺、无水乙醇、氯化钠、硫酸钠、聚酰胺粉（200 目）。

6mol/L 盐酸：取 50mL 盐酸加到少量水中，再用水稀释至 100mL。

环己基氨基磺酸标准溶液：精密称取 0.0200g 环己基氨基磺酸，用少量无水乙醇溶解后移入 10mL 容量瓶中，并稀释至刻度。此溶液每毫升相当于 2mg 环己基氨基磺酸。二周后重新配制（环己基氨基磺酸的熔点：169～170℃）。

展开剂：正丁醇-浓氨水-无水乙醇（20＋1＋1）、异丙醇-浓氨水-无水乙醇（20＋1＋1）。

显色剂：称取 0.040g 溴甲酚紫溶于 100mL 50％乙醇溶液，用 1.2mL 0.4％氢氧化钠溶液调 pH 为 8。

（5）仪器　色谱缸、玻璃板（5cm×20cm）、微量注射器（10μL）、玻璃喷雾器。

（6）方法步骤

1）试样提取

① 饮料、果酱：称取 2.5g（mL）已经混合均匀的试样（汽水需加热除去二氧化碳），置于 25mL 带塞量筒中。

② 糕点：称取 2.5g 糕点试样，研碎，置于 25mL 带塞量筒中，用石油醚提取 3 次，每

次 20mL，每次振摇 3min，弃去石油醚。

将上述试样挥干后，加氯化钠至饱和（约 1g），加 0.5mL 6mol/L 盐酸酸化，用 15mL 和 10mL 乙醚提取两次。每次振摇 1min，静置分层，用滴管将上层乙醚提取液通过无水硫酸钠滤入 25mL 容量瓶中，用少量乙醚洗无水硫酸钠，加乙醚至刻度，混匀。吸取 10.0mL 乙醚提取液分两次置于 10mL 带塞离心管中，在约 40℃ 水浴上挥发至干，加入 0.1mL 无水乙醇溶解残渣，备用。

2）测定

① 聚酰胺粉板的制备：称取 4g 聚酰胺粉，加 1.0g 可溶性淀粉，加约 14mL 水研磨均匀合适为止，立即倒入涂布器内制成面积为 5cm×20cm、厚度为 0.3cm 的薄层板 6 块，室温干燥后，于 80℃干燥 1h，取出，置于干燥器中保存，备用。

② 点样：薄层板下端 2cm 的基线上，用微量注射器于板中间点 4μL 试样液，两侧各点 2μL、3μL 环己基氨基磺酸标准液。

③ 展开与显色：将点样后的薄层板放入预先盛有展开剂的展开槽内，展开槽周围贴有滤纸，待溶剂前沿上展至 10cm 以上时，取出在空气中挥干，喷显色剂其斑点呈黄色，背景为蓝色，试样中环己基氨基磺酸的量与标准斑点深浅比较定量。

（7）结果计算　按照下述公式进行计算：

$$X = \frac{m_1 \times 1000 \times 1.12}{m \times \dfrac{10}{25} \times \dfrac{V_2}{V_1} \times 1000} = \frac{2.8 m_1 \times V_1}{m \times V_2}$$

式中　X——试样中环己基氨基磺酸钠的含量，g/kg；

　　m_1——试样点相当于环己基氨基磺酸的质量，mg；

　　m——试样质量，g；

　　V_1——加入无水乙醇的体积，mL；

　　V_2——测定时点样的体积，mL；

　　10——测定时吸取乙醚提取液的体积，mL；

　　25——试样乙醚提取液总体积，mL；

1.12——1.00g 环己基氨基磺酸相当于环己基氨基磺酸钠的质量，g。

计算结果保留两位有效数字。

（8）精密度　在重复性条件下获得的两次独立测定结果的绝对差值不得超过算术平均值的 28%。

6.4.3　食品中乙酰磺胺酸钾的检测技术

（1）方法目的　学习和掌握食品中乙酰磺胺酸钾的高效液相色谱检测方法及样品的前处理方法。

（2）适用范围　本方法适用于汽水、可乐型饮料、果汁、果茶等食品中乙酰磺胺酸钾的测定。

（3）原理　试样中乙酰磺胺酸钾经高效液相反相 C_{18} 柱分离后，以保留时间定性，峰高或峰面积定量。

（4）试剂　甲醇、乙腈、10％硫酸溶液、中性氧化铝（100～200目）。

0.02mol/L硫酸铵溶液：称取硫酸铵2.642g，加水溶解至1000mL。

乙酰磺胺酸钾标准储备液：精密称取乙酰磺胺酸钾0.1000g，用流动相溶解后移入100mL容量瓶中，并用流动相稀释至刻度，即为乙酰磺胺酸钾1mg/mL的溶液。

乙酰磺胺酸钾标准使用液：吸取乙酰磺胺酸钾标准储备液2mL于50mL容量瓶，加流动相至刻度，然后分别吸取此液1mL、2mL、3mL、4mL、5mL于10mL容量瓶中，各加流动相至刻度，即得各含乙酰磺胺酸钾4μg/mL、8μg/mL、12μg/mL、16μg/mL、20μg/mL的混合标准液系列。

流动相：0.02mol/L硫酸铵＋甲醇＋乙腈＋10％H_2SO_4（1mL）。

（5）仪器　高效液相色谱仪、超声清洗机、离心机、抽滤瓶、G3耐酸漏斗、0.45μm微孔滤膜、色谱柱。

（6）方法步骤

1）样品前处理

① 汽水：将试样温热，搅拌除去二氧化碳或超声脱气。吸取试样2.5mL于25mL容量瓶中。加流动相至刻度，摇匀后，溶液通过微孔滤膜过滤，滤液做HPLC分析用。

② 可乐型饮料：将试样温热，搅拌除去二氧化碳或超声脱气，吸取已除去二氧化碳的试样2.5mL，通过中性氧化铝柱，待试样液流至柱表面时，用流动相洗脱，收集25mL洗脱液，摇匀后超声脱气，此液用作HPLC分析用。

③ 果茶、果汁类食品：吸取2.5mL试样，加水约20mL混匀后，离心15min（4000r/min），上清液全部转入中性氧化铝柱，待水溶液流至表面时，用流动相洗脱。收集洗脱液25mL，混匀后，超声脱气，此液用作HPLC分析用。

2）色谱条件　分析柱：Spherisorb C_{18}，4.6mm×150mm×5μm。

流动相：0.02mol/L硫酸铵（740～800mL）＋甲醇（150～170mL）＋乙腈（50～90mL）＋10％H_2SO_4（1mL）。

波长：214nm。

流速：0.7mL/min。

3）标准曲线的绘制　分别进样乙酰磺胺酸钾浓度为4μg/mL、8μg/mL、12μg/mL、16μg/mL、20μg/mL的标准溶液10μL，进行HPLC分析，然后以峰面积为纵坐标、以乙酰磺胺酸钾的浓度为横坐标，绘制标准曲线。

4）试样测定　吸取经过处理的试样溶液10μL进行HPLC分析，测定峰面积，从标准曲线查得测定液中乙酰磺胺酸钾的含量。

（7）结果计算　试样中乙酰磺胺酸钾的含量按下式计算。

$$X = \frac{c \times V \times 1000}{m \times 1000}$$

式中　X——试样中乙酰磺胺酸钾的含量，mg/kg或mg/L；

c——由标准曲线上查得进样液中乙酰磺胺酸钾的量，μg/mL；

V——试样稀释液总体积，mL；

m——试样质量或体积，g或mL。

计算结果保留两位有效数字。

（8）精密度　在重复性条件下获得的两次独立测定结果的绝对差值不得超过算术平均值

的 10%。

6.5 食品中主要乳化剂和稳定剂的检测技术

食品乳化剂是最重要的食品添加剂之一，它不但具有典型的表面活性作用以维持食品稳定的乳化状态，还表现出许多特殊功能：一是与淀粉结合防止老化，改善产品质构；二是与蛋白质相互作用增进面团的网络结构，强化面筋网，增强韧性和抗力，使蛋白质具有弹性，增加体积；三是防粘及防熔化，在糖的晶体外形成一层保护膜，防止空气及水分的侵入，提高制品的防潮性，防止制品变形，同时降低体系的黏度，防止糖果熔化；四是增加淀粉与蛋白质的润滑作用，增加挤压淀粉产品流动性而方便操作；五是促进液体在液体中的分散，制备 W/O 型乳化体系，改善产品稳定性；六是降低液体和固体表面张力，使液体迅速扩散到全部表面，是有效的润滑剂；七是改良脂肪晶体；八是稳定气泡和充气作用；九是反乳化-消泡作用。世界上生产和使用的食品乳化剂共约 65 类，全世界每年总需求约 8 亿美元，耗用量 25 万吨以上。目前我国能生产甘油酯、蔗糖酯、司盘和吐温、大豆磷脂、硬脂酰乳酸钠等近 30 个种类。

食品稳定剂是同时具有亲水基团和亲油基团的物质，稳定作用的原理就是作为一个媒介同时抓住水溶性和油溶性的物质。食品稳定剂主要包括胶质、糊精、糖脂等糖类衍生物，广义的稳定剂还包括凝固剂、螯合剂等，多与其他功能的添加剂组成复合添加剂，如用于冰淇淋的添加剂即为由乳化剂和稳定剂等组成的复合添加剂。食品稳定剂大部分是天然产物，由于多是糖类衍生物，故其对身体不会有损害，但国家规定，食品稳定剂作为一种添加剂，最大剂量不得超过 0.3%。

6.5.1 食品中甘油脂肪酸酯的检测技术

（1）方法目的　学习和掌握色谱法测定食品中甘油脂肪酸酯的原理和方法。

（2）适用范围　本法适用于人造奶油、酥油、冰淇淋、雪糕、带调料快餐食品、植物蛋白饮料、乳酸菌饮料等甘油脂肪酸酯含量的测定。

（3）原理　食品中的甘油脂肪酸酯是通过将其主要成分单酸甘油酯作成二甲基硅烷化物，由气相色谱测定单酸甘油酯来定量。食品中单酸甘油酯，以脂肪成分广泛存在于食品之中，因而定量值是食品天然和添加的单酸甘油酯的总量。

（4）试剂

① 三甲基氯化硅烷，1,1,1,3,3,3-六甲基二硅氨烷，吡啶（硅烷化用），月桂酸单甘油酯（纯度 99%）。

② 单酸甘油酯：棕榈酸单甘油酯或硬脂酸单甘油酯，或高纯度饱和酸单甘油酯，用乙醇两次重结晶，测定纯度后应用。

③ 内标液：称取 50μg 月桂酸单甘油酯，放入 100mL 容量瓶中，加吡啶溶解定容，密封。

④ 标准液的配制：准确称取单甘油酯 100mg，加乙醚溶解，定容至 100mL。准确取该液 5mL，加乙醚定容至 100mL，作为标准液（含单甘油酯 50μg/mL）。

（5）仪器　带氢火焰检测器的气相色谱仪。

（6）分析步骤

1）样品溶液的制备

① 脂溶性食品（人造奶油、酥油等）：准确称取样品约5g（取样品根据食品中含单甘酯量而定），放入三角瓶中，加入约50mL乙醇，仔细摇匀，按需要稍稍加温。样品完全溶解时，用乙醚定量地移入100mL容量瓶中，加乙醚定容至100mL，作为样品溶液；样品不完全溶解时，在此溶液中加入约20g无水硫酸钠，仔细混匀，放置少许后，用干滤纸过滤，滤液置于200mL锥形瓶中，用30mL乙醚洗涤第一个三角瓶，洗涤液用上述滤纸过滤，合并滤液，反复操作两次，全部洗液和滤液合并后，蒸馏除去乙醚，使用量约为70mL，以乙醚定量地移入100mL容量瓶中，加乙醚定容，作为样品溶液。

② 水溶性食品（冰淇淋等）：准确称取样品约2g，加入约30g无水硫酸钠，混匀，用索氏提取器以乙醚提取，按需要蒸馏去除乙醚至溶液的量约70mL，以乙醚定量地移入100mL容量瓶，加乙醚，定容至100mL，作为样品溶液。

③ 其他食品（带调料快餐食品等）：准确称取样品5～10g，用索氏提取器以乙醚提取，按需要蒸馏去除乙醚至溶液的量约70mL，以乙醚定量地移入100mL容量瓶，加乙醚定容，作为样品溶液，若需要则进行过滤。

2）色谱条件 色谱柱为内径3mm、长0.5～1.5m的不锈钢柱，填充剂为80～100目硅藻土担体，按2%比例涂以聚硅氧烷OV-17；柱温以10℃/min，升温至100～330℃；进样口和FID检测器温度为350℃；载气为氮气，流量20～40mL/min。

3）测定液的配制 准确吸取5mL样品溶液，于浓缩器中，准确加入1mL内标液，在约50℃的水浴中，减压蒸干。加1mL吡啶溶解，加0.3mL 1,1,1,3,3,3-六甲基二硅氨烷，充分振摇，再加入0.2mL三甲基氯代硅烷，充分振摇，放置10min后，用5mL吡啶定量地将其转移到10mL容量瓶中，加吡啶定容至10mL，作测定液。

4）标准曲线的制作 准确吸取标准液5mL、10mL、15mL、20mL，分别放入浓缩器，与测定液配制同样操作，作为标准曲线用标准液（这些溶液1mL分别含25μg、50μg、75μg、100μg单甘油酯及均含50μg月桂酸单甘油酯）。取2μL各标准液，进样，求出测得的棕榈酸单甘油酯及硬脂酸单甘油酯的峰高与月桂酸单甘油酯的峰高比例，绘制标准曲线。

（7）结果计算

$$X = \frac{\rho \times V}{m}$$

式中　X——单甘油酯含量，mg/kg；

　　　ρ——测定液中的单甘油酯浓度，μg/mL；

　　　V——配制测定液所用样品溶液量，mL；

　　　m——取样量，g。

（8）方法分析 使用本法重复测定的相对标准误差＜7%。两次平行测定相对允许误差绝对值≤10%，平行测定结果用算术平均值表示，可保留两位小数。

6.5.2 薄层扫描定量法测定食品中蔗糖脂肪酸酯的检测技术

（1）方法目的 学习、掌握薄层扫描定量法测定食品中蔗糖脂肪酸酯的原理及方法，了解其测定范围。

（2）适应范围 本法适用于冷饮制品、稀奶油、八宝粥罐头、肉制品、调味品等食品中蔗糖脂肪酸酯的测定。

（3）原理　食品中的蔗糖脂肪酸酯可用异丁醇抽提，再用薄层板分离单、双、三酯，最后用比色法定量。

（4）试剂

① 蒽酮试剂：取 0.4g 蒽酮，预先溶于 20mL 硫酸中，用 75mL 硫酸将其洗入 100mL 硫酸、60mL 水和 15mL 乙醇的混合液中。放冷，暗处保存，2 个月内有效。

② 乙醇溶液：于四份乙醇中加 1 份水，混合。

③ a 展开剂：石油醚-乙醚（1∶1）；b 展开剂：氯仿-甲醇-乙酸-水（40∶5∶4∶1）。

④ 桑色素液：将 50mg 桑色素溶于 100mL 甲醇中。

（5）仪器　分光光度计。

（6）分析步骤

① 样品溶液的制备：准确称取含蔗糖脂肪酸酯 100mg 左右的样品 20g 以下，放入第一个分液漏斗中，加 200mL 异丁醇和 200mL 氯化钠溶液，将分液漏斗置于 60～80℃水浴中并振摇 10min。把水层转入第二个 500mL 分液漏斗中，加 200mL 异丁醇，在 60～80℃水浴中并振摇 10min，弃去水层。将第一、第二个分液漏斗的异丁醇层用异丁醇定量地通过滤纸移入浓缩器，在 70℃减压浓缩，除去异丁醇。残渣中加入 20mL 氯仿溶解，转入 25mL 容量瓶中，浓缩器每次用少量氯仿洗涤 2 次，将洗液转入容量瓶中，加氯仿至刻度，作为样品溶液。用微量注射器准确吸取 20μL，点在薄层板下端 2cm 处。将薄层板放入预先加入第一次展开溶剂的第一展开槽中，展开至点样处以上 12cm，取出薄层板，于 60℃干燥 30min 后，放冷，放入预先加入第二次展开溶剂的第二展开槽中，展开至点样处以上 10cm，取出薄层板，在通风橱中挥散溶剂，然后于 100℃干燥箱中干燥 20min，至溶剂完全挥散为止。

为确认各点，向薄层上喷桑色素液，在暗室中用紫外灯照射，划出确认的各蔗糖单、双、三酯边线。刮取单、双、三酯各色带，分别置于 T_M、T_D、T_T 试管中，向 T_M 加 4mL 乙醇，向 T_D 和 T_T 中各加 2mL 乙醇，分别作为样品液。另外刮取末点样品溶液的相应各部位上的薄层，置于 T_{BM}、T_{BD}、T_{BT} 试管中，在 T_{BD}、T_{BT} 中各加 2mL 乙醇，分别作为空白溶液。

② 薄板：硅胶薄层板 110℃活化 1.5h，2d 内有效。

③ 标准液的制备：准确称取预干燥蔗糖 200mg，加入 1mL 硫酸及乙醇液至 200mL。取此液 10mL，加乙醇定容至 200mL，作为标准液（该液含蔗糖 50μg/mL）。

④ 测定液的制备：把装有 T_M、T_D、T_T 的试管在流水中边冷却边向 T_M 管中加入 20mL 蒽酮，向 T_D 和 T_T 管中各加入 10mL 蒽酮，3 个管分别于 60℃水浴中浸渍 30min，其间混摇 2～3 次，然后在冷水中冷至室温。将上述试管中溶液分别转入离心管中，以 4000r/min 离心 5min，其上清液作为样品测定液。另外，单、双和三酯所对应的空白溶液与上法同样操作，作为各相对应的空白测定液。

⑤ 标准曲线的制作：准确吸取标准液 0mL、1mL、2mL，分别放入试管 T_B、T_{S1}、T_{S2} 中，向 T_B 管中加 2mL 乙醇，向 T_{S1} 管中加 1mL 乙醇，将 3 支试管分别置流水中冷却，同时向各管中加入 10mL 蒽酮，以下操作同④。分别作为标准曲线用空白测定液和标准曲线用标准测定液。

标准曲线用标准测定液和标准曲线用空白测定液，分别以乙醇作为参比，在 620nm 处测定吸光度 E_{S1}、E_{S2} 和 E_B，计算 E_{S1}、E_{S2} 和 E_B 的差 ΔE_1、ΔE_2，绘制标准曲线。

⑥ 定量：各样品测定液均以乙醇作为参比，在 620nm 处，测定 E_{AM}、E_{AD}、E_{AT} 的吸光度，并测定相对应的空白测定液 E_{BH}、E_{BD}、E_{BT} 的吸光度，计算它们的差 ΔE_{M}、ΔE_{D}、ΔE_{T}，在标准曲线上求出各样品测定液中的各酯的结合糖浓度（$\mu g/mL$）。

（7）结果计算

$$X=\frac{(M\times\rho_M\times V_M+D\times\rho_D\times V_D+T\times\rho_T\times V_T)\times1.25}{m}$$

式中 X——蔗糖脂肪酸酯含量，mg/kg；

ρ_M——样品测定液中单酯结合糖的浓度，$\mu g/mL$；

ρ_D——样品测定液中双酯结合糖的浓度，$\mu g/mL$；

ρ_T——样品测定液中三酯结合糖的浓度，$\mu g/mL$；

m——取样量，g；

M、D、T——系数，根据蔗糖脂肪酸酯的种类，查表 6-2。

V_M——单酯的测定液量，mL；

V_D——双酯的测定液量，mL；

V_T——三酯的测定液量，mL。

表 6-2 脂肪酸酯系数

系数 \ 蔗糖脂肪酸酯名称	硬脂酸酯	棕榈酸酯	油酸酯	月桂酸酯
系数 M	1.753	1.720	1.749	1.556
系数 D	2.507	2.440	2.497	2.111
系数 T	3.260	3.160	3.246	2.667

（8）方法评价 计算结果保留 3 位有效数字。在重复条件下获得的两次独立测定结果的绝对差值不得超过算术平均值的 10%。

本章小结

作为人类的重要发现和发明，食品添加剂无疑体现了人类的聪明和智慧，同时也体现着人类社会对生命健康和美食文化的无限渴望。食品添加剂的使用确实在现实社会中引发了针对食品安全的怀疑和恐慌，并被认为是引发食品安全问题的根本原因。本章对不同种类食品添加剂的检测方法做了介绍，希望对食品添加剂检测的学习有指导性作用，也希望人们能客观看待食品添加剂。

思考题

1. 食品添加剂的检测方法有哪些？简述各自原理。

2. 简述食品添加剂的含义及分类。

3. 简述甜味剂的检测方法及步骤。

4. 高效液相色谱法在食品添加剂检测中有哪些应用？

参考文献

[1] 陈一，单艺．食品用复合甜味剂 [J]．中国调味品，2011，36（5）：15-17.

[2] 惠秋沙．食品稳定剂在饮料中的应用 [J]．饮料工业，2011，14（7）：8-10.

[3] 刘家常，张露新，李欣．食品甜味剂及其检测技术 [J]．口岸卫生控制，2011，（4）：16-19.

[4] 李宁，王竹天．国内外食品添加剂管理和安全性评价原则．国外医学卫生学分册，2008，35（6）.

[5] 刘婷，吴道澄．食品中甜味剂的检测方法 [J]．中国调味品，2011，36（3）：1-12.

[6] 马文宏，张凤娇，焦永立等．我国食品乳化剂的发展现状 [J]．甘肃农业，2011，（6）：26-27.

[7] 桑宏庆，蔡华珍，王大勇．紫外分光光度法同时测定饮料中山梨酸钾和苯甲酸钠 [J]．饮料工业，2006，（8）：34-37.

[8] 王常柱，武杰，高晓宇．食品添加剂的历史、现实与未来 [J]，中国食品添加剂，2014，（1）：61-67.

[9] 王静．食品中常见非法添加物及其危害 [J]．北京工商大学学报：自然科学版，2013，30（6）：24-27.

[10] 尹洧．现代分析技术在食品添加剂检测中的应用 [J]．北京工商大学学报：自然科学版，2012，30（4）：1-7.

[11] 叶兴乾，张献忠，刘东红．食品中非法添加物检测及分析技术进展 [J]．北京工商大学学报：自然科学版，2012，30（6）：19-23.

[12] 张国文，潘军辉，王福民等．主成分回归用于分光光度法同时测定 6 种食品添加剂 [J]．分析试验室，2007，26（7）：52-56.

7 食品中天然毒素物质检测技术

7.1 概述

　　天然毒素是食品中天然存在的毒性物质、致癌物质、诱发过敏物质和非食品用的动植物中天然存在的有毒物质的统称。在可作为食品原材料的生物（植物、动物和微生物）中存在着许多天然毒素，按其来源可分为动物性天然毒素、植物性天然毒素和微生物性天然毒素，其中大多数天然毒素物质具有很强的毒性，常造成食物中毒事件的发生。

　　根据毒素的化学组成和结构分为以下几类。

　　① 生物碱　生物碱是含有负氧化态氮原子的存在于生物有机体内的环状化合物。有毒的生物碱主要有茄碱、秋水仙碱、烟碱、吗啡碱、罂粟碱、麻黄碱、黄连碱和颠茄碱（阿托品与可卡因）等。生物碱主要分布于罂粟科、茄科、毛莨科、豆科、荚竹桃科等一百多种的植物中。此外，动物中海狸等亦可分泌生物碱。有毒生物碱轻度中毒一般会产生恶心、呕吐、腹泻等症状，重度则可能会有生命危险。

　　② 有毒蛋白或复合蛋白　异体蛋白质注入人体组织可引起过敏反应，此外某些蛋白质经食品摄入亦可产生各种毒性反应。植物中的胰蛋白酶抑制剂、红细胞凝集素、蓖麻毒素、巴豆毒素、刺玫毒素等均属于有毒蛋白或复合蛋白，处理不当会对人体造成危害。例如胰蛋白酶抑制剂存在于未煮熟的大豆及其豆乳中，具有抑制胰脏分泌的胰蛋白酶的活性，食用后影响人体对大豆蛋白质的消化吸收，导致胰脏肿大，抑制生长发育。血细胞凝集素存在于大豆和菜豆中，具有凝集红细胞的作用。

　　③ 动物中的其他有毒物质　猪、牛、羊、禽等畜禽肉是人类普遍食用的动物性食品。在正常情况下，它们的肌肉无毒，可安全食用。但其体内的某些腺体、脏器或分泌物，如摄食过量或误食，可扰乱人体正常代谢，甚至引起食物中毒。常见的某些鱼类、贝类、海参类、蟾蜍等，也常会出现人食用后中毒的案例。

　　天然毒素物质检测技术经历了三个发展阶段，即色谱技术时代、免疫分析时代、现代集成技术时代。目前检测食品中天然毒素物质技术的最突出的特点是精确化、简便化、在线化、规范化、国际化，同时在检测技术领域引入尖端生物技术、计算机技术、化学技术、数控技术、物理技术等，并集成各类高新技术形成检测样品的前处理、分离、测定、数据处理等一体化系统，不仅提高了检测效率而且也提高了检测精密度和检测限。

7.2 食品中真菌毒素的检测技术

7.2.1 真菌毒素的主要检测技术

真菌，是一类有细胞壁，不含叶绿素，无根茎叶，以腐生或寄生方式生存，能进行有性或无性繁殖的微生物。真菌毒素是由真菌产生的具有毒性的二级代谢产物，广泛污染农作物、食品及饲料等植物性产品。人类若误食受污染的食品，就会中毒或诱发一定疾病，甚至癌症。历史上较严重的真菌毒素中毒事件发生在二战时苏联的西伯利亚，由于饥民食用了受污染的麦子，而发生了大量中毒事件。其中，仅阿赤尔州的 10 万居民中因中毒就死亡了 1 万多人。

目前为止，全世界已经发现了 300 多种结构不同的真菌毒素，其中已经被分离鉴定的有 20 多种。真菌毒素对农业及人类健康的危害程度和对社会经济发展影响非常重要，被广泛发现的真菌霉素主要有：黄曲霉毒素（aflatoxin，AF）、赭曲霉毒素（ochratoxin，OT）、橘霉素（citrinin）、展青霉素（patulin，Pat）、脱氧雪腐镰刀菌烯醇（deoxvnivalenol，DON）、棒曲霉素、伏马毒素（fumonisin）等。危害较大的有黄曲霉毒素、赭曲霉毒素 A、单端孢霉烯族毒素、玉米赤霉烯酮、伏马毒素和麦角类生物碱等。黄曲霉毒素是天然毒素中致癌性最强的毒素，也是世界各地农产品及食品最易受其污染的一种真菌毒素，据联合国粮农组织估计，全世界谷物供应的 25% 受真菌毒素污染。

真菌毒素的特征主要表现在污染的普遍性、种类的多样性、危害的严重性上。真菌毒素直接的危害是由于毒素的暴露而引发急性疾病或许多慢性症状，如生长减慢、免疫功能下降、抗病能力差以及肿瘤的形成等。不同动物对不同种类的真菌毒素的敏感程度也有很大的差别，而且与年龄、性别、血缘和营养状况有关。真菌毒素对人类的间接暴露也是经常存在的，消费的牛奶、禽蛋、内脏组织等食品中可能存在有真菌毒素残留物和代谢物。目前，真菌毒素的检测方法有生物鉴定法、化学分析法、仪器分析法和免疫分析法等。

7.2.1.1 生物鉴定法

生物鉴定法是一种传统的方法，是利用真菌毒素能影响微生物、水生动物、家禽等生物体的细胞代谢来鉴定真菌毒素的存在。根据生物摄入或添加真菌毒素后产生的病变、死亡或异常来判定毒素危害，通过生物体实验来验证其毒性部位和毒性机理，主要作为定性方法判断真菌毒素。生物鉴定法的专一性不强，灵敏度较低，费用较高，实验周期较长，对工作人员的操作技术也有较高要求，一般只作为化学分析法的佐证。

7.2.1.2 化学分析法

化学分析法中较常用的是薄层色谱法（TLC）。TLC 是作为一种平面色谱技术用于真菌毒素检测的传统方法，具有经济、对设备和检验人员要求不高的优点。随着高效薄层色谱法（HPTLC）和薄层扫描仪的发展和应用，TLC 的分离效率和检测精确度得到了提高，拓宽了 TLC 技术在检测真菌毒素领域中的应用。该法目前是除北美和欧洲以外其他国家，尤其是发展中国家检测食品和饲料中真菌毒素，特别是检测某些本身能够发荧光的毒素如 AF 和 OTA 的常规方法，也是目前我国检测粮油食品中的 AFB_1、AFM_1、OTA 和 ZEN 的国标方法。AOAC 官方方法中 TLC 也是分析花生及其制品中的总黄曲霉毒素（CB 法和 BF 法），可可豆、椰子汁、椰子肉、玉米、棉籽、鲜咖啡豆和鸡蛋中的 AFB_1，奶制品中的 AFM_1，谷物中的玉米赤霉烯酮和杂色曲霉素，苹果汁中的展青霉素等的法定方法。但此法精确度低、操作过程复杂，因此近年来用 TLC 方法检测新发现真菌毒素报道大幅度减少，说明 TLC 不再作为一种检测技术在新的学科领域被广泛应用。

7.2.1.3 仪器分析法

目前，真菌毒素的仪器分析方法主要包括气相色谱或气相色谱-质谱法、毛细管电泳法以及液相色谱或液相色谱-质谱法等。色谱法具有快速、高效和自动化程度高等优点，已成为食品中真菌毒素检测最常用的分析方法。色谱联用技术的快速发展，由于其兼具同时定性和定量、高灵敏度、高选择性等优势，极大地促进了食品中真菌毒素检测技术的发展。

(1) 气相色谱法及气相色谱-质谱法　气相色谱及气相色谱-质谱法常用于分析热稳定、易挥发、分子中不含发色基团和荧光基团，或具有弱荧光或弱吸收的真菌毒素。由于大多数真菌毒素对热不稳定，气相色谱法分析的毒素种类有限，目前主要用来检测黄曲霉毒素、展青霉毒素和单端孢霉烯族化合物。由于待测目标物不易挥发，所以样品净化后需要进行硅烷化或者酰化等衍生化实验，耗时、费力。表 7-1 列举了近几年来采用气相色谱或气相色谱-质谱法检测粮食中真菌毒素的方法。

表 7-1　气相色谱或气相色谱-质谱法检测粮食中真菌毒素的方法

仪器方法	检测物	样品
GC-MS	DON、15-ADON、FusX、NIV、ZEN	爆米花
GC-MS	3-ADON、15-ADON、DAS、DON、FusX、HT-2、NEO、NIV、T-2	大麦制品
GC-MS	3-ADON、DAS、DON、FusX、NIV、NEO、T-2、ZEN	谷物
GC-MS	3-ADON、DAS、DON、MAS、FusX、SCT、T-2、ZEN	大麦
GC-MS	3-ADON、15-ADON、DAS、DON、FusX、HT-2、NIV、T-2	谷物
GC-MS,电子鼻	OTA、DON	大麦
GC-FID	3-ADON、DAS、DON、FusX、HT-2、NEO、NIV、T-2	小麦
GC-ECD	DON	小麦

(2) HPLC 及 HPLC-MS 法　高效液相色谱和高效液相色谱-质谱法是目前食品中有害污染物检测中使用频率最高的分析方法。高效液相色谱法具有稳定可靠、灵敏度高等特点，适合于大多数真菌毒素检测，是目前认可的通用检测方法，可同时实现对多种真菌毒素的定量检测分析。LC 常用的检测器主要是紫外检测器 (UV) 和荧光检测器 (FLD)。DON 采用的主要是 UV 检测，它在食品中限量要求较低，例如我国规定在玉米、小麦及其制品中的限量为 1mg/kg，所以 DON 采用 UV 分析便可达到限量要求。多种真菌毒素如 AF、OTA 等自身有荧光，因此 HPLC-荧光检测器 (fluorescence detector, FLD) 方法是目前真菌毒素检测常用的方法。Garcia-Villanova 等应用柱前三氟乙酸衍生法衍生，HPLC-FLD 法检测蜂花粉中的 AF 和 OTA。AF 的激发波长为 360nm，发射波长为 440nm；OTA 的激发波长为 390nm，发射波长为 477nm。目前我国颁布的粮食产品中真菌毒素的检测方法都是采用液相色谱检测，根据不同的分析物采用紫外或者荧光检测器，检测限满足我国的食品检测要求。

高效液相色谱-质谱联用技术既可以发挥 HPLC 的高分辨能力，又可以发挥 MS 的高鉴别能力，具有净化要求低、灵敏度高、适合多组分分析等优点，实现定性确证和定量分析的同时完成，从而在提高分析的灵敏度和可靠性的同时，又能够检测并鉴定多种不同种属的真菌毒素。电喷雾电离 (ESI) 和大气压化学电离 (APCI) 是 HPLC-MS 联用技术中两种常用的电离方式。ESI 是一种软电离方式，即便是稳定性差的化合物，也不会在电离过程中发生分解。大部分真菌毒素和代谢物在该电离模式下都能实现较好电离。但是有些真菌毒素和代谢物由于结构和极性方面的原因，用 ESI 不能产生足够强的离子，可以采用大气压化学电离（APCI）方式来增加离子产率。鉴于液相色谱-质谱联用的优势，食品中多组分真菌毒素和代谢物的多组分检测技术得以快速发展，Sulyok 等开发了食品中 87 种真菌毒素和代谢物的 LC-MS/MS 筛查方法，方法检测限为 0.02～225g/kg，18 个市售样品中检出了 37 种待测物。真菌毒素 LC-MS 检测除了采用常规的串联四极杆（QQQ）作为质量分析器外，还采用离子阱（IT）、轨道阱（OT）、串联离子阱-轨道阱（IT-OT）、串联四极杆-离子阱（QQQIT）等其他联用方式。表 7-2 为采用高效液相色谱和高效液相色谱-质谱联用技术检测食品中真菌毒素的方法。

表 7-2 采用高效液相色谱和高效液相色谱-质谱联用技术检测食品中真菌毒素的方法

仪器方法	检 测 物	样品
LC-FLD	AFB$_1$、AFB$_2$、AFG$_1$、AFG$_2$	食品
LC-FLD	AFB$_1$、AFB$_2$、AFG$_1$、AFG$_2$、OTA、ZEN	小麦、玉米、黑麦
LC-FLD	AFB$_1$、AFB$_2$、AFG$_1$、AFG$_2$、DON、FB$_1$、FB$_2$、FB$_3$、HT-2、OTA、T-2、ZEN	玉米、大米、小麦
LC-FLD	AFB$_1$、AFB$_2$、AFG$_1$、AFG$_2$、OTA	婴儿食品、辣椒粉
LC-MS/MS	3-ADON、15-ADON、AFB$_1$、AFB$_2$、AFG$_1$、AFG$_2$、AFM$_1$、CTN、DON、FusX、HT-2、NIV、OTA、SMC、T-2、VCG、ZEN	食品
LC-MS/MS	87 种真菌毒素	食品
LC-MS/MS	AFB$_1$、AFB$_2$、AFG$_1$、AFG$_2$、AFM$_1$、DON、FB$_1$、FB$_2$、FB$_3$、HT-2、NIV、OTA、PAT、T-2、ZEN	啤酒
LC-MS/MS	106 种真菌毒素	食品
LC-MS/MS(IT-OT)	3-ADON、AFB$_1$、AFB$_2$、AFG$_1$、AFG$_2$、BEA、DAS、DON、FB$_1$、FB$_2$、FB$_3$、HT-2、NIV、OTA、SMC、T-2、ZEN、ZOL	啤酒
LC-MS/MS	3-ADON、15-ADON、AFB$_1$、AFB$_2$、AFG$_1$、AFG$_2$、AME、ALT、AOH、BEA、DAS、DON、FB$_1$、FB$_2$、FB$_3$、FusX、HT-2、NEO、NIV、OTA、PEA、RFC、SMC、T-2、ZEN	木薯粉、玉米粉、花生蛋糕
LC-MS/MS(Q-IT)	3-ADON、15-ADON、AFB$_1$、AFB$_2$、AFG$_1$、AFG$_2$、AFM$_1$、BEA、DAS、DOM-1、DON、FB$_1$、FB$_2$、FB$_3$、FusX、HT-2、NIV、NEO、OTA、SRC、T-2、ZEN、α-ZOL	婴儿食品
LC-MS/MS	AFB$_1$、AFB$_2$、AFG$_1$、AFG$_2$、FB$_1$、FB$_2$、DON、HT-2、OTA、T-2、ZEN	谷物
LC-MS/MS(APCI)	3-ADON、15-ADON、DAS、DON、FusX、HT-2、NIV、T-2、ZEN	玉米

（3）高效毛细管电泳法　高效毛细管电泳技术是以高压电场为驱动力，以毛细管为分离通道，依据样品中各组分之间和分配行为上的差异而实现分离的一类液相分离技术，具有灵敏度高和分析效率高、样品需求量少、节省溶剂用量等特点，被用于食品、粮食中玉米赤霉烯酮等真菌毒素的分析与检测。曾红燕等建立了粮食样品中玉米赤霉烯酮及其代谢物的毛细管电泳测定方法，样品加标回收率为 77.9%～103.1%，相对标准偏差为 0.63%～1.98%。

（4）免疫分析法　免疫分析法是利用抗原抗体反应原理，对真菌毒素定性定量检测的方法。免疫分析法操作简单，灵敏度高，分析迅速，可用于真菌毒素的大批量分析，主要包括放射免疫分析法、酶联免疫分析法、荧光免疫分析法以及近年来发展比较迅速的免疫胶体金技术和免疫芯片技术等。放射免疫检测法以放射性同位素为标记物标记标准品，然后与样品混合，加入定量特异性抗体，样品中的抗原浓度与抗体抗原复合物中放射性强度成反比，根据对抗体抗原复合物的放射性计数，可计算样品中的抗原浓度。N. Offiah 等采用放射免疫的方法检测了 438 份样品中的黄曲霉毒素，其中包括花生、牛奶及其制品等。黄曲霉毒素的检出率为 4.1%。该法灵敏度很高，特异性强。但放射性元素易造成污染，标准品难以保存，且该法必须与液体闪烁计数器等仪器联用，价格昂贵，成本较高，技术推广上具有一定难度，因此该法的应用受到一定限制。

酶联免疫吸附测定法（ELISA）是近年来发展最快的免疫学检测技术，具有特异性强、灵敏度高、前处理简单、不需要昂贵仪器、技术上易于推广等优点，特别适用于大量样品中真菌毒素含量的检测工作。Saha 等建立了同时检测辣椒粉中 AFB_1 和 OTA 的 ELISA 检测方法，该方法简便、快速。有研究者运用间接竞争 ELISA 法检测样品，所用的抗总黄曲霉毒素单克隆抗体对黄曲霉毒素（B_1、B_2、G_1、G_2）的交叉反应率分别为 100%、57.5%、104% 和 19%，与其他真菌毒素无交叉反应，特异性较高。但是 ELISA 法存在一定的假阳性，不能作为最终的确证方法。

（5）生物芯片分析法　生物芯片是近年来在生命科学领域迅速发展起来的一项高新技术，具有大规模、高通量与高平行的特性，综合了分子生物学、半导体微电子、激光、化学染料等领域的最新科学技术，在生命科学和信息科学之间架起了一道桥梁，是当今世界上高度交叉、高度综合的前沿学科和研究热点。Tudos 等将酪蛋白与小麦中的脱氧雪腐镰刀菌烯醇（DON）共价连接制成人工抗原固定在芯片上，通过检测溶液中的 DON 抗体与固相抗原结合以 SPR 技术检测反应信号，构建了可以对 DON 进行定量分析的免疫微阵列，最佳检测限范围为 2.5～30ng/mL，检测结果与使用气质联用（GC-MS）检测相一致；胡娜采用基因芯片技术检测黄曲霉菌产毒前后产毒相关基因的差异表达情况，发现部分相关基因产毒前后表达差异明显。

7.2.2　食品中黄曲霉毒素的检测技术

黄曲霉毒素（aflatoxin，AF）也称作黄曲霉素，是一种有强烈生物毒性的化合物，常由黄曲霉及另外几种霉菌在霉变的谷物中产生，如大米、豆类、花生等，是目前为止最强的致癌物质。加热至 280℃ 以上才开始分解，所以一般的加热不易破坏其结构。黄曲霉毒素主要有 B_1、B_2、G_1 与 G_2 等 4 种，又以 B_1 的毒性最强。谷物储存不当，极容易发霉变黄，产生黄曲霉毒素。黄曲霉毒素与肝癌有密切关系，还会引起组织失血、厌食等症状。1960 年在英国发生了因喂食黄曲霉毒素花生粕而导致大批火鸡暴毙事件。警惕黄曲霉毒素的危害要注意剔除霉变的食物颗粒，还可采用以水淘洗的办法进一步净化食物中沾染的霉菌；用高温烧、炸至 280℃ 以上也可以达到分解毒素和去除污染的效果。

黄曲霉毒素是结构相似的一大类化合物，均为二氢呋喃香豆素（dihydrofuran coumarins）的衍生物（如图 7-1）。

目前美国分析化学家协会（AOAC）公布了 41 种检测食品和饲料样品中 AF 的方法，欧洲标准委员会也报道了 6 种 AF 检测方法。AOAC 检测 AF 方法如薄层色谱法（TLC）、HPLC 和 ELISA 已广泛用于粮食和饲料中 AF 的检测。虽然 HPLC 法作为一种推荐方法被广泛使用，但以免疫学为基础的检测 AF 方法正逐步取代传统检测 AF 方法。

7.2.2.1　食品中黄曲霉毒素 M_1 间接竞争 ELISA 的检测技术

（1）背景　AFM_1 和 AFM_2 存在于牛奶中，是动物摄入 AFB_1 后在体内的代谢产物，其中 AFM_1 的毒性大，可引发癌症，我国 2003 年规定牛乳中 AFM_1 的限量标准为 0.5μg/kg。目前国内外检测 AFM_1 的方法有高效液相色谱法、液相色谱-质谱联用、超高效液相-质谱联用、免疫亲和柱法等，但是这些方法仪器昂贵、技术水准要求高，样品前处理复杂，无法实现现场快速检测。因此，对于操作简单、快速、适于大量样品筛查 AFM_1 的免疫分析方法的研究一直是非常活跃的研究领域。

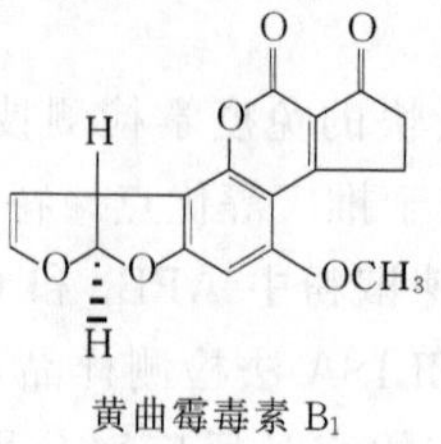

黄曲霉毒素 B_1

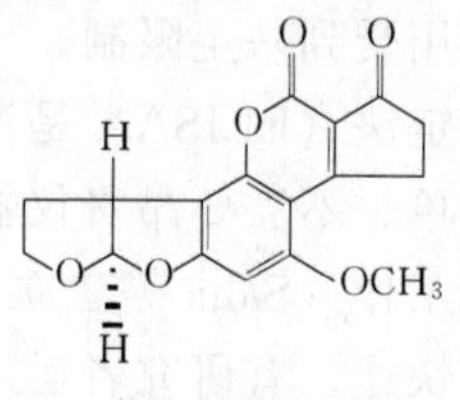

黄曲霉毒素 B_2

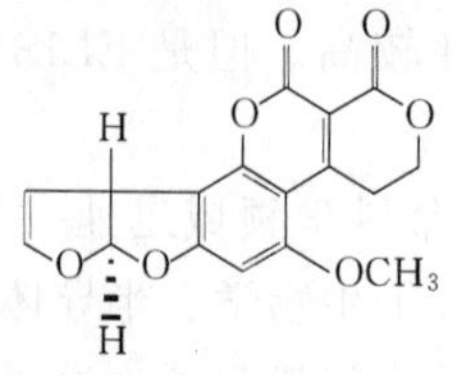

黄曲霉毒素 G_1

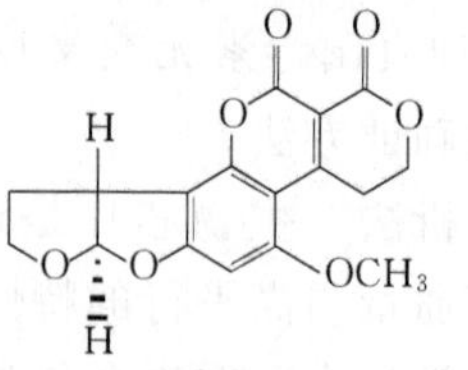

黄曲霉毒素 G_2

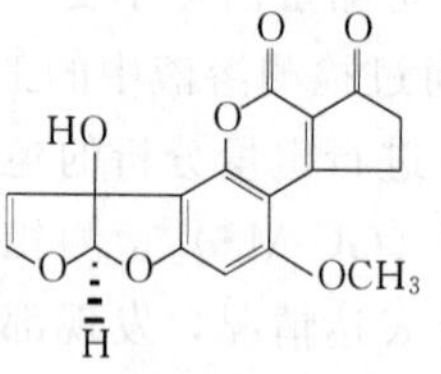

黄曲霉毒素 M_1

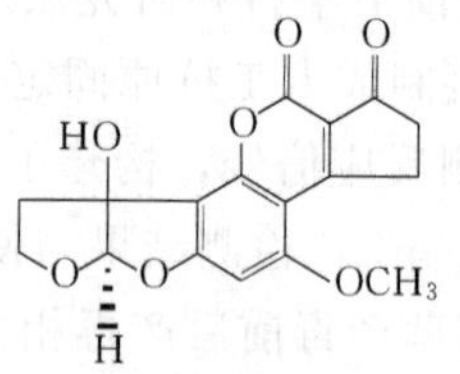

黄曲霉毒素 M_2

图 7-1 黄曲霉毒素的化学结构式

(2) 原理 利用固相酶联免疫吸附的原理，将 AFM_1 特异性抗体包被于聚苯乙烯微量反应板的孔穴中，再加入样品提取液（未知抗原）及酶标 AFM_1 抗原（已知抗原），使两者与抗体之间进行免疫竞争反应，然后加酶底物显色，颜色的深浅取决于抗体和酶标 AFM_1 抗原结合的量，即样品中 AFM_1 含量，则被抗体结合酶标 AFM_1 抗原越少，颜色越浅，反之则深。

(3) 适用范围 黄曲霉毒素 M_1 的检测对象一般都是动物的组织、乳及其制品，酶联免疫吸附法适用于乳、乳粉和奶酪中黄曲霉毒素 M_1 含量的检测。

(4) 试剂材料 黄曲霉毒素 M_1 和辣根过氧化物酶（HRP）；$NaIO_4$ 和 $NaBH_4$ 为分析纯；抗 AFM_1 单抗；牛奶样品。

(5) 仪器设备 酶标仪、洗板机、离心机、电子天平、恒温振荡器。

(6) 实验步骤

1) 酶标抗体的制备 称取 5mg HRP 溶解于 1mL 蒸馏水中，加入 0.2mL 新配的 0.1mol/L $NaIO_4$ 溶液，室温下避光搅拌反应 20min。将上述溶液装入透析袋，用 1mmol/L pH 4.4 的醋酸钠缓冲液透析，4℃下过夜。再用 0.01mol/L pH 9.5 碳酸盐缓冲液室温透析 2h。取 5mg 抗 AFM_1 单抗溶液装入透析袋中，用 0.01mol/L pH 9.5 碳酸盐缓冲液室温透析 2h。将活化的 HRP 加入透析好的抗体溶液中，室温避光反应 2h。再加 0.1mL 新配的 4mg/mL $NaBH_4$ 溶液，混匀反应 2h。将上述溶液装入透析袋中，用 PBS 透析，备用。

2) 间接竞争 ELISA 检测方法的步骤 加标准品或样本 50μL 到微孔中，再加入工作浓度的酶标抗体 50μL/孔，轻轻振荡混匀，室温避光反应 30min。用洗涤工作液充分洗涤，300μL/孔，洗板 5 次，用吸水纸拍干。加入显色液 100μL/孔，轻轻振荡混匀，室温避光反应 30min。加终止液 50μL/孔，轻轻振荡混匀，酶标仪于 450nm 处读取每孔的 OD 值。

3）包被抗原与酶标抗体工作浓度的筛选　将酶标抗体稀释成一系列浓度，并采用不同浓度的包被抗原通过棋盘法筛选包被抗原和酶标抗体的工作浓度。首先，横向将稀释成一系列工作浓度（1：10000，1：15000，1：20000，1：25000）的包被抗原包被于酶标板内，经过孵育、洗涤和封闭后，纵向加入经过一系列稀释的酶标抗体（1：1000，1：1500，1：2000，1：2500），静置、洗涤后，加入显色液显色30min，然后终止反应，酶标仪450nm处读取每孔的OD值。

4）抗体特异性的测定　通过测定交叉反应率（cross-reactivity，CR）来衡量抗体的特异性。以不同浓度的AFM$_1$及其类似物（AFB$_1$、AFB$_2$、AFG$_1$、AFG$_2$）分别绘制竞争抑制曲线，得出各种毒素的IC$_{50}$浓度，并按照以下公式计算AFM$_1$的交叉反应率。

$$CR = (IC_{50,AFM_1}/IC_{50,AFX}) \times 100\%$$

式中，AFX分别为AFB$_1$、AFB$_2$、AFG$_1$或AFG$_2$。

5）AFM$_1$在牛奶样品中回收率的测定　将每个牛奶样品7000r/min离心10min，脱除脂肪层即可直接上样，进行添加回收实验。首先测定未添加牛奶样品的OD值，并换算成AFM$_1$的浓度，设为空白值。然后分别向各牛奶样品中添加1μg/L的AFM$_1$，测定其OD值后换算成AFM$_1$的浓度，得到测定值，采用下列公式计算牛奶样品的回收率。

$$回收率 = (测定值 - 空白值)/添加量$$

（7）方法分析与评价　利用高特异性单克隆抗体，建立黄曲霉毒素M$_1$的间接竞争ELISA检测方法。棋盘法优化了包被抗原及酶标抗体的最佳稀释倍数。包被抗原和酶标抗体的最佳工作浓度分别为1：15000和1：2000。该方法的线性范围为0.1～8.1ng/mL。除了与黄曲霉毒素B$_1$的交叉反应为35％外，与黄曲霉毒素B$_2$、黄曲霉毒素G$_1$及黄曲霉毒素G$_2$的交叉反应均小于1％。牛奶实际样品检测的回收率均大于70％，而且检测过程在10min以内即可完成。该方法灵敏度高，特异性强，操作简单，适合多样本的快速筛查，为黄曲霉毒素M$_1$的高效检测提供了一个良好的选择。

7.2.2.2　食品中黄曲霉毒素B$_1$ ELISA检测技术

（1）背景　黄曲霉毒素具有比较稳定的化学性质，阳光能杀死黄曲霉菌，但是不能破坏其产生的毒素，只有在280℃以上高温下毒素才能被破坏。AFB$_1$对热不敏感，100℃加热20h也不能将黄曲霉毒素完全去除。世界上已有60多个国家对它进行限量控制，我国对小米中AFB$_1$的限量规定为不超过10μg/kg。

（2）原理　食品中黄曲霉毒素B$_1$经提取、脱脂、浓缩后与定量特异性抗体反应，多余的游离抗体与酶标板内的包被抗原结合，加入酶标记物的底物后显色，与标准比较后测定其含量。

（3）适用范围　适用于一般实验室对粮食中AFB$_1$的检测。

（4）试剂材料　AFB$_1$酶联免疫测试盒24孔包被抗体的反应板；AFB$_1$标准溶液质量浓度分别为0、0.10ng/mL、0.25ng/mL、0.50ng/mL、1.50ng/mL、5.00ng/mL各1瓶；酶标物、AFB$_1$抗体稀释剂、底物液A（0.1mol/L柠檬酸水溶液）、底物液B（0.2mol/L磷酸二氢钠水溶液）、终止液（BSA 1.0g加PBS-T至1000mL）、洗涤液（PBS加体积分数为0.05％的吐温-20）、样品稀释液各1瓶；添加标准质量浓度为1000ng/mL；样品提取液为甲醇和水（体积比为3：2）。

（5）仪器设备　小型粉碎机、感量0.01g分析天平、快速定性滤纸、微量移液器及配套吸头、振荡器、生化培养箱、冰箱、酶标测定仪（波长450nm的滤光片）。

（6）实验步骤

1）试样中黄曲霉毒素（AFB₁）的提取 称取 5g 小米试样（精确至 0.01g）置于锥形瓶中，共称 5 份。其中，样品的添加水平分别为 8μg/kg、20μg/kg，一个水平 2 个平行，另 1 个为普通未加标的样品。所有样品加入甲醇水溶液 20mL，加塞振荡 30min，静置，过滤，取 1mL 滤液，用 4mL 样品稀释液进行稀释，混匀待测。

2）检测步骤 从冰箱中取出黄曲霉毒素 B₁ 酶联免疫试剂盒，平衡至室温。准备好洗涤工作液，选择好布孔排列，分别加入 50μL 的样品试剂和质量浓度分别为 0、0.10ng/mL、0.25ng/mL、0.50ng/mL、1.50ng/mL、5.00ng/mL 的 AFB₁ 系列标准溶液，再加 50μL 酶标抗原溶液于各孔中，37℃下培养 30min，甩干，洗涤 5 次，拍干。依次往各孔中分别加入 50μL 底物液 A 和 50μL 底物液 B，振荡混匀，反应 15min 显色结束，再往各孔中分别加入 50μL 终止液，并在酶标仪波长 450nm 处测定各孔吸光度值。

（7）计算 按上述实验步骤，分别测定相应的 AFB₁ 系列标准溶液的吸光度值，绘制标准曲线，横坐标为标准溶液浓度的对数，纵坐标为各标准溶液孔的吸光度值。通过标准曲线，按下列公式计算出样品中 AFB₁ 含量。

$$AFB_1 \text{含量}(\mu g/kg) = c \times V \times D / m$$

式中 c——从标准曲线上查得的 AFB₁ 的含量，ng/mL；

V——样品提取液体积，mL；

D——样品稀释倍数；

m——样品的质量，g。

标准品的回收率：

$$\text{回收率} = (x_1 - x_0)/m \times 100\%$$

式中 m——加入标准物质的量，ng；

x_1——加标试样回收到的 AFB₁ 量，ng；

x_0——未加标试样的 AFB₁ 量，ng。

（8）方法分析与评价 酶联免疫吸附法的样品处理简单，提取后可直接测定，不需要净化过程，具有快捷、简便、准确、投入少、无污染等优点。但由于酶本身的不稳定性以及对化学试剂和环境要求比较高，用该方法检验复杂样品中的黄曲霉毒素有可能带来假阳性结果。

7.2.2.3 食品中黄曲霉毒素免疫亲和柱净化-光化学柱后衍生-高效液相色谱荧光检测技术

（1）背景 AF 具有极强的致癌、致畸、致突变性，以黄曲霉毒素 B₁（AFB₁）毒性最大，其毒性是氰化钾的 10 倍，砒霜的 68 倍。由于 AF 对人和动物的严重危害，许多国家、地区已对其在粮食和饲料中的残留限量做了严格的规定。欧盟等国在 2002 年对粮食、花生及其制品中的 AF 限量标准进行了修订，规定 AFB₁ 的残留量≤2μg/kg，AF 总量（B₁+B₂+G₁+G₂）≤4μg/kg。近年来关于 AF 的检测方法研究较多，主要有薄层色谱法（TLC）、高效液相色谱法（HPLC）及酶联免疫法。其中薄层色谱法操作繁琐、费时、灵敏度较差，目前已较少使用，而酶联免疫法容易产生假阳性。高效液相色谱法因其快速、灵敏度高、重现性好等优点，已成为 AF 分析检测的主要手段。本方法采用免疫亲和柱净化-光化学柱后衍生技术与高效液相色谱荧光测定结合起来，简化了样品的净化步骤，同时提高了方法的准确度和精密度。

（2）原理 免疫亲和柱净化-光化学柱后衍生技术与高效液相色谱荧光测定结合起来。

（3）适用范围　适用于一般实验室对粮食中 AF 的检测。

（4）试剂材料　大米；AFB_1、AFB_2、AFG_1、AFG_2 混合标准储备液；甲醇、乙腈（色谱纯）。

（5）仪器设备　高效液相色谱仪（配荧光检测器）、色谱柱、AfLaCLEAN™ AF 免疫亲和柱、分散机、UVE™柱后衍生、氮吹仪、超纯水仪、移液枪、微孔滤膜、注射滤膜器电子天平、实验室其他常规仪器。

（6）实验步骤

1）样品处理

① 提取：准确称取 20.0g 粉碎样品，加入 100mL 甲醇-水（体积比 80∶20）溶液，高速均质提取 5min，过滤收集 14mL 样液于 100mL 容量瓶中，加 86mL 的 1mmol/L PBS 缓冲溶液（pH 7.2），混匀。

② 净化：将上述稀释后的滤液用注射过滤器过滤，移取滤液 20mL 过 AfLaCLEAN™ AF 免疫亲和柱，调节流速为 1～2 滴/s，直至空气完全通过免疫亲和柱。用 10mL 纯水以 3～4 滴/s 清洗 AfLaCLEAN™ AF 免疫亲和柱，直至空气完全通过免疫亲和柱。连续 2 次，每次 1mL 甲醇洗脱柱，流速 1～2 滴/s，将柱中的 AF 淋洗下来，洗脱液用氮气吹干，用水-甲醇-乙腈（体积比 60∶30∶15）定容至 1mL，待测。

2）色谱条件　色谱柱：Agilent XDB-C_{18}（150mm×4.6mm，5μm）；流动相：水-甲醇-乙腈（体积比 60∶30∶15）；流速：1mL/min；进样量：10μL；柱温：35℃；荧光检测器：激发波长 365nm，发射波长 460nm。

3）标准曲线　将 AFB_1、AFB_2、AFG_1、AFG_2 混合标准储备液准确移取适量，配制成浓度为 0.25ng/mL、1.0ng/mL、4.0ng/mL、10ng/mL、20ng/mL 系列标准工作溶液，在上述色谱条件下，进样 10μL，根据浓度与峰面积的关系制成标准曲线。

（7）方法分析与评价　本方法准确度好，精密度高，AFB_1、AFB_2、AFG_1 和 AFG_2 的回收率为 67.2%～91.7%，RSD<10%。本方法建立的免疫亲和柱净化-光化学柱后衍生-高效液相色谱荧光检测法可测定粮食中 AFB_1、AFB_2、AFG_1 和 AFG_2。本方法快速、准确、灵敏度高、重现性好，适用粮食中 AF 的测定，适用于我国粮食中 AF 限量的检测要求。

7.2.3　食品中展青霉素的检测技术

展青霉素（patulin）又称棒曲霉素，是一种有毒的真菌代谢产物，能产生展青霉素的真菌有扩张青霉、展青霉、棒型青霉、土壤青霉、新西兰青霉、石状青霉、粒状青霉、默林青霉、圆弧青霉、产黄青霉、萎地青霉、棒曲霉、巨大曲霉、土曲霉和雪白丝表霉等共 3 属 16 种。展青霉素主要污染水果及其制品，尤其是苹果、山楂、梨、西红柿、苹果汁和山楂片等。毒理学试验表明，展青霉素具有影响生育、致癌和免疫等毒理作用，同时也是一种神经毒素。展青霉素的限量标准在大多数欧美国家为 0～50μg/kg；WHO 推荐展青霉素在苹果汁中的最高限量标准为 50μg/kg；我国相应的标准规定苹果、山楂半成品限量标准为 100μg/kg，果汁、果酱、果酒、罐头和果脯的限量标准为 50μg/kg。

展青霉素的化学结构式见图 7-2，分子式 $C_7H_6O_4$，相对分子质量为 154，化学名称为 4-羟基-4-氢-呋喃（3,2-碳）并吡喃-2（6-氢）酮。易溶于水、氯仿、丙酮、乙醇及乙酸乙酯，微溶于乙醚和苯，不溶于石

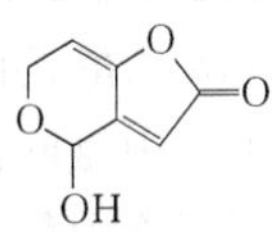

图 7-2　展青霉素
化学结构式

油醚。其晶体呈无色棱形，熔点为 110.5~112℃，在氯仿、苯、二氯甲烷等溶剂中能较长时期稳定。在水中和甲醇中逐渐分解，且在碱性溶液中不稳定，易被破坏，而在酸性环境中稳定性增加，溶液蒸干后形成的薄膜则不稳定。

展青霉素的检测方法很多，主要包括薄层色谱法、高效液相色谱法、气相色谱法和色谱联用技术等。样品提取溶剂主要是乙酸乙酯和乙腈与水的混合液。提取液的纯化主要采用无水碳酸钠、C_{18} 固相萃取柱、亲水亲脂平衡柱、串联 PVPP-C_{18} 柱和 Mycosep 多功能柱等净化方法。固体样品的酶解处理，由于大分子果胶质对展青霉素有包裹作用，从而阻碍了展青霉素的提取。因此，进行酶解以提高回收率成为固体样品前处理中极为重要的步骤。

7.2.3.1 高效液相色谱法检测水果、蔬菜及制品中展青霉素残留

(1) 背景　测定展青霉素最初采用微生物法、纸色谱法（TLC）。TLC 法是目前测定展青霉素的重要方法，但它只能提供半定量结果，灵敏度也较低。检测并有效控制浓缩苹果汁中展青霉素的含量是发展我国浓缩苹果汁加工业及出口业务的当务之急。HPLC 法是一种灵敏、准确、先进的测试方法。

(2) 原理　苹果清汁用乙腈稀释后直接固相萃取净化；苹果浊汁、番茄酱、山楂片样品先用果胶酶水解，再以乙酸乙酯提取试样中展青霉素，吹干浓缩后固相萃取净化，用配有紫外或二极管阵列检测器的高效液相色谱仪测定，外标法定量。

(3) 适用范围　普遍用于饮料中展青霉素的检测。

(4) 试剂材料　乙腈（色谱级），冰乙酸（色谱级），乙酸乙酯，果胶酶溶液（活度为1400U/g）。pH 4.0 水溶液：量取 700~800mL 水，用冰乙酸调节 pH 4.0，加水定容至1000mL。1%酸溶液：量取 10mL 冰乙酸与 990mL 水混合。展青霉素标准品（纯度大于或等于 99.5%）。Mycosep® 228 净化柱或相当者。0.45μm 微孔滤膜，水系。

标准储备溶液：准确称取展青霉素标准品 10mg，用乙酸乙酯溶解并定容至 100mL，浓度相当于 100μg/mL，储备液储存于 -18℃ 以下，稳定 6 个月。

标准中间溶液：准确量取 1.0mL 标准储备溶液，用氮气吹干后溶于 pH 4.0 水中，定容至 100mL，浓度相当于 1.0μg/mL，储备液储存于 0~4℃，稳定 3 个月。

(5) 仪器设备　分析天平：感量 0.1mg，0.01g；涡旋混匀器；离心机：4000r/min；氮气吹干仪；pH 计：测量精度±0.02；粉碎机；高效液相色谱仪：配紫外检测器或二极管阵列检测器。

(6) 实验步骤

1) 样品制备

① 苹果清汁　准确称取 2g 试样（精确到 0.01g）于一具塞试管中，加入 6.0mL 乙腈，涡旋混匀 2min，于 4000r/min 离心 5min，转移全部上清液于试管中待净化。

② 苹果浊汁、番茄酱、山楂片　准确称取 5g 均匀试样（精确到 0.01g）于一具塞试管中，加入 20mL 水与 150μL 果胶酶溶液混匀，室温下避光放置过夜，酶解后的溶液加入20mL 乙酸乙酯，涡旋提取 3min，于 4000r/min 离心 5min，转移上层乙酸乙酯提取液，再用 20mL 乙酸乙酯重复提取一次。合并两次乙酸乙酯提取液，混匀后量取 16mL 乙酸乙酯于40℃水浴中氮吹浓缩至干，用 2.0mL 1%乙酸溶液溶解残渣，加入 6.0mL 乙腈混匀，转移溶液于试管中待净化。

2) 净化　将 Mycosep® 228 净化柱放于试管正上方，用手缓慢向下推柱体到试管底部，使样液以 1.0mL/min 的速度通过柱体。准确量取 4.0mL 净化液于 40℃水浴中氮吹浓缩至

干，用 1.0mL pH 4.0 水溶液溶解残渣，经 0.45μm 滤膜过滤，供液相色谱测定。

3）测定

① 液相色谱条件　色谱柱：Phenomenex LUNA C₁₈，250mm×4.6mm（内径），5μm 或相当者。

流动相：甲醇＋水（10＋90，体积比）。

流速：1.0mL/min。

柱温：30℃。

进样量：20μL。

检测波长：276nm。

② 液相色谱检测　根据样液中展青霉素浓度大小，选定峰面积相近的标准工作溶液，标准工作溶液和样液中展青霉素响应值均应在仪器的检测线性范围内。对标准工作溶液和样液等体积进样测定，在上述色谱条件下，展青霉素参考保留时间约为 11.3min。空白实验除了不加试样外，其他操作步骤同实际样品的步骤。

（7）结果计算　按照下式计算样品中展青霉素的含量：

$$X = \frac{A \times C_s \times V}{A_s \times m}$$

式中　X——试样中展青霉素的残留量，ng/g；

A——样液中展青霉素的色谱峰面积；

C_s——标准工作液中展青霉素的浓度，ng/mL；

V——样液最终定容体积，mL；

A_s——标准工作液中展青霉素的色谱峰面积；

m——最终样液所代表的试样量，g。

注：计算结果须扣除空白值。

（8）方法分析与评价　用高效液相色谱测定水果、蔬菜及其制品中展青霉素的含量，可操作性强。该方法准确可靠，结果精密度高，重现性好，RSD＜1.8%，灵敏度高。本方法测定低限为 5μg/kg。

7.2.3.2　水果、蔬菜及制品中展青霉素液相色谱-质谱/质谱法检测技术

（1）原理　苹果清汁用乙腈稀释后直接固相萃取净化；苹果浊汁、番茄酱、山楂片样品先用果胶酶水解，再以乙酸乙酯提取，吹干浓缩后固相萃取净化，液相色谱-质谱/质谱测定，外标法定量。

（2）试剂和材料　乙腈（色谱级），冰乙酸（色谱级），乙酸乙酯，果胶酶溶液（活度为 1400U/g）。pH 4.0 水溶液：量取 700～800mL 水，用冰乙酸调节 pH 4.0，加水定容至 1000mL。1%酸溶液：量取 10mL 冰乙酸与 990mL 水混合。展青霉素标准品（纯度大于或等于 99.5%）。Mycosep®228 净化柱或相当者。0.45μm 微孔滤膜，水系。

标准储备溶液：准确称取展青霉素标准品 10mg，用乙酸乙酯溶解并定容至 100mL，浓度相当于 100μg/mL，储备液储存于 -18℃ 以下，储存期 6 个月。

标准中间溶液：准确量取 1.0mL 标准储备溶液，用氮气吹干后溶于 pH 4.0 水中，定容至 100mL，浓度相当于 1.0μg/mL，储备液储存于 0～4℃，稳定 3 个月。

标准工作溶液：根据需要用空白基质溶液将标准中间溶液稀释成适当浓度的标准工作溶液，标准工作溶液应在使用前配制。

（3）仪器设备　液相色谱串联四极杆质谱仪：配电喷雾离子源（ESI）；分析天平：感量 0.1mg，0.01g；涡旋混匀器；离心机：4000r/min；氮气吹干仪；pH 计：测量精度±0.02；粉碎机。

（4）检测步骤

1）样品制备

① 苹果清汁　准确称取 2g 试样（精确到 0.01g）于一具塞试管中，加入 6.0mL 乙腈，涡旋混匀 2min，于 4000r/min 离心 5min，转移全部上清液于试管中待净化。

② 苹果浊汁、番茄酱、山楂片　准确称取 5g 均匀试样（精确到 0.01g）于一具塞试管中，加入 20mL 水与 150μL 果胶酶溶液混匀，室温下避光放置过夜，酶解后的溶液加入 20mL 乙酸乙酯，涡旋提取 3min，于 4000r/min 离心 5min，转移上层乙酸乙酯提取液，再用 20mL 乙酸乙酯重复提取一次。合并两次乙酸乙酯提取液，混匀后量取 16mL 乙酸乙酯于 40℃水浴中氮吹浓缩至干，用 2.0mL 1‰乙酸溶液溶解残渣，加入 6.0mL 乙腈混匀，转移溶液于试管中待净化。

2）净化　将 Mycosep® 228 净化柱放于试管正上方，用手缓慢向下推柱体到试管底部，使样液以 1.0mL/min 的速度通过柱体。准确量取 4.0mL 净化液于 40℃水浴中氮吹浓缩至干，用 1.0mL pH 4.0 水溶液溶解残渣，经 0.45μm 滤膜过滤，供液相色谱测定。

3）检测

① 液相色谱条件　色谱柱：Atlantis® C$_{18}$，150mm×2.1mm（内径），3μm 或相当者。

流动相：乙腈＋水（10＋90，体积比）。

流速：0.2mL/min。

柱温：30℃。

进样量：10μL。

② 质谱条件　离子化模式：电喷雾电离负离子模式（ESI）。

质谱扫描方式：多反应监测（MRM）。

③ 参考质谱条件　雾化气 GS1（NEB）：344.75kPa（500psi）（氮气）；

气帘气（CUR）：172.38kPa（25psi）（氮气）；

喷雾电压（IS）：−4500V；

去簇电压（DP）：−45V；

碰撞室出口电压（CXP）：−8V；

去溶剂温度（TEM）：500℃；

去溶剂气流 GS2：275.8kPa（40psi）（氮气）；

碰撞气（CAD）：68.95kPa（10psi）（氮气）。

④ 液相色谱-质谱测定

a. 定量测定　根据样液中展青霉素浓度大小，选定峰面积相近的标准工作溶液，标准工作溶液和样液中展青霉素响应值均应在仪器的检测线性范围内，对标准工作溶液和样液等体积进样测定。在上述仪器条件下，展青霉素参考保留时间约为 6.63min。

b. 定性测定　按照上述仪器条件测定样品和标准工作溶液，如果样品的质量色谱峰相对保留时间与标准溶液在±2.5‰范围内，定性离子对的相对离子丰度与浓度相当的混合基质标准溶液的相对离子丰度一致，相对离子丰度偏差不超过表 7-3 的规定，则可判断样品中存在相应的被测物。

空白试验除不加试样外，其他步骤同样品。本方法测定低限为 5μg/kg。

表 7-3　定性测定时相对离子丰度的最大允许偏差

相对离子丰度/%	>50	20~50	10~20	≤10
允许的相对偏差/%	±20	±25	±30	±50

（5）结果计算　按照下式计算样品中展青霉素的含量：

$$X = \frac{A \times C_s \times V}{A_s \times m}$$

式中　X——试样中展青霉素的残留量，ng/g；

　　　A——样液中展青霉素的色谱峰面积；

　　　C_s——标准工作液中展青霉素的浓度，ng/mL；

　　　V——样液最终定容体积，mL；

　　　A_s——标准工作液中展青霉素的色谱峰面积；

　　　m——最终样液所代表的试样量，g。

注：计算结果须扣除空白值。

7.2.4　食品中伏马毒素的检测技术

伏马毒素（fumonisin）是由镰刀菌属在一定温度和湿度下产生的水溶性代谢产物，是一类由不同的多氢醇和丙三羧酸组成的结构类似的双酯化合物。迄今为止已发现了 11 种伏马毒素，但主要的还是伏马毒素 B 族类（FBs）：FB_1、FB_2 和 FB_3，FB_1 占 60% 以上，其毒性也最强（图 7-3 为伏马毒素 B_1 的分子结构式）。伏马毒素在人畜体内的作用比较复杂，它与神经鞘氨醇（sphinngosine，SO）和二氢神经鞘氨醇（shpinganine，SA）的结构极为相似，而后两者均为神经鞘脂类的长链骨架。伏马毒素通过抑制 N-脂酰基神经鞘氨醇合成酶，阻断 SO 合成，破坏鞘脂类的代谢或影响鞘脂类的功能，这一抑制可引起 SA 升高，从而导致组织、血、尿中 SA/SO 的比值升高。细胞内自由 SA 的聚集是有毒性的，而内源神经酰胺和 1-磷酸-鞘氨醇之间是否平衡也决定了细胞能否存活。现在认为 SA 浓度和 SA/SO 的比值是调查研究过的所有动物是否存在 FB_1 接触感染最敏感的生物标记，两者之间存在着剂量依赖性。流行病学调查表明，伏马毒素与马脑白质软化症、猪的肺水肿综合征以及人类食道癌等疾病有关。另外，伏马毒素还是一种慢性促癌剂，并能引起灵长类动物的动脉粥样硬化样改变。

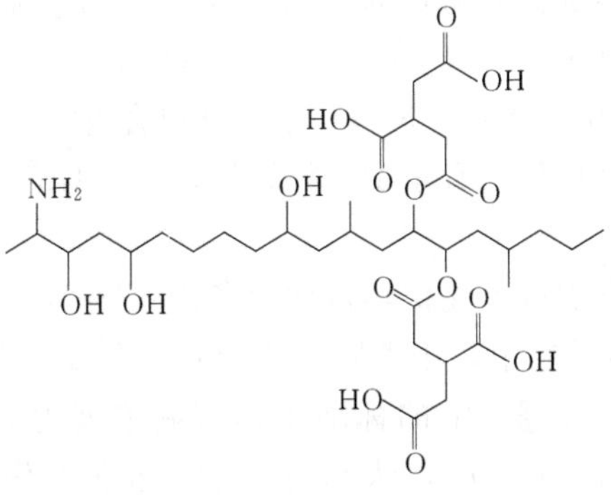

图 7-3　伏马毒素 B_1 的分子结构式

　　伏马毒素检测方法有薄层色谱法、高效液相色谱法、气相色谱法、近红外光谱法、毛细管电泳技术、液相色谱-质谱联用技术、气相色谱-质谱联用技术以及酶联免疫吸附试验检测等。薄层色谱法和近红外光谱法灵敏度较差，重现性不好，不能满足实验室分析要求。以气相色谱技术为基础对目标物进行检测时需要通过水解产生丙三羧酸和利用氨基衍生增强挥发度等步骤，方法繁琐，耗时长。高效液相色谱法是检测伏马毒素的一种常规方法，我国的国家标准方法采用的是高效液相色谱检测技术。液相色谱-质谱串联法具有较高的选择性和灵敏度，无需水解和衍生，操作简便，可同时检测食品中多种伏马毒素的残留。

　　以下介绍用高效液相色谱法测定玉米及其制品中伏马毒素的残留。

　　(1) 背景　目前国际上对于食品与饲料中伏马毒素的限量及检测方法尚无统一标准。瑞典确定 FB_1 的可接受限量为 1mg/kg；美国规定玉米中 FB_1、FB_2 和 FB_3 总量的最高限量值为 2mg/kg；欧盟规定婴幼儿玉米制品中 FB（含 FB_1 和 FB_2）的总含量为 0.2mg/kg，玉米中的限量值为 4mg/kg。

　　(2) 原理　利用免疫亲和反应净化样品，以邻苯二甲醛柱前衍生伏马毒素为荧光化合物，用反相高效液相色谱进行分离、检测，外标法定量检测伏马毒素 B_1 和 B_2 的含量。

　　(3) 适用范围　本方法适用于测定玉米及其制品中的伏马毒素大于或等于 1μg/g 的情况。

　　(4) 试剂材料　伏马毒素 B_1、B_2 标准品（纯度大于 95%），甲醇（色谱级），乙腈（色谱纯），磷酸二氢钠，四硼酸钠，氯化钠，磷酸二氢钾，氯化钾，浓盐酸，磷酸，邻苯二甲醛，2-巯基乙醇。

　　0.1mol/L 磷酸二氢钠溶液：称取 15.6g 磷酸二氢钠，用水溶解并定容为 1L。

　　0.1mol/L 四硼酸钠溶液：称取 3.8g 四硼酸钠，用水溶解并定容至 100mL。

　　2mol/L 盐酸溶液：将 1 体积浓盐酸溶解在 5 体积的水中。

　　提取溶液：取 25mL 甲醇加入 25mL 乙腈和 50mL 的水。

　　乙腈+水：取 5mL 乙腈加入 5mL 的水。

　　磷酸盐缓冲液：将 8.0g 氯化钠、1.2g 磷酸氢二钠、0.2g 磷酸二氢钾、0.2g 氯化钾溶解于 990mL 水中，用 2mol/L 盐酸溶液调节 pH 为 7.0，最后定容至 1L。

　　流动相：甲醇+0.1mol/L 磷酸二氢钠溶液＝77+23，用磷酸调节 pH 值为 3.3～4.0，用 0.45μm 滤膜过滤。

　　邻苯二甲醛衍生液：将 40mg 邻苯二甲醛溶解在 1mL 甲醇中，用 0.1mol/L 四硼酸钠溶液 5mL 稀释，加 2-巯基乙醇 50μL，混匀。装于具塞棕色瓶中，室温避光处可以贮藏 1 周。

　　伏马毒素标准储备液：准确称取适量的伏马毒素 B_1 和 B_2 标准品，用溶液（乙腈+水）配制成伏马毒素 B_1 浓度为 100μg/mL、伏马毒素 B_2 浓度为 50μg/mL 的混合标准溶液。该标准溶液在 4℃下可以稳定贮藏 6 个月。取 500μL 该标准混合溶液于 5mL 容量瓶中，用乙腈+水定容至刻度，摇匀，即可获得伏马毒素 B_1 浓度为 10ng/μL、伏马毒素 B_2 浓度为 5ng/μL 的储备液。

　　伏马毒素标准工作液：分别取上述伏马毒素储备液 125μL、250μL、500μL、1000μL 和 2500μL，置于 5 个 5mL 的容量瓶中，用乙腈+水定容至刻度，获得 5 种不同浓度的伏马毒素工作标准溶液。其中，伏马毒素 B_1 的标准工作溶液浓度为 0.250ng/μL、0.500ng/μL、1.00ng/μL、2.00ng/μL 和 5.00ng/μL；伏马毒素 B_2 标准工作溶液浓度为 0.125ng/μL、0.250ng/μL、0.500ng/μL、1.00ng/μL 和 2.50ng/μL。

其他试剂均为分析纯，所用水为超纯水，新鲜玉米。

（5）仪器设备 天平（0.1mg），谷物粉碎机，250mL塑料带盖离心管，离心机（转速不小于2500r/min），滤纸，玻璃微纤维滤纸，玻璃注射器（10mL，可与亲和柱连接），微量注射器（25～1000μL），氮吹仪，振荡器，滤膜（0.45μm孔径，25mm直径的聚砜膜或相当者）。

免疫亲和柱：对伏马毒素 B_1 和 B_2 均有100％的交叉反应性。对伏马毒素 B_1 和 B_2 总吸附量大于 $5\mu g$，对于甲醇-PBS溶液中含有 $1\mu g$ 伏马毒素的回收率≥90％。

（6）操作步骤

1）提取 将样品用谷物粉碎机磨细至粒径小于1mm（全部通过1mm孔径的实验筛），称取20g（精确至0.1g）粉碎试样，置于250mL的离心管中，加入50mL提取液。盖好离心管的盖，在振荡器上水平振荡20min。在离心机上25000r/min离心10min，用滤纸过滤上清液（尽可能滤尽并避免将固体残留物转移到滤纸上，下同）；在离心管的残渣中加入50mL提取液，以上述方式提取离心后，仍用上次的滤纸过滤，合并两次滤液。混合均匀后，量取10mL滤液置于100mL的烧杯中，加40mL PBS缓冲液，混匀。用玻璃微纤维滤纸过滤，取10mL滤液用于免疫亲和柱净化。

2）净化 将免疫亲和柱与玻璃注射器下端连接。准确移取10.0mL上述滤液加入玻璃注射器中，将空气压力泵与玻璃注射器上端连接，加压，使滤液以1～2滴/s的流速通过亲和柱，弃掉流出液。最后以1.5mL甲醇将亲和柱中的伏马毒素洗脱，控制流速为1滴/s，收集全部洗脱液于玻璃试管中，在60℃下用氮吹仪以氮气吹干，残留物置于4℃下存放，备用。测定前用乙腈＋水400μL溶解残留物，此为供高效液相色谱测定用样品净化液。

3）衍生化 分别取上述净化液和标准工作液各50μL，分别置于1mL的各个试管中，各加入50μL邻苯二甲醛衍生液，涡流混合器上混合30s，静置3min后，立即取20μL衍生液进入高效液相色谱仪进行分析。

4）液相色谱参考条件 色谱柱：C_{18}柱或相当的柱，柱长150mm，内径4.6mm，填料直径5μm。

流动相：甲醇＋0.1mol/L磷酸二氢钠溶液＝77＋23，用磷酸调节pH值为3.3～4.0，用0.45μm滤膜过滤。

流速：1.0mL/min。

荧光检测器：激发波长335nm，发射波长440nm。

柱温：室温。

5）标准曲线的绘制 在4）液相色谱参考条件下，基线平稳后作标准曲线，分别吸取各标准溶液的衍生液20μL进样分析，以各衍生液衍生前的伏马毒素 B_1、B_2 的色谱峰峰面积对相应标准工作溶液的浓度作图，制作伏马毒素 B_1、B_2 的标准曲线。

6）样品的测定 吸取20μL样液的衍生液进样分析。比较样品与标准的色谱图，根据保留时间定性。根据伏马毒素 B_1 或 B_2 的峰面积查标准曲线，得到净化液中相应的伏马毒素 B_1 或 B_2 的浓度。

如果伏马毒素的浓度超过了所制作的标准曲线的浓度范围，用乙腈＋水将净化液稀释 f 倍后，重新进行衍生化反应和色谱分析。

7）空白试验 除不加试样外，按照上述操作步骤进行。

（7）结果计算 每个试样进行两次平行试验，取两次测定的算术平均值作为测定的结果。样品中伏马毒素 B_1 或 B_2 的含量按下式进行计算：

$$X_1 = \frac{(c - c_0) \times V \times 50 \times f}{m}$$

式中　X_1——样品中伏马毒素 B_1 或 B_2 的含量，$\mu g/kg$；

　　　　c——净化液中伏马毒素 B_1 或 B_2 的浓度，$ng/\mu L$；

　　　　c_0——空白试验的净化液中伏马毒素 B_1 或 B_2 的浓度，$ng/\mu L$；

　　　　V——净化液体积（$400\mu L$），μL；

　　　　50——样品量与净化液对应样品量的倍数；

　　　　m——试样的质量，g；

　　　　f——样品净化液的稀释倍数。

（8）方法的精密度

① 重复性　在同一实验室，由同一操作者使用相同的设备，按相同的测试方法，并在短时间内对同一被测对象相互独立进行测试，获得的两次独立测试结果的绝对差值大于按下式计算的重复性限（r）值的情况不超过 5%。伏马毒素 B_1 或 B_2 含量在 0～5mg/kg 时：

$$r = 0.319 \times F - 0.0262$$

式中　r——重复性限；

　　　　F——两次测定结果的算术平均值，mg/kg。

② 再现性　在不同的实验室，由不同的操作着使用不同的设备，按相同的测试方法，对同一被测对象相互独立进行测试，获得的两次独立测试结果的绝对差值大于按下式计算的再现性限（R）值的情况不超过 5%。伏马毒素 B_1 或 B_2 含量在 0～5mg/kg 时：

$$R = 0.4053 \times F - 0.0377$$

式中　R——再现性限；

　　　　F——两次测定结果的算术平均值，mg/kg。

7.3 食品中细菌毒素的检测技术

食品安全问题是关系到人民健康和国计民生的重大问题。近年来，国际上食品安全恶性事件连续发生，在全球范围内影响很大。据美国食品与药品管理局报道，食品中危害因子为经确认能导致食源性疾病暴发的各种因素。致病细菌污染是引发食品安全事故的重要因素之一，细菌产生的危害因子不仅包括直接危害人体健康的细菌毒素，还包括在病原菌对人体侵染过程中发挥细胞黏附、侵入、穿透和信号传导等作用的细胞组分，如鞭毛、黏附素等。致病细菌可污染食品原料构成内源性污染，也可在食品加工、贮运等环节感染导致外源性污染。病原菌达到一定的数量即对人体构成危害；而危害因子可介导病原菌的侵染和致病过程，大多在较低浓度下即发挥作用。因此食品中致病细菌及其危害因子的快速微量检测是预防、监测和控制食源性疾病的关键技术环节。

7.3.1　细菌毒素的特征及危害评价

细菌毒素是由细菌分泌产生于细胞外或存在于细胞内的致病性物质，通常分为内毒素和外毒素，是食品中的主要天然毒素物质之一。主要的细菌毒素有肠毒素、肉毒毒素和 vero

毒素。

外毒素产生菌主要是革兰氏阳性菌中的破伤风梭菌、肉毒梭菌、白喉杆菌、产气荚膜梭菌、A群链球菌、金黄色葡萄球菌等。一些革兰氏阴性菌中的痢疾志贺氏菌、鼠疫耶氏菌、霍乱弧菌、肠产毒素型大肠埃希氏菌、铜绿假单胞菌等也能产生外毒素。大多数外毒素是在细菌细胞内合成后分泌至细胞外；也有存在于菌体内，待菌溶溃后才释放出来的，痢疾志贺氏菌和肠产毒素型大肠埃希氏菌的外毒素属此类。外毒素的毒性强，几微克量就可使实验动物致死。

有人从革兰氏阴性菌（GNB）中发现了具有生物学活性的对热稳定的内毒素（也称脂多糖，LPS）以来，学者对LPS对机体免疫系统影响的双重性，以及其在GNB引起的败血症休克中的特殊作用不断深入。LPS是暴露于GNB细胞外壁外膜表面的由O特异链、核心多糖和类脂A三部分组成的分子。O特异链结构是LPS中最易发生变化的部分，其多样性决定了不同GNB株的抗原特性。此结构也是GNB株的主要抗原决定簇部分，具有GNB型的特异性，可引起型特异性免疫反应。核心多糖主要由庚糖和2-酮基-3-脱氧辛酸（KDO）构成，在LPS结构中起着连接多糖与类脂A的作用。类脂A结构的完整性与LPS的毒性相关，如引起机体发热、局部反应或致死性休克。类脂A和KDO是LPS中最具有毒性的部分，但也具有启动机体免疫系统，引起机体产生抗体的作用。

不同的细菌常常产生不同的细菌毒素并导致机体不同类型和不同程度的病理损伤，如肠凝聚性大肠杆菌毒素导致肠炎；大肠杆菌细胞致死肿胀毒素导致仔猪水肿病；产毒素大肠杆菌耐热性肠毒素Ⅱ导致仔猪黄白痢；志贺样毒素导致出血性结肠炎和溶血性尿毒综合征；葡萄球菌肠毒素B导致肠炎；支原体毒素导致败血性肺炎；魏氏梭菌肠毒素导致腹泻；李氏杆菌溶血素导致脑膜脑炎等。目前，学者们对于细菌毒素产生的机制、细菌毒素对机体的影响、细菌毒素的防范、如何利用细菌毒素制备导向药物等进行深入的探讨。

一百多年来，毒素的检测研究工作在全世界逐步展开，特别是20世纪70年代以来发展更快。随着研究工作的深度日益增加，生化、免疫、遗传等最新技术都应用于毒素的研究，因此毒素研究已成了分子生物学的一个极活跃的领域。目前细菌毒素的检测通常采用的方法有生物检测技术法、免疫学方法、聚合酶链反应技术、超抗原方法和生物传感器法等。

7.3.2　食品中肉毒毒素的检测技术

7.3.2.1　食品安全国家标准检测肉毒毒素方法

（1）背景　百余年来，肉毒毒素中毒事件在全球各地时有发生，威胁人体健康，且由于其具有极强的神经毒性，还有可能被用于恐怖袭击和生物战，因此对肉毒毒素研究和建立完善的检测方法对国民经济和国防建设都具有重要意义。

（2）原理　当肉毒毒素与相应的抗毒素混合后，发生特异性结合，致使毒素的毒性全被抗毒素中和失去毒力。以含有大于1个小白鼠最小致死量（MLD）的肉毒毒素的食品或培养物的提取液，注射于小白鼠腹腔内，在出现肉毒中毒症状之后，于96h内死亡。相应的抗毒素中和肉毒毒素并能保护小白鼠免于出现症状，而其他抗毒素则不能。

（3）适用范围　本标准适用于各类食品和食物中毒样品中肉毒毒素的检验。

（4）试剂材料　肉毒分型抗毒诊断血清；胰酶活力1:250。

（5）仪器设备　冰箱；恒温培养箱；离心机；架盘药物天平；灭菌吸管；90mm灭菌平皿；灭菌锥形瓶；灭菌注射器；12~15g小白鼠。

（6）实验步骤

1）肉毒毒素检验　液体试样可直接离心，固体或半流动试样须加适量（例如等量、倍量或5倍量、10倍量）明胶磷酸盐缓冲液，浸泡，研碎，然后离心，上清液进行检测。另取一部分上清液，调pH 6.2，每9份加10％胰酶（活力1∶250）水溶液1份，混匀，不断轻轻搅动，37℃作用60min，进行检测。肉毒毒素检测以小白鼠腹腔注射法为标准法。

2）检出试验　取上述离心上清液及其胰酶激活处理液分别注射小白鼠3只，每只0.5mL，观察4d，注射液中若肉毒毒素存在，小白鼠一般多在注射后24h内发病、死亡。主要症状为竖毛、四肢瘫软，呼吸困难，呼吸呈风箱式，腰部凹陷，宛若蜂腰，最终死于呼吸麻痹。如遇小鼠猝死以至症状不能观时，则可将注射液做适当稀释，重做试验。

3）验证试验　不论上清液或其胰酶激活处理液，凡能致小鼠发病、死亡者，取样分成3份进行试验：一份加等量多型混合肉毒抗毒诊断血清，混匀，37℃作用30min；一份加等量明胶磷酸盐缓冲液，混匀，煮沸10min；一份加等量明胶磷酸盐缓冲液，混匀即可，不做其他处理。3份混合液分别注射小鼠各2只，每只0.5mL，观察4d，若注射加诊断血清与煮沸加热的两份混合液的小白鼠均获保护存活，而唯有注射未经其他处理的混合液的小白鼠以特有的症状死亡，则可判定试样中的肉毒毒素存在，必要时要进行毒力测定及定型试验。

4）毒力判断测定　取已判定含有肉毒毒素的试样离心上清液，用明胶磷酸盐缓冲液稀释50倍、100倍及5000倍的液样，分别注射小鼠各2只，每只0.5mL，观察4d。根据动物死亡情况，计算试样所含肉毒毒素的大体毒力（MLD/mL，或MLD/g）。例如：5倍、50倍及500倍稀释致动物全部死亡，而注射5000倍稀释液的动物全部存活，则可大体判定试样上清液所含毒素的毒力为1000～10000MLD/mL。

5）定性试验　按毒力测定结果，用明胶磷酸盐缓冲液将上清液稀释至所含毒素的毒力大体在10～1000MLD/mL的范围，分别与各单型肉毒抗诊断血清等量混匀，37℃作用30min，各注射小鼠2只，每只0.5mL，观察4d。同时以明胶磷酸盐缓冲液代替诊断血清，与稀释毒素液等量混合作为对照。能保护动物免于发病、死亡的诊断血清型即为试样所含肉毒毒素的型别。

7.3.2.2　食品中肉毒毒素检测其他方法

（1）免疫血清学方法　免疫血清学方法的优势是可以直接从病人的食物、粪便、呕吐物及血清等临床样品中检测出肉毒毒素，根据文献报道，用血清学方法测定肉毒毒素主要有放射免疫技术（RIA）、反向间接血凝法（RPHA）、反向乳胶凝集实验（RPLA）、酶联免疫吸附实验（ELISA）及其扩展的酶联凝集实验（ELCA）等。早期用于定量检测肉毒毒素的RIA技术在灵敏度和特异性方面均有较高水平，但所用仪器昂贵，尤其是存在放射性污染，也不易推广。RPHA和RPLA实验使肉毒毒素检测较传统血清学方法快速简便，灵敏度也和RIA技术相当，一般可达10ng/mL。近年来均已有商品试剂盒问世，在诊断肉毒毒素中毒中发挥了重要作用，但受非特异性干扰易产生假阳性结果。同样，人们也广泛运用ELISA方法及其扩展的ELCA实验对肉毒毒素进行检测，并取得了不错的效果。1993年，Doellgast等建立的ELCA实验在2～3h的检测时间内，使肉毒毒素检测特异性和灵敏度都达到一个新水平。

9·11事件以后，随着国际反恐形势的日益严峻，各国实验室也在加紧研制更为快速简便并有高特异性和灵敏度的肉毒毒素检测方法。胶体金免疫色谱法（gold immunochromatography assay，GICA）检测试纸技术是其中发展较快、应用较广的一种。该技术采用的是柠檬酸盐还原法制备 20～30nm 胶体金颗粒，标记上肉毒毒素的多克隆抗体后，与包被了肉毒毒素多抗的硝酸纤维（NC）膜制成免疫色谱检测试纸条。检测时，待测样中的肉毒毒素与试纸条上金标记抗体结合后沿着 NC 膜移动，并与膜上的抗体结合形成肉眼可视红色带。其优势在于，检测过程中标本处理简单，固体样直接收集后剪碎加入缓冲液，摇匀静止片刻即可用于检测，而液体样品或血清样本直接用缓冲液稀释即可；不需要专门仪器和人员培训，非技术人员按照说明书即可操作，并在 5～15min 内观察到结果，很适合突发事件现场和基层使用。目前所研制的 GICA 试纸对肉毒毒素检测灵敏度可达纳克级水平。

（2）聚合酶链反应技术　聚合酶链反应（PCR）技术是近年来发展的一类快速诊断及定型肉毒毒素的实验方法。其步骤主要是将检样（粪便、内脏、胃肠内容物、食物等）的研碎物或离心沉渣接种于厌氧庖肉培养基进行增菌及产毒培养。然后将菌体裂解，提取 DNA 范本以做 PCR 试验，通过电泳图谱判断是否存在肉毒梭菌。1997 年，王颖群等选取肉毒毒素的一段保守序列设计了一对简并引物，对多株肉毒梭菌进行检测，得到特异扩增的 A、B、E、F 和 G 型肉毒梭菌片段，其灵敏度达 10pg 细菌 DNA。近年，涌现了许多新改良的 PCR 方法，如多聚 PCR、免疫 PCR（immuno PCR）等。2001 年，研究者采用免疫 PCR 技术成功检测了 A 型肉毒毒素，其灵敏度比 ELISA 高出 1000 倍，达到 3.33×10^{-17} mol。

7.4 食品中其他天然毒素的检测技术

食品中可能存在的天然物质有河豚毒素（tetrodotoxin）、皂苷（saponins）、胰蛋白酶抑制剂（trypsin inhibitor）、龙葵素（solanine）、生物胺（biogenic amine，BA）等，目前对这些天然毒素的检测通常采用小鼠试验法。但是小鼠试验法仅能指出毒性的大小而无法确定毒素的组成和含量，所测得的毒性和小鼠的品系有关，可比性较差，必须进行标准毒素的校准才有可能相比。另外该方法具有测定结果的重复性差、毒性测试所需时间长、操作人员需要受专门训练和小鼠维持费用较高等不足。因此，很多研究者试图利用免疫检测法、化学检测法以及各类色谱法对其进行检测，其中国内外研究报告较多的是利用 HPLC 方法进行检测，虽然我国已研究出河豚毒素的免疫检测试剂盒，但是还未得到普及应用。

7.4.1　食品中河豚毒素的检测技术

7.4.1.1　河豚毒素简介

河豚毒素（tetrodotoxin，TTX）是一种海洋生物毒素，分布广泛，不仅存在于河豚中，其他一些海洋动物体内也有，其毒力比氰化钠大 1000 倍，0.5～1.0mg 可致人死亡，是自然界毒性最强的非蛋白质物质之一。河豚毒素为无臭、易潮解的白色结晶体，分子式 $C_{11}H_{17}N_3O_8$，相对分子质量为 319.27。河豚毒素的化学性质稳定，一般烹调手段难以破坏，中毒后也缺乏有效的解救措施。虽然我国明文规定豚毒鱼类禁止鲜售鲜食，但是由于目前尚无统一有效的检测河豚毒素的方法，加之相应的监督措施难以到位，利用河豚鱼类生产的鱼干、鱼片中毒事件屡有发生，病死率高达 60%，至今无特效抗毒药。自 1909 年日本人田原首次发现了河豚毒素以来，人们对河豚毒素的检测方法做了深入的研究，相继出现了小鼠生物实验法、高效液相色谱法、薄层色谱法等多种检测方法。这些方法大多灵敏度低，仪器分析价格昂贵，所需的样品前处理也非常复杂，难以适应实际工作的需要。未来的 TTX 检测发展方向应该是开发面向现场应用、准确、快速、高效、操作简便并且单样本检测成本低廉的方法。从目前的发展情况看，以单克隆抗体（monlonal antibody，MAB）为基础的免疫化学检测方法最为接近上述要求。

河豚的种类很多。体长的河豚毒性相对高些，其组织器官的毒性强弱也有差异。河豚毒素从大到小依次排列的顺序为：卵巢、肝脏、脾脏、血筋、鳃、皮、精巢。冬春季节是河豚的产卵季节，此时，河豚的肉味最鲜美，但是毒素也最高。

目前河豚毒素的检测方法主要有生物检测法、免疫检测法、化学检测法、气相色谱和液相色谱以及色谱-质谱联用等仪器分析等方法。生物检测法主要有小鼠生物检测法和组织培养分析法。小鼠生物测定法是日本法定的测定 TTX 含量的方法，方法操作简便，目前仍在广泛使用。另一种生物检测法是组织培养分析法，它是利用乌本苷与黎芦碱可抑制钠-钾离子 ATP 酶的活性引起细胞肿胀死亡，而 TTX 通过与 Na^+ 受体结合阻断这种作用，细胞存活率与 TTX 剂量相关。但该法的检测限低，对操作要求高，难以普及。免疫检测方法主要有酶联免疫检测方法和抗血清检测方法。

仪器检测方法有荧光检测法、液相色谱法和液相色谱-质谱联用技术等方法。荧光检测法是早期的检测方法之一，主要是利用 TTX 加碱水解后生成 2-氨基-6-羟甲基-8-羟基喹唑啉（简称 C_9 碱），该物质在特定波长发荧光，从而可进行检测。高效液相色谱用于定量检测 TTX 的报道很多，大多采用硅胶或反相离子对材料做固定相的反相色谱法。张虹等建立了反相离子对-高效液相色谱法测定河豚毒素含量的方法。选用 Shimadzu ODS 色谱柱（150mm×6mm，5μm），以 0.2%（体积分数）醋酸液为流动相，流速为 1.2mL/min，检测波长为 230nm。河豚毒素线性范围 20～100μg/mL，$r = 0.9960$（$n = 5$），回收率为 93.32%，最低检测限 50ng。液相色谱法具有简单、快速等特点，再加上高灵敏度的检测器，成为众多检测方法中主要的方法，但它要求检测样品的纯度比较高，往往需要复杂的样品前处理过程。随着高效液相色谱-质谱联用技术的发展和检测灵敏度的提高，高效液相色谱-质谱联用技术在食品中河豚毒素的检测中应用得越来越广泛。

7.4.1.2 水产品中河豚毒素测定的高效液相色谱-荧光检测方法

（1）背景 目前，已经市场化的河豚毒素酶联免疫检测试剂盒对于河豚中河豚毒素的初筛提供了可能性，但对于初筛结果的样品进一步确证还缺少快速有效的富集手段，这阻碍了养殖河豚中河豚毒素批量检测的发展。因此，采用高选择性的离子交换固相萃取技术对低毒或无毒的河豚中的河豚毒素进行选择性富集、以高效液相色谱-二极管阵列检测器进行检测的技术，避免了使用昂贵仪器的同时降低了河豚毒素在样品处理过程中的损失，提高了分析方法的准确性，为养殖河豚中河豚毒素的检测提供了切实可行的办法。

（2）原理 样品中含有的河豚毒素采用酸性甲醇提取，提取液浓缩后，经过 C_{18} 固相萃取小柱净化，液相色谱-柱后衍生荧光法测定，液相色谱-串联质谱法确证，外标法定量。

（3）适用范围 水产品中河豚、织纹螺、虾、牡蛎、花蛤和鱿鱼中河豚毒素的检测。

（4）试剂材料 甲醇（色谱纯）、乙酸（色谱纯）、甲酸（色谱纯）、乙酸铵、氢氧化钠、庚烷磺酸钠、河豚毒素标准物质（纯度≥98%）。

1% 的乙酸溶液：移取 10mL 乙酸，以水稀释至 1L。

1% 的乙酸-甲醇溶液：移取 10mL 乙酸，以甲醇稀释至 1L。

乙酸铵溶液：称取 4.6g 乙酸铵和 2.02g 庚烷磺酸钠，加入约 700mL 水溶液，以乙酸调节 pH 值为 5.0，以水稀释至 1L。

0.1%的甲酸水溶液：移取 1mL 甲酸，加水稀释至 1L。

4mol/L 氢氧化钠溶液：称取 160g 氢氧化钠，以水溶解并稀释至 1L。

标准储备液（100mg/L）：准确称取河豚毒素 10.0mg，用少量水溶解后以甲醇定容至 100mL，该标准储备液置于 4℃冰箱中保存。

标准工作液：根据需要取适量标准储备液，以 0.1%甲酸水溶液+甲醇（9+1，体积比）稀释成适当浓度的标准工作液。标准工作液当天现配。

基质标准工作液：以空白基质溶液配制适当浓度的标准工作液。基质标准工作液要当天配制。

C_{18}固相萃取柱：500mg/3mL，用前依次以 3mL 甲醇、3mL 1%乙酸溶液活化，保持柱体湿润。

滤膜：0.2μm。

离心超滤管：截留相对分子质量为 3000，1mL。

（5）仪器设备　组织捣碎机、旋涡振荡器、超声波发生器、减压浓缩装置、固相萃取装置、分析天平（0.1mg，0.01g）、真空泵（真空度应达到 80kPa）、微量注射器（1～5mL，100～1000μL）、离心机（转速达 4000r/min，13000r/min，配酶标转子）、冷冻高速离心机（转速达到 18000r/min，可制冷 4℃）、K-D 浓缩瓶（100mL 与 215mL）。

液相色谱仪：带有荧光检测器与柱后衍生装置。

液相色谱-串联四极杆质谱仪，配有电喷雾离子源。

（6）样品的制备与保存　样品的操作过程中应防止样品受到污染或者发生残留物含量变化。由于河豚毒素为剧毒物质，对于可能含有河豚毒素的产品，应避免直接接触或误食，相关的器皿和器具可以采用 4%碳酸钠溶液浸泡加热去毒处理。

1）样品的制备　从所取全部样品中取出有代表性样品的可食部分约 500g，切成小块，放入组织捣碎机均质，充分混匀，装入清洁容器内，并标明标记。

2）试样保存　试样于-18℃以下保存，新鲜或冷冻的组织样品可在 2～6℃储存 72h。

（7）测定步骤

1）提取　称取 5.00g 匀浆样品置于 50mL 聚丙烯离心管中，加入 20mL 1%乙酸-甲醇溶液，旋涡振荡 2min，50℃水浴超声提取 20min，4000r/min 离心 5min，取上清液，在残渣中加入 20mL 1%乙酸-甲醇溶液，重复以上步骤，合并上清液，过滤至 100mL K-D 浓缩瓶中，60℃旋转蒸发至近干，加入 2mL 1%乙酸溶液，振荡洗涤浓缩瓶，转移至 10mL 聚丙烯离心管中，4℃下于 18000r/min 离心 10min，取上清液待净化。

2）净化　将提取所得的澄清液以约 1mL/min 的流速流过柱，用 10mL 1%乙酸溶液洗脱，合并流出液与洗脱液，置于 25mL K-D 浓缩瓶中，于 60℃下减压浓缩至近干，用 1%乙酸溶液定容 1mL，过 0.25μm 滤膜，供液相色谱分析。进行液相色谱-串联质谱确证时，将样品液装入离心超滤管中，13000r/min 离心 15min，取滤液测定。

3）空白基质溶液的制备　称取阴性样品 5.00g，按 1）和 2）操作。

4）测定条件

① 液相色谱参考条件　色谱柱：Purospher Star RP-18e C_{18}柱，5μm，250mm×4.6mm 或相当者。

柱温：30℃。

流动相：乙腈-乙酸铵缓冲液（1+19）。

流速：1.0mL/min。

激发波长：385nm，发射波长：505nm。

进样量：40μL。

② 柱后衍生参考条件　衍生溶液：4mol/L氢氧化钠溶液。

衍生液流速：0.5mL/min。

衍生管温度：110℃。

5）色谱测定　根据样品中被测物的含量情况，选取响应值适宜的标准工作液进行色谱分析。标准工作液和待测样品溶液中河豚毒素的响应值应在仪器线性响应范围内。标准工作液与待测样液等体积进样。在上述色谱条件下，河豚毒素的参考保留时间为10.3min，根据标准溶液色谱峰的保留时间和峰面积，对样品溶液的色谱峰进行定性并外标法定量。

6）确证

① 液相色谱-串联质谱条件　色谱柱：Waters Atlantis HILIC Silica 3μm，150mm×2.1mm（内径）或相当者。

流动相：乙腈-0.1%甲酸溶液（17+8）。

柱温：30℃。

进样量：10μL。

流速：200μL/min。

离子源：电喷雾源ESI，正离子模式。

扫描方式：多反应监测（MRM）。

离子源温度：500℃。

雾化气、气帘气、辅助加热气、碰撞气均为高纯氮气及其他合适气体；使用前应调节各气体流量使质谱灵敏度达到检测要求。

仪器工作所需电压值应优化至最优灵敏度。

定性离子对、定量离子对、碰撞池出口电压和碰撞气能量见表7-4。

表7-4　定性离子对、定量离子对、碰撞池出口电压和碰撞气能量

化合物中文名称	化合物英文名称	定性离子对(m/z)	定量离子对(m/z)	碰撞气能量	碰撞池出口电压/V
河豚毒素	tetrodotoxin	320/302 320/162	320/162	30 30	60 60

② 液相色谱-串联质谱确证　将基质标准工作液和2）中所得滤液（必要时用乙腈稀释至适当浓度）用LC-MS测定。如果样品溶液中与标准工作液相同的保留时间有检测离子峰出现，则对其进行质谱确证。河豚毒素标准溶液的液相色谱-串联质谱图参见图7-4。

待测样品中化合物色谱峰的保留时间与标准溶液相比变化范围应在±2.5%之内。

待测化合物的定性离子的重构离子色谱图的信噪比应大于或等于3（S/N≥3）。

每种化合物的质谱定性离子必须出现，至少应包括一个母离子和两个子离子，而且同一检测批次对同一化合物，样品中目标化合物的两个子离子的相对离子丰度与浓度相当的标准溶液相比，其允许偏差不超过表7-5规定的范围。

表7-5　定性确证时相对离子丰度的最大允许偏差

相对离子丰度 K/%	K>50	20<K<50	10<K<20	K≤10
允许的相对偏差/%	±20	±25	±30	±50

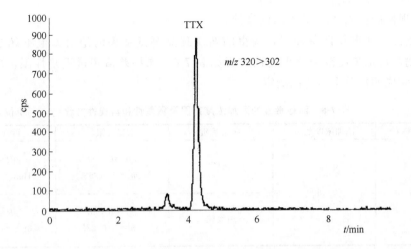

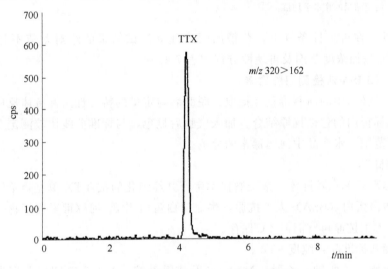

图 7-4　河豚毒素标准溶液的多反应检测总离子流图

7）平行试验　按以上步骤，对同一试样进行平行试验测定。

8）回收率试验　在阴性样品中添加适量标准溶液，测定后计算样品添加的回收率。

（8）结果计算　用数据处理软件中的外标法，或绘制标准曲线，按下式计算试样中河豚毒素含量：

$$X = \frac{(c - c_0) \times V}{m}$$

式中　X——试样中河豚毒素含量，$\mu g/kg$；

　　c——由标准曲线而得的样品溶液中河豚毒素含量，$\mu g/L$；

　　c_0——由标准曲线而得的空白试验中河豚毒素含量，$\mu g/L$；

　　V——样品最终定容的体积，mL；

　　m——最终样液代表的试样量，g。

计算结果应扣除空白值。

（9）精密度

1）一般规定　本标准的精密度数据按照 GB/T 6379.1 和 GB/T 6379.2 的规定确定，

重复性和再现性的值以 95% 的可信度来计算。

2）重复性　在重复性条件下，获得的两次独立测试结果的绝对差值不超过重复性限（r），被测物的添加浓度范围及重复性方程如表 7-6，如果差值超过重复性限，应舍弃试验结果并重新完成两次单个试验的测定。

表 7-6　河豚毒素的添加浓度范围及重复性和再现性方程　　　　单位：mg/kg

化合物名称	添加浓度范围	样品基质	重复性限 r	再现性限 R
河豚毒素	50～500	河豚	$\lg r = 0.800$ $6\lg m = -0.268.9$	$\lg R = 0.947$ $1\lg m = -0.4329$
		织纹螺	$\lg r = 0.866$ $7\lg m = -0.2338$	$\lg R = 0.982$ $6\lg m = -0.6673$

注：m 为两次测定结果的算术平均值。

3）再现性　在再现性条件下，获得的两次独立测试结果的绝对差值不超过再现性限（R），被测物的添加浓度范围及再现性方程如表 7-6。

7.4.1.3　ELISA 法检测河豚毒素

（1）原理　样品中的河豚毒素经提取、脱脂后与定量的特异性酶标抗体反应，多余的酶标抗体则与酶标板内的包被抗原结合，加入底物后显色，与标准曲线比较测定 TTX 含量。

（2）适用范围　水产品中河豚毒素的检测。

（3）试剂材料

① 抗河豚毒素单克隆抗体：杂交瘤技术生产并经纯化的抗 TTX 单克隆单体。

② 牛血清白蛋白（BSA）人工抗原：牛血清白蛋白-甲醛-河豚毒素连接物，−20℃保存冷冻干燥后的人工抗原可室温或 4℃保存。

③ 河豚毒素标准品：纯度 98%。

④ 氢氧化钠，乙酸钠，乙醚，N,N-二甲基甲酰胺，$3,3,5,5$-四甲基联苯胺（TMB）（4℃避光保存），碳酸钠，碳酸氢钠，磷酸二氢钾，磷酸氢二钠，氯化钠，氯化钾，过氧化氢，纯水（MiLLi-Q 系统净化），吐温-20（Tween-20），柠檬酸，浓硫酸。

⑤ 辣根过氧化物酶（HRP）标记的抗 TTX 单克隆抗体：−20℃保存，冷冻干燥的酶标抗体可室温或 4℃保存。

⑥ 0.2mol/L 的 pH 4.0 乙酸盐缓冲液：取 0.2mol/L 乙酸钠（1.64g 乙酸钠加水溶解定容至 100mL）2.0mL 和 0.2mol/L 乙酸（1.14g 乙酸加水溶解定容至 100mL）8.0mL 混合而成。

⑦ 0.1mol/L 的 pH 7.4 磷酸盐缓冲液（PBS）：取 0.2g 磷酸二氢钾、2.9g 磷酸氢二钠、8.0g 氯化钠、0.2g 氯化钾，加纯水溶解并定容至 1000mL。

⑧ TTX 标准储存液：用 0.01mol/L PBS 配制成浓度分别为 5000.00μg/L、2500.00μg/L、1000.00μg/L、500.00μg/L、250.00μg/L、100.00μg/L、50.00μg/L、25.00μg/L、10.00μg/L、5.00μg/L、1.00μg/L、0.50μg/L、0.10μg/L、0.05μg/L 的 TTX 标准工作溶液，现用现配。

⑨ 包被缓冲液（0.05mol/L 的 pH 9.6 碳酸盐缓冲液）：称取 1.59g 碳酸钠、2.93g 碳酸氢钠，加纯水溶解并定容至 1000mL。

⑩ 封闭液：2.0g BSA 加 PBS 溶解并定容至 1000mL。

⑪ 洗液：999.5mL PBS 溶液中加入 0.5mL 的吐温-20。

⑫ 抗体稀释液：1.0g BSA 加 PBS 溶解并定容至 1000mL。

⑬ 底物缓冲液：0.1mol/L 柠檬酸：0.2mol/L 磷酸氢二钠：纯水＝24.3：25.7：50，现用现配。

⑭ TMB 储存液：200mg TMB 溶于 20mL N,N-二甲基甲酰胺中而成，4℃避光保存。

⑮ 底物溶液：将 75μL TMB 储存液、10mL 底物缓冲液和 10μL H_2O_2 混合而成。

⑯ 终止液：2mol/L 的 H_2SO_4 溶液。

(4) 仪器设备　组织匀浆器；温控磁力搅拌器；高速离心机；全波长光栅酶标仪或配有 450nm 滤光片的酶标仪；可拆卸 96 孔酶标微孔板；恒温培养箱；微量加样器及配套吸头（100μL、200μL、1000μL）；分析天平；架盘药物天平；125mL 分液漏斗；100mL 量筒；100mL 烧杯；剪刀；漏斗；10mL 吸管；100mL 磨口具塞锥形瓶；容量瓶（50mL、1000mL）；pH 试纸；研钵。

(5) 实验步骤

1) 样品采集　现场采集样品后立即 4℃冷藏，最好当天检验。如果时间长可暂时冷冻保存。

2) 取样　对冷藏或冷冻后解冻的样品，用蒸馏水清洗鱼体表面污物，滤纸吸干鱼体表面的水分后用剪刀将鱼体分解成肌肉、肝脏、肠道、皮肤、卵巢等部分，各部分组织分别用蒸馏水洗去血污，滤纸吸干表面的水分后称重。

3) 样品提取　将待测河豚组织用剪刀剪碎，加入 5 倍体积 0.1％的乙酸溶液，用组织匀浆器磨成糊状。取相当于 5g 河豚组织的匀糟糊（25mL）于烧杯中，置温控磁力搅拌器上边加热边搅拌，100℃时持续 10min 后取下，冷却至室温后，8000r/min 离心 15min，快速过滤于 125mL 分液漏斗中。滤纸残渣用 20mL 的 0.1％乙酸分次洗净，洗液合并于烧杯中，温控磁力搅拌器上边加热边搅拌，达 100℃时持续 3min 后取下，8000r/min 离心 15min 过滤，合并滤液于分液漏斗中。向分液漏斗的清液中加入等体积乙醚振摇脱脂，静置分层后，放出水层至另一个分液漏斗中并以等体积乙醚重复脱脂一次，将水层放入 100mL 锥形瓶中，减压浓缩去除其中残存的乙醚后，提取液转入 50mL 容量瓶中，用 1mol/L NaOH 调 pH 至 6.5~7.0，用 PBS 定容到 50mL，立即用于检测（每毫升提取液相当于 0.1g 河豚组织样品）。当天不能检测的提取液经减压浓缩去除其中残存的乙醚后不用 NaOH 调 pH，密封后 −20℃以下冷冻保存，在检测前调节 pH 并定容至 50mL 检测。

4) 测定　用 BSA-HCHO-TTX 人工抗原包被酶标板，120μL/孔，4℃静置 12h。将辣根过氧化物酶标记的纯化 TTX 单克隆抗体稀释后分别做以下步骤。

① 与等体积不同浓度的河豚毒素标准液 2mL 试管内混合后，4℃静置 12h 或备用。此液用于制作 TTX 标准抑制曲线。

② 与等体积样品提取液在 2mL 试管内混合后，4℃静置 12h 或 37℃温育 2h 备用。

③ 已包被的酶标板用 PBS-T 洗 3 次（每次浸泡 3min）后，加封闭液封闭，200μL/孔，置 37℃温育 2h。

④ 封闭后的酶标板用 PBS-T 洗 3 次×3min 后，加抗原抗体反应液（在酶标板的适当孔位加抗体稀释液作为阴性对照），100μL/孔，37℃温育 2h，酶标板洗 5 次×3min 后，加新配制的底物溶液，100μL/孔，37℃温育 10min 后，每孔加入 50μL 2mol/L 的 H_2SO_4 终止显色反应，于波长 450nm 处测定吸光度值。

（6）结果参考计算

$$X = \frac{m_1 \times V \times D}{V_1 \times m}$$

式中　X——样品中 TTX 的含量，$\mu g/kg$；

　　　m_1——酶标板上测得的 TTX 的含量，根据标准曲线按数值插入法求得，ng；

　　　V——样品提取液的体积，mL；

　　　D——样品提取液的稀释倍数；

　　　V_1——酶标板上每孔加入的样液体积，mL；

　　　m——样品质量，g。

7.4.2　食品中龙葵素的检测技术

7.4.2.1　龙葵素简介

龙葵素（solanen）也叫马铃薯毒素、龙葵苷、龙葵碱等，其致毒成分为茄碱，分子式为 $C_{45}H_{73}O_{15}N$。它是一种有毒的弱碱性糖苷生物碱，主要是以茄啶（solanidine）为糖苷配基构成的茄碱（solanine）和卡茄碱（chaconine），共计 6 种不同的糖苷生物碱。茄科植物中一般都含龙葵素。它是从马铃薯、西红柿、茄子等植物次生代谢产物中发现的生物碱，在应用生物技术上被视为潜在的前体类固醇。

龙葵素是一种有异味、有毒性的甾类生物碱，一类含氮的类固醇基和 1～4 个单糖通过 3-O-糖苷键所组成的甾族类化合物，统称为总糖苷生物碱。龙葵素可溶于水，遇醋酸极易分解，高热、煮透亦能解毒。具有腐蚀性、溶血性，并对运动中枢及呼吸中枢有麻痹作用。龙葵碱糖苷有较强的毒性。糖苷生物碱的致毒机理主要是通过抑制胆碱酯酶的活性引起中毒反应。胆碱酯酶是水解乙酰胆碱为乙酸盐和胆碱的酶。胆碱酯酶被抑制失活后，造成乙酰胆碱的累积，以致胆碱使神经兴奋增强，引起胃肠肌肉痉挛等一系列中毒症状。病理变化主要为急性脑水肿，其次是胃肠炎、肺、肝、心肌和肾脏皮质水肿。

7.4.2.2　食品中龙葵素分光光度检测技术

（1）原理　当样品含有龙葵素时，可与硒酸钠、钒酸铵在一定温度条件下偶合反应，有不同颜色变化，反应显色过程较快，不稳定，可定性鉴定，灵敏度较高。但龙葵素在酸化乙醇中于 568nm 左右有一较强稳定的吸收值，依此可定量分析。

（2）适用范围　适用于马铃薯中生物碱的检测。

（3）试剂材料　95% 乙醇、浓 H_2SO_4、5% H_2SO_4、1% H_2SO_4、NH_3-H_2O 液、1% 甲醛液。

冰乙酸马铃薯毒素标准液（1mg/mL）：称取马铃薯毒素标准品 0.1000g 于 1.0mL 容量瓶中，用 1% H_2SO_4 溶解并定容至刻度。

（4）仪器设备　分光光度计。

（5）实验步骤　取 50g 样品于索氏提取瓶中，加 100mL 乙醇、3mL 冰乙酸，在水浴上回流 16h，回收乙醇，待溶液剩 10mL 左右，转入蒸发皿中，蒸去乙醇至近干，加 20mL 5% H_2SO_4 溶解，过滤于锥形瓶中，用 NH_4OH 调 pH 为 10，置 80℃ 水浴，加热 5min，析出沉淀，置冰箱中过夜，离心，倾去上清液，用 1% 氨水洗至无色，残渣用 1% H_2SO_4 溶解并定容至 2mL，置冰浴中滴加浓 H_2SO_4 5mL，1min 后滴加 1% 甲醛 2.5mL，90min 后，用 1% H_2SO_4 定容至 10mL，用 1cm 比色皿，空白管调零，于波长 520nm 处测吸光度（同时做空白试验）。

标准曲线制备：吸取马铃薯毒素标准液（1mg/mL）0.0mL、0.1mL、0.2mL、0.3mL、0.4mL、0.5mL 于 10mL 比色管中，加 1% H_2SO_4 至 2mL，置冰浴中滴加浓 H_2SO_4 5mL，1min 后加 1% 甲醛 2.5mL，90min 后，用 1% H_2SO_4 定容至刻度，用 1cm 比色皿，调零，于波长 520nm 处分别测吸光度，绘制标准曲线。

（6）方法分析与评价 样品以制成匀浆液为宜。在冰浴上滴加浓 H_2SO_4 时，宜控制在 3min 以上滴完；滴加 2.5mL 1% 甲醛宜在 2.5min 以上滴完，不应过快，否则会发生炭化现象，影响比色。

7.4.3 食品中皂苷的检测技术

7.4.3.1 皂苷简介

（1）性质 皂苷（saponins）又称皂素，是广泛存在于植物界的一类特殊的苷类，它的水溶液振摇后可产生持久的肥皂样的泡沫，因而得名。根据皂苷水解后生成皂苷元的结构，可分为三萜皂苷与甾体皂苷两大类。组成皂苷的糖常见的有葡萄糖、半乳糖、鼠李糖、阿拉伯糖、木糖及葡萄糖醛酸、半乳糖醛酸等，常与皂苷元 C3 位的—OH 连接成苷。其性质：黄白色粉末，有特殊气味，微苦。

（2）生物学功能 人参总皂苷（TSPG）是从人参中提取出的重要成分，具有抗肿瘤作用。采用现代血液学方法已证明：TSPG 既能促进 CD34$^+$ 造血干细胞增殖分化及其信号转导，又能抑制白血病细胞增殖并诱导其凋亡和向较成熟细胞分化。三七总皂苷具有显著抑制血管平滑肌细胞 VSMC 增殖的作用。VSMC 异常增生是动脉粥样硬化等心血管疾病的重要发病因素，揭示 VSMC 异常增生的机理对于与其相关的心血管疾病的防治有着重要意义。凝血酶为丝氨酸蛋白酶，它除具有直接促血凝作用外，还是 VSMC 强烈的促丝裂剂和趋化剂。

（3）毒性 氰苷为果仁的有毒成分，是一种含氰基的苷类，在酶和酸的作用下释放出氢氰酸，食入苦杏仁后，其所含的苦杏仁苷在口腔、食道、胃和肠中遇水，经苦杏仁酶的水解后释放出氢氰酸。苦杏仁在口内嚼碎与唾液混合能产生氢氰酸。氰离子与含铁的细胞色素氧化酶结合，妨碍正常呼吸，因组织缺氧，机体陷入窒息状态。氢氰酸还能作用于呼吸中枢和血管运动中枢，使之麻痹，最后导致死亡。

7.4.3.2 食物中氰苷的离子选择性电极法分析

（1）原理 样品中氰苷在淀粉酶作用下水解为氰离子，溶液中一定离子浓度在氰离子选择性电极产生的电极电位，与标准溶液比较可进行定量分析。

（2）试剂材料 α-淀粉酶、β-淀粉酶、0.025mol/L 的 pH 6.9 磷酸盐缓冲液、0.05mol/L 氰化钾标准储备液、0.01mol/L 盐酸、2mol/L 氢氧化钠溶液、去离子水。

（3）仪器设备 电化学分析仪或离子计、氰离子选择性电极、甘汞电极。

（4）实验步骤 样品真空干燥后磨成粉状，精确称取 5g 左右粉状样品放入烧杯中，视样品中淀粉含量的多少加入 α-淀粉酶和 β-淀粉酶，再加入 50mL 去离子水。用稀盐酸调节 pH 至 5.0，在 30℃ 条件下回流水解 30min。

将水解液冷却后过滤至 100mL 容量瓶，然后加入 10mL 缓冲液和 1mL 的 2mol/L NaOH，再用去离子水定容，此时体系的 pH 为 11～12。

用甘汞电极作参比电极、氰离子选择性电极作指示电极，对照标准曲线测定样品中氰离子总量，样品中氰苷的含量以氢氰酸计。

（5）结果计算

$$X = M \times V \times M_0 / m$$

式中　X——样品中氰苷的含量（以氢氰酸计），mg/g；

　　　　M——从标准曲线上查得的样品溶液中氰离子总量，mol/L；

　　　　V——样品定容体积，mL；

　　　　M_0——氢氰酸的毫摩尔质量，27mg/mmol；

　　　　m——样品质量，g。

（6）方法分析与评价　样品杯在测定中最好是恒温搅拌条件下进行，以减少分析误差。测定过程最好在通风条件下进行（通风橱）。方法检测灵敏度较高，可达 0.01μg。

7.4.4　食品中胰蛋白酶抑制物的检测技术

7.4.4.1　简介

20 世纪 40 年代人们发现植物中含有蛋白酶抑制剂，在植物贮藏器官，特别在种子中，其含量常常高达总蛋白质的 10%。而在生大豆中胰蛋白酶抑制因子含量约 30mg/g，它对植物本身具有保护作用，可防止大豆籽粒自身发生分解代谢，使种子处于休眠状态，能调节大豆蛋白质合成和分解，并具有抗虫作用，因而是大豆需含成分。

胰蛋白酶抑制剂广泛存在于豆类、谷类、油料作物等植物中。胰蛋白酶抑制剂在这些作物各部位均有分布，但主要存在于作物的种子中。在种子内，胰蛋白酶抑制剂主要分布于蛋白质含量丰富的组织或器官，定位于蛋白质体、液泡或细胞液中。

目前研究得最多的是大豆胰蛋白酶抑制剂（STI），它根据氨基酸序列同源性可分为以下两类。

① Kunitz 类抑制剂（KTI）：这类抑制剂的相对分子质量为 20000～25000，由 181 个氨基酸和 2 个二硫键组成，活性中心（即直接参与和胰蛋白酶相互作用的部位）位于第 63 个氨基酸（精氨酸）和第 64 个氨基酸（异亮氨酸）之间。由于分子内只有一个活性中心，因而又被叫做单头抑制剂，主要对胰蛋白酶直接、专一地起作用。这类抑制剂与胰蛋白酶的结合是定量地进行的，即 1mol 的抑制剂可以结合 1mol 的胰蛋白酶。

② Bowman-Birk 类抑制剂（BBI）：这类抑制剂的相对分子质量为 6 000～10 000，由 71 个氨基酸组成，含有 7 个二硫键。它有两个活性中心，分别位于第 16 个氨基酸（赖氨酸）和第 43 个氨基酸（亮氨酸）与第 44 个氨基酸（丝氨酸）之间，可分别与胰蛋白酸和糜蛋白酶结合。由于抑制剂分子内有两个活性中心，故被称为双头抑制剂。

7.4.4.2　食品中胰蛋白酶抑制剂分光光度计检测技术

（1）背景　在大豆和其他豆类种子中皆存在胰蛋白酶抑制剂。这类物质通常被认为具有毒性及抗营养作用。早期的测定方法为以酪蛋白为底物，比较加入样品后胰蛋白酶被抑制的程度。美国粮油部门则采用苯甲酰基-DL-精氨酸-对硝基苯胺盐酸盐为底物，以分光光度法测定胰蛋白酶抑制剂的活性。近年来对该法提出了改进意见。原有测定方法中对胰蛋白酶抑制剂活性的定义带有任意性，建议用 SI 单位来表示测定结果，这就需要准确标定所用胰蛋白酶溶液的浓度。

（2）原理　胰蛋白酶可作用于苯甲酰-DL-精氨酸-对硝基苯胺（BAPA），释放出黄色的对硝基苯胺，该物质在 410nm 下有最大吸收值。转基因植物及其产品中的胰蛋白酶抑制剂可抑制这一反应，使吸光度值下降，其下降程度与胰蛋白酶抑制剂活性成正比。用分光光度计在 410nm 处测定吸光度值的变化，可对胰蛋白酶抑制剂活性进行定量分析。

（3）适用范围　本方法适用于转基因大豆及其产品、转基因谷物及其产品中胰蛋白酶抑制剂的测定。其他的转基因植物，如花生、马铃薯等也可用该方法进行测定。

（4）试剂材料　脱脂大豆粉试样、羊胰蛋白酶、BAPA、其他试剂皆为分析纯。

（5）仪器设备　分光光度计，超级恒温水浴。

（6）实验步骤

1）试剂、溶液的配制　测定缓冲溶液：配制 500mmol/L Tris 缓冲溶液，pH 8.2，内含 10mmol/L $CaCl_2$。

胰蛋白酶储备液：将 10mg 结晶胰蛋白酶溶于 50mL 1mmol/L HCl 溶液中。此溶液 pH 约为 2.5，内含 2.5mmol/L $CaCl_2$。胰蛋白酶储备液应在 5℃下保存。

胰蛋白酶工作溶液：取胰蛋白酶溶液，用 1mmol/L HCl 溶液稀释到所需浓度。

BAPA 储备液：把 400mg BAPA 溶于 10mL 二甲基亚砜中。

BAPA 工作溶液：0.25mL BAPA 储备液，用已预热至 37℃ 的测定缓冲溶液稀释至总体积为 25mL。此溶液现用现配。

2）测定步骤　准确称取 0.5g 脱脂大豆粉试样，加入 50mL 蒸馏水，机械振荡下提取 30min。取 10mL 悬浮试样，加入等体积的测定缓冲溶液，激烈振荡 2～3min。用滤纸过滤。滤液进一步稀释，使加入 1mL 试液产生抑制胰蛋白酶的作用为 50%～60%。在测定未处理的大豆粉试样时，以每毫升试样相当于 0.12mg 干大豆粉为适宜。

试剂溶液所需体积及加入步骤如表 7-7 所示。

表 7-7　试剂溶液所需体积及加入步骤

混合编号	反应物	工作溶液中的浓度	所需体积
1	BAPA	0.92mmol/L	2.0mL
2	试样	—	1.0mL
3	胰蛋白酶	200mg/L	0.5mL
4	乙酸	30%	0.5mL

以上反应在恒温 37℃ 下进行。加入胰蛋白酶溶液后，准确计时至 10min 时，注入 0.5mL 30% 的乙酸溶液使反应终止。在 410 nm 处测吸光度（记为 A_s）。重复上述操作，但不加试液而加蒸馏水，同样测吸光度（记为 A_r）。每次测吸光度时皆用蒸馏水作参比。用 1cm 比色皿。

（7）计算　每毫克样品中胰蛋白酶抑制剂的活性 TUI 用下式计算：

$$TUI = 100(A_r - A_s)/(V_s E)$$

式中　V_s——试液加入体积，mL；

　　　E——每毫升试液相当于大豆粉的质量（mg），mg/mL。

7.4.5　食品中生物胺类的检测技术

7.4.5.1　简介

生物胺根据其结构可分为三类：脂肪族，包括腐胺、尸胺、精胺、亚精胺等，是生物活性细胞必不可少的组成部分，在调节核酸与蛋白质的合成及生物膜稳定性方面起着重要作用；芳香族，包括酪胺、苯乙胺等；杂环胺，包括组胺、色胺等。根据其组成成分又可以分为两类：单胺和多胺。单胺主要有酪胺、组胺、腐胺、尸胺、苯乙胺、色胺等，一定量的单胺类化合物对血管和肌肉有明显的舒张和收缩作用，对精神活动和大脑皮层有重要的调节作用；多胺主要包括精胺和亚精胺，其在生物体的生长过程中能促进 DNA、RNA 和蛋白质的合成，加速生物体的生长发育。微量生物胺是生物体（包括人体）内的正常活性成分，在生物细胞中具有重要的生理功能。但当人体摄入过量的生物胺（尤其是同时摄入多种生物胺）时，会引起诸如头痛、恶心、心悸、血压变化、呼吸紊乱等过敏反应，严重的还会危及生命。生物胺存在于多种食品尤其是发酵食品（如奶酪、葡萄酒、啤酒、米酒、发酵香肠、调味品、水产品及肉类产品等）中。有人认为葡萄酒中的组胺及其他生物胺可以作为衡量葡萄酒生产过程中卫生条件好坏的一个主要指标。水产品、肉类制品等蛋白质含量丰富的食品中生物胺含量与其质量密切相关，有望成为评价此类食品鲜度的一个重要指标。

生物胺广泛存在于多种食品中，国内外研究者对肉类制品、酒、巧克力、乳酪、水产品、水果等食品中的生物胺含量进行了分析测定，检测方法包括酶生物传感器法、色谱法、电泳法等，其中以高效液相色谱法最多。

（1）酶生物传感器　生物传感器技术是以酶的催化或者抗原抗体结合等特异反应，通过换能器将反应结果输出为可检测的信号，通过信号分析定性或定量待测物质。生物胺在单胺氧化酶（MAO）和双胺氧化酶（DAO）催化下可以脱去氨基生成氨、醛及过氧化氢，通过测定过氧化氢的生成量确定生物胺的含量。研究结果表明，以电化学酶生物传感器为基础的生物胺检测方法具有快速、简便、灵敏等优点，但因单胺氧化酶底物的非特异性，检测结果为多种生物胺的总量，利用神经网络模式识别技术，同时采用组胺氧化酶、酪胺氧化酶和腐胺氧化酶可以实现对组胺、酪胺和腐胺的同时检测，并适用于多种食品。

（2）高效液相色谱法　反相高效液相色谱法，在分离生物胺的研究中报道最多。研究内容包括多种食品基质和样品的预处理方法、洗脱溶剂选择及洗脱方法、样品衍生化处理等，检测过程中用到的检测器包括电化学检测器、紫外检测器、二极阵列检测器、荧光检测器等。针对不同样品和色谱填料而需对样品进行适当的预处理，例如使用聚乙烯吡咯烷酮、高氯酸、三氯乙酸、盐酸或己烷、盐酸-硫代二丙酸、甲基硫酸等溶剂提取技术和固相萃取技术等，实现了样品中生物胺的有效提取。衍生化处理主要包括柱前和柱后衍生两种方法，前者包括甲苯磺酰氯法、荧光胺法、丹酰氯法、苯甲酰氯法、笏酰氯法、二苯二乙胺法等，后者包括茚三酮法、邻苯二甲醛法、荧光胺法等，根据检测器类别选择衍生方法和优化衍生条件对于生物胺的测定十分关键。国内研究者采用主要针对部分水产品、奶酪、发酵香肠和酒类产品中的生物胺进行了测定研究；国外采用高效液相色谱法检测生物胺的研究较为全面，包括葡萄酒、奶酪、啤酒、香肠、肉类等产品中生物胺的测定。Pereira 等以邻苯二甲醛为衍生剂，采用反相液相色谱法，使用荧光检测器（激发波长 335nm，发射波长 440nm）测定了蜂蜜和酒中的 19 种自由氨基酸和 6 种生物胺的含量，重现性良好。生物胺的产生离不开氨基酸和微生物产生的脱羧酶的作用，因而实现对氨基酸和生物胺的同时测定对于生物胺产生过程研究更具意义，高效液相色谱技术是分析氨基酸和生物胺的最主要方法。

（3）电泳检测方法　毛细管电泳法测定生物胺具有灵敏度高、分离速度快、成本低等特点。现今应用于生物胺检测的电泳技术包括毛细管区带电泳（CSE）和胶束电动毛细管电泳技术（MECC/MEKC）。利用毛细管区带电泳技术，以紫外检测器和脉冲安培检测器分别实现了6 种（组胺、色胺、酪胺、苯甲胺、苯乙胺、5-羟色胺）和 4 种（腐胺、尸胺、精胺、亚精胺）

生物胺的分离。胶束电动毛细管电泳技术在生物胺的分离过程中需要进行衍生化处理，采用荧光异硫氰酸酯（FITC）衍生化处理后获得了 8 种生物胺及 8 种生物胺和氨基酸的检测。

7.5.5.2　食品中生物胺分光光度法检测技术

（1）背景　组胺是生物胺中对人体危害最大的一类有害物，利用分光光度计检测组胺，此方法操作简单，可以快速检测食品中组胺，且成本较低。

（2）原理　鱼体中的组胺经正戊醇提取后，与偶氮试剂在弱碱性溶液中进行偶氮反应，产生橙色化合物，与标准比较定量。

（3）适用范围　水产品中的青皮红肉类鱼，因含有较高的组氨酸，在脱羧酶和细菌作用后，脱羧而产生组胺。分光光度计检测水产品中组胺是我国现行采用的标准检验方法。

（4）试剂材料

1）正丁醇，三氯乙酸溶液，碳酸钠溶液，氢氧化钠溶液，盐酸。

2）组胺标准储备液：准确称取 0.2767g 于 100℃±5℃干燥 2h 的磷酸组胺溶于水，移入 100mL 容量瓶中，再加水稀释至刻度，此溶液为 1.0mg/mL 组胺。使用时吸取 1.0mL 组胺标准溶液，置于 50mL 容量瓶中，加水稀释至刻度。此溶液每毫升相当于 20.0μg 组胺。

3）偶氮试剂甲液：称 0.5g 对硝基苯胺，加 5mL 盐酸溶解后，再加水稀释至 200mL，置冰箱中；乙液：0.5% 亚硝酸钠溶液，临时现配。吸取甲液 5mL、乙液 40mL 混合后立即使用。

（5）主要仪器设备　分光光度计。

（6）实验步骤

1）样品处理　称取 5.00～10.00g 切碎样品置于具塞三角瓶中，加三氯醋酸溶液 15～20mL，浸泡 2～3h，过滤。吸取 2mL 滤液置于分液漏斗中，加氢氧化钠溶液使呈碱性，每次加入 3mL 正戊醇，振摇 5min，提取 3 次，合并正戊醇提取液并稀释至 10mL。吸取 2mL 正戊醇提取液于分液漏斗中，每次加 3mL 盐酸（1：11）振摇提取 3 次，合并盐酸提取液并稀释至 10mL 备用。

2）测定分析　吸取 2mL 盐酸提取液于 10mL 比色管中。另吸取 0mL、0.20mL、0.40mL、0.6mL、0.80mL、1.00mL 组胺标准溶液（相当于 0μg、4μg、8μg、12μg、16μg、20μg 组胺），分别置于 10mL 比色管中，各加盐酸 1mL。样品与标准管各加 3mL 的 5% 碳酸钠溶液、3mL 偶氮试剂，加水至刻度，混匀，放置 10min 后，零管做空白，于波长 480 nm 处测吸光度，绘制标准曲线计算。

（7）结果计算

$$X = m_1 \times 100 / [m_2 \times (2/V) \times (2/10) \times (2/10) \times 1000]$$

式中　X——样品中组胺的含量，mg/100g；

　　　V——加入三氯乙酸溶液（100g/L）的体积，mL；

　　　m_1——标准溶液中组胺的含量，μg；

　　　m_2——样品质量，g。

本章小结

食品存在的天然毒素是威胁食品安全的一个主要问题，是目前食品安全检测的一个重要的方向，也是检测的一个难点问题。本章总结了目前发现的食品中的天然毒素的种类及其危害，详细介绍了各种检测食品中天然毒素的方法，希望对食品中天然毒素的检测有指导性作用。

思考题

1. 什么是天然毒素物质，天然毒素物质的检测方法有哪些？
2. 食品中真菌毒素有哪些？
3. 影响天然毒素检测准确性的因素有哪些？
4. 黄曲霉毒素的特征及其检测方法有哪些？主要检测方法是什么？
5. 细菌毒素的种类有哪些？
6. ELISA 检测方法的原理及其优缺点是什么？
7. 脱脂处理在胰蛋白酶抑制剂检测中有何作用？
8. 生物胺检测样品处理过程中的注意事项有哪些？

参考文献

[1] 孔令锟. 食品中的天然毒素及不安全因素. 黑龙江科技信息，2013，15：13.
[2] 尚艳娥. 真菌毒素检测技术研究进展. 北京工商大学学报，2012，30（4）：15-18.
[3] 罗小虎等. 黄曲霉毒素检测方法研究进展. 粮食与饲料工业，2013：1003-6202.
[4] 陈曦等. 黄曲霉素 M₁间接竞争 ELISA 的建立及其在牛奶中的应用. 科学技术与工程，2013，13（19）：1671-1815.
[5] 曾红燕，黎源倩，晋军等. 毛细管电泳法测定玉米赤霉烯酮及其代谢物 [J]. 四川大学学报：医学版，2003，34（2）：333-336.
[6] 胡娜，徐玲. 真菌毒素检测方法研究进展. 食品科学，2007，28（8）：563-565.
[7] Garcia-Villanova R J，Cordón C，González Paramás A M，et al. Simultaneous immunoaffinity column clean-up and HPLC analysis of aflatoxins and chratoxin A in Spanish Bee pollen. Journal of Agricultural and Food Chemistry，2004，52（24）：7235-7239.
[8] Offiah N. Adesiyuna，currence of aflatoxin sinpeanuts，milk，and animal feed intrinidad [J]. J Food Prot，2007，70（3）：771-775.
[9] IBÁÑEZ-VEA M，Corcuera L A，Remiro R，et al. Validation of a UHPLC-FLD method for the simultaneous quantification of aflatoxins，chratoxin A and zearalenone inbarbey [J]. Food Chemistry，2011，127（1）：351-358.
[10] Sulyok，Krskar，Schuhmacherr. A liquid chromatography/tandem mass spectrometricmulti-mycotoxin method for the quantification of 87 analytes and its application to semiquantitative screening of moldy food sample [J]. Analytical and Bioanalytical Chemistry，2007，389（5）：1505-1523.
[11] Ren Y P，Zhang Y，Shao S L，et al. Simultaneous determination of multicomponent mycotoxin contaminants in foods and feeds by ultra-performance liquid chromatography tandem mass spectrometry. Journal of Chromatography A，2007，1143：48-64.
[12] Sulyok M，Krska R，Chuhmacher R. Application of an LC-MS/MS Based multi-mycotoxin method for the semiquantitative determination of mycotoxins ocurring in different types of food infected by moulds [J]. Food Chemistry，2010，119：408-416.
[13] Rubert J，Manes J，Jams K J，et al. Application of hybrid linear ion trap-high resolution mass spectrometry to the analysis of mycotoxins in Bee r [J]. Food Additive and Contaminants，2011，28（10）：1438-1446.
[14] Rubert J，Soler C，Manes J. Application of an HPLC-MS/MS method for mycotoxin analysis in commercial baby foods [J]. Food Chemistry，2012，133：176-183.
[15] Soleimany F，Jinap S. Determination of mycotoxins incereals by liquid chromatography tandem mass spectrometry [J]. Food Chemistry，2012，130：1055-1060.

8 食品中持久性有机污染物检测技术

8.1 概述

根据联合国环境规划署决议，持久性有机污染物的定义为：一类具有毒性、持久性，易于在生物体内聚集并且能进行长距离迁移和沉淀，对环境和人体产生严重损害的有机化合物。

持久性有机污染物具有以下四大特点。

① 流动性：具有半挥发性，能够通过蒸发-冷凝进入大气环境或附着在大气中的颗粒物上，通过大气环流或水流进而影响局部区域和全球，可以长距离传输。

② 持久性：具有很长的半衰期，难以在环境介质中降解，具有长期残留性。

③ 积聚性：具有高亲脂性、低亲水性，可在食物链中浓缩、富集和放大。

④ 高毒性：具有致癌、致畸、致突变和内分泌干扰作用。

为了保护人类健康和环境，推动持久性有机污染物的淘汰和消减，2001 年 5 月 127 个国家代表通过了《关于持久性有机污染物的斯德哥尔摩公约》（2004 年 5 月 17 日正式生效），该公约规定 12 类持久性有机污染物，包括：①杀虫剂类，如艾氏剂、狄氏剂、异狄氏剂、氯丹、七氯、毒杀芬、灭蚁灵、六氯苯、滴滴涕；②工业化学品类，如多氯联苯（主要是三氯联苯和五氯联苯）；③副产品类，如多氯二苯并二噁英和多氯二苯并呋喃。

随着对持久性有机污染物的不断认识，具有相同或类似性质的化学品不断进入国际公约名单或地方性公约名单。2009 年 5 月，在第四次《关于持久性有机污染物的斯德哥尔摩公约》缔约方大会上又增加了 9 类有机化合物为持久性有机污染物。2012 年 6 月，欧盟委员会发布 No519/2012 法规，新增硫丹、六氯丁二烯、多氯化萘和短链氯化石蜡为持久性有机污染物。

持久性有机污染物在过去的广泛使用，使得它们在土壤、水、空气和食品中无处不在。如 2008 年，李冬梅对西安市蔬菜基地番茄中有机氯杀虫剂残留检测结果发现：番茄中有机氯杀虫剂总量为 211.3 ng/g，主要污染物为狄氏剂、艾氏剂、滴滴涕和氯丹；2011 年，周立峰对江西大米中检测结果发现七氯的检出率为 93.83%。所以，检测食品中持久性有机污染物具有重要意义。

8.2 食品中多氯联苯类/二噁英的检测技术

8.2.1 食品中多氯联苯类的检测技术

多氯联苯（polychorinated biphenyls，PCBs），又称为氯化联苯，工业上用作热载体、绝缘油和润滑油等，可通过多种途径进入环境，造成环境污染，之后通过食物链污染或富集于食品，特别是鱼、虾、贝类等水产品中，最终危害人类健康。

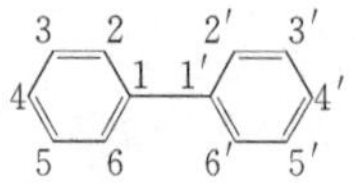

图 8-1　多氯联苯示意图

多氯联苯（图 8-1）按氯原子数或氯的百分含量分别加以标号，我国习惯按联苯上氯取代的个数将其分为二氯联苯、三氯联苯、四氯联苯、五氯联苯和六氯联苯。多氯联苯易在肝脏及脂肪组织中积累，造成脑部、皮肤、内脏损害，甚至可导致肝硬化及肿瘤，引起世界各国广泛关注。

8.2.1.1 食品中多氯联苯的允许限量标准

根据 GB 2762—2012《食品中污染物限量　国家标准》规定，水产动物及其制品中的多氯联苯总量≤0.5mg/kg，以 PCB28、PCB52、PCB101、PCB118、PCB138、PCB153、PCB180 总合计。

8.2.1.2 食品中多氯联苯的检测方法

（1）稳定性同位素稀释的气相色谱-质谱法　本方法适用于鱼类、贝类、蛋类、肉类、奶类等动物源性食品及其制品和油脂类样品中指示性 PCBs 的测定。

1）原理　应用稳定性同位素稀释技术，在试样中加入 $^{13}C_{12}$ 标记的 PCBs 作为定量标准，索氏提取 18～24h，提取后的试样溶液经柱色谱净化、分离、浓缩后加入回收率内标，使用气相色谱-低分辨质谱联用仪，以四极杆质谱选择离子监测（SIM）或离子阱串联质谱多反应监测（MRM）模式进行分析，内标法定量。

2）试剂和材料

① 溶剂和柱填料　正己烷（农残级）；二氯甲烷（农残级）；丙酮（农残级）；甲醇（农残级）；异辛烷（农残级）；无水硫酸钠（优级纯，将市售无水硫酸钠装入玻璃色谱柱，依次用正己烷和二氯甲烷淋洗两次，每次使用的溶剂体积约为无水硫酸钠体积的两倍。淋洗后，将无水硫酸钠转移至烧瓶中，在 50℃下烘烤至干，然后在 225℃烘烤 8～12h，冷却后干燥器中保存）；硫酸钠（优级纯）；氢氧化钠（优级纯）；硝酸银（优级纯）；100～200 目色谱用硅胶（将市售硅胶装入玻璃色谱柱中，依次用正己烷和二氯甲烷淋洗两次，每次使用的溶剂体积约为硅胶体积的两倍。淋洗后，将硅胶转移至烧瓶中，以铝箔盖住瓶口置于烘箱中 50℃烘烤至干，然后升温至 180℃烘烤 8～12h，冷却后装入磨口试剂瓶中，干燥器中保存）；44%酸化硅胶（称取活化好的硅胶 100g，逐滴加入 78.6g 浓硫酸，振摇至无块状物后，装入磨口试剂瓶中，干燥器中保存）；33%碱性硅胶（称取活化好的硅胶 100g，逐滴加入 49.2g 1mol/L 的氢氧化钠溶液，振摇至无块状物后，装入磨口试剂瓶中，干燥器中保存）；10%硝酸银硅胶（将 5.6g 硝酸银溶解在 21.5mL 去离子水中，逐滴加入 50g 活化硅胶中，振摇至无块状物后，装入棕色磨口试剂瓶中，干燥器中保存）；碱性氧化铝（色谱用碱性氧化铝，660℃烘烤 6h 后，装入磨口试剂瓶中，干燥器中保存）。

② 标准溶液　指示性多氯联苯的时间窗口确定标准溶液浓度为（2.5±0.25）mg/L；以

$^{13}C_{12}$标记的指示性多氯联苯定量内标溶液的浓度为 2.0mg/L；回收率内标（$^{13}C_{12}$-PCB101；$^{13}C_{12}$-PCB194）的浓度为 2.0mg/L。

3）仪器　气相色谱-质谱联用仪（GC-MS）或气相色谱-离子阱串联质谱联用仪（GC-MS/MS）；色谱柱（DB-5ms，30m×0.25mm×0.25μm，或等效色谱柱）；组织匀浆器；绞肉机；旋转蒸发仪；氮气浓缩器；超声波清洗器；振荡器；分析天平；玻璃器皿。

4）试样制备

① 预处理　用避光材料如铝箔、棕色玻璃瓶等包装现场采集的试样，放入小型冷冻箱中运输至实验室，−10℃以下低温冰箱保存。固体试样（鱼、肉等）可使用冷冻干燥或无水硫酸钠干燥并充分混匀。油脂类可直接溶于正己烷中净化处理。

② 提取

a. 提取前将一空纤维素或玻璃纤维提取套筒装入索氏提取器中，以正己烷：二氯甲烷（1：1，体积比）为提取溶剂，预提取 8h 后取出晾干。

b. 将预处理试样装入已处理的提取套筒中，加入 $^{13}C_{12}$ 标记的定量内标，用玻璃棉盖住试样，平衡 30min 后装入索氏提取器，以适量正己烷：二氯甲烷（1：1，体积比）为提取溶剂，提取 18~24h，回流速度控制在 3~4 次/h。

c. 提取完成后，将提取液转移到茄形瓶中，旋转蒸发浓缩至干。如分析结果以脂肪计则需要测定试样的脂肪含量。

d. 脂肪含量的测定方法：浓缩前准确称重茄形瓶，将溶液浓缩至干后准确称重茄形瓶，两次称重结果的差值为试样的脂肪含量。测定脂肪含量后，加入少量正己烷溶液溶解瓶中残渣。

③ 净化

a. 酸性硅胶柱净化　①净化柱装填：玻璃柱底端用玻璃棉封堵后依次填入 4g 活化硅胶、10g 酸化硅胶、2g 活化硅胶、4g 无水硫酸钠，然后用 100mL 正己烷预淋洗；②净化：将浓缩的提取液全部转移至柱上，用约 5mL 正己烷冲洗茄形瓶 3~4 次，洗液转移至柱上，待液面将至无水硫酸钠层时加入 180mL 正己烷洗脱，洗脱液浓缩至约 1mL。

b. 复合硅胶柱净化　①净化柱装填：玻璃柱底端用玻璃棉封堵后依次装填 1.5g 硝酸银硅胶、1g 活化硅胶、2g 碱性硅胶、1g 活化硅胶、4g 酸性硅胶、2g 活化硅胶、2g 无水硫酸钠，然后用 30mL 正己烷：二氯甲烷（97：3，体积比）预淋洗；②净化：将浓缩洗脱液全部转移至柱上，用约 5mL 正己烷冲洗茄形瓶 3~4 次，洗液转移至柱上，待液面将至无水硫酸钠层时加入 50mL 正己烷：二氯甲烷（97：3，体积比）洗脱，洗脱液浓缩至 1mL。

c. 碱性氧化铝柱净化　①净化柱装填：玻璃柱底端用玻璃棉封堵后依次填入 2.5g 活化碱性氧化铝、2g 无水硫酸钠，然后用 15mL 正己烷预淋洗；②净化：将浓缩洗脱液全部转移至柱上，用约 5mL 正己烷冲洗茄形瓶 3~4 次，洗液转移至柱上，当液面降至无水硫酸钠层时加入 30mL 正己烷（2×15mL）洗脱柱子，待液面降至无水硫酸钠层时加入 25mL 二氯甲烷：正己烷（5：95，体积比）洗脱，洗脱液浓缩至近干。

d. 上机分析前的处理　将净化后的试样溶液转移至进样小管中，氮气流下浓缩，用少量正己烷洗涤茄形瓶 3~4 次，洗涤液也转至进样小管中，氮气浓缩至约 50μL，加入适量回收率内标，然后封盖待上机分析。

5）测定

① 色谱条件　色谱柱为 30m 的 DB-5 石英毛细管柱，膜厚为 0.25μm，内径为 0.25mm；

不分流式进样，进样口温度为 300℃；色谱柱的升温程序是开始温度为 100℃，保持 2min，15℃/min 升温至 180℃，3℃/min 升温至 240℃，10℃/min 升温至 285℃并保持 10min；载气为高纯氦气（纯度＞99.999％）。

② 质谱条件　四极杆质谱仪：离子化方式为电子轰击（EI），能量为 70 eV；离子检测方式：选择离子监测（SIM），检测 PCBs 时选择的特征离子为分子离子；离子源温度为 250℃，传输线温度为 280℃，溶剂延迟时间为 10min。

离子阱质谱：电离模式为电子轰击源（EI），能量为 70 eV；离子检测方式为多反应监测（MRM），检测 PCBs 时选择的母离子为分子离子（M+2 或 M+4），子离子为分子离子丢掉两个氯原子后形成的碎片离子（M-2Cl）；离子阱温度为 220℃，传输线温度为 280℃，歧盒（manifold）温度为 40℃。

6）计算

① 相对响应因子（RRF）　采用 RRF 进行定量计算，使用校正标准溶液计算 RRF 值，计算公式为式(8-1) 和式(8-2)。

$$RRF_n = \frac{A_n \times c_s}{A_s \times c_n} \tag{8-1}$$

$$RRF_r = \frac{A_s \times c_r}{A_r \times c_s} \tag{8-2}$$

式中　RRF_n——目标化合物对定量内标的相对响应因子；

$\quad A_n$——目标化合物的峰面积；

$\quad c_s$——定量内标的浓度，$\mu g/L$；

$\quad A_s$——定量内标峰面积；

$\quad c_n$——目标化合物的浓度，$\mu g/L$；

$\quad RRF_r$——定量内标对回收率内标的相对响应因子；

$\quad c_r$——回收率内标浓度，$\mu g/L$；

$\quad A_r$——回收率内标的峰面积。

② 含量计算　试样中 PCBs 含量的计算公式如式(8-3)。

$$c_n = \frac{A_n \times m_s}{A_s \times RRF_n \times m} \tag{8-3}$$

式中　c_n——试样中 PCBs 的含量，$\mu g/kg$；

$\quad A_n$——目标化合物的峰面积；

$\quad m_s$——试样中加入定量内标的量，ng；

$\quad A_s$——定量内标的峰面积；

$\quad RRF_n$——目标化合物对定量内标的相对响应因子；

$\quad m$——取样量，g。

7）说明　如果酸化硅胶层全部变色，表明试样中脂肪量超过了柱子的负载极限，洗脱液浓缩后，制备一根新的酸性硅胶净化柱，重复上述操作，直至硫酸硅胶层不再全部变色。

（2）气相色谱法

1）原理　以 PCB198 为定量内标，在试样中加入 PCB198，水浴加热振荡提取后，经硫酸处理、色谱柱净化，采用气相色谱-电子捕获检测器法测定，以保留时间定性，内标法定量。

2）试剂与材料　正己烷（农残级）；二氯甲烷（农残级）；丙酮（农残级）；浓硫酸（优级纯）；碱性氧化铝（色谱用；660℃烘烤 6h 冷却后于干燥器中保存）；指示性多氯联苯标液。

3）仪器　气相色谱仪-电子捕获检测器；色谱柱（DB-5ms，30m×0.25mm×0.25μm）或等效色谱柱；组织匀浆器；绞肉机；旋转蒸发仪；氮气浓缩器；超声波清洗器；旋涡振荡器；分析天平；水浴振荡器；离心机；柱色谱。

4）试样制备

① 试样提取

a. 固体试样：称取试样 5.00～10.00g，置于具塞锥形瓶中，加入定量内标 PCB198 后，以适量正己烷：二氯甲烷（1：1，体积比）为提取溶液，于水浴振荡器上提取 2h，水浴温度为 40℃，振荡速度为 200 r/min。

b. 液体试样（不包括油脂类样品）：称取试样 10.0g，置于具塞离心管中，加入定量内标 PCB198 和草酸钠 0.5g，加甲醇 10mL 摇匀，加 20mL 乙醚：正己烷（1：3，体积比）重复以上过程，合并提取液。

将提取液转移至茄形瓶中，旋转蒸发浓缩至近干。如果分析结果以脂肪计，则需要测定试样的脂肪含量。

② 净化

a. 硫酸净化　将浓缩的提取液转移至 5mL 试管中，用正己烷洗涤茄形瓶 3～4 次，洗液并入浓缩液中，用正己烷定容至刻度，并加入 0.5mL 浓硫酸，振摇 1min，以 3000 r/min 的转速离心 5min，使硫酸层和有机层分离。如果上层溶液仍有颜色，表明脂肪未完全除去，再加入 0.5mL 浓硫酸，重复操作直至上层溶液至无色。

b. 碱性氧化铝柱净化　装柱：玻璃柱底端加入少量玻璃棉后，从底部开始依次装入 2.5g 活化碱性氧化铝、2g 无水硫酸钠，用 15mL 正己烷预淋洗。净化：将浓缩液转移至色谱柱上，用约 5mL 正己烷洗涤茄形瓶 3～4 次，洗液一并转移至色谱柱中，当液面降至无水硫酸钠层时，加入 30mL 正己烷（2×15mL）洗脱，当液面降至无水硫酸钠层时，用 25mL 二氯甲烷：正己烷（5：95，体积比）洗脱，洗脱液旋转蒸发浓缩至近干。

将上述试样浓缩液转移至进样瓶中，用少量正己烷洗涤茄形瓶 3～4 次，洗液并入进样瓶中，在氮气流下浓缩至 1mL，待 GC 分析。

5）测定　色谱条件：色谱柱（DB-5ms，30m×0.25mm×0.25μm，或等效色谱柱）；进样口温度为 290℃；升温程序：开始温度 90℃，保持 0.5min，15℃/min 升温至 200℃，保持 5min，以 2.5℃/min 升温至 250℃，保持 2min，20℃/min 升温至 265℃并保持 5min；载气为高纯氮气（纯度＞99.999%），柱前压 67 kPa；进样量：不分流进样 1μL；色谱分析以保留时间或相对保留时间进行定性分析，以试样和标准溶液的峰高和峰面积比较定量。

6）计算

① 相对响应因子（RRF）　以校正标准溶液计算 RRF 值，计算公式为式(8-4)。

$$RRF = \frac{A_n \times c_s}{A_s \times c_n} \tag{8-4}$$

式中　RRF——目标化合物对定量内标的相对响应因子；

　　　A_n——目标化合物的峰面积；

　　　c_s——定量内标的浓度，μg/L；

A_s——定量内标峰面积；

c_n——目标化合物的浓度，$\mu g/L$。

② 含量计算　试样中 PCBs 含量的计算公式如式(8-5)。

$$X_n = \frac{A_n \times m_s}{A_s \times RRF \times m} \tag{8-5}$$

式中　X_n——试样中 PCBs 的含量，$\mu g/kg$；

A_n——目标化合物的峰面积；

m_s——试样中加入定量内标的量，ng；

A_s——定量内标的峰面积；

RRF——目标化合物对定量内标的相对响应因子；

m——取样量，g。

8.2.2　食品中二噁英的检测技术

二噁英是二噁英类（dioxins）的简称，全称分别为多氯代二苯并-对-二噁英（polychlo-rinated dibenzo-p-dioxin，PCDDs）和多氯代二苯并呋喃（polychlorinated dibenzofuran，PCDFs）（图 8-2）。自然界的微生物和水解作用对二噁英的分子结构影响较小，而食物（乳制品、肉类、鱼类和贝类等）是人体内二噁英的主要暴露来源，经胎盘和哺乳均可造成胎儿和婴幼儿的二噁英暴露。

多氯代二苯并-对-二噁英　　多氯代二苯并呋喃

图 8-2　二噁英类结构式

二噁英类的毒性因氯原子的取代位置和数量的不同而有差异，含有 1~3 个氯原子的无明显毒性；含 4~8 个氯原子的有毒，其中 2,3,7,8-四氯代二苯-并-对二噁英（2,3,7,8-TCDD）是迄今为止人类已知的毒性最强的污染物，国际癌症研究中心已将其列为人类一级致癌物；但是若除 2,3,7,8 位置上被 4 个氯原子所取代外其他 4 个取代位置上也被氯原子取代，那么随着氯原子取代数量的增加，其毒性将会有所减弱。由于环境二噁英类物质主要以混合物的形式存在，在对二噁英类毒性进行评价时，国际上常把各同类物折算成相当于 2,3,7,8-TCDD 的量来表示，称为毒性当量（toxic equivalent quangtity，TEQ）。为此引入毒性当量因子（toxic equivalency factor，TEF）的概念，即将某 PCDDs/PCDFs 的毒性与 2,3,7,8-TCDD 的毒性相比得到的系数。样品中某 PCDDs 或 PCDFs 的质量浓度或质量分数与其毒性当量因子（TEF）的乘积，即为其毒性当量（TEQ）质量浓度或质量分数。而样品的毒性大小就等于样品中各同类物 TEQ 的总和。

8.2.2.1　食品中二噁英的允许限量标准

我国还未对食品中二噁英的允许限量进行规定，表 8-1 是印度尼西亚和欧盟对不同食品中二噁英的允许限量标准。

表 8-1　食品中二噁英限量标准　　　　　　　　　　　单位：pg/g

食　品	二噁英(2,3,7,8-TCDD)(印度尼西亚)	二噁英总量(欧盟)
蛋制品	0.91	2.50
肝制品	6.10	4.50
谷物	0.46	—
奶制品	3.00	2.50

续表

食　品	二噁英(2,3,7,8-TCDD)(印度尼西亚)	二噁英总量(欧盟)
肉制品	3.00	1.75(禽肉) 2.5(牛羊肉)
油脂	1.82	—
鱼制品(湿重)	3.00	—
海洋动物油	—	1.75
混合动物脂肪	—	1.50

8.2.2.2　食品中二噁英的检测方法——高分辨气相色谱-质谱联用法

本方法适用于食品中 17 种 2,3,7,8-取代的多氯代二苯并-对-二噁英（PCDDs）、多氯代二苯并呋喃（PCDFs）和 12 种二噁英样多氯联苯（DL-PCBs）含量的测定。

1) 原理　应用高分辨气相色谱-高分辨质谱联用技术，在质谱分辨率大于 10000 的条件下，通过精确质量测量监测目标化合物的两个离子，获得目标化合物的特异性响应。以目标化合物的同位素标记化合物为定量内标，采用稳定性同位素稀释法准确测定食品中 2,3,7,8 位氯取代的 PCDD/Fs 和 DL-PCBs 的含量。

2) 试剂和材料

① 试剂　丙酮（农残级）；正己烷（农残级）；甲苯（农残级）；环己烷（农残级）；二氯甲烷（农残级）；乙醚（农残级）；甲醇（农残级）；正壬烷（农残级）；异辛烷（农残级）；乙酸乙酯（农残级）；乙醇（农残级）；无水硫酸钠（优级纯）；硫酸（优级纯）；氢氧化钠（优级纯）；硝酸银（优级纯）；草酸钠（优级纯）。

② 标准溶液

a. 校正和时间窗口确定的标准溶液（CS3WT 溶液）：用壬烷配制，为含有天然和同位素标记 PCDD/Fs（定量内标、净化标准和回收率内标）的溶液，用于方法的校正和确证，并可以用于 DB5 MS 毛细管柱（或等效柱）时间窗口确定和 2,3,7,8-TCDD 分离度的检查（附录表 8-1）。

b. 净化标准溶液：用壬烷配制的^{37}Cl$_4$-2,3,7,8-TCDD 溶液（浓度为 40μg/L ±2μg/L）。

c. 同位素标记定量内标的储备溶液：用壬烷配制的^{13}C$_{12}$-PCDD/Fs 溶液（附录表 8-2）。

d. 回收率内标标准溶液：用壬烷配制的^{13}C$_{12}$-1,2,3,4-TCDD 和^{13}C$_{12}$-1,2,3,7,8,9-HxCDD 溶液的浓度为（200±10）μg/L。

e. 精密度和回收率检查标准溶液（PAR）：用壬烷配制的含天然 PCDD/Fs 溶液（见附录表 8-3），用于方法建立时的初始精密度和回收率试验（IPR）及过程精密度和回收率试验（OPR）。

f. 保留时间窗口确定的标准溶液（TDTFWD）：用于确定规定毛细管柱中四氯至八氯取代化合物出峰顺序，同时用于检查在规定的色谱柱中 2,3,7,8-TCDD 和 2,3,7,8-TCDF 的分离度（见附录表 8-4）。

g. 校正标准溶液：为含有天然和同位素标记的 PCDD/Fs 系列校正溶液（见附录表 8-5），其中 CSL 为浓度更低的天然 PCDD/Fs 校正溶液，用于质谱系统校正。测定校正标准溶液，可以获得天然与标记 PCDD/Fs 的相对响应因子（RRF）。此外，CS3 用于已建立 RRF 的日常校正和校正曲线校验（VER）；CS1 用于检查 HRGC-HRMS 必须具备的灵敏度。由于食品要求的灵敏度更低，可以使用 CSL 进行灵敏度检查。

③ 样品用吸附剂

a. 氧化铝：碱性氧化铝（在 130℃下至少加热活化 12h）；酸性氧化铝（在 600℃下至少加热活化 24h）。

b. 硅胶：规格为 75～250μm 或相当等级的硅胶。活性硅胶（使用前，取硅胶分别用甲醇、二氯甲烷清洗，在 180℃下至少烘烤 1h 或 150℃下至少烘烤 4～6h。在干燥器中冷却，保存在带螺帽密封的玻璃瓶中）；酸化硅胶（质量分数 44%。称取 56g 活性硅胶置于 250mL 具塞磨口旋转烧瓶中，在玻璃棒搅拌下加入 44g 硫酸，将烧瓶用旋转蒸发器旋转 1～2h，使之混合均匀无结块，置干燥器内，可保存 3 周）；碱化硅胶（质量分数 33%。称取 100g 活性硅胶置于 250mL 具塞磨口旋转烧瓶中，在玻璃棒搅拌下逐滴加入 49g 1mol/L NaOH 溶液，将烧瓶用旋转蒸发器旋转 1～2h，使之混合均匀无结块。将碱化硅胶置干燥器内保存）；硝酸银硅胶（称取 10g 硝酸银置于 100mL 烧杯中，加水 40mL 溶解。将该溶液转移至 250mL 旋转烧瓶中，慢慢加入 90g 活性硅胶，在旋转蒸发器中旋转干燥 1～2h，使之干燥并混合均匀。取出后，在干燥器中冷却，置于褐色玻璃瓶内保存）。

c. 弗罗里硅土：规格为 150～250μm [使用前，称取 500g，装入索氏提取器中，用适量正己烷：二氯甲烷（1:1，体积比）提取 24h]；含水 1%（质量分数）的弗罗里硅土（称取弗罗里硅土 99.0g，加水 1.0mL，搅拌均匀，用带聚氟乙烯螺帽的玻璃瓶封装）。

d. 混合活性炭：称取 9.0g Carbopak C（推荐使用 Supelco 1-0258，或其他相当的类型）和 41.0g Celite 545（推荐使用 Supelco 2-0199，或其他相当的类型），充分混合，含活性炭为 18%（质量分数）。在 130℃中至少活化 6h，在干燥器中保存。

3）仪器和设备　高分辨气相色谱-高分辨质谱仪（HRGC-HRMS）[气相色谱柱，不同的目标物应选用不同的气相色谱柱。①用于 PCDD/Fs 检测：DB-5ms（5%二苯基-95%二甲基聚硅氧烷）柱，60m×0.25mm×0.25μm 或等效色谱柱；RTX-2330（90%双氰丙基-10%苯基氰丙基聚硅氧烷），60m×0.25mm×0.1μm 或等效色谱柱。②用于 DL-PCBs 检测：DB-5ms 柱，60m×0.25mm×0.25μm 或等效色谱柱]；组织匀浆器；绞肉机；冻干机；旋转蒸发器；氮气浓缩器；超声波清洗器；振荡器；索氏提取器；天平（感量为 0.1mg）；恒温干燥箱 [用于烘烤和储存吸附剂，能够在 105～250℃范围内保持恒温（±5℃）]；玻璃色谱柱（带聚四氟乙烯柱塞，150mm×8mm，300mm×15mm）；全自动样品净化系统（选用）（配备酸碱复合硅胶柱、氧化铝和活性炭净化柱）；凝胶色谱系统（玻璃柱，内径 15～20mm，内装 50g S-X3 凝胶）；高效液相色谱仪 [包括泵、自动进样器、六通转换阀、检测器和馏分收集器，配备 Hypercarb（100mm×4.6mm，5μm）或相当色谱柱]；加速溶剂萃取仪。

4）试样制备和净化

① 样品的采集与保存　现场采集的样品用避光材料如铝箔、棕色玻璃瓶等包装，置冷冻箱中运输到实验室，−10℃ 以下低温保存。

液体或固体样品，如鱼、肉、蛋、奶等经过匀浆使其匀质化后可使用冷冻干燥或无水硫酸钠干燥，混匀。油脂类样品可直接用正己烷溶解后进行净化分离。

② 试样的制备

a. 溶剂和提取液的旋转蒸发浓缩　①连接旋转蒸发器，将水浴锅预热至 45℃。在试验开始前，预先将 100mL 正己烷：二氯甲烷（1:1，体积比）作为提取溶剂浓缩，以清洗整个旋转蒸发仪系统。如有必要，对经浓缩后的溶剂以及收集瓶中的溶剂进行检验，以便对污染状况进行检查。在两个浓缩样品之间，分三次用 2～3mL 溶剂洗涤旋转蒸发仪接口，用烧杯收集废液。⑪将装有样品提取液的茄形瓶连接到旋转蒸发器上，缓慢抽真空。⑫将茄形瓶降至水浴锅中，调节转速和水浴的温度（或真空度），使浓缩在 15～20min 内完成。在正确的浓缩速度下，流入废液收集瓶中的溶剂流量应保持稳定，溶剂不能有暴沸或可见的沸腾现象发生（注意：如果浓缩过快，可能会使样品损失）。⑬当茄形瓶中溶剂约为 2mL 时，将茄形瓶从水浴锅中移开，停止旋转。缓慢并小心地向旋转蒸发仪中放气，确保打开阀门时不要太快，以免样品冲出茄形瓶。用 2mL 溶剂洗涤接口，用烧杯收集废液。

b. 索氏提取　①提取前，在索氏提取器中装入一支空的纤维素或玻璃纤维提取套筒，以正己烷：二氯甲烷（1∶1，体积比）为提取溶剂，预提取 8h 后取出晾干。②将处理好的样品装入提取套筒中，高度以不超过溢流管为限。在提取套筒中加入适量 $^{13}C_{12}$ 标记的定量内标的储备溶液，用玻璃棉盖住样品，平衡 30min 后装入索氏提取器，以适量正己烷：二氯甲烷（1∶1，体积比）为溶剂提取 18～24h，回流速度控制在 3～4 次/h。

c. 样品处理　①鱼、肉、蛋、奶等样品：称取 50～200g 样品（精确到 0.001g），经过冷冻干燥后，准确称重，计算含水量。根据估计的污染水平，称取适量试样（精确到 0.001g），加无水硫酸钠研磨，制成能自由流动的粉末。将粉末全部转移至处理好的提取套筒，置于索氏抽提器中进行提取。②奶酪等固体乳制品样品：将奶酪直接研成细末后称量，其他固体乳制品直接称量。称取适量试样（通常为 10g，精确到 0.001g），置研钵中，加无水硫酸钠，研磨成干燥的、可以自由流动的粉末。无水硫酸钠与海砂混合物使用量取决于试样的取样量及含水量。将粉末全部移至处理好的提取套筒。用沾有正己烷的棉签将研钵、表面皿和研磨棒擦净。该棉签一同放入套筒中进行提取。

提取后，将提取液转移到茄形瓶中，旋转蒸发浓缩至近干。

d. 液液萃取　①依情况准确量取液体奶样样品 200～300mL，转移至大小合适的分液漏斗中，加入适量 $^{13}C_{12}$ 标记的定量内标的储备溶液。②按 20mg/g 样品的比例称取草酸钠，加少量水溶解后，将该溶液加入样品，充分振摇。③加入与样品等体积的乙醇，再进行振摇。④在样品-乙醇溶液中加入与③等体积的乙醚：正己烷（2∶3，体积比），振摇 1min。静置分层后，转移出有机相。然后在水相中加入与样品原始体积相同的正己烷，振摇 1min。静置分层后，转移出有机相。合并有机相，浓缩至小于 75mL。④转移提取液至 250mL 分液漏斗中，加入 30mL 蒸馏水振摇，弃去水相。⑤转移上层有机相至 250mL 烧瓶中，加入适量无水硫酸钠，振摇。静置 30min 后，用一张经过甲苯淋洗过的滤纸过滤，滤液置于茄形瓶中。⑥将提取液转移到茄形瓶中，旋转蒸发浓缩至近干。

e. 加速溶剂萃取　①提取前应将所用萃取池以正己烷：二氯甲烷（1∶1，体积比）进行清洗。②将下列处理好的样品装入萃取池中。萃取池中应预先放入醋酸纤维素过滤膜。在萃取池中加入适量 $^{13}C_{12}$ 标记的定量内标的储备溶液，密闭后，放于萃取仪上，以正己烷：二氯甲烷（1∶1，体积比）为溶剂提取。参考条件为：温度 150℃；压力 10.3MPa（1500psi）；循环 1 次；静态时间 10min。③鱼、肉、蛋等含水量较高样品：称取 50～200g 样品（精确到 0.001g），经过冷冻干燥后，准确称重，计算含水量。根据估计的污染水平，称取适量试样（精确到 0.001g），置研钵中，研磨成粉状，加入硅藻土，混匀后，全部转移至处理好的萃取池。④液体乳样品：准确称取 80～100g 样品（精确到 0.001g），经过冷冻干燥后，置研钵中，研磨成粉状，加入硅藻土，混匀后，全部转移至处理好的萃取池。⑤干燥样品：研磨成粉后，根据估计的污染水平，称取适量试样（精确到 0.001g），置研钵中，加入硅藻土，混匀后，全部转移至处理好的萃取池。Ⅵ每个样品所对应硅藻土用量取决于所应用的萃取池的体积和所称取的该样品研磨后的体积。Ⅶ提取后，将提取液转移到茄形瓶中，旋转蒸发浓缩至近干。

③ 样品净化

a. 酸化硅胶净化　在浓缩的样品提取液中加入 100mL 正己烷，并加入 50g 酸化硅胶，用旋转蒸发仪在 70℃ 条件下旋转加热 20min。静置 8～10min 后，将正己烷倒入茄形瓶中。用 50mL 正己烷洗瓶中硅胶，收集正己烷于茄形瓶中，重复 3 次。用旋转蒸发仪浓缩至 2～5mL。如果酸化硅胶的颜色较深，则应重复上述过程，直至酸化硅胶为浅黄色。

b. 混合硅胶柱净化色谱柱的填充　Ⅰ取内径为 15mm 的玻璃柱，底部填以玻璃棉后，依次装入 2g 活性硅胶、5g 碱性硅胶、2g 活性硅胶、10g 酸化硅胶、2g 活性硅胶、5g 硝酸银硅胶、2g 活性硅胶和 2g 无水硫酸钠。干法装柱，轻敲色谱柱，使其分布均匀。Ⅱ用 150mL 正己烷预淋洗色谱柱。当液面降至无水硫酸钠层上方约 2mm 时，关闭柱阀，弃去淋洗液，柱下放一茄形瓶。检查色谱柱，如果出现沟流现象应重新装柱。Ⅲ将已浓缩的提取液加入柱中，打开柱阀使液面下降，当液面降至无水硫酸钠层时，关闭柱阀。Ⅳ用 5mL 的正己烷洗涤原茄形瓶 2 次，将洗涤液一并加入柱中，打开柱阀，使液面降至无水硫酸钠层。Ⅴ如果仅测定 PCDD/Fs，则用 350mL 正己烷洗脱；如果同时测定 PCDD/Fs 和 DL-PCBs，则用 400mL 正己烷洗脱，收集洗脱液。Ⅵ将收集在茄形瓶中的洗脱液用旋转蒸发仪浓缩至 3～5mL，供下一步净化用。

c. 氧化铝柱 1　Ⅰ色谱柱填充：取内径为 15mm 的玻璃柱，底部填以玻璃棉后，依次装入 25g 氧化铝、10g 无水硫酸钠。干法装柱，轻敲色谱柱，使吸附剂分布均匀。Ⅱ用 150mL 正己烷预淋洗色谱柱，当液面流至氧化铝上方约 2mm 时，关闭柱阀。弃去淋洗液，检查色谱柱，如果出现沟流现象应重新填柱。Ⅲ加入经过混合硅胶柱净化的提取液，并用 5mL 正己烷分两次洗涤原茄形瓶，将洗涤液合并后上柱，重复洗涤一次。Ⅳ用 60mL 正己烷清洗烧瓶后淋洗氧化铝柱，弃去淋洗液。Ⅴ仅测定 PCDD/Fs 时：用 200mL 正己烷：二氯甲烷（98：2，体积比）淋洗干扰组分，弃去淋洗液。柱下放一茄形瓶，用 200mL 正己烷：二氯甲烷（1：1，体积比）洗脱，收集洗脱液，加入 3mL 的辛烷或壬烷，供 PCDD/Fs 分析用。Ⅵ同时测定 PCDD/Fs 和 DL-PCBs 时：柱下放一茄形瓶，用 90mL 甲苯洗脱，收集洗脱液，加入 3mL 的辛烷或壬烷，供 DL-PCBs 分析用。柱下放置另一茄形瓶，再用 200mL 正己烷：二氯甲烷（1：1，体积比）洗脱，收集洗脱液，加入 3mL 的辛烷或壬烷，供 PCDD/Fs 分析用。Ⅶ将收集在茄形瓶中的各洗脱液分别用旋转蒸发仪浓缩至 3～5mL，供下一步净化用。

d. 氧化铝柱 2　Ⅰ色谱柱填充：取内径为 6～7mm 的玻璃柱，底部填以玻璃棉后，依次装入 2.5g 氧化铝和 2g 无水硫酸钠。干法装柱，轻敲色谱柱，使吸附剂分布均匀。Ⅱ用 20mL 正己烷预淋洗色谱柱，弃去淋洗液。检查色谱柱是否有沟流，如果出现沟流应重新填柱。加入经氧化铝柱 1 净化的提取液（PCDD/Fs 部分），使其完全渗入柱内；用 4mL 正己烷：二氯甲烷（98：2，体积比）冲洗原茄形瓶，将冲洗下来的溶液倒入柱内，让其完全渗入柱内；重复一次；用 40mL 的正己烷：二氯甲烷（98：2，体积比）（包括烧瓶清洗）淋洗，弃去淋洗液，柱下放一茄形瓶；用 30mL 正己烷：二氯甲烷（1：1，体积比）淋洗液洗脱 PCDD/Fs，收集洗脱液，加入 3mL 的辛烷或壬烷；用 30mL 正己烷：二氯甲烷（99：1，体积比）预淋洗色谱柱，弃去淋洗液，柱下放一茄形瓶。检查色谱柱是否有沟流现象，如果出现沟流应重新装柱；加入浓缩后的经氧化铝柱 1 净化的提取液（DL-PCBs 部分），让其完全渗入柱内；用 5mL 正己烷：二氯甲烷（1：1，体积比）洗涤原茄形瓶两次。当样品已完全渗入柱内，将冲洗下来的溶液倒入柱内，使其完全渗入柱内；用 15mL 正己烷：二氯甲烷（1：1，体积比）洗脱，收集洗脱液，加入 3mL 的辛烷或壬烷；将收集在茄形瓶中的各洗脱液分别用旋转蒸发仪浓缩至 3～5mL，供进一步测定或净化用。

e. 凝胶净化柱净化　①在色谱柱底部填上玻璃棉，装入 50g Bio-Beads S-X3 凝胶，用甲苯冲洗后，保存在环己烷：乙酸乙酯（1：1，体积比）混合溶液中。Ⅱ在样品提取液（通常浓缩至 3～5mL）中加少量正己烷，注入色谱柱，使样品提取液完全渗入柱内。Ⅲ用 10mL 环己烷：乙酸乙酯（1：1，体积比）分两次洗涤原茄形瓶，转入柱内。Ⅳ用 100mL 环己烷：乙酸乙酯（1：1，体积比）淋洗，弃去淋洗液，柱下放一茄形瓶。Ⅴ用 90mL 环己烷：乙酸乙酯（1：1，体积比）洗脱，得到的洗脱液中含 PCDD/Fs 和 DL-PCBs。

f. 净化后的微量浓缩与溶剂交换　将净化分离后得到的各流分分别用旋转蒸发仪浓缩至 3～5mL，再在氮气下浓缩至 1～2mL，然后在氮气流下定量转移至装有 0.2mL 的锥形衬管的进样瓶中，并用正己烷洗涤浓缩蒸馏瓶，一并转入锥形衬管中。待浓缩至约 100μL，分别加入适量 PCDD/Fs 和 DL-PCBs 回收率内标溶液，壬烷（可用辛烷代替）定容。继续在细小的氮气流下浓缩至溶剂只含壬烷或辛烷。样品溶液的最终体积可根据情况调整，大约为 20μL。将进样瓶密封，并标记样品编号。室温下暗处保存，供 HRGC/HRMS 分析用。如果样品当日不进行 HRGC/HRMS 分析，则于低于 −10℃ 下保存。

5）PCDDs/PCDFs 气相色谱-质谱分析

① 气相色谱条件　色谱柱为 DB-5ms 柱（柱长 60m，内径 0.25mm，液膜厚度 0.25μm）；进样口温度：280℃；传输线温度：310℃；柱温：120℃（保持 1min）；以 43℃/min 升温速率升至 220℃（保持 15min）；以 2.3℃/min 升温速率升至 250℃；以 0.9℃/min 升温速率升至 260℃；以 20℃/min 升温速率升至 310℃（保持 9min）；载气：恒流，0.8mL/min。

② 质谱参数

a. 分辨率　在分辨率≥10000 条件下，进样 PCDDs 和 PCDFs 单标或目标化合物与相邻组分没有干扰的混标溶液，检测附录表 8-6 规定的各化合物两个精确质量数的离子，得到其选择离子流图。

b. 质量校正　PCDDs/PCDFs 分析的运行时间可能超过质谱仪的质量稳定期。这是由于质谱仪在高分辨模式下运行时，百万分之几的质量数偏移可能对仪器的性能产生严重影响。为此，需要对偏移的质量进行校正。采用参考气（全氟煤油，三氟丁三胺）的质量数锁定进行质量偏移校正。锁定的质量数取决于附录表 8-6 各窗口中监测的精确质量数。分析过程中调节进入高分辨质谱中的参考气的量，要求监测的锁定质量数信号强度不得超过检测器满量程的 10%。

c. 选择一个参考气离子碎片　如接近 m/z 304（TCDF）的 m/z 304.9824（PFK）信号，调整质谱以满足最小所需的 10000 分辨率（10% 峰谷分离）。分辨率应大于或等于 10000，精确的 m/z 与附录表 8-6 中的理论 m/z 之间的偏差应小于百万分之五。

d. 离子丰度比、最小水平和信噪比　在给定的气相色谱条件下，进样 1μL 或 2μL CS1 校正标准液（附录表 8-5），考察离子丰度比、最小水平、信噪比及绝对保留时间。

测定各目标化合物峰面积，计算附录表 8-6 规定的精确质量数离子的丰度比，并与附录

表 8-7 中理论值比较，并符合质量控制的要求；否则需要调谐质谱仪，重新测定，使其符合规定，并对质谱仪的分辨率进行确认；各窗口有必要进行连续监测，确保在 GC 运行中能够监测全部 PCDD/Fs。各窗口中监测的精确质量数离子参见附录表 8-6。如果仅测定 2,3,7,8-TCDD 和 2,3,7,8-TCDF，则将窗口修改为包括四氯和五氯异构体、二苯醚和锁定质量数；HRGC/HRMS 应满足 GB 5009.205—2013 中的最低检测限要求，进样 CS1 时 PCDD/Fs 和标记化合物的信噪比应大于 10∶1；$^{13}C_{12}$-1,2,3,4-TCDD 在 DB-5 柱上的绝对保留时间应大于 25.0min。

③ 保留时间窗口确定 采用优化的升温程序，进样时间窗口确定的标准溶液。附录表 8-8 给出了时间窗口确定的标准溶液流出顺序（最先出峰、最后出峰）。如果仅检测 2,3,7,8-TCDD 和 2,3,7,8-TCDF，则无须进行时间窗口确定试验。

④ 异构体确认

a. 采用分析程序及优化的分析条件，进样专属性检查的标准溶液（附录表 8-9），进行异构体确认。

b. 在相应的色谱柱的四氯窗口色谱图上分别计算距 2,3,7,8-TCDD（图 8-3）和 TCDF 最近的异构体 GC 色谱峰重叠百分比。

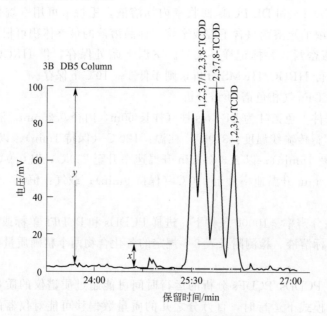

图 8-3 2,3,7,8-TCDD 分离度检查色谱图

c. 在相应的色谱柱的四氯窗口色谱图上，确认相距最近的异构体与 2,3,7,8 位取代化合物色谱峰的底部重叠（图 8-3）应小于 25%，如果重叠超过 25%，应调整分析条件并重新测试或更换 GC 柱，重新进行校正。按式(8-6)计算峰谷高比。

$$HV = \frac{x}{y} \times 100\% \qquad (8-6)$$

式中 HV——峰谷高比；

 x——2,3,7,8-TCDD 与 1,2,3,7/1,2,3,8-TCDD 的峰谷高度，mm。

 y——2,3,7,8-TCDD 的峰高，mm。

⑤ 同位素稀释校正 在样品提取前，将附录表 8-10 中含有 15 个 2,3,7,8 位取代的同位

素标记 PCDDs/PCDFs 定量内标溶液加到样品中。

由校正标准溶液的分析结果，绘制天然化合物与标记化合物的 RRF 对浓度的校正曲线或采用线性回归方程计算。由 5 个校正标准溶液测定各化合物的相对响应因子（RRF）。

根据附录表 8-6 中第一和第二个精确质量数离子的响应峰面积，按式(8-7) 计算各化合物相对于其标记化合物的 RRF。

$$RRF = \frac{(A_{1n} + A_{2n}) \times c_1}{(A_{11} + A_{21}) \times c_n} \tag{8-7}$$

式中 A_{1n}——PCDDs/PCDFs 的第一个 m/z 的面积；

A_{2n}——PCDDs/PCDFs 的第二个 m/z 的面积；

c_1——校正标准中目标化合物的浓度，$\mu g/L$；

A_{11}——标记化合物的第一个质量数离子的峰面积；

A_{21}——标记化合物的第二个质量数离子的峰面积；

c_n——校正标准中定量内标化合物的浓度，$\mu g/L$。

在给定的条件下，分别进样 CS1～CS5 校正标准溶液（附录表 8-5），计算各标准溶液中目标化合物的 RRF。

线性试验：在测试的 5 个标准溶液的浓度范围内，如果各化合物的 RRF 结果稳定（变异系数小于 20%），则可以采用 RRF 的均值进行计算；否则，采用 5 个浓度校正标准溶液的校正曲线。

⑥ 内标校正　适于没有直接对应 $^{13}C_{12}$ 标记的稳定性同位素化合物的 OCDF 的测定以及定量内标与净化标准回收率的测定。

a. 响应因子（RF）：八氯代二苯并呋喃（OCDF）的 RF 按式(8-8) 计算。

$$RF = \frac{(A_{1s} + A_{2s}) \times c_{is}}{(A_{1is} + A_{2is}) \times c_s} \tag{8-8}$$

式中 A_{1s}——OCDF 的第一个质量数离子的峰面积；

A_{2s}——OCDF 的第二个质量数离子的峰面积；

c_{is}——校正标准中 $^{13}C_{12}$-OCDD 的浓度，$\mu g/L$；

A_{1is}——$^{13}C_{12}$-OCDD 的第一个质量数离子的峰面积；

A_{2is}——$^{13}C_{12}$-OCDD 的第二个质量数离子的峰面积；

c_s——校正标准中 OCDF 的浓度，$\mu g/L$。

b. 定量内标和净化标准的 RF 按式(8-9) 计算。

$$RF = \frac{(A_{1s} + A_{2s}) \times c_{is}}{(A_{1is} + A_{2is}) \times c_s} \tag{8-9}$$

式中 A_{1s}——定量内标的第一个质量数离子的峰面积；

A_{2s}——定量内标的第二个质量数离子的峰面积；

c_{is}——校正标准中回收率内标的浓度，$\mu g/L$；

A_{1is}——回收率内标的第一个质量数离子的峰面积；

A_{2is}——回收率内标的第二个质量数离子的峰面积；

c_s——校正标准中定量内标的浓度，$\mu g/L$。

在给定的条件下，进样 CS1～CS5 校正标准溶液各 $1.0\mu L$（或 $2.0\mu L$），采用内标法校正分析系统，计算各目标化合物的 RF。

线性试验：在测试的 5 个校正标准的浓度范围内，如果各化合物的 RF 保持恒定（相对标准偏差 RSD 小于 35%），则可采用 5 个浓度点的 RF 均值，否则需要采用 5 个浓度的校正曲线。

6）仪器校正和运行检查

① 性能检查　在分析过程中，每隔 12h 校验一次 GC/MS 性能。注入 CS3 校正标准溶液，检查分析系统的各项性能指标。只有在符合规定的情况下，才能进行空白、IPR、OPR 和样品的检测。

② 质谱分辨率　分析前，应确认 MS 静态分辨率应至少为 10000，并每隔 12h 检查一次。一旦分辨率达不到要求，则应采取相应的校正措施。

③ 校正标准的验证　检查附录表 8-7 中各目标化合物离子的丰度比是否符合规定，如果不符合，需要调谐质谱仪，重新校正，使监测离子的丰度比符合规定。

校正标准中 PCDD/Fs 及其同位素标记化合物的色谱峰信噪比（S/N）应大于 10，否则需要调谐质谱仪，重复进行校正。

采用同位素稀释技术，根据相应的定量内标计算 PCDD/Fs 含量；采用内标法，计算定量内标的回收率，应符合附录表 8-11 的要求。

④ 保留时间及 GC 分辨率

a. 保留时间　绝对保留时间：在校正试验中，回收内标 $^{13}C_{12}$-1,2,3,4-TCDD 及 $^{13}C_{12}$-1,2,3,7,8,9-HxCDD 的绝对保留时间偏差应在 $\pm 15s$ 范围内。

相对保留时间：在校正试验中，PCDD/Fs 及标记化合物的相对保留时间应在附录表 8-12 规定的限度范围内。

b. GC 分辨率　在相应的色谱柱上进样校正标准溶液，检查分离度，要求在 $m/z=319.8965$ 时，2,3,7,8-TCCD 与其他四氯代二苯并二噁英异构体峰谷高度不应超过 25%。

如果任何目标化合物的绝对保留时间和 2,3,7,8-氯取代异构体的分离度未达到要求，应调试 GC 或更换 GC 柱，并重新校正。

⑤ 分析过程中的精密度及回收率实验（OPR）　在同一批样品分析之前，应首先进行分析过程的精密度及回收率（OPR）试验。在空白参考基质中加入 PCDD/Fs 的精密度和回收率检查标准溶液使其最终提取液（$20\mu L$）中 PCDD/Fs 的浓度达到附录表 8-11 中的测试浓度。对制备好的 OPR 样品进行分析，分析步骤应与实际样品完全一致，提取液最终定容至 $20\mu L$。

采用同位素稀释法，根据定量内标，计算 PCDD/Fs 含量。用内标法计算 1,2,3,7,8,9-HxCDD 和 OCDF 含量（计算 OPR 测定值时定量公式中的样品量为 0.02mL，计算结果单位相应改为 $\mu g/L$），同时计算各同位素标记化合物的回收率，并与附录表 8-11 规定进行比较，测定值均在规定的范围内后方可进行实际样品的分析。

⑥ 空白对照检查　OPR 试验后，应进行样品的空白对照检查，以确定分析系统未受到污染及没有 OPR 分析的残留，然后才能进行样品的检测。

7）定性分析　对净化后的试样提取液进行仪器分析，监测附录表 8-6 中两个精确的 m/z 信号，信号应在 2s 内达到最大值。

在样品提取液中，监测各 PCDD/Fs 离子的精确质量数，阳性样品中目标 PCDD/Fs 的

GC 峰 S/N 不应小于 2.5，而校正标准中 PCDD/Fs 的 GC 峰 S/N 不应小于 10。

附录表 8-6 监测的两个质量数离子的峰面积比值应符合在校正标准 CS3 中相应两个质量数离子的峰面积比值的±10％范围内。

各目标化合物的相对保留时间应符合附录表 8-12 的规定。

确认分析：由于 2,3,7,8-TCDF 异构体在 DB-5ms 柱上未能得到良好分离，因此，如果在 DB-5ms 柱或等效检出 2,3,7,8-TCDF 的样品，应在 RTX-2330 或等效的色谱柱上进行确认分析。四氯窗口 $m/z = 303.9016$ 色谱图中 2,3,7,8-TCDF 与其他四氯代呋喃异构体之间峰谷高度均不应超过 25％。

当上述定性指标未达到要求时，应进一步净化样品，除去干扰物质后重新分析。

8）定量分析

① 同位素稀释定量　在样品提取前，定量添加 $^{13}C_{12}$ 标记的定量内标，以校正 PCDD/Fs 的回收率。根据测定的相对响应和样品取样量与 $^{13}C_{12}$ 标记定量内标加入量，按式（8-10）计算样品中目标化合物的浓度。

$$c_{ex} = \frac{(A_{1n} + A_{2n}) \times m_1}{(A_{11} + A_{21}) \times \mathrm{RRF} \times m_2}$$ (8-10)

式中　c_{ex}——样品中 PCDD/Fs 的浓度，$\mu g/kg$；

A_{1n}——PCDD/Fs 的第一个质量数离子的峰面积；

A_{2n}——PCDD/Fs 的第二个质量数离子的峰面积；

m_1——样品提取前加入的 $^{13}C_{12}$ 标记定量内标量，ng；

A_{11}——$^{13}C_{12}$ 标记定量内标的第一个质量数离子的峰面积；

A_{21}——$^{13}C_{12}$ 标记定量内标的第二个质量数离子的峰面积；

RRF——相对响应因子；

m_2——试样量，g。

② 内标定量　样品中 1,2,3,7,8,9-HxCDD 的浓度分别采用 1,2,3,4,7,8-HxCDD 和 1,2,3,6,7,8-HxCDD 的 $^{13}C_{12}$ 标记定量内标平均响应，OCDF 以 OCDD 的 $^{13}C_{12}$ 标记定量内标为内标，按式（8-11）计算。

$$c_{ex} = \frac{(A_{1s} + A_{2s}) \times m_{is}}{(A_{1is} + A_{2is}) \times \mathrm{RF} \times m_3}$$ (8-11)

式中　c_{ex}——样品中 1,2,3,7,8,9-HxCDD 和 OCDF 的浓度，$\mu g/kg$；

A_{1s}——PCDD/Fs 的第一个质量数离子的峰面积；

A_{2s}——PCDD/Fs 的第二个质量数离子的峰面积；

m_{is}——$^{13}C_{12}$ 标记定量内标的量，ng；

A_{1is}——$^{13}C_{12}$ 标记定量内标的第一个质量数离子的峰面积；

A_{2is}——$^{13}C_{12}$ 标记定量内标的第二个质量数离子的峰面积；

RF——响应因子；

m_3——试样量，g。

9）说明　氧化铝吸附剂的加热温度不能超过 700℃，否则其吸附能力降低。活化后保存在 130℃ 的密闭烧瓶中并在五天内使用。

8.3 食品中多溴联苯醚的检测技术

8.3.1 食品中的多溴联苯醚

多溴联苯醚（poly brominated diphenyl ethers，PBDEs）是四溴联苯醚、六溴联苯醚、八溴联苯醚、十溴联苯醚等 209 种同系物的总称。其商品多溴联苯醚是一组溴原子数不同的联苯醚的混合物，因此被称为多溴联苯醚（图 8-4）。

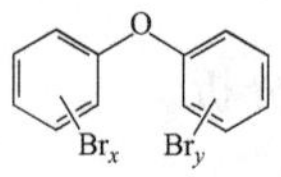

$1 \leqslant x+y \leqslant 10$

图 8-4 多溴联苯醚结构式

多溴联苯醚是一类广泛用于家用电器、电子产品、塑料泡沫、家居装饰材料等行业的添加型阻燃剂。该类物质水中溶解度小，具有脂溶性、高蓄积性，可在颗粒物和沉积物中吸附，亦能随着食物链富集放大。PBDEs 化学性质非常稳定，极难通过物理、化学或生物方式降解。所以，该物质一旦进入环境体系，就可在水体、土壤和泥沙等环境介质中存在数年，容易被水产动物吸收而在食物链中逐渐富集。多溴联苯醚的急性毒性较低（大鼠经口 LD_{50} 5800～7400mg/kg），主要表现为慢性毒性，包括：发育毒性、内分泌干扰功能、生殖毒性、潜在致癌等。

8.3.2 食品中多溴联苯醚检测方法

食品中多溴联苯醚的检测方法主要以仪器检测为主，包括气相色谱-质谱联用法、气相色谱法和高效液相色谱法。样品以水产品和奶制品为主。

现将气相色谱-质谱联用法介绍如下。

（1）原理 试样经提取、分离、净化、浓缩定容后作为待测溶液，用气相色谱-质谱联用仪测定，内标法定量。

（2）试剂和材料 多溴联苯醚标准物质：BDE209、BDE183；混合标准物质：BDE28、47、66、100、99、85、154、153、138；回收率指示物标样（500μg/L）：PCB209、^{13}C-PCB141；内标（200μg/L）：^{13}C-PCB208；丙酮（分析纯）；正己烷（分析纯）；二氯甲烷（分析纯）；硅胶（44.4～55.6μm）；中性氧化铝（55.6～111.1μm）；酸性硅胶；碱性硅胶。

硅胶和中性氧化铝活化：①依次用甲醇和二氯甲烷索氏抽提 48h；②真空干燥后分别于 180℃、250℃活化 12h；③3%去离子水平衡过夜后于正己烷中保存。

酸性硅胶和碱性硅胶制备：向活化后的硅胶加入 25%（质量分数）的 NaOH（1mol/L）或 44%（质量分数）H_2SO_4，摇匀，平衡过夜后，于正己烷中保存。

凝胶渗透色谱柱：内径 2.5cm，填料 40g Biobeads S-X3（Bio-Rad Laboratories，Inc. USA）。Biobeads S-X3 使用前用正己烷-二氯甲烷（1∶1，体积比）混合溶液浸泡 24h，湿法装柱；用 300mL 正己烷-二氯甲烷（1∶1，体积比）冲洗柱子，待柱子稳定后使用，使用时流速为 3mL/min。

实验中所用玻璃器皿均用重铬酸钾/浓硫酸洗液浸泡 4～5h，用去离子水冲洗干净并烘干后于 450℃马弗炉中烧 5h。金属器皿分别用二氯甲烷-正己烷（1∶1，体积比）、正己烷超声清洗后备用。

（3）仪器 气相色谱-质谱联用仪（附化学离子源 NCI，选择离子监测模式 SIM）；索氏提取装置；分析天平；粉碎机或类似设备；固相萃取装置。

（4）样品处理　将鱼去皮后取其脊背处肌肉，冷冻干燥后用研钵研匀备用。

准确称取干燥鱼肉 2.000g，加入回收率指示物标样 6μL PCB209、10μL ^{13}C-PCB141，用 200μL 正己烷-丙酮（1∶1，体积比）索氏提取 72h。抽提液浓缩为 10mL，转化溶剂为正己烷并定容为 4mL，取 2mL 样品测定脂肪含量，另 2mL 过凝胶渗透色谱柱纯化去除大分子脂肪组分（凝胶渗透色谱柱用体积比为 1∶1 的正己烷-二氯甲烷混合溶液淋洗，1～120mL 废液，收集 120～280mL 组分，然后用 100mL 溶剂冲洗净化凝胶渗透色谱柱）。

将凝胶渗透色谱柱收集的样品浓缩为 1mL，转移至多层硅胶氧化铝色谱柱（内径 1cm，柱从上往下依次填入 6cm 氧化铝、2cm 中性硅胶、5cm 碱性硅胶、2cm 中性硅胶、8cm 高酸性硅胶），用 70mL 正己烷-二氯甲烷（1∶1，体积比）淋洗，洗脱液浓缩为 1mL，转移到 1.8mL 小瓶，氮吹浓缩体积为 200μL，加内标 10μL ^{13}C-PCB208 进行仪器分析。

（5）仪器条件　色谱柱：DB-XLB（30m×0.25mm×0.25μm）。

三溴～七溴联苯醚分析升温程序：110℃（1min），以 8℃/mim 升至 180℃（1min），再以 2℃/min 升至 240℃（5min），再以 2℃/min 升至 280℃（25min），最后以 5℃/min 升至 290℃（13min）。

载气：高纯氮气。

反应气：甲烷。

流速：1.0mL/min。

离子源温度：200℃。

界面温度：280℃。

进样方式：无分流进样，1μL。

十溴联苯醚采用色谱柱：12.5m 色谱柱（CP-Sil 13 CB）。

十溴联苯醚升温程序：110℃以 8℃/min 升至 300℃（20min）。

柱流速：1.5mL/min。

（6）定性定量分析　根据色谱峰的保留时间和多溴联苯醚的定性离子进行定性分析。根据定量离子的峰面积，采用内标法定量。三溴～七溴联苯醚的定性定量离子为 m/z 78.9、80.9；十溴联苯醚为 m/z 78.9、80.9、486.7、488.7；回收率指示物 ^{13}C-PCB141 为 m/z 372、374；PCB209 为 m/z 498、500；内标 ^{13}C-PCB208 为 m/z 476、478。

（7）空白试验　随同试样进行空白试验。

（8）结果计算　按照式(8-12)计算校正因子。

$$F_i = \frac{A_i \times m_s}{A_s \times m_i} \tag{8-12}$$

式中　F_i——多溴联苯醚各自对内标物的校正因子；

　　　　A_i——内标峰面积；

　　　　m_i——内标质量，mg；

　　　　A_s——标准物质标准峰面积；

　　　　m_s——标准物质的质量，mg。

按式(8-13)计算试样中多溴联苯醚的含量

$$X_i = \frac{F_i \times (A_2 - A_0) \times m_1}{A_1 \times m_2} \times 1000 \tag{8-13}$$

式中　X_i——试样中每种多溴联苯醚的含量，mg/kg；
　　　F_i——校正因子；
　　　A_1——样液中内标峰面积；
　　　A_0——空白峰面积；
　　　A_2——样液中每种多溴联苯醚峰面积；
　　　m_1——样液中内标质量，mg；
　　　m_2——最终样液所代表的样品质量，g。

8.4 食品中烷基酚的检测技术

8.4.1　食品中的烷基酚

烷基酚（alkyphenols，APs）是碳链长度为 $C_4 \sim C_9$ 的酚类物质（图 8-5），广泛应用于塑料增塑剂、工业用洗涤剂、农药乳化剂、纺织行业整理剂等，其中应用最多的是壬基酚（nonylphenol，NP）和辛基酚（octylphenol，OP）。APs 除少数为液体外，大多数为结晶状固体，具有类似苯酚的气味，一般不溶或微溶于水，溶于乙醇、乙醚、苯等有机溶剂。

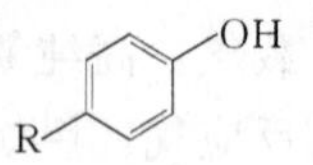

实验证实 APs 具有内分泌干扰活性，对哺乳动物和水生生物的生殖与发育有不同程度的影响。所以，检测食品中 APs 残留应予以重视。

图 8-5　烷基酚结构式

8.4.2　食品中烷基酚的检测方法

因 OP 和 NP 使用得较多，下面以液相色谱法检测食品中 OP 和 NP 为例介绍 APs 的检测方法（图 8-6，图 8-7）。

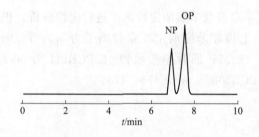

图 8-6　NP 和 OP 标准样品色谱图

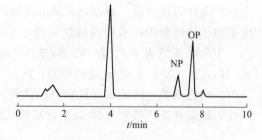

图 8-7　水产品种 NP 和 OP 的色谱图

（1）原理　根据 OP 和 NP 在高效液相色谱中的保留值进行定性分析，根据信号强度进行定量分析。外标法定量。

（2）试剂和材料　色谱纯乙腈；色谱纯甲醇；色谱纯二氯甲烷；氨水；OP 和 NP 标准品；混合型阴离子交换固相萃取柱（60mg，3mL）；1％三氯乙酸溶液；2％乙酸铅溶液，0.45μm 滤膜；超纯水。

标准溶液配制：分别准确称取 OP 和 NP 标准品 15.0mg 于 25mL 棕色容量瓶中，甲醇定容后得到 0.6g/L 的单一标准溶液，4℃ 保存。使用前使用甲醇稀释上述标准储备溶液，配制成不同浓度的标准工作液。

（3）仪器　LC-20AT 高效液相色谱仪-SPDM-20A 检测器（日本岛津）；离心机；氮吹仪；固相萃取装置；微孔过滤装置；SY3200 超声波清洗器；电热恒温鼓风干燥箱。

（4）试样处理

① 提取：称取草鱼试样 10.00g 于 100mL 聚四氟乙烯离心管中，准确加入 48mL 1％三氯乙酸溶液和 2mL 2％乙酸铅溶液，11000r/min 高速均质 30s，摇床振荡 30min，5000r/min 离心 10min。

② 净化：依次用 3mL 甲醇、3mL 水活化混合型阳离子交换固相萃取柱，准确吸取 10mL 上清液过柱，流速 1mL/min，再用 3mL 水、3mL 甲醇洗涤混合型阳离子交换固相萃取柱，抽至近干后，用 3mL 5％氨化甲醇溶液洗脱。收集洗脱液于 10mL 离心管中，50℃下氮吹至干。准确吸取 1mL 20％甲醇溶液溶解残渣，0.45μm 滤膜过滤待测。

（5）仪器条件　色谱柱：Shim-pack VP-ODS（4.6mm×250mm，5μm）；流动相：甲醇-水（75：25，体积比）；流速：0.8mL/min；柱温：35℃；进样量：20μm；检测波长 225nm。

（6）标准曲线制作　根据检测需要，使用标准工作溶液进样，以标准工作溶液浓度为横坐标、峰面积为纵坐标，绘制标准曲线。

（7）试样测定　使用试样分别进样，获得目标峰面积。根据标准曲线计算被测试样中 NP 和 OP 的含量（mg/kg）。试样中待测目标物的响应值均应在方法的线性范围内。若目标物的响应值超出方法的线性范围上限时，可减少样品称取量再进行提取或将提取液稀释后测定。

（8）结果计算

$$X = \frac{cV}{m} \tag{8-14}$$

式中　X——试样中 OP 和 NP 含量，mg/kg；

　　　c——从标准曲线中得到的 OP 和 NP 的浓度，mg/L；

　　　V——试样定容体积，mL；

　　　m——样品称取质量，g。

本章小结

持久性污染物是指具有流动性、持久性、积聚性和高毒性的 21 类有机化合物。本章需重点掌握食品中持久性污染物的特点、分类、来源，并结合实例了解某种（类）持久性污染物的检测方法及注意事项。

思考题

1. 什么是持久性有机污染物？
2. 主要的持久性污染物检测技术有哪些，各有何优势？
3. 何为毒性当量和毒性当量因子？
4. 气相色谱-质谱法测定食品中多氯联苯时如何对样品进行前处理？
5. 如何活化氧化铝吸附剂？

附　录

附录表 8-1　PCDD/Fs 校正和时间窗口确定标准溶液

化合物		浓度/(μg/L)	化合物	浓度/(μg/L)
天然的PCDDs/PCDFs	2,3,7,8-TCDD	10	^{13}C-2,3,7,8-TCDD	100
	2,3,7,8-TCDF	10	^{13}C-2,3,7,8-TCDF	100
	1,2,3,7,8-PeCDD	50	^{13}C-1,2,3,7,8-PeCDD	100
	1,2,3,7,8-PeCDF	50	^{13}C-1,2,3,7,8-PeCDF	100
	2,3,4,7,8-PeCDF	50	^{13}C-2,3,4,7,8-PeCDF	100
	1,2,3,4,7,8-HxCDD	50	^{13}C-1,2,3,4,7,8-HxCDD	100
	1,2,3,6,7,8-HxCDD	50	^{13}C-1,2,3,6,7,8-HxCDD	100
	1,2,3,7,8,9-HxCDD	50	—	—
	1,2,3,4,7,8-HxCDF	50	^{13}C-1,2,3,4,7,8-HxCDF	100
	1,2,3,6,7,8-HxCDF	50	^{13}C-1,2,3,6,7,8-HxCDF	100
	1,2,3,7,8,9-HxCDF	50	^{13}C-1,2,3,7,8,9-HxCDF	100
	2,3,4,6,7,8-HxCDF	50	^{13}C-2,3,4,6,7,8-HxCDF	100
	1,2,3,4,6,7,8-HpCDD(WD)	50	^{13}C-1,2,3,4,6,7,8-HpCDD	100
	1,2,3,4,6,7,8-HpCDF(WD)	50	^{13}C-1,2,3,4,6,7,8-HpCDF	100
	1,2,3,4,7,8,9-HpCDF(WD)	50	^{13}C-1,2,3,4,7,8,9-HpCDF	100
	OCDD	100	^{13}C-OCDD	200
	OCDF	100	—	—
时间窗口确定标准	1,2,6,8-TCDD	10	净化标准	^{37}Cl-2,3,7,8-TCDD	10
	1,2,8,9-TCDD	10	定量内标	^{13}C-1,2,3,4-TCDD	100
	1,3,6,8-TCDF	10		^{13}C-1,2,3,7,8,9-HxCDD	100
	1,2,8,9-TCDF	10	2,3,7,8-TCDD分离度	1,2,3,4-TCDD	5
	1,2,4,7,9-PeCDD	50		1,2,3,7/1,2,3,8-TCDD	5
	1,2,3,8,9-PeCDD	50		1,2,3,9-TCDD	10
	1,3,4,6,8-PeCDF	50	—	—
	1,2,3,8,9-PeCDF	50	—	—
	1,2,4,6,7,9-HxCDD	50	—	—
	1,2,3,4,6,8-HxCDF	50	—	—
	1,2,3,4,6,7,9-HpCDD	50	—	—

附录表 8-2　PCDDs/PCDFs 的同位素标记定量内标储备液

同位素标记的化合物		浓度/(μg/L)	同位素标记的化合物		浓度/(μg/L)
PCDDs	^{13}C-2,3,7,8-TCDD	100	PCDFs	^{13}C-2,3,7,8-TCDF	100
	^{13}C-1,2,3,7,8-PeCDD	100		^{13}C-1,2,3,7,8-PeCDF	100
	^{13}C-1,2,3,4,7,8-HxCDD	100		^{13}C-2,3,4,7,8-PeCDF	100
	^{13}C-1,2,3,6,7,8-HxCDD	100		^{13}C-1,2,3,4,7,8-HxCDF	100
	^{13}C-1,2,3,4,6,7,8-HpCDD	100		^{13}C-1,2,3,6,7,8-HxCDF	100
	^{13}C-OCDD	200		^{13}C-1,2,3,7,8,9-HxCDF	100
	—	—		^{13}C-2,3,4,6,7,8-HxCDF	100
	—	—		^{13}C-1,2,3,4,6,7,8-HpCDF	100
	—	—		^{13}C-1,2,3,4,7,8,9-HpCDF	100

附录表 8-3　PCDD/Fs 精密度和回收率检查标准溶液

	天然的化合物	浓度/(μg/L)		天然的化合物	浓度/(μg/L)
PCDDs	2,3,7,8-TCDD	40	PCDFs	2,3,7,8-TCDF	40
	1,2,3,7,8-PeCDD	200		1,2,3,7,8-PeCDF	200
	1,2,3,4,7,8-HxCDD	200		2,3,4,7,8-PeCDF	200
	1,2,3,6,7,8-HxCDD	200		1,2,3,4,7,8-HxCDF	200
	1,2,3,7,8,9-HxCDD	200		1,2,3,6,7,8-HxCDF	200
	1,2,3,4,6,7,8-HpCDD	200		1,2,3,7,8,9-HxCDF	200
	OCDD	400		2,3,4,6,7,8-HxCDF	200
	—	—		1,2,3,4,6,7,8-HpCDF	200
	—	—		1,2,3,4,7,8,9-HpCDF	200
	—	—		OCDF	400

附录表 8-4　PCDD/Fs 分离度检查的混合溶液

化合物	色谱柱 I[①]	色谱柱 II[②]	色谱柱 III[③]
2,3,7,8-TCDD	1,2,3,4-TCDD(25μg/L)	1,4,7,8-TCDD(25μg/L)	与 2331 相同
	1,2,3,7 和 1,2,3,8-TCDD (25μg/L)	2,3,7,8-TCDD(50μg/L)	
	2,3,7,8-TCDD(50μg/L)	1,2,3,7-TCDD 和 1,2,3,8-TCDD (25μg/L)	
	1,2,3,9-TCDD(50μg/L)	1,2,3,4-TCDD(25μg/L)	
2,3,7,8-TCDF	N/A	1,2,3,9-TCDF(50μg/L)	2,3,4,7-TCDF(50μg/L)
		2,3,7,8-TCDF(100μg/L)	2,3,7,8-TCDF(100μg/L)
		2,3,4,8-TCDF(50μg/L)	1,2,3,9-TCDF(65μg/L)

① 适用于 DB-5、BP-5、HP-2、Rtx-5、SPB-5 和等效柱。
② 适用于 SP-2331、Rtx-2330 和等效柱。
③ 适用于 DB-225、BP-225、HP-225、Rtx-225、SPB-225 和等效柱。
注：N/A 表示不适用。

附录表 8-5　PCDD/Fs 校正标准溶液

化合物		浓度/(μg/L)					
		CS1	CS2	CS3	CS4	CS5	CSL
天然 PCDD/Fs	2,3,7,8-TCDD	0.5	2	10	40	200	0.1
	2,3,7,8-TCDF	0.5	2	10	40	200	0.1
	1,2,3,7,8-PeCDD	2.5	10	50	200	1000	0.5
	1,2,3,7,8-PeCDF	2.5	10	50	200	1000	0.5
	2,3,4,7,8-PeCDF	2.5	10	50	200	1000	0.5
	1,2,3,4,7,8-HxCDD	2.5	10	50	200	1000	0.5
	1,2,3,6,7,8-HxCDD	2.5	10	50	200	1000	0.5
	1,2,3,7,8,9-HxCDD	2.5	10	50	200	1000	0.5
	1,2,3,4,7,8-HxCDF	2.5	10	50	200	1000	0.5
	1,2,3,6,7,8-HxCDF	2.5	10	50	200	1000	0.5
	1,2,3,7,8,9-HxCDF	2.5	10	50	200	1000	0.5
	2,3,4,6,7,8-HxCDF	2.5	10	50	200	1000	0.5
	1,2,3,4,6,7,8-HpCDD	2.5	10	50	200	1000	0.5
	1,2,3,4,6,7,8-HpCDF	2.5	10	50	200	1000	0.5
	1,2,3,4,7,8,9-HpCDF	2.5	10	50	200	1000	0.5
	OCDD	5.0	20	100	400	2000	1.0
	OCDF	5.0	20	100	400	2000	1.0

续表

化合物		浓度/(μg/L)					
		CS1	CS2	CS3	CS4	CS5	CSL
同位素 PCDD/Fs	$^{13}C_{12}$-2,3,7,8-TCDD	100	100	100	100	100	100
	$^{13}C_{12}$-2,3,7,8-TCDF	100	100	100	100	100	100
	$^{13}C_{12}$-1,2,3,7,8-PeCDD	100	100	100	100	100	100
	$^{13}C_{12}$ - PeCDF	100	100	100	100	100	100
	$^{13}C_{12}$-2,3,4,7,8-PeCDF	100	100	100	100	100	100
	$^{13}C_{12}$-1,2,3,4,7,8-HxCDD	100	100	100	100	100	100
	$^{13}C_{12}$-1,2,3,6,7,8-HxCDD	100	100	100	100	100	100
	$^{13}C_{12}$-1,2,3,4,7,8-HxCDF	100	100	100	100	100	100
	$^{13}C_{12}$-1,2,3,6,7,8-HxCDF	100	100	100	100	100	100
	$^{13}C_{12}$-1,2,3,7,8,9-HxCDF	100	100	100	100	100	100
	$^{13}C_{12}$-1,2,3,4,6,7,8-HpCDD	100	100	100	100	100	100
	$^{13}C_{12}$-1,2,3,4,6,7,8-HpCDF	100	100	100	100	100	100
	$^{13}C_{12}$-1,2,3,4,7,8,9-HpCDF	100	100	100	100	100	100
	$^{13}C_{12}$-OCDD	200	200	200	200	200	200
净化内标	$^{37}Cl_4$-2,3,7,8-TCDD	0.5	2	10	40	200	0.1
定量内标	$^{13}C_{12}$-1,2,3,4-TCDD	100	100	100	100	100	100
	$^{13}C_{12}$-1,2,3,7,8,9-HxCDD	100	100	100	100	100	100

附录表 8-6　二噁英及其类似物的时间窗口、m/z 精确质量数、m/z 类型和元素组成

时间窗口及氯取代数		m/z 精确质量数	m/z 类型	元素组成	化合物
PCDD/Fs	Fn-1 Cl-4	292.9825	锁定 k	C_7F_{11}	PFK
		303.9016	M	$C_{12}H_4{}^{35}Cl_4O$	TCDF
		305.8987	M+2	$C_{12}H_4{}^{35}Cl_4ClO$	TCDF
		315.9419	M	$^{13}C_{12}H_4{}^{35}Cl_4O$	TCDF①
		317.9389	M+2	$^{13}C_{12}H_4{}^{35}Cl_4{}^{37}ClO$	TCDF②
		319.8965	M	$C_{12}H_4{}^{35}Cl_4O_2$	TCDD
		321.8936	M+2	$C_{12}H_4{}^{35}Cl_3{}^{37}ClO_2$	TCDD
		327.8846	M	$C_{12}H_4{}^{37}Cl_4O_2$	TCDD②
		330.9792	QC	C_7F_{13}	PFK
		331.9368	M	$^{13}C_{12}H_4{}^{35}Cl_4O_2$	TCDD①
		333.9339	M+2	$^{13}C_{12}H_4{}^{35}Cl_4{}^{37}ClO_2$	TCDD①
		375.8364	M+2	$C_{12}H_4{}^{35}Cl_5{}^{37}ClO$	HxCDPE
	Fn-2 Cl-5	339.8597	M+2	$C_{12}H_3{}^{35}Cl_4{}^{37}ClO$	PeCDF
		341.8567	M+4	$C_{12}H_3{}^{35}Cl_3{}^{37}Cl_2O$	PeCDF
		351.9000	M+2	$^{13}C_{12}H_3{}^{35}Cl_4{}^{37}ClO$	PeCDF
		353.8970	M+4	$^{13}C_{12}H_3{}^{35}Cl_3{}^{37}Cl_2O$	PeCDF①
		354.9792	锁定 k	C_9F_{13}	PFK
		355.8546	M+2	$C_{12}H_3{}^{35}Cl_4{}^{37}ClO_2$	PeCDD
		357.8516	M+4	$C_{12}H_3{}^{35}Cl_3{}^{37}Cl_2O_2$	PeCDD
		367.8949	M+2	$^{13}C_{12}H_3{}^{35}Cl_4{}^{37}ClO_2$	PeCDD①
		369.8919	M+4	$^{13}C_{12}H_3{}^{35}Cl_3{}^{37}Cl_2O_2$	PeCDD①
		409.7974	M+2	$C_{12}H_3{}^{35}Cl_6{}^{37}ClO$	HpCDPE
	Fn-3 Cl-6	373.8208	M+2	$C_{12}H_2{}^{35}Cl_5{}^{37}ClO$	HxCDF
		375.8178	M+4	$C_{12}H_2{}^{35}Cl_4{}^{37}Cl_2O$	HxCDF
		383.8639	M	$^{13}C_{12}H_2{}^{35}Cl_6O$	HxCDF①
		385.8610	M+2	$^{13}C_{12}H_2{}^{35}Cl_5{}^{37}ClO$	HxCDF①
		389.8157	M+2	$C_{12}H_2{}^{35}Cl_5{}^{37}ClO_2$	HxCDD
		391.8127	M+4	$C_{12}H_3{}^{35}Cl_4{}^{37}Cl_2O_2$	HxCDD

时间窗口及氯取代数		m/z 精确质量数	m/z 类型	元素组成	化合物
PCDD/Fs	Fn-3 Cl-6	392.9760	锁定	C_9F_{15}	PFK
		401.8559	M+2	$^{13}C_{12}H_2{}^{35}Cl_5{}^{37}ClO$	HxCDD①
		403.8520	M+4	$^{13}C_{12}H_2{}^{35}Cl_4{}^{37}Cl_2O_2$	HxCDD①
		430.9729	QC	C_9F_{17}	PFK
		445.7555	M+4	$C_{12}H_2{}^{35}Cl_6{}^{37}Cl_2O$	OCDPE
	Fn-5 Cl-8	441.7428	M+2	$C_{12}H{}^{35}Cl_7{}^{37}ClO$	OCDF
		442.9728	锁定 k	$C_{10}F_{17}$	PFK
		443.7399	M+4	$C_{12}{}^{35}Cl_6{}^{37}Cl_2O$	OCDF
		457.7377	M+2	$C_{12}{}^{35}Cl_7{}^{37}ClO_2$	OCDD
		459.7348	M+4	$C_{12}{}^{35}Cl_6{}^{37}Cl_2O_2$	OCDD
		469.7779	M+2	$^{13}C_{12}{}^{35}Cl_7{}^{37}ClO_2$	OCDD①
		471.7750	M+4	$^{13}C_{12}{}^{35}Cl_6{}^{37}Cl_2O_2$	OCDD①
		513.6775	M+4	$C_{12}{}^{35}Cl_8Cl_2O$	DCDPE
PCBs	Fn-1 Cl-3,4,5	255.9613	M	$C_{12}H_7{}^{35}Cl_3$	Cl-3 PCB
		257.9584	M+2	$C_{12}H_7{}^{35}Cl_2{}^{37}Cl$	Cl-3 PCB
		259.9554	M+4	$C_{12}H_7{}^{35}Cl{}^{37}Cl_2$	Cl-3 PCB
		268.0016	M	$^{13}C_{12}H_7{}^{35}Cl_3$	$^{13}C_{12}$ Cl-3 PCB
		269.9986	M+2	$^{13}C_{12}H_7{}^{35}Cl_2{}^{37}Cl$	$^{13}C_{12}$ Cl-3 PCB
		280.9825	锁定 k	C_6H_{11}	PFK
		289.9224	M	$C_{12}H_6{}^{35}Cl_4$	Cl-4 PCB
		291.919	M+2	$C_{12}H_6{}^{35}Cl_3{}^{37}Cl$	Cl-4 PCB
		293.9165	M+4	$C_{12}H_6{}^{35}Cl_2{}^{37}Cl_2$	Cl-4 PCB
		301.9626	M	$^{13}C_{12}H_6{}^{35}Cl_4$	$^{13}C_{12}$ Cl-4 PCB
		303.9597	M+2	$^{13}C_{12}H_6{}^{35}Cl_3{}^{37}Cl$	$^{13}C_{12}$ Cl-4 PCB
	Fn-2 Cl-4,5,6	289.9224	M	$C_{12}H_6{}^{35}Cl_4$	Cl-4 PCB
		291.9194	M+2	$C_{12}H_6{}^{35}Cl_3{}^{37}Cl$	Cl-4 PCB
		293.9165	M+4	$C_{12}H_6{}^{35}Cl_2{}^{37}Cl_2$	Cl-4 PCB
		301.9626	M	$^{13}C_{12}H_6{}^{35}Cl_4$	$^{13}C_{12}$ Cl-4 PCB
		303.9597	M+2	$^{13}C_{12}H_6{}^{35}Cl_3{}^{37}Cl$	$^{13}C_{12}$ Cl-4 PCB
		323.8834	M	$C_{12}H_5{}^{35}Cl_5$	Cl-5 PCB
		325.8804	M+2	$C_{12}H_5{}^{35}Cl_4{}^{37}Cl$	Cl-5 PCB
		327.8875	M+4	$C_{12}H_5{}^{35}Cl_3{}^{37}Cl_2$	Cl-5 PCB
		330.9792	锁定 k	C_7H_{15}	PFK
		337.9207	M+2	$^{13}C_{12}H_5{}^{35}Cl_4{}^{37}Cl$	$^{13}C_{12}$ Cl-5 PCB
		339.9178	M+4	$^{13}C_{12}H_5{}^{35}Cl_3{}^{37}Cl_2$	$^{13}C_{12}$ Cl-5 PCB
		359.8415	M+2	$^{13}C_{12}H_4{}^{35}Cl_5{}^{37}Cl$	Cl-6 PCB
		361.8385	M+4	$^{13}C_{12}H_4{}^{35}Cl_4{}^{37}Cl_2$	Cl-6 PCB
		363.8356	M+6	$^{13}C_{12}H_4{}^{35}Cl_3{}^{37}Cl_3$	Cl-6 PCB
		371.8817	M+2	$^{13}C_{12}H_4{}^{35}Cl_5{}^{37}Cl$	$^{13}C_{12}$ Cl-6 PCB
		373.8788	M+4	$^{13}C_{12}H_4{}^{35}Cl_4{}^{37}Cl_2$	$^{13}C_{12}$ Cl-6 PCB
	Fn-3 Cl-5,6,7	323.8834	M	$C_{12}H_5{}^{35}Cl_5$	Cl-5 PCB
		325.8804	M+2	$C_{12}H_5{}^{35}Cl_4{}^{37}Cl$	Cl-5 PCB
		327.8775	M+4	$C_{12}H_5{}^{35}Cl_3{}^{37}Cl_2$	Cl-5 PCB
		337.9207	M+2	$^{13}C_{12}H_5{}^{35}Cl_4{}^{37}Cl$	$^{13}C_{12}$ Cl-5 PCB
		339.9178	M+4	$^{13}C_{12}H_5{}^{35}Cl_3{}^{37}Cl_2$	$^{13}C_{12}$ Cl-5 PCB
		354.9792	锁定 k	C_9H_{13}	PFK
		359.8415	M+2	$^{13}C_{12}H_4{}^{35}Cl_5{}^{37}Cl$	Cl-6 PCB
		361.8385	M+4	$^{13}C_{12}H_4{}^{35}Cl_4{}^{37}Cl_2$	Cl-6 PCB
		363.8356	M+6	$^{13}C_{12}H_4{}^{35}Cl_3{}^{37}Cl_2$	Cl-6 PCB
		371.8817	M+2	$^{13}C_{12}H_4{}^{35}Cl_5{}^{37}Cl$	$^{13}C_{12}$ Cl-6 PCB

续表

时间窗口及氯取代数	m/z 精确质量数	m/z 类型	元素组成	化合物
	373.8788	M+4	$^{13}C_{12}H_4{}^{35}Cl_4{}^{37}Cl_2$	$^{13}C_{12}$Cl-6 PCB
	393.8025	M+2	$C_{12}H_3{}^{35}Cl_6{}^{37}Cl$	Cl-7 PCB
	395.7995	M+4	$C_{12}H_3{}^{35}Cl_5{}^{37}Cl_2$	Cl-7 PCB
	397.7966	M+6	$C_{12}H_3{}^{35}Cl_4{}^{37}Cl_3$	Cl-7 PCB
	405.8428	M+2	$^{13}C_{12}H_3{}^{35}Cl_6{}^{37}Cl$	$^{13}C_{12}$ Cl-7 PCB
	407.8398	M+4	$^{13}C_{12}H_3{}^{35}Cl_5{}^{37}Cl_2$	$^{13}C_{12}$ Cl-7 PCB
	454.9728	QC	$C_{11}F_{17}$	PFK
	393.8025	M+2	$C_{12}H_3{}^{35}Cl_6{}^{37}Cl$	Cl-7 PCB
	395.7995	M+4	$C_{12}H_3{}^{35}Cl_5{}^{37}Cl_2$	Cl-7 PCB
	397.7966	M+6	$C_{12}H_3{}^{35}Cl_4{}^{37}Cl_3$	Cl-7 PCB
	405.8428	M+2	$^{13}C_{12}H_3{}^{35}Cl_6{}^{37}Cl$	$^{13}C_{12}$ Cl-7 PCB
	407.8398	M+4	$^{13}C_{12}H_3{}^{35}Cl_5{}^{37}Cl_2$	$^{13}C_{12}$ Cl-7 PCB
	427.7635	M+2	$C_{12}H_2{}^{35}Cl_7{}^{37}Cl$	Cl-8 PCB
	429.7606	M+4	$C_{12}H_2{}^{35}Cl_6{}^{37}Cl_2$	Cl-8 PCB
PCBs	431.7576	M+6	$C_{12}H_2{}^{35}Cl_5{}^{37}Cl_3$	Cl-8 PCB
	439.8038	M+2	$^{13}C_{12}H_2{}^{35}Cl_7{}^{37}Cl$	$^{13}C_{12}$ Cl-8 PCB
	441.8008	M+4	$^{13}C_{12}H_2{}^{35}Cl_6{}^{37}Cl_2$	$^{13}C_{12}$ Cl-8 PCB
Fn-4	442.9728	QC	$C_{10}F_{13}$	PFK
Cl-7,8,9,10	454.9728	锁定 k	$C_{11}F_{13}$	PFK
	461.7246	M+2	$C_{12}H_1{}^{35}Cl_8{}^{37}Cl$	Cl-9 PCB
	463.7216	M+4	$C_{12}H_1{}^{35}Cl_7{}^{37}Cl$	Cl-9 PCB
	464.7187	M+6	$C_{12}H_1{}^{35}Cl_6{}^{37}Cl_3$	Cl-9 PCB
	473.7648	M+2	$^{13}C_{12}H_1{}^{35}Cl_8{}^{37}Cl$	$^{13}C^{13}$ Cl-9 PCB
	475.7619	M+4	$^{13}C_{12}H_1{}^{35}Cl_7{}^{37}Cl_2$	$^{13}C^{13}$ Cl-9 PCB
	495.6856	M+2	$^{13}C_{12}{}^{35}Cl_9{}^{37}Cl$	Cl-10 PCB
	499.6797	M+4	$C_{12}{}^{35}Cl_7{}^{37}Cl_3$	Cl-10 PCB
	501.6767	M+6	$C_{12}{}^{35}Cl_6{}^{37}Cl_4$	Cl-10 PCB
	507.7258	M+2	$^{13}C_{12}{}^{35}Cl_9{}^{37}Cl$	$^{13}C_{12}$ Cl-10 PCB
	509.7229	M+4	$^{13}C_{12}{}^{35}Cl_8{}^{37}Cl_2$	$^{13}C_{12}$ Cl-10 PCB
	511.7199	M+6	$^{13}C_{12}{}^{35}Cl_7{}^{37}Cl_3$	$^{13}C_{12}$ Cl-10 PCB

① 同位素标记物。

② 内标$^{37}Cl_4$-2,3,7,8-TCDD 只有一个 m/z。

注：1. 原子核质量，H=1.007825u、O=15.994915u、C=12.00000u、^{35}Cl=34.968853u、^{13}C=13.003355u、^{37}Cl=36.995903u、F=18.9984u。

2. HxCDPE 表示六氯代苯并醚；HpCDPE 表示七氯代二苯并醚；DCDPE 表示八氯代苯并醚；NCDPE 表示九氯代苯并醚；OCDPE 表示十氯代苯并醚；PFK 表示全氟煤油；TrCB 表示三氯联苯；TePCB 表示四氯联苯；PePCB 表示五氯联苯；HxPCB 表示六氯联苯；HPCB 表示七氯联苯；OcCB 表示八氯联苯；NoCB 表示九氯联苯；DeCB 表示十氯联苯。

附录表 8-7　二噁英及其类似物的理论离子丰度比和 QC 限值

氯原子数		m/z 构成比	理论比值	QC①	
				低	高
	4②	M/(M+2)	0.77	0.65	0.89
	5	(M+2)/(M+4)	1.55	1.32	1.78
	6	(M+2)/(M+4)	1.24	1.05	1.43
PCDD/Fs	6③	M/(M+2)	0.51	0.43	0.59
	7	(M+2)/(M+4)	1.05	0.88	1.20
	7④	M/(M+2)	0.44	0.37	0.51
	8	(M+2)/(M+4)	0.89	0.76	1.02

续表

氯原子数		m/z 构成比	理论比值	QC[①]	
				低	高
PCBs	1	M/(M+2)	3.13	2.66	3.60
	2	M/(M+2)	1.56	1.33	1.79
	3	M/(M+2)	1.04	0.88	1.20
	4	M/(M+2)	0.77	0.65	0.89
	5	(M+2)/(M+4)	1.55	1.32	1.78
	6	(M+2)/(M+4)	1.24	1.05	1.43
	7	(M+2)/(M+4)	1.05	0.89	1.21
	8	(M+2)/(M+4)	0.89	0.76	1.02
	9	(M+2)/(M+4)	0.77	0.65	0.89
	10	(M+2)/(M+4)	0.69	0.59	0.79

① QC 限为理论离子丰度±15%。

② $^{37}Cl_4$-2,3,7,8-TCDD（净化标准）不适用。

③ 只用于 $^{13}C_{12}$-HxCDF。

④ 只用于 $^{13}C_{12}$-HpCDF。

附录表 8-8 PCDD/Fs 保留时间窗口确定的标准溶液

色谱柱 I [①]		色谱柱 II [②] 或者色谱柱 III [③]	
最先出峰/(μg/L)	最后出峰/(μg/L)	最先出峰/(μg/L)	最后出峰/(μg/L)
1,3,6,8-TCDD(65)	1,2,8,9-TCDD(60)	1,3,6,8-TCDD(65)	1,2,8,9-TCDD(60)
1,3,6,8-TCDF(100)	1,2,8,9-TCDF(100)	1,3,6,8-TCDF(100)	1,2,8,9-TCDF(100)
1,2,4,7,9-PeCDD(50)	1,2,3,8,9-PeCDD(60)	1,2,4,7,9-PeCDD(50)	1,2,3,8,9-PeCDD(60)
1,2,4,6,8-PeCDF(50)	1,2,3,8,9-PeCDF(50)	1,2,4,6,8-PeCDF(50)	2,3,4,6,7-PeCDF(50)
1,2,4,6,7,9-HxCDD(50)	1,2,3,4,6,7-HxCDD(50)	1,2,4,6,7,9-HxCDD(50)	1,2,3,4,6,7-HxCDD(50)
1,2,3,4,6,8-HxCDF(50)	1,2,3,4,8,9-HxCDF(50)	1,2,3,4,6,8-HxCDF(50)	2,3,4,6,7,8-HxCDF(50)
1,2,3,4,6,7,9-HpCDD(50)	1,2,3,4,6,7,8-HpCDD(50)	1,2,3,4,6,7,9-HpCDD(50)	1,2,3,4,6,7,8-HpCDD(50
1,2,3,4,6,7,8-HpCDF(50)	1,2,3,4,7,8,9-HpCDF(50)	1,2,3,4,6,7,8-HpCDF(50)	1,2,3,4,7,8,9-HpCDF(50)
OCDD(50)	OCDD(50)		
OCDF(50)	OCDF(50)		

① 适用于 DB-5、BP-5、HP-2、Rtx-5、SPB-5 或等效柱。

② 适用于 SP-2331、Rtx-2330 或等效柱。

③ 适用于 DB-225、BP-225、HP-225、Rtx-225、SPB-225 或等效柱。

附录表 8-9 PCBs 的时间窗口确定和定量内标标准溶液

标记物	IUPAC 代码	浓度/(mg/L)
$^{13}C_{12}$-2-MoCB	1L	1.0
$^{13}C_{12}$-4-MoCB	3L	1.0
$^{13}C_{12}$-2,2′-DiCB	4L	1.0
$^{13}C_{12}$-4,4′-DiCB	15L	1.0
$^{13}C_{12}$-2,2′,6-TrCB	19L	1.0
$^{13}C_{12}$-3,4,4′-TrCB	37L	1.0
$^{13}C_{12}$-2,2′,6,6′-TeCB	54L	1.0
$^{13}C_{12}$-3,3′,4,4′-TeCB	77L	1.0
$^{13}C_{12}$-3,4,4′,5-TeCB	81L	1.0
$^{13}C_{12}$-2,2′,4,6,6′-PeCB	104L	1.0
$^{13}C_{12}$-2,3,3′,4,4′-PeCB	105L	1.0
$^{13}C_{12}$-2,3,4,4′,5-PeCB	114L	1.0
$^{13}C_{12}$-2,3′,4,4′,5-PeCB	118L	1.0
$^{13}C_{12}$-2′,3,4,4′,5-PeCB	123L	1.0

标记物	IUPAC 代码	浓度/(mg/L)
$^{13}C_{12}$-3,3',4,4',5-PeCB	126L	1.0
$^{13}C_{12}$-2,2',4,4',6,6'-HxCB	155L	1.0
$^{13}C_{12}$-2,3,3',4,4',5-HxCB	156L	1.0
$^{13}C_{12}$-2,3,3',4,4',5'-HxCB	157L	1.0
$^{13}C_{12}$-2,3',4,4',5,5'-HxCB	167L	1.0
$^{13}C_{12}$-3,3',4,4',5,5'-HxCB	169L	1.0
$^{13}C_{12}$-2,2',3,4',5,6,6'-HpCB	188L	1.0
$^{13}C_{12}$-2,3,3',4,4',5,5'-HpCB	189L	1.0
$^{13}C_{12}$-2,2',3,3',5,5',6,6'-OcCB	202L	1.0
$^{13}C_{12}$-2,3,3',4,4',5,5',6-OcCB	205L	1.0
$^{13}C_{12}$-2,2',3,3',4,4',5,5',6-NoCB	206L	1.0
$^{13}C_{12}$-2,2',3,3',4,5,5',6,6'-NoCB	208L	1.0
$^{13}C_{12}$-DeCB	209L	1.0

附录表 8-10　PCDD/Fs 的同位素标记定量内标的储备溶液

同位素标记的化合物		浓度/(μg/L)	同位素标记的化合物		浓度/(μg/L)
PCDDs	^{13}C-2,3,7,8-TCDD	100	PCDFs	^{13}C-2,3,7,8-TCDF	100
	^{13}C-1,2,3,7,8-PeCDD	100		^{13}C-1,2,3,7,8-PeCDF	100
	^{13}C-1,2,3,4,7,8-HxCDD	100		^{13}C-2,3,4,7,8-PeCDF	100
	^{13}C-1,2,3,6,7,8-HxCDD	100		^{13}C-1,2,3,4,7,8-HxCDF	100
	^{13}C-1,2,3,4,6,7,8-HpCDD	100		^{13}C-1,2,3,6,7,8-HxCDF	100
	^{13}C-OCDD	200		^{13}C-1,2,3,7,8,9-HxCDF	100
	—	—		^{13}C-2,3,4,6,7,8-HxCDF	100
	—	—		^{13}C-1,2,3,4,6,7,8-HpCDF	100
	—	—		^{13}C-1,2,3,4,7,8,9-HpCDF	100

附录表 8-11　二噁英及其类似物的可接受标准

化合物		IUPAC 代码	测试浓度[①]/(μg/L)	IPR		OPR/(μg/L)	VER/(μg/L)	样品中同位素内标回收率/%
				S[②]/(μg/L)	X[③]/(μg/L)			
PCDD/Fs	2,3,7,8-TCDD	—	10	2.8	8.3～12.9	6.7～15.8	7.8～12.9	—
	2,3,7,8-TCDF	—	10	2.0	8.7～13.7	7.5～15.8	8.4～12.0	—
	1,2,3,7,8-PeCDD	—	50	7.5	38～66	35～71	39～65	—
	1,2,3,7,8-PeCDF	—	50	7.5	43～62	40～67	41～60	—
	2,3,4,7,8-PeCDF	—	50	8.6	36～75	34～80	41～61	—
	1,2,3,4,7,8-HxCDD	—	50	9.4	39～76	35～82	39～64	—
	1,2,3,6,7,8-HxCDD	—	50	7.7	42～62	38～67	39～64	—
	1,2,3,7,8,9-HxCDD	—	50	11.1	37～71	32～81	41～61	—
	1,2,3,4,7,8-HxCDF	—	50	8.7	41～59	36～67	45～56	—
	1,2,3,6,7,8-HxCDF	—	50	6.7	46～60	42～65	44～57	—
	1,2,3,7,8,9-HxCDF	—	50	6.4	42～61	39～65	45～56	—
	2,3,4,7,8,9-HxCDF	—	50	7.4	37～74	35～78	44～57	—
	1,2,3,4,6,7,8-HpCDD	—	50	7.7	38～65	35～70	43～58	—
	1,2,3,4,6,7,8-HpCDF	—	50	6.3	45～56	41～61	45～55	—
	1,2,3,4,7,8,9-HpCDF	—	50	8.1	43～63	39～69	43～58	—
	OCDD	—	100	19	89～127	78～144	79～126	—
	OCDF	—	100	27	74～146	63～170	63～159	—
	$^{13}C_{12}$-2,3,7,8-TCDD							25～164

续表

化合物	IUPAC 代码	测试浓度① /(μg/L)	IPR		OPR /(μg/L)	VER /(μg/L)	样品中同位素内标回收率 /%
			S② /(μg/L)	X③ /(μg/L)			
PCDD/Fs $^{13}C_{12}$-2,3,7,8-TCDF	—	—	—	—	—	—	24~169
$^{13}C_{12}$-1,2,3,7,8-PeCDD	—	—	—	—	—	—	25~181
$^{13}C_{12}$-1,2,3,7,8-PeCDF	—	—	—	—	—	—	24~185
$^{13}C_{12}$-2,3,4,7,8-PeCDF	—	—	—	—	—	—	21~178
$^{13}C_{12}$-1,2,3,4,7,8-HxCDD	—	—	—	—	—	—	32~141
$^{13}C_{12}$-1,2,3,6,7,8-HxCDD	—	—	—	—	—	—	28~130
$^{13}C_{12}$-1,2,3,4,7,8-HxCDF	—	—	—	—	—	—	26~152
$^{13}C_{12}$-1,2,3,6,7,8-HxCDF	—	—	—	—	—	—	26~123
$^{13}C_{12}$-1,2,3,7,8,9-HxCDF	—	—	—	—	—	—	29~147
$^{13}C_{12}$-2,3,4,7,8,9-HxCDF	—	—	—	—	—	—	28~136
$^{13}C_{12}$-1,2,3,4,6,7,8-HpCDD	—	—	—	—	—	—	23~140
$^{13}C_{12}$-1,2,3,4,6,7,8-HpCDF	—	—	—	—	—	—	28~143
$^{13}C_{12}$-1,2,3,4,7,8,9-HpCDF	—	—	—	—	—	—	26~138
$^{13}C_{12}$-OCDD	—	—	—	—	—	—	17~157
$^{37}Cl_{4}$-2,3,7,8-TCDD	—	—	—	—	—	—	35~197
PCBs 3,3′,4,4′-TePCB	77	50	20	30~70	25~75	35~65	—
3,4,4′,5-TePCB	81	50	20	30~70	25~75	35~65	—
2,3,3′,4,4′-PePCB	105	50	20	30~70	25~75	35~65	—
2,3,4,4′,5-PePCB	114	50	20	30~70	25~75	35~65	—
2,3′,4,4′,5-PePCB	118	50	20	30~70	25~75	35~65	—
2′,3,4,4′,5-PePCB	123	50	20	30~70	25~75	35~65	—
3,3′,4,4′,5-PePCB	126	50	20	30~70	25~75	35~65	—
2,2′,4,4′,6,6′-HxPCB	156	50	20	30~70	25~75	35~65	—
2,3,3′,4,4′,5′-HxPCB⁵	157	50	20	30~70	25~75	35~65	—
2,3′,4,4′,5,5′-HxPCB	167	50	20	30~70	25~75	35~65	—
3,3′,4,4′,5,5′-HxPCB	169	50	20	30~70	25~75	35~65	—
2,2′,3,4′,5,6,6′-HPCB	189	50	20	30~70	25~75	35~65	—
$^{13}C_{12}$-3,3′,4,4′-TPCB	77L	—	—	—	—	—	25~150
$^{13}C_{12}$-3,4,4′,5-TePCB	81L	—	—	—	—	—	25~150
$^{13}C_{12}$-2,3,3′,4,4′-PePCB	105L	—	—	—	—	—	25~150
$^{13}C_{12}$-2,3,4,4′,5-PePCB	114L	—	—	—	—	—	25~150
$^{13}C_{12}$-2,3′,4,4′,5-PePCB	118L	—	—	—	—	—	25~150
$^{13}C_{12}$-2′,3,4,4′,5-PePCB	123L	—	—	—	—	—	25~150
$^{13}C_{12}$-3,3′,4,4′,5-PePCB	126L	—	—	—	—	—	25~150
$^{13}C_{12}$-2,2′,4,4′,6,6′-HxPCB	156L	—	—	—	—	—	25~150
$^{13}C_{12}$-2,3,3′,4,4′,5′-HxPCB⁵	157L	—	—	—	—	—	25~150
$^{13}C_{12}$-2,3′,4,4′,5,5′-HxPCB	167L	—	—	—	—	—	25~150
$^{13}C_{12}$-3,3′,4,4′,5,5′-HxPCB	169L	—	—	—	—	—	25~150
$^{13}C_{12}$-2,2′,3,4′,5,6,6′-HPCB	189L	—	—	—	—	—	25~150
$^{13}C_{12}$-2,4,4′-TrPCB	28L	—	—	—	—	—	30~135
$^{13}C_{12}$-2,3,3′,5,5′-PePCB	111L	—	—	—	—	—	30~135
$^{13}C_{12}$-2,2′,3,3′,5,5′,6-HPCB	178L	—	—	—	—	—	30~135

① 假设体积为 20μL 时，最终提取液中的浓度。

② S=浓度的标准偏差。

③ X=平均浓度。

附录表 8-12 二噁英及其类似物的相对保留时间和检测限

化合物		保留时间和定量参考物	相对保留时间	检测限[①] /(ng/kg)
PCDD/Fs	以 $^{13}C_{12}$-1,2,3,4-TCDD 作为回收率内标	2,3,7,8-TCDF	$^{13}C_{12}$-2,3,7,8-TCDF	0.999～1.003	0.04
		2,3,7,8-TCDD	$^{13}C_{12}$-2,3,7,8-TCDD	0.999～1.002	0.04
		1,2,3,7,8-PeCDF	$^{13}C_{12}$-1,2,3,7,8-PeCDF	0.999～1.002	0.20
		2,3,4,7,8-PeCDF	$^{13}C_{12}$-2,3,4,7,8-PeCDF	0.999～1.002	0.20
		1,2,3,7,8-PeCDD	$^{13}C_{12}$-1,2,3,7,8-PeCDD	0.999～1.002	0.20
		$^{13}C_{12}$-2,3,7,8-TCDF	$^{13}C_{12}$-1,2,3,4-TCDD	0.923～1.103	—
		$^{13}C_{12}$-2,3,7,8-TCDD	$^{13}C_{12}$-1,2,3,4-TCDD	0.976～1.043	—
		$^{13}C_{12}$-2,3,7,8-TCDD	$^{13}C_{12}$-1,2,3,4-TCDD	0.989～1.052	—
		$^{13}C_{12}$-1,2,3,7,8-PeCDF	$^{13}C_{12}$-1,2,3,4-TCDD	1.000～1.425	—
		$^{13}C_{12}$-2,3,4,7,8-PeCDF	$^{13}C_{12}$-1,2,3,4-TCDD	1.001～1.526	—
		$^{13}C_{12}$-1,2,3,7,8-PeCDF	$^{13}C_{12}$-1,2,3,4-TCDD	1.000～1.567	—
	以 $^{13}C_{12}$-1,2,3,7,8,9-HxCDD 作为回收率内标	1,2,3,4,7,8-HxCDF	$^{13}C_{12}$-1,2,3,4,7,8-HxCDF	0.999～1.001	0.20
		1,2,3,6,7,8-HxCDF	$^{13}C_{12}$-1,2,3,6,7,8-HxCDF	0.997～1.005	0.20
		1,2,3,7,8,9-HxCDF	$^{13}C_{12}$-1,2,3,7,8,9-HxCDF	0.999～1.001	0.20
		2,3,4,6,7,8-HxCDF	$^{13}C_{12}$-2,3,4,6,7,8-HxCDF	0.999～1.001	0.20
		1,2,3,4,7,8-HxCDD	$^{13}C_{12}$-1,2,3,4,7,8-HxCDD	0.999～1.001	0.20
		1,2,3,6,7,8-HxCDD	$^{13}C_{12}$-1,2,3,6,7,8-HxCDD	0.998～1.004	0.20
		1,2,3,7,8,9-HxCDD[②]	—	1.000～1.019	0.20
		1,2,3,4,6,7,8-HpCDF	$^{13}C_{12}$-1,2,3,4,6,7,8-HpCDF	0.999～1.001	0.20
		1,2,3,4,7,8,9-HpCDF	$^{13}C_{12}$-1,2,3,4,7,8,9-HpCDF	0.999～1.001	0.20
		1,2,3,4,6,7,8-HpCDD	$^{13}C_{12}$-1,2,3,4,6,7,8-HpCDD	0.999～1.001	0.20
		OCDF	$^{13}C_{12}$-OCDF	0.999～1.001	0.40
		OCDD	$^{13}C_{12}$-OCDD	0.999～1.001	0.40
		$^{13}C_{12}$-1,2,3,4,6,7,8-HxCDF	$^{13}C_{12}$-1,2,3,7,8,9-HxCDD	0.949～0.975	—
		$^{13}C_{12}$-1,2,3,7,8,9-HxCDF	$^{13}C_{12}$-1,2,3,7,8,9-HxCDD	0.977～1.047	—
PCDD/Fs	以 $^{13}C_{12}$-1,2,3,7,8,9-HxCDD 作为回收率内标	$^{13}C_{12}$-2,3,4,6,7,8-HxCDF	$^{13}C_{12}$-1,2,3,7,8,9-HxCDD	0.959～1.021	—
		$^{13}C_{12}$-1,2,3,4,7,8-HxCDF	$^{13}C_{12}$-1,2,3,7,8,9-HxCDD	0.977～1.000	—
		$^{13}C_{12}$-1,2,3,6,7,8-HxCDF	$^{13}C_{12}$-1,2,3,7,8,9-HxCDD	0.981～1.003	—
		$^{13}C_{12}$-1,2,3,4,6,7,8-HxCDF	$^{13}C_{12}$-1,2,3,7,8,9-HxCDD	1.043～1.085	—
		$^{13}C_{12}$-1,2,3,4,7,8,9-HxCDF	$^{13}C_{12}$-1,2,3,7,8,9-HxCDD	1.057～1.151	—
		$^{13}C_{12}$-1,2,3,4,6,7,8-HxCDF	$^{13}C_{12}$-1,2,3,7,8,9-HxCDD	1.086～1.110	—
		$^{13}C_{12}$-OCDD	$^{13}C_{12}$-1,2,3,7,8,9-HxCDD	1.032～1.311	—
PCBs	以 52L ($^{13}C_{12}$-2,2′,5,5′-TeCB) 作为回收率内标	8	81L	0.999～1.002	1
		7	77L	0.999～1.002	1
		81	52L	1.324～1.336	—
		77	52L	1.347～1.358	—
	以 101L ($^{13}C_{12}$-2,2′,4,5,5′-PeCB) 作为回收率内标	12	123L	0.999～1.002	1
		11	118L	0.999～1.002	1
		11	114L	0.999～1.002	1
		10	105L	0.998～1.001	1
		12	126L	0.999～1.002	1
		123	101L	1.133～1.142	—
		118	101L	1.142～1.152	—
		114	101L	1.159～1.168	—
		105	101L	1.181～1.190	—
		126	101L	1.270～1.279	—

续表

化合物		保留时间和定量参考物	相对保留时间	检测限①/(ng/kg)
PCBs	以 138L ($^{13}C_{12}$-2,2′,3,4,4′,5′-HxCB) 作为回收率内标	15	—	—	1
		15	156L/157L	0.998～1.000	1
		156/15	—	—	1
		16	167L	0.999～1.001	1
		16	169L	0.994～0.996	1
		167	138L	1.066～1.074	—
		156	138L	1.097～1.100	—
		157	138L	1.096～1.103	—
		169	138L	1.174～1.176	—
	以 194L($^{13}C_{12}$-2,2′,3,3′,4,4′,5,5′-OcCB) 作为回收率内标	18	189L	0.999～1.001	2
		189	194L	0.959～0.965	—

① 各目标化合物检测限（ML）是指当取样量为 50g 时，采用本标准检测，获得可识别信号和可接受的浓度水平。各实验室可根据其条件，调整取样量、体积和净化步骤，并确定相应的检测限和定量限。

② 1,2,3,7,8,9-HxCDD 的保留时间参考物是 $^{13}C_{12}$-1,2,3,6,7,8-HxCDD；1,2,3,7,8,9-HxCDD 由 $^{13}C_{12}$-1,2,3,4,7,8-HxCDD 和 $^{13}C_{12}$-1,2,3,6,7,8-HxCDD 的平均响应定量。

参考文献 --

[1]　李敬光，赵云峰，吴永宁．我国持久性有机污染物人体负荷研究进展．环境化学，2011，1：5-18.

[2]　李冬梅．西安市蔬菜基地持久性有机污染物（POPs）残留状况研究．西安：陕西师范大学，2008.

[3]　周立峰．江西省大米中农药类持久性有机污染物的研究．南昌：南昌航空大学，2011.

[4]　GB 2762—2012 食品中污染物限量.

[5]　GB/T 5009.190—2006 食品中指示性多氯联苯含量的测定.

[6]　GB 5009.205—2013 食品安全国家标准　食品中二噁英及其类似物毒性当量的测定.

[7]　胡海兰，江锦花．海产贝类体内多溴联苯醚污染物状况及分析．台州学院学报，2012，34（3）：11-15.

[8]　向彩虹，孟祥周，陈社军等．鱼肉组织中多溴联苯醚的定量分析．分析测试学报，2006，25（6）：14-18.

[9]　边海燕．河口近海环境中烷基酚的分布特征与潜在生态风险评估．青岛：中国海洋大学，2010.

[10]　高智席，吴艳红，黎司等．赤水河下游水产品中辛基酚和壬基酚的测定．湖南农业科学，2012，5：999-1001.

⑨ 食品加工过程产生的有害物质检测技术

9.1 概述

食品在加工过程中食品组分发生一系列复杂的化学反应，在这些化学反应的产物中有一些是对人体健康有害的。比如在油炸食品中会在其加工过程中产生的丙烯酰胺、腌制食品中的亚硝酸盐、熏制食品中的多环芳烃等。

不同的食品组分在食品加工过程会产生不同类型的有害物。如蛋白质会产生杂环胺、呋喃等物质。碳水化合物在热加工过程中会发生焦糖化反应，产生糖末端氧化产物，已经有相关研究证明该类产物对人体健康存在不利影响，甚至有致癌作用。脂类在加热时会发生一系列的降解反应，在这些反应过程中会产生脂质过氧化物、丙二醛及二聚体等有害产物，近年来引发广泛关注的反式脂肪酸就是不饱和脂肪酸在加氢硬化过程中产生的。

加工过程产生的有害物通常含量较低，而且食品成分复杂，基质干扰严重，给这些物质的准确检测带来了很大困难。目前对于这些物质检测主要是依靠液相色谱、气相色谱、气质联机、液质联机等检测技术，另外快速检测技术也是重点研究的领域。

9.2 食品中 N-亚硝基化合物的检测技术

N-亚硝基化合物（N-nitroso compounds，NOCs）是食品加工和储存中自然形成的有害化合物，在自然界中广泛存在，主要通过饮食、饮水等途径吸收进入人体，可诱发食道癌、胃癌、肝癌、结肠癌、膀胱癌和肺癌等各种癌症。迄今为止，已发现的 N-亚硝基化合物有 300 多种，其中 90% 以上对人和动物有致突变、致畸、致癌作用。

9.2.1 N-亚硝基化合物的分类

N-亚硝基化合物的基本结构见图 9-1，可分为 N-亚硝胺（R^1 和 R^2 为烷基或芳基）和 N-亚硝酰胺（R^1 为烷基或芳基，R^2 为酰胺基团）。前者化学性质稳定，不易水解，在中性和碱性环境中稳定，酸性和紫外线照射下可缓慢裂解；后者化学性质活泼，在酸碱下均不稳定，因此研究最多的是 N-亚硝胺类化合物。N-亚硝胺在常温下为黄色油状液体或固体，在特定条件下可发生水解、加成、还原、氧化及光化学反应。

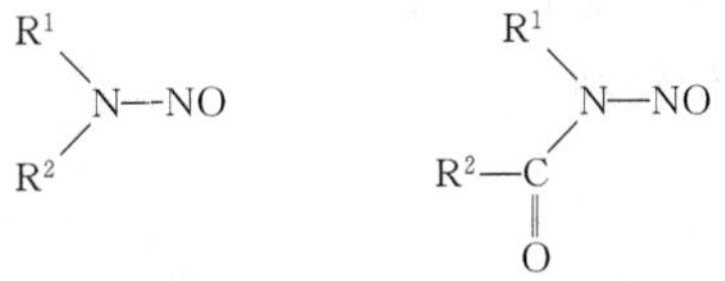

图 9-1　亚硝胺结构和亚硝酰胺结构

9.2.2　N-亚硝基化合物的来源

9.2.2.1　N-亚硝基化合物的前体物质

　　N-亚硝基化合物的前体物质广泛存在于环境中，人类与之接触十分频繁。在城市的大气、水体、土壤及各种食品中，如鱼、肉、蔬菜、谷类及烟草中均发现存在多种 N-亚硝基化合物的前体物质，主要经消化道进入体内。

9.2.2.2　水果蔬菜

　　蔬菜水果中含有的硝酸盐来自于土壤和肥料。储存过久的新鲜蔬菜、腐烂蔬菜及放置过久的煮熟蔬菜中的硝酸盐在硝酸盐还原菌的作用下转化为亚硝酸盐。食用蔬菜（特别是叶菜）过多时，大量硝酸盐进入肠道，若肠道消化功能欠佳，则肠道内的细菌可将硝酸盐还原为亚硝酸盐。

9.2.2.3　畜禽肉类及水产品

　　这类产品中含有丰富的蛋白质，在烘烤、腌制、油炸等加工过程中蛋白质会分解产生胺类，腐败的肉制品会产生大量的胺类化合物。

9.2.2.4　乳制品

　　乳制品中含有枯草杆菌，可使硝酸盐还原为亚硝酸盐。

9.2.2.5　腌制品

　　刚腌制不久的蔬菜（暴腌菜）含有大量亚硝酸盐，一般于腌后 20d 消失。腌制肉制品时加入一定量的硝酸盐和亚硝酸盐，以使肉制品具有良好的风味和色泽，且具有一定的防腐作用。

9.2.2.6　啤酒

　　传统工艺生产的啤酒含有 N-亚硝基化合物，改进工艺后已检测不出啤酒中含有亚硝基化合物。

9.2.2.7　反复煮沸的水

　　水因煮得过久，水中不挥发性物质，如钙、镁等重金属成分和亚硝酸盐含量升高，一般不能饮用。有些地区饮用水中含有较多的硝酸盐，当用该水煮食物，再在不洁的锅内放置过夜后，则硝酸盐在细菌作用下还原为亚硝酸盐。

9.2.3　气相色谱-质谱法测定 N-亚硝胺类化合物含量

　　（1）适用范围　本方法适用于酒类、肉及肉制品、蔬菜、豆制品、调味品、茶叶等食品中 N-亚硝基二甲胺、N-亚硝基二乙胺、N-亚硝基二丙胺及 N-亚硝基吡咯烷含量的测定。

　　（2）原理　试样中的 N-亚硝胺类化合物经水蒸气蒸馏和有机溶剂萃取后，浓缩至一定量，采用气相色谱-质谱联用仪的高分辨峰匹配法进行确认和定量。

（3）试剂

① 二氯甲烷：应用全玻璃蒸馏装置重蒸。

② 无水硫酸钠；氯化钠：优级纯。

③ 硫酸（1+3）。

④ 氢氧化钠溶液（120g/L）。

⑤ N-亚硝胺标准溶液：用二氯甲烷作溶剂，分别配制 N-亚硝基二甲胺、N-亚硝基二乙胺、N-亚硝基二丙胺、N-亚硝基吡咯烷的标准溶液，使每毫升分别相当于 0.5mg N-亚硝胺。

⑥ N-亚硝胺标准使用液：在四个 10mL 容量瓶中，加入适量二氯甲烷，用微量注射器各吸取 100μL N-亚硝胺标准溶液，分别置于上述四个容量瓶中，用二氯甲烷稀释至刻度。此溶液每毫升相当于 5μg N-亚硝胺。

⑦ 耐火砖颗粒：将耐火砖破碎，取直径为 1～2mm 的颗粒，分别用乙醇、二氯甲烷清洗后，在马弗炉中（400℃）灼烧 1h，作助沸石使用。

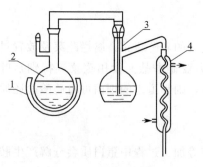

图 9-2　水蒸气蒸馏装置
1—加热器；2—2000mL 水蒸气发生器；
3—1000mL 蒸馏瓶；4—冷凝器

（4）仪器

① 水蒸气蒸馏装置：如图 9-2 所示。

② K-D 浓缩器。

③ 气相色谱-质谱联用仪。

（5）分析步骤

1）水蒸气蒸馏　称取 200g 切碎（或绞碎、粉碎）后的试样，置于水蒸气蒸馏装置的蒸馏瓶中（液体试样直接量取 200mL），加入 100mL 水（液体试样不加水），摇匀。在蒸馏瓶中加入 120g 氯化钠，充分摇动，使氯化钠溶解。将蒸馏瓶与水蒸气发生器及冷凝器连接好，并在锥形接收瓶中加入 40mL 二氯甲烷及少量冰块，收集 400mL 馏出液。

2）萃取纯化　在锥形接收瓶中加入 80g 氯化钠和 3mL 的硫酸（1+3），搅拌使氯化钠完全溶解。然后转移到 500mL 分液漏斗中，振荡 5min，静置分层，将二氯甲烷层分至另一锥形瓶中，再用 120mL 二氯甲烷分三次提取水层，合并四次提取液，总体积为 160mL。

对于含有较高浓度乙醇的试样，如蒸馏酒、配制酒等，应用 50mL 氢氧化钠溶液（120g/L）洗有机层两次，以除去乙醇的干扰。

3）浓缩　将有机层用 10g 无水硫酸钠脱水后，转移至 K-D 浓缩器中，加入一粒耐火砖颗粒，于 50℃水浴上浓缩至 1mL，备用。

4）色谱条件　汽化室温度：190℃。

色谱柱温度：N-亚硝基二甲胺、N-亚硝基二乙胺、N-亚硝基二丙胺、N-亚硝基吡咯烷分别为 130℃、145℃、130℃、160℃。

色谱柱：内径 1.8～3.0mm、长 2m 的玻璃柱，内装涂以质量分数为 15% PEG20M 固定液和氢氧化钾溶液（10g/L）的 80～100 目 Chromosorb WAWDWCS。

载气：氦气，流速为 40mL/min。

5）质谱仪条件　分辨率≥7000；离子化电压：70V；离子化电流：300A；离子源温度：180℃；离子源真空度：$1.33×10^{-4}$Pa；界面温度：180℃。

测定采用电子轰击源高分辨峰匹配法，用全氟煤油（PFK）的碎片离子（它们的质荷比为 68.99527、99.9936、130.9920、99.9936）分别监视 N-亚硝基二甲胺、N-亚硝基二乙胺、N-亚硝基二丙胺及 N-亚硝基吡咯烷的分子、离子（它们的质荷比为 74.0480、102.0793、130.1106、100.0630），结合它们的保留时间来定性，以示波器上该分子、离子的峰高来定量。

（6）计算　试样中某一 N-亚硝胺化合物的含量按式（9-1）进行计算。

$$X = h_1/h_2 \times c \times V/m \times 1000 \tag{9-1}$$

式中　X——试样中某一 N-亚硝胺化合物的含量，$\mu g/kg$ 或 $\mu g/L$；

h_1——浓缩液中该 N-亚硝胺化合物的峰高，mm；

h_2——标准使用液中该 N-亚硝胺化合物的峰高，mm；

c——标准使用液中该 N-亚硝胺化合物的浓度，$\mu g/mL$；

V——试样浓缩液的体积，mL；

m——试样质量或体积，g 或 mL。

计算结果表示到两位有效数字。

9.3 食品中苯并[a]芘的检测技术

9.3.1　苯并[a]芘的特征及危害评价

9.3.1.1　理化性质

苯并[a]芘 [benzopyrene，B(a)P] 是一种由 5 个苯环构成的多环芳烃，其分子式为 $C_{20}H_{12}$，相对分子质量为 252.30。B(a)P 常温下为无色至淡黄色针状晶体（纯品），性质稳定，沸点 310～312℃，熔点 178℃，不溶于水，微溶于乙醇、甲醇，溶于苯、甲苯、二甲苯、氯仿、乙醚、丙酮等有机溶剂中。日光和荧光都使其发生光氧化作用，臭氧也可使其氧化。

B(a)P 是国际上公认的强致癌物，是多环芳烃（PAHs）的代表。在食品加工尤其是烟熏、烤肉等过程中，当油脂加热到高温时，这种物质会大量产生。B(a)P 的产生一部分来自烤制过程中炭的不能完全燃烧，另一部分来自滴在炭上的油，而滴在炭上的油所产生的毒气毒性要比炭燃烧产生的毒性高出 7～8 倍。这种毒气对人体的肺部有很大的伤害，长期接触容易导致肺癌。多次使用的高温植物油、烧焦的或油炸过火的食物中都含有这种物质。

9.3.1.2　分类

B(a)P 主要有 1,2-B(a)P、3,4-B(a)P、4,5-B(a)P 等十多种多环芳烃。其中 1,2-B(a)P 最初由煤焦油中分离出来，为深黄色晶体，熔点 179～179.3℃。煤、石油、褐煤、页岩等燃烧或蒸馏时，都能产生 1,2-B(a)P，被煤烟污染的空气和吸烟产生的烟雾中也可以检查出 1,2-B(a)P。1,2-B(a)P 有强烈的致癌作用。4,5-B(a)P 是 1,2-B(a)P 的同分异构体，没有致癌作用。

3,4-B(a)P 是由 5 个苯环构成的多环芳烃，是 1993 年第一次由沥青中分离出来的一种致癌烃。环境中 3,4-B(a)P 主要来源于工业生产和生活中煤炭、石油和天然气燃烧产生的废气，机动车辆排出的废气，加工橡胶、熏制食品以及纸烟与烟草的烟气等。大气中致癌物质有 3,4-B(a)P、1,2-B(a)P 等十多种多环芳烃。由于 3,4-B(a)P 较为稳定，在环境中广泛存在，并与其他多环芳烃化合物的含量有一定相关性，而且它对多种动物器官都有致癌作用，所以都把 3,4-B(a)P 作为大气致癌物质的代表。随着城市大气污染的增加，呼吸道癌症发病率、肺癌死亡率显著增加。3,4-B(a)P 是一种很强的环境致癌物，可诱发皮肤、肺和消化道癌症，是环境污染主要监测项目之一。

9.3.1.3　危害性评价

B(a)P 进入人体后，大部分经混合功能氧化酶代谢生成各种中间产物和终产物，其中一些代谢产物可与 DNA 共价结合形成 B(a)P-DNA 加合物，引起 DNA 损伤，诱导基因突变，使控制细胞生长酶和激素结构中的蛋白质部分变异或丢失，致使细胞失去生长的能力。经过动物试验可证明，B(a)P 对局部或全身都有致癌作用。许多国家相继用 9 种动物进行实验，采用多种给药途径，均得到了诱发癌症的阳性报告。流行病学研究表明，B(a)P 通过皮肤、呼吸道、消化道等均可被人体吸收，有诱发皮肤癌、肺癌、直肠癌、胃癌、膀胱癌等作用。长期呼吸含 B(a)P 的空气，饮用或食用含有 B(a)P 的水和食物，会造成慢性中毒。许多山区居民经常拢火取暖，室内终日烟雾弥漫，造成了较高的鼻咽癌发生。

B(a)P 进入食物链的量决定于烹调方法。据研究，食品经过炸、炒、烘烤、熏等加工之后会生成 B(a)P。如北欧冰岛人胃癌发生率很高，与居民爱吃烟熏食物有一定的关系，当地烟熏食物 B(a)P 的含量高达数十微克每千克。王绪卿评价了 14 种熏烤肉，其中 90% 的样品 B(a)P 的含量为 0.34～27.56μg/kg。德国对烟熏制品的要求 B(a)P 的含量不得超过 1μg/kg。食用植物油中的 B(a)P 加温后含量是加温前的 2.33 倍。此外，酒样中也存在 B(a)P 污染，Moret 在所有研究的白酒和啤酒中都检出了 B(a)P。

B(a)P 对食品污染已经引起世界各国的广泛重视。分析其来源，或源自原料在产前产中产后受到大气、汽车尾气、土壤、水质、公路沥青和包装材料或容器的污染，或受到生产、输送设备中机油和石油加工成分的污染，或油料油脂中有机物在高温生产环节裂解产生。针对上述情况提出了多种控制措施。人体每日进食苯并[a]芘的量不能超过 10μg。假设每人每日进食量为 1kg，则食物中的苯并[a]芘含量应低于 6μg/kg 以下。卫生部于 1998 年颁布国家标准有关食品植物油中苯并[a]芘的允许量为 10×10^{-9} g/kg。我国食品安全标准中规定，熏烤肉制品中苯并[a]芘含量为 5×10^{-9} g/kg。目前 B(a)P 的检测方法有薄层色谱法、荧光分光光度法、液相色谱法和气相色谱法等。

9.3.2　高效液相色谱法测定熟肉中苯并[a]芘的含量

(1) 适用范围　本方法适用于烧烤、油炸、烟熏等肉制品中苯并[a]芘的检测，方法检出限为 0.5μg/kg。

(2) 原理　试样加环己烷匀浆、超声提取，用二甲基亚砜反萃取。在二甲基亚砜相中加入水溶液，用环己烷反萃取，浓缩近干，用甲醇溶解，供高效液相色谱测定（荧光检测器）。外标法定量。

(3) 试剂

① 无水硫酸钠：于 450℃ 焙烧 4h 后备用。

② 环己烷：色谱纯。

③ 二甲基亚砜：色谱纯。

④ 甲醇：色谱纯。

⑤ 乙腈：色谱纯。

⑥ 硫酸钠溶液（2.0g/L）：称取 0.20g 无水硫酸钠，溶于 100mL 水中。

⑦ 苯并[a]芘标准储备液：准确称取苯并[a]芘标准品 0.0150g 于 1000mL 容量瓶中，用甲醇溶解并定容至刻度。该储备液浓度为 15g/mL。置 4℃冰箱中保存。

⑧ 苯并[a]芘标准工作液：准确量取 1mL 标准储备液，用甲醇稀释至 10mL，从中准确量取 1mL，置于 10mL 容量瓶中，用甲醇稀释成 150ng/mL 浓度的苯并[a]芘标准工作液。

（4）仪器和设备　高效液相色谱仪：附荧光检测器；分析天平：感量 0.0001g；天平：感量 0.01g；组织匀浆机：转速不低于 10000r/min；超声波提取器；离心机：转速不低于 3500r/min；旋涡混合器；旋转蒸发器；氮气吹干装置；离心管：50mL；茄形瓶：50mL；滤膜：有机相 0.45μm。

（5）测定步骤

1）提取　准确称取试样 5.00g 于 50mL 离心管中，加入 5.0g 无水硫酸钠，加入 15mL 环己烷，匀浆处理 2min，超声提取 5min，离心 2min，收集上清液于 50mL 茄形瓶中，残渣分别用 10mL 环己烷重提 2 次，合并环己烷提取液，用旋转蒸发器浓缩到 1mL 左右，转移浓缩液到另一个 50mL 的离心管中，用环己烷清洗茄形瓶，合并环己烷液，保持体积 5mL 左右，分别加入 5mL 二甲基亚砜萃取 2 次，每次旋涡混合 2min，离心 2min，用吸管吸出二甲基亚砜，合并 2 次二甲基亚砜萃取液于 50mL 离心管中，待净化处理。

2）净化　在二甲基亚砜萃取液中，加入 15mL 2.0g/L 硫酸钠溶液，分别加入 5mL 环己烷反萃取 3 次，每次旋涡混合 2min，离心 2min。吸出环己烷，合并环己烷于 20mL 刻度试管中，用氮气吹干装置吹至近干，用甲醇溶解，定容到 1.0mL，过 0.45μm 滤膜，供高效液相色谱检测分析。

3）仪器条件　色谱柱：C$_{18}$柱，5μm，4.6mm×250mm。

流动相：乙腈＋水(88＋12)，用前过滤膜，脱气。

流速：1.2mL/min。

荧光检测器：激发波长 384nm；发射波长 406nm。

柱温：30℃。

进样量：10μL。

4）标准曲线的绘制　待仪器基线稳定后，分别吸取 0.00mL、0.20mL、0.40mL、0.60mL、0.80mL、1.00mL 标准工作液，用甲醇定容至 1mL（其浓度分别为 0 ng/mL、30 ng/mL、60 ng/mL、90 ng/mL、120 ng/mL、150 ng/mL），分别吸取 1μL 进样，以峰面积为纵坐标、以苯并[a]芘浓度为横坐标作图，绘制标准曲线。

9.3.3　荧光分光光度法测定食品中苯并[a]芘的含量

（1）原理　试样先用有机溶剂提取，或经皂化后提取，再将提取液经液液分配或色谱柱净化，然后在乙酰化滤纸上分离苯并[a]芘，因为苯并[a]芘在紫外线照射下呈蓝紫色荧光斑点，将分离后有苯并[a]芘的滤纸部分剪下，用溶剂浸泡后，用分光光度计测荧光强度，与标准比较定量。

（2）试剂

① 苯：重蒸馏。

② 环己烷（或石油醚，沸程 30～60℃）：重蒸馏或经氧化铝柱处理无荧光。

③ 二甲基甲酰胺或二甲基亚砜。

④ 无水乙醇：重蒸馏。

⑤ 乙醇（95%）。

⑥ 无水硫酸钠。

⑦ 氢氧化钾。

⑧ 丙酮：重蒸馏。

⑨ 展开剂：乙醇（95%）-二氯甲烷（2:1）。

⑩ 硅镁吸附剂：将过 60～100 目筛孔的硅镁吸附剂经水洗四次（每次用水量为吸附剂质量的 4 倍）于垂熔漏斗上，抽滤干后，再以等量的甲醇洗（甲醇与吸附剂质量相等），抽滤干后，吸附剂铺于干净瓷盘上，在 130℃ 干燥 5h 后，装瓶贮藏于干燥器内，临用前加 5% 水减活，混匀并平衡 4h 以上，最好放置过夜。

⑪ 色谱用氧化铝（中性）：120℃ 活化 4h。

⑫ 乙酰化滤纸：将中速色谱用滤纸裁成 30cm×4cm 的条状，逐条放入盛有乙酰化混合液（180mL 苯、130mL 乙酰酐、0.1mL 硫酸）的 500mL 烧杯中，使滤纸充分接触溶液，保持溶液温度在 21℃ 以上，时时搅拌，反应 6h，再放置过夜。取出滤纸条，在通风橱内吹干，再放入无水乙醇中浸泡 4h，取出后放在垫有滤纸的干净白瓷盘上，在室温内风干压平备用，一次可处理滤纸 15～18 条。

⑬ 苯并[a]芘标准溶液：精密称取 10.0mg 苯并[a]芘，用苯溶解后移入 100mL 棕色容量瓶中，并稀释至刻度，此溶液每毫升相当于苯并[a]芘 100μg。放置冰箱中保存。

⑭ 苯并[a]芘标准使用液：吸取 1.00mL 苯并[a]芘标准溶液置于 10mL 容量瓶中，用苯稀释至刻度，同法依次用苯稀释，最后配成每毫升相当于 1.0μg 及 0.1μg 苯并[a]芘两种标准使用液，放置冰箱中保存。

（3）仪器

① 脂肪提取器。

② 色谱柱：内径 10mm，长 350mm，上端有内径 25mm、长 80～100mm 内径漏斗，下端具有活塞。

③ 展开槽（筒）。

④ K-D 全玻璃浓缩器。

⑤ 紫外光灯：带有波长为 365nm 或 254nm 的滤光片。

⑥ 回流皂化装置：锥形瓶磨口处连接冷凝管。

⑦ 组织捣碎机。

⑧ 荧光分光光度计。

（4）实验步骤

1）试样提取

① 植物油：称取 20.0～25.0g 的混匀油样，用 100mL 环己烷分次洗入 250mL 分液漏斗中，以环己烷饱和过的二甲基甲酰胺提取三次，每次 40mL，振摇 1min，合并二甲基甲酰胺提取液，用 40mL 经二甲基甲酰胺饱和过的环己烷提取一次，弃去环己烷液层，二甲基甲酰胺提取液合并于预先装有 240mL 硫酸钠溶液（20g/L）的 500mL 分液漏斗中，混匀，静置数分钟后，用环己烷提取两次，每次 100mL，振摇 3min，环己烷提取液合并于第一个 500mL 分液漏斗。也可用二甲基亚砜代替二甲基甲酰胺。用 40～50℃ 温水洗涤环己烷提取液两次，每次 100mL，振摇 0.5min，分层后弃去水层液，收集环己烷层，于 50～60℃ 水浴

上减压浓缩至 40mL，加适量无水硫酸钠脱水。

② 鱼、肉及其制品：称取 50.0～60.0g 切碎混匀的试样，再用无水硫酸钠搅拌（试样与无水硫酸钠的质量比例为 1∶1 或 1∶2，如水分过多则需在 60℃ 左右先将试样烘干），装入滤纸筒内，然后将脂肪提取器接好，加入 100mL 环己烷，90℃ 水浴上回流提取 6～8h，然后将提取液倒入 250mL 分液漏斗中，再用 6～8mL 环己烷淋洗滤纸筒，洗液合并于 250mL 分液漏斗中，以环己烷饱和过的二甲基甲酰胺提取三次，以下操作与植物油提取方法相同。

③ 蔬菜：称取 100.0g 洗净、晾干的可食部分的蔬菜，切碎放入组织捣碎机内，加 150mL 丙酮，捣碎 2min。在小漏斗上加少许脱脂棉过滤，滤液移入 500mL 分液漏斗中，残渣用 50mL 丙酮分数次洗涤，洗液与滤液合并，加 100mL 水和 100mL 环己烷，振摇提取 2min，静置分层，环己烷层转入另一 500mL 分液漏斗中，水层再用 100mL 环己烷分两次提取，环己烷提取液合并于第一个分液漏斗中，再用 250mL 水，分两次振摇、洗涤，收集环己烷，于 50～60℃ 水浴上减压浓缩至 25mL，加适量无水硫酸钠脱水。

2）净化

① 于色谱柱下端填入少许玻璃棉，先装入 5～6cm 的氧化铝，轻轻敲管壁使氧化铝层填实、无空隙，顶面平齐，再同样装入 5～6cm 的硅镁吸附剂，上面再装入 5～6cm 的无水硫酸钠，用 30mL 环己烷淋洗装好的色谱柱，待环己烷液面流下至无水硫酸钠层时关闭活塞。

② 将试样环己烷提取液倒入色谱柱中，打开活塞，调节流速为每分钟 1mL，必要时可用适当方法加压，待环己烷液面下降至无水硫酸钠层时，用 30mL 苯洗脱，此时应在紫外线灯下观察，以蓝紫色荧光物质完全从氧化铝层洗下为止，如 30mL 苯不足时，可适当增加苯量。收集苯液，于 50～60℃ 水浴上减压浓缩至 0.1～0.5mL（可根据试样中苯并[a]芘含量而定，应注意不可蒸干）。

3）分离

① 在乙酰化滤纸上的一端 5cm 处，用铅笔划一横线为起始线，吸取一定量净化后的浓缩液，点于滤纸条上，用电吹风从纸条背面吹冷风，使溶剂挥散，同时点 20μL 苯并[a]芘的标准使用液（1μg/mL），点样时斑点的直径不超过 3mm，展开槽（筒）内盛有展开剂，滤纸条下端浸入展开剂约 1cm，待溶剂前沿至约 20cm 时取出阴干。

② 在 365nm 或 254nm 紫外线灯下观察展开后的滤纸条，用铅笔画出标准苯并[a]芘及与其同一位置的试样的蓝紫色斑点，剪下此斑点分别放入小比色管中，各加 4mL 苯，加盖，插入 50～60℃ 水浴中不时振摇，浸泡 15min。

4）测定

① 将试样及标准斑点的苯浸出液移入荧光分光光度计的石英杯中，以 365nm 为激发光波长，以 365～460nm 波长进行荧光扫描，所得荧光光谱与标准苯并[a]芘的荧光光谱比较定性。

② 于试样分析的同时做试剂空白，包括处理试样所用的全部试剂同样操作，分别读取试样、标准及试剂空白于波长 406nm、(406+5)nm、(406-5)nm 处的荧光强度，按基线由式(9-2)计算所得的数值，为定量计算的荧光强度。

$$F = F_{406} - (F_{401} + F_{411})/2 \tag{9-2}$$

（5）计算结果　试样中苯并[a]芘的含量按式(9-3)进行计算。

$$X = [S/F \times (F_1 - F_2) \times 1000]/(m \times V_2/V_1) \tag{9-3}$$

式中　X——试样中苯并[a]芘的含量，μg/kg；

　　　　S——苯并[a]芘标准斑点的质量，μg；

　　　　F——标准的斑点浸出液荧光强度，mm；

　　　　F_1——试样的斑点浸出液荧光强度，mm；

　　　　F_2——试剂空白浸出液荧光强度，mm；

　　　　V_1——试样浓缩液体积，mL；

　　　　V_2——点样体积，mL；

　　　　m——试样质量，g。

　　计算结果表示到一位小数。

　　（6）精密度　在重复性条件下获得的两次独立测定结果的绝对值差不得超过算术平均值的 20%。

9.4 食品中杂环胺类的检测技术

9.4.1　杂环胺类的特征

　　杂环胺（heterocyclic aromatic amines，HAAs）是在食品加工过程中由于蛋白质、氨基酸热解产生，由碳、氢与氮原子组成具有多环芳香族结构的一类化合物。杂环胺在多种煎炸食品、咖啡饮料等食品中都可以检测到，其致突变性相当于污染物致突变性检测（AMES）实验检测到的最有突变活力的毒物水平，远远大于多环芳烃（PAHs）所产生的致突变性。各种食物中 HAAs 生成量的多少与食物种类、烹调温度、加热时间、加工方式等因素有关，其中最为关键的因素是加热温度和加热时间，一般来说，烹调温度越高，加热时间越长，HAAs 的生成量就越多。已有实验证明，正常烹调食物中均含有不同量的杂环胺，几乎所有的人都无法避免每天从食物中摄入杂环胺类物质。因此，如何有效控制和监测食品中的杂环胺类已成为社会研究的热点以及迫切需要解决的问题之一。

9.4.2　杂环胺的种类

　　杂环胺是从烹调食品的碱性部分中分离出来的一类带有杂环的伯胺，根据化学结构可以将其分为氨基咪唑氮杂环芳烃（amini-imidazo azaaren，AIA）和氨基咔啉（amino-carboline congener）两大类。氨基咪唑氮杂环芳烃（AIA）是在普通烹调温度（100～225℃）时形成，有时称为热诱导突变物质，均含有咪唑环，其上的 a 位置有一个氨基，在体内可以转化为 N-羟基化合物，具有致癌、致突变活性。相比较其他化合物，它们主要是一些极性胺类，具有更强的致突变性。目前已有超过 20 种的此类化合物被鉴定出来，包括喹啉类（IQ）、喹噁啉类（IQx）和吡啶（PhIP）类，名称和结构如表 9-1。因 AIA 上的氨基能耐受 2mmol/L 的亚硝酸钠的重氮化处理，与 IQ 性质相似，因此又被称为 IQ 型杂环胺。氨基咔啉类是在 300℃以上的高温下形成的，包括如下胺类：Trp-P-1、Trp-P-2、Glu-P-1 和 Glu-P-2 等，在 Ames 实验时都不是主要的胺类物质也不是致突变物质，但是现在这类化合物包含的胺类常显示出一定的副突变性，一些研究者发现它们可能与帕金森病和神经疾病的发生有关。由于氨基咔啉类环上的氨基不能耐受 2mmol/L 的亚硝酸钠的重氮化处理，在处理时氨基会脱离成为 C-羟基，失去致癌、致突变活性，也被称为非 IQ 型杂环胺。

表 9-1 杂环芳香胺的种类

化学名称	简写	结构式	性质
氨基咔啉类杂环胺类化合物：			
2-氨基-9H-吡啶[2,3-b]-吲哚	AaC		非极性
2-氨基-3-甲基-9H-吡啶[2,3-b]-吲哚	MeAaC		非极性
1-甲基-9H-吡啶[4,3-b]-吲哚	Harman		非极性
9H-吡啶[4,3-b]-吲哚	Nor-harman		非极性
3-氨基-1,4-二甲基-5H-吡啶[4,3-b]-吲哚	Trp-P-1		非极性
3-氨基-1-甲基-5H-吡啶[4,3-b]-吲哚	Trp-P-2		非极性
2-氨基-5-苯基吡啶	Phe-P-1		非极性
2-氨基-6-甲基-二吡啶[1,2-a:3′2′-d]-咪唑	Glu-P-1		极性
2-氨基二吡啶[1,2-a:3′2′-d]-咪唑	Glu-P-2		极性
氨基咪唑氮杂环芳烃类化合物：			
2-氨基-1-甲基咪唑[4,5-f]-喹啉	iso-IQ		极性
2-氨基-3-甲基咪唑[4,5-f]-喹啉	IQ		极性
2-氨基-3,4-二甲基咪唑-[4,5-f]-喹啉	MeIQ		极性
2-氨基-3-甲基咪唑[4,5-f]-喹噁啉	IQx		极性
2-氨基-3,4-二甲基咪唑[4,5-f]-喹噁啉	4-MeIQx		极性

9.4.3　食品中杂环胺类的检测

基于食品的组成形式及加工后所产生的物质相当复杂，而且食品中的 HAAs 含量极少（ng/g），因此对食品中的杂环胺进行分析是非常困难的，必须具备良好的萃取纯化及鉴定方法才能达到较好的分析效果。

为了减少干扰物质和提高样品回收率，采用硅藻土进行液液萃取并串联固相萃取，能减少样品转移与蒸发浓缩步骤，从而节省提取时间，提高萃取效率。Gross 首先采用串联方法对肉类样品进行萃取。该方法利用 Extrelut 硅藻土吸附大分子物质并以二氯甲烷进行萃取后，再以 PRS（propylsulphonic acid silica gel）柱进行强阳离子交换，并用 C_{18} 小柱纯化，从而萃取 HAAs。与传统的液液萃取相比，这种方法可以避免出现乳化现象，并且需要的溶剂更少，效率更高。

随着新技术的发展，更准确的分析方法已应用于食品中杂环胺的分析，如液相色谱-质谱法（LC-MS）、气相色谱-质谱法（GC-MS）、气相色谱法（GC）、毛细管电泳法（CE）以及酶联免疫吸附实验（ELISA）等，检测限可达到纳克水平。

9.4.3.1　气相色谱法

气相色谱法是利用不同物质在固定相和流动相之间具有不同的分配系数，当这两相做相对运动时，各组分可以反复地进行分配，使得所有分析物产生较大的分离效果，使所有分析物得到充分分离，然后再由检测器检测各种组分。大多数的杂环胺属于极性化合物且不易挥发，在色谱柱和进样器的吸附力较强，极易出现拖尾峰，因此在较低浓度下不易检测。一般采用 GC 法需要对 HAAs 做衍生处理，不仅可以降低 HAAs 的极性，还可以增强其挥发性、选择性、灵敏度和分离效果。由于 HAAs 中含有氮元素，采用氮-磷检测器（NPD）可以增强其响应值。

9.4.3.2　气相色谱-质谱法

气相色谱-质谱法适用于易挥发或易衍生化合物的检测分析，其原理是各分析物经色谱柱分离后，进入离子源并被电离成离子，最终由质谱检测器检测分析。该技术具有分离效率高、鉴别能力强、准确定量等特点，在生命科学、食品、环保和药物开发等领域应用广泛。GC-MS 或 GC-MS/MS 技术中常用的衍生试剂有乙酸、三氟乙酸、七氟丁酸酸酐等，但是衍生后的咪唑喹啉类和咪唑喹噁啉不稳定，需要在同一天内进行分析检测，所以 GC-MS 法应用也较少。

9.4.3.3　酶联免疫方法

酶联免疫吸附实验（ELLSA）是以免疫学反应为基础，通过抗原与抗体之间的特异性反应，产生高度专一性的抗体，从而可以检测目标物的一种敏感性很高的技术。该方法本身具有分析成本低、操作简便、样品容量大及灵敏度高等特点，可以用来检测具有致突变能力的 HAAs。早在 1988 年 Vanderlaan 等人就采用 ELISA 法分析了 IQ、MeIQ 和 PhIP 等几种杂环胺。虽然 ELISA 方法具有快速、灵敏、高效等优势，但 HAAs 结构复杂，且热稳定性较差，为化学合成半抗原增加了一定难度。因此，获得相应的抗体是 ELISA 方法的前提。

9.4.3.4　毛细管电泳法

毛细管电泳法是近些年发展最快的分析技术之一。其原理是在直流高压电场的作用下，将毛细管作为分离通道，依据待测物离子和分子分配行为上的差异，通过不断地迁移实现高效分离的一种分配技术。具有分离效率高、有机溶剂使用量少和样品用量少的特点，所以 CE-UV 法、CE-DAD 法和 CE-ECD 法被广泛应用到杂环胺的分析当中。虽然 CE 技术具有较好的分离效率，但是杂环胺的检测限较高，且方法的灵敏度较低，需要通过预富集作用提高其灵敏度和准确性。

9.5 食品中氯丙醇的检测技术

氯丙醇（chloropropanols）是国际公认的食品污染物质。食品加工贮藏过程中均会受到氯丙醇污染，其主要来源于酸水解植物蛋白液（HVP）。酱油、蚝油等调味品加工过程中产生氯丙醇是其污染食品的主要途径，已成为一个国际性食品安全问题。运用传统方法生产的天然酿造酱油中并不会产生氯丙醇，而一些生产者为了降低成本，在酱油等调味品中添加 HVP，虽能增加食品中氨基酸及味性成分，但在提高产量的同时也形成了氯丙醇类化合物。

氯丙醇不仅具有致癌作用，还有抑制精子活性的作用，鉴于其危害性，国际社会纷纷制定了限量标准来控制食品中氯丙醇的污染。欧盟 EC466/2001 规定酱油、HVP 中 3-MCPD 每日最大耐受摄入量（PMTDI）为 $2\mu g/kg$，并认为 1,3-DCP 为遗传毒性致癌物，目前不宜制定每日耐受量。

9.5.1 氯丙醇的特征

氯丙醇是指丙三醇上的羟基被氯原子取代 1～2 个所构成一系列同系物、同分异构体的总称。根据取代数和位置的不同，可分为单氯丙二醇（monochloro-propanols，MCPD）和双氯丙醇（dichloropropanols，DCP）。前者包括 3-氯-1,2-丙二醇（3-MCPD）、2-氯-1,3-丙二醇（2-MCPD）；后者包括 1,3-二氯-2-丙醇（1,3-DCP）和 2,3-二氯-1-丙醇（2,3-DCP）。氯丙醇上的剩余羟基接上脂肪酸可形成氯丙醇酯，对应也可分为单氯丙醇酯和双氯丙醇酯两类，精炼植物油中主要以这种形式存在。氯丙醇化合物均比水重，沸点高于 100℃，常温下为液体，一般溶于水、丙酮、苯、甘油乙醇、乙醚、四氯化碳等。天然食品中几乎不含有氯丙醇，随着盐酸水解蛋白质的应用，就会产生氯丙醇。这是由于蛋白质原料中不可避免地含有脂肪物质，在盐酸水解过程中会产生副反应产物——氯丙醇。

水解蛋白调味剂和酱油中含有的氯丙醇类物质中，3-MCPD 含量最多，约占全部氯丙醇类物质的 70%。除了 3-MCPD，还有少量的 1,3-DCP、2,3-DCP 和 2-MCPD，黑腹果蝇幼虫毒理学实验结果表明 1,3-DCP 和 3-MCPD 的毒性强度相同，1,3-DCP 和 3-MCPD 的毒性比 2-MCPD 高 20 倍。实验表明，3-MCPD 超过 1mg/kg 的水解植物蛋白和酱油中均可检出 1,3-DCP，样品中 3-MCPD 与 1,3-DCP 的浓度比例一般大于 20∶1，两者含量具有显著的正相关关系。3-MCPD 可通过 3 种方式形成：酸水解、加热处理和 3-MCPD 酯降解。作为食品中的污染物，3-MCPD 最初是在酸水解法制成水解蛋白中被发现的，以后陆续在酱油以及以水解蛋白为原料制成的汤、预制的肉和速溶汤等食品中检测出。因此在水解蛋白质的生产过程中，通常以 3-MCPD 为主要质控指标。

9.5.2 食品中氯丙醇的气相色谱-质谱法检测技术

（1）适用范围　本方法适用于水解植物蛋白液、调味品、香肠、奶酪、鱼、面粉、淀粉、谷物和面包中 3-氯-1,2-丙二醇（3-MCPD）含量的测定。

（2）原理　本标准采用同位素稀释技术，以 d$_5$-3-氯-1,2-丙二醇（d$_5$-3-MCPD）为内标定量。试样中加入内标溶液，以硅藻土（Extrelut™20）为吸附剂，采用柱色谱分离，用正己烷-乙醚（9+1）洗脱样品中非极性的脂质组分，用乙醚洗脱样品中的 3-MCPD，用七氟丁酰基咪唑（HFBI）溶液为衍生化试剂。采用选择离子监测（SIM）的质谱扫描模式进行定量分析，内标法定量。

（3）试剂和材料　除非另有说明，在分析中仅适用确定为分析纯的试剂和蒸馏水或相当纯度的水。

① 2,2,4-三甲基戊烷。

② 乙醚。

③ 正己烷。

④ 氯化钠。

⑤ 无水硫酸钠。

⑥ Extrelut™20，或相当的硅藻土。

⑦ 七氟丁酰基咪唑。

⑧ 3-氯-1,2-丙二醇标准品（3-MCPD），纯度＞98%。

⑨ d$_5$-3-氯-1,2-丙二醇标准品（d$_5$-3-MCPD），纯度＞98%。

⑩ 饱和氯化钠溶液（5mol/L）：称取氯化钠 290g，加水溶解并稀释至 1000mL。

⑪ 正己烷-乙醚（9+1）：量取乙醚 100mL，加正己烷 900mL，混匀。

⑫ 3-MCPD 标准储备液（1000mg/L）：称取 3-MCPD 25mg（精确至 0.01mg），置于 25mL 容量瓶中，加正己烷溶解，并稀释至刻度。

⑬ 3-MCPD 中间溶液（100mg/L）：准确移取 3-MCPD 储备液 10mL，置于 100mL 容量瓶中，加正己烷稀释至刻度。

⑭ 3-MCPD 系列溶液：准确移取 3-MCPD 中间溶液适量，置于 25mL 容量瓶中，加正己烷稀释至刻度（浓度为 0.00mg/L、0.05mg/L、0.10mg/L、0.50mg/L、1.00mg/L、2.00mg/L、6.00mg/L）。

⑮ d$_5$-3-MCPD 储备液（1000mg/L）：称取 d$_5$-3-MCPD 25mg（精确至 0.01mg），置于 25mL 容量瓶中，加乙酸乙酯溶解，并稀释至刻度。

⑯ d$_5$-3-MCPD 内标溶液：准确移取 d$_5$-3-MCPD 储备液 1mL，置于 100mL 容量瓶中，加乙酸乙酯稀释至刻度。

（4）仪器

① 气相色谱-质谱联用仪（GC-MS）。

② 色谱柱：DB-5ms 柱，30m×0.25mm×0.25μm，或等效毛细管色谱柱。

③ 玻璃色谱柱：柱长 40cm，柱内径 2cm。

④ 旋转蒸发器。

⑤ 氮气蒸发器。

⑥ 恒温箱或其他恒温加热器。

⑦ 涡旋混合器。

⑧ 气密针，1mL。

（5）分析步骤

1）试样制备

① 液状试样：称取试样 4.00g，至 100mL 烧杯中，加 d_5-3-MCPD 内标溶液（10mg/L）50μL，加饱和氯化钠溶液 6g，超声 15min。

② 汤料或固体与半固体植物水解蛋白：称取试样 4.00g，置 100mL 烧杯中，加 d_5-3-MCPD 内标溶液（10mg/L）50μL，加饱和氯化钠溶液 6g，超声 15min。

③ 香肠或奶酪：称取试样 10.00g，置 100mL 烧杯中，加 d_5-3-MCPD 内标溶液（10mg/L）50μL，加饱和氯化钠溶液 30g，混合均匀，离心（3500r/min）20min，取上清液 10g。

④ 面粉或淀粉或谷物或面包：称取试样 5.00g，置 100mL 烧杯中，加 d_5-3-MCPD 内标溶液（10mg/L）50μL，加饱和氯化钠溶液 15g，放置过夜。

2）试样提取　将一袋 Extrelut^{TM}20 柱填料分为两份，取其中一份加到试样溶液中，混匀；将另一份柱填料装入色谱柱中（色谱柱下端填以玻璃棉）。将试样与吸附剂的混合物装入色谱柱中，上层加 1cm 高度无水硫酸钠。放置 15min 后，用正己烷-乙醚（9+1）80mL 洗脱非极性成分，并弃去。用乙醚 250mL 洗脱 3-MCPD（流速约为 8mL/min）。在收集的乙醚中加无水硫酸钠 15g，放置 10min 后过滤。滤液于 35℃温度下旋转蒸发至约 2mL，定量转移至 5mL 具塞试管中，用乙醚稀释至 4mL。在乙醚中加少量无水硫酸钠，振摇，放置 15min 以上。

3）衍生化　移取试样溶液 1mL，置 5mL 具塞试管中，并在室温下用氮气蒸发器吹至近干，立即加入 2,2,4-三甲基戊烷 1mL，用气密针加入七氟丁酰基咪唑 0.05mL，立即密塞，涡旋混合后，于 70℃保温 20min。取出后，放至室温，加饱和氯化钠溶液 3mL，涡旋混合 30s，使两相分离，取有机相加无水硫酸钠（约为 0.3g）干燥。将溶液转移至自动进样的样品瓶中，供 GC-MS 测定。

4）空白试样制备　称取饱和氯化钠溶液（5mol/L）10mL，置于 100mL 烧杯中，加 d_5-3-MCPD 内标溶液（10mg/L）50μL，超声 15min，以下步骤与试样提取及衍生化方法相同。

5）标准系列溶液的制备　吸取标准系列溶液各 0.1mL，加 d_5-3-MCPD 内标溶液（10mg/L）10μL，加 2,2,4-三甲基戊烷 0.9mL，用气密针加入七氟丁酰基咪唑 0.05mL，立即密塞。以下步骤与试样的衍生化方法相同。

6）色谱条件　色谱柱：DB-5ms 柱，30m×0.25mm×0.25μm。

进样口温度：230℃。

传输线温度：250℃。

程序温度：50℃保持 1min，以 2℃/min 速度升至 90℃，再以 40℃/min 的速度升至 250℃，并保持 5min。

载气：氦气，柱前压为 41.1kPa，相当于 6psi。

不分流进样，进样体积 1μL。

7）质谱参数　电离模式：电子轰击源（EI），能量为 70eV；电子源温度为 200℃；分析器（电子倍增器）电压为 450V；溶剂延迟为 12min，质谱采集时间为 12～18min；扫描方式：采用选择离子扫描（SIM）采集，3-MCPD 的离子特征为 $m/z\,253$、275、289、291 和 453，d_5-3-MCPD 的离子特征为 $m/z\,257$、294、296 和 456。选择不同的离子通道，以 $m/z\,253$ 作为 3-MCPD 定量离子，$m/z\,257$ 作为 d_5-3-MCPD 的定量离子，以 $m/z\,253$、275、289、291 和 453 作为 3-MCPD 定性鉴别离子，考察各碎片离子与 $m/z\,453$ 的强度比，要求四个离子（$m/z\,253$、275、289 和 291）中至少两个离子的强度比不得超过标准溶液的相同离子强度比的 $\pm 20\%$。

8）测定 量取试样溶液 $1\mu L$ 进样。3-MCPD 和 d_5-3-MCPD 的保留时间约为 16min。记录 3-MCPD 和 d_5-3-MCPD 的峰面积。计算 3-MCPD（$m/z\,253$）和 d_5-3-MCPD（$m/z\,257$）的峰面积比，以各系列标准溶液的进样量（ng）与对应的 3-MCPD（$m/z\,253$）和 d_5-3-MCPD（$m/z\,257$）的峰面积比绘制标准曲线。

（6）结果计算 按内标法计算样品中 3-氯-1，2-丙二醇的含量。见式(9-4)。

$$X=\frac{A\times f}{m} \tag{9-4}$$

式中 X——试样中 3-氯-1,2-丙二醇含量，$\mu g/kg$ 或 $\mu g/L$；

A——试样色谱峰与内标色谱峰的峰面积比值对应的 3-氯-1,2-丙二醇质量，ng；

f——试样溶液的稀释倍数；

m——试样的取样量，g 或 mL。

计算结果表示到三位有效数字。

（7）精密度 在重复性条件下获得的两次独立测定结果的绝对值差不得超过算术平均值的 20%。

9.6 食品中丙烯酰胺的检测技术

丙烯酰胺是一种结构简单的化工原料，广泛应用于饮用水净化、城市污水和工业废水处理、油井工艺、建筑行业、造纸工业、土壤稳定剂以及化妆品、日用化学品中添加剂、生物工程学试验等，还存在于烟草燃烧的烟雾中，为已知的致癌物。2002 年 4 月瑞典国家食品管理局（NFA）和斯德哥尔摩大学共同公布了某些油炸类食品的检验结果，宣布在人类高温加工的食品中发现含量高达 2.3mg/kg 的丙烯酰胺，引起了全球强烈关注。英国和美国等国的验证检测也相继得出了一致的结果，即油炸类的薯片、薯条，焙烤类的饼干、面包等所含丙烯酰胺的量远远超出世界卫生组织对饮水质量指导值的规定。美国食品与药品管理局（FDA）的检验结果，还验证了婴儿食品和其他粮食制品、脱水蔬菜、咖啡中也有含量不等的丙烯酰胺。

9.6.1 丙烯酰胺的特征

丙烯酰胺相对分子质量为 71.09，分子式为 $CH_2{=}CH{-}CO{-}NH_2$，是无色片状结晶，无味，有毒，易溶于极性溶剂，在稀酸性溶液中稳定，在碱性条件下分解，光照和受热易聚合。丙烯酰胺是聚丙烯酰胺合成中的化学中间体单体，凝聚后生成的聚丙烯酰胺是无毒的，但丙烯酰胺单体却是一种公认的神经毒素和准致癌物。虽然对长期接触丙烯酰胺的人群的研究中没有发现它与癌症有直接关系，但也没有足够的证据否定它与癌症的关系，而且动物试验和细胞试验都证明了丙烯酰胺可导致遗传物质的改变和癌症的发生。按照经典有机分析，其分子 $CH_2=CH—CO—NH_2$ 中有几个特征官能团：碳-碳不饱和双键即烯键、碳基和氨基，或乙烯基和酰胺基团，分析方法大都从这些官能团入手。微量丙烯酰胺的检测，对分析方法的准确度和精密度要求甚高。由于丙烯酰胺分子结构简单，有机溶剂提取的特异性差，而且食品样本组成复杂，基质干扰多，食品中丙烯酰胺的快速准确检测方法目前仍然是分析工作者面临的难题。目前主要检测方法有气相色谱-质谱联用法和液相色谱-串联质谱法。

9.6.2　气相色谱-质谱法测定食品中丙烯酰胺

（1）适用范围　本法适用于食品中丙烯酰胺的测定。

（2）原理　丙烯酰胺系极性小分子化合物。食品中丙烯酰胺经水、醇类等极性溶剂提取，离心过滤和过柱等净化处理，溴化衍生生成 2,3-二溴丙烯酰胺（2,3-DBPA），气相色谱-质谱联机分析，主要特征定性离子碎片（m/z）：152、150、108、106，其相对丰度比：150∶152=1，108∶106=1，108∶152=0.6，106∶150=0.6（各丰度比与标准品相比最大相差≤20%）。定量离子（m/z）：150。定量方法采用标准加入法。

（3）试剂　除非另有说明，所用试剂均为分析纯，水为二次蒸馏超纯水。

① 正己烷：重蒸馏。

② 乙酸乙酯：色谱纯。

③ 丙烯酰胺标准品：纯度≥99%。

④ 丙烯酰胺标准溶液：准确称取适量的丙烯酰胺标准样品（精确至 0.1 mg），用甲醇定容，制备成 $100\mu g/mL$ 标准储备溶液（储存条件：存放于 −20℃ 冰箱中）。根据实验需要再用水稀释成适合浓度的标准使用溶液（储存条件：0～4℃ 避光放置，不得超过 3d，建议现配现用）。

⑤ 无水硫酸钠：650℃灼烧 4h，干燥器中放置保存。

⑥ 饱和溴水≥3%。

⑦ 氢溴酸≥40%。

⑧ 硫代硫酸钠溶液（0.2mol/L）。

⑨ 甲醇。

⑩ 氯化钾。

（4）仪器和设备

① 气相色谱-质谱仪。

② 振荡器。

③ 冷冻离心机（5000～10000r/min）。

④ 固相提取装置（石墨化炭黑柱，规格为 Carbotrap B. SPE柱，500 mg/3mL）。

⑤ 粉碎机（或均质机）。

⑥ 精密天平（精度：0.1mg）。

⑦ 聚四氟乙烯活塞分液漏斗。

⑧ 具塞三角瓶。

⑨ $0.45\mu m$ 有机系过滤膜

（5）推荐使用仪器条件

① 色谱柱：DB-5 ms 或柱效相当的色谱柱，30m×0.25mm×0.25μm。

② 色谱柱温度（程序升温）：65℃保持1min，然后以每分钟升温15℃直到280℃，保持15min。

③ 进样口温度：260℃。

④ 离子源温度：230℃。

⑤ 接口温度：280℃。

⑥ 离子源：EI源，70 eV。

⑦ 测定方式：选择离子监测方式（SIM）或选择离子储存方式（SIS）。

选择监测离子（m/z）：152、150、108、106。

⑧ 载气：氦气（99.999%），流速1.0mL/min。

⑨ 进样方式：恒流，无分流进样。

⑩ 进样量：1μL。

（6）分析步骤

1）提取　准确称取已粉碎均匀（或均质化）的四份样品各10g（精确至1mg），分别置于250mL具塞三角瓶中，各加入丙烯酰胺标准使用溶液（10μg/mL）：0.0mL、0.5mL、1.0mL、2.0mL和水共计50mL，振荡30min，过滤，取滤液25mL。

2）净化

① 将滤液置于聚四氟乙烯活塞分液漏斗中，加20mL正己烷，室温下振荡萃取，静置分层，取下层水相。

② 将水相进行高速冷冻离心（转速5000～10000r/min，时间30min，温度0～4℃），上清液用玻璃棉过滤。

③ 在过滤液出现浑浊时，应过石墨化炭黑固相萃取柱（柱使用前依次用5mL甲醇和5mL水活化），再用20mL水淋洗，收集过柱和淋洗后的溶液，用于衍生化。

3）衍生化　向用于衍生化的溶液中加溴化钾7.5g、氢溴酸0.4mL、饱和溴水8mL衍生，在0～4℃下放置15h（避光）。逐滴加入硫代硫酸钠溶液至衍生液褪色，加乙酸乙酯25mL，振荡20min，静置分层，收集乙酸乙酯层，加10g左右无水硫酸钠脱水。可根据需要浓缩定容备用。进样前将待测液过0.45μm有机系过滤膜净化。

4）测定

① 定性分析　采用选择离子监测方式监测在8.4min附近有峰出现，选定的定性离子（m/z）：150、152、106、108都出现，且各碎片离子的相对丰度比为：150∶152＝1，106∶108＝1，106∶150＝0.6，108∶152＝0.6，各丰度比与标准品相比最大相差≤20%，即可确定样品中含有丙烯酰胺。

② 定量分析　以添加的丙烯酰胺量为横坐标、以定量离子（m/z，150）的峰面积为纵坐标，绘制标准曲线进行定量分析，其线性回归方程为：$S＝k×c＋b$（其中S为峰面积，k为斜率，c为浓度，b为截距）。

（7）结果计算　求出当$S＝0$时c的绝对值，即为试样测定液中丙烯酰胺的浓度。

样品中丙烯酰胺含量按式（9-5）计算。

$$X＝\frac{c×V×R×1000}{m×1000} \tag{9-5}$$

式中　X——样品中丙烯酰胺的含量，mg/kg；

c——测定液中丙烯酰胺的浓度，$\mu g/mL$；

　　　　V——测定液体积，mL；

　　　　R——稀释倍数；

　　　　m——试样的质量，g。

　　（8）精度　在 $7\sim20\mu g/kg$ 范围时，本方法在重复性条件下获得的两次独立测定结果的绝对差值不得超过算术平均值的 30％；在 $20\sim1000\mu g/kg$ 范围时，本方法在重复性条件下获得的两次独立测定结果的绝对差值不得超过算术平均值的 15％。

9.7 食品中甲醛的检测技术

　　甲醛是细胞原生质毒物，它可直接作用于氨基、巯基、羟基和羧基，生成次甲基衍生物，从而破坏机体蛋白质和酶，使组织细胞发生不可逆的凝固、坏死，从而对神经系统、肺、肝脏产生损害。甲醛在日常生活中可用作消毒、防腐和熏蒸剂，因此人们在日常的衣食住行中经常会接触到甲醛。同时由于甲醛具有杀菌、防腐、保鲜、增白和增加机体组织脆性的作用，一些不法厂商向食品中添加甲醛，以达到改善食品感官、提高白度、延长保存时间及改善口感的目的，使食品中的甲醛含量明显高于其天然本底含量，严重威胁消费者的饮食安全和身体健康。

9.7.1　甲醛的特征

　　甲醛（化学式：HCHO）是一种无色、有强烈刺激气味的气体，易溶于水和甲醇。它是具有较高毒性的物质，甲醛的人口服致死量为 10g，进入人体后还能引起免疫功能下降，目前，已经被美国环境保护署（EPA）确认为可能性致癌物，被世界卫生组织下属的国际癌症研究机构（IARC）确定为 1 类致癌物质，且 IARC 研究报告指出，目前已有足够证据证明甲醛能导致人类的鼻咽癌。长期与甲醛接触也会导致白血病，但目前还没有充足的证据。从甲醛的毒性考虑，《中华人民共和国食品卫生法》明确规定甲醛和含甲醛的化合物禁止作为食品添加剂使用。

9.7.2　甲醛的来源

　　食品中甲醛的来源主要有三个途径：人为添加、加工中引入或污染、动植物"内源"产生。

9.7.2.1　人为合理使用和非法添加

　　国外甲醛作为一种抑菌剂，被应用到食品中，如奶酪。同时，澳大利亚、美国允许少量甲醛作为饲料添加剂在饲料中使用，研究发现甲醛对饲料中沙门氏菌和大肠杆菌有抑制作用，最终不会影响禽蛋、肉制品的食用安全性。国内外在啤酒生产过程中为了加速絮状物的沉淀，均使用甲醛作为食品加工助剂，使啤酒加快澄清。我国规定禁止在食品加工中添加和使用甲醛，而部分生产企业和商贩为牟取暴利仍把甲醛或甲醛次硫酸氢钠非法添加到食品中，如面粉、水产品等。在水产品中加入甲醛，可以延长保质期，增加持水性；在面粉、米粉等食品加入甲醛或甲醛次硫酸氢钠，起到增白效果。2008 年在华东某农副产品批发市场抽取的 21 份腐竹样品中，吊白块检出率为 42.9％，最高含量 1380mg/kg，最低含量

228mg/kg。2012 年期间，白菜主产地山东省一些地方蔬菜商贩使用甲醛溶液喷洒确保白菜保鲜。

9.7.2.2　食品原辅料、容器和环境的污染

甲醛是化工材料，可用于制造与食品接触的材料和制品。甲醛单体可能残留在制成的产品中，随着制品与食品接触而迁移到食品中。甲醛水溶液用于设施、工具消毒，环境消毒剂或立体空间熏蒸消毒剂，造成环境不同程度的污染。环境中甲醛污染最终造成食品中甲醛的残留。

9.7.2.3　动植物"内源"甲醛

对食物内源甲醛研究最多的是真菌类中的香菇和水产品。研究发现，香菇中香菇菌酸在酶的催化作用下形成芳香物质香菇精，同时释放甲醛。水产品中含有甲醛的前体物——氧化三甲胺，它在氧化三甲胺酶作用下可分解成氧化二甲胺和甲醛。除酶的作用外，高温作用下也会迅速分解成二甲胺和甲醛，所以水产品在储存和加工过程甲醛含量会有不同程度的增加。

9.7.3　食品中甲醛的检测

9.7.3.1　定性筛选法

（1）适用范围　本法用于水产品中甲醛快速检测。

（2）原理　利用水溶液中游离的甲醛与某些化学试剂的特异性反应，形成特定的颜色进行鉴别。

（3）仪器

① 组织捣碎机。

② 10mL 纳氏比色管。

（4）试剂　下列所用试剂均为分析纯，所用化学试剂应符合 GB/T602 要求。试验用水应符合 GB/T6682 的要求。

① 1%间苯三酚溶液：称取固体间苯三酚 1g，溶于 100mL 12%氢氧化钠溶液中。此溶液临用时现配。

② 4%盐酸苯肼溶液：此溶液临用时现配。

③ 盐酸溶液（1+9）：量取盐酸 100mL，加到 900mL 的水中。

④ 5%亚硝酸亚铁氰化钠溶液：此溶液临用时现配。

⑤ 10%氢氧化钾溶液。

（5）操作步骤

1）取样　鲜活水产品取肌肉等可食部分测定。鱼类去头、去鳞，取背部和腹部肌肉；虾去头、去壳、去肠腺后取肉；贝类去壳后取肉；蟹类去壳、去性腺和肝脏后取肉；冷冻水产品经半解冻直接取样，不可用水清洗；水发水产品可取其水发溶液直接测定，或样品沥水后，取可食部分测定；干制水产品取肌肉等可食部分测定。

2）试样的制备　可直接取用水发水产品的水发溶液，进行定性筛选实验。将取得的样品用组织捣碎机捣碎，称取 10g 于三角瓶中，加入 20mL 蒸馏水，振荡 30min，离心后取上清液作为制备液进行定性测定。

3）测定

① 间苯三酚法

a. 取样品制备液 5mL 于 10mL 纳氏比色管中，然后加入 1mL 1％间苯三酚溶液，2min 内观察颜色变化。溶液若呈橙红色，则有甲醛存在，且甲醛含量较高；溶液若呈浅红色，则含有甲醛，且含量较低；溶液若无颜色变化，甲醛未检出。

b. 该方法操作时显色时间短，应在 2min 内观察颜色变化。水发鱿鱼、水发虾仁等样品的制备液因带浅红色，不适合此法。

② 亚硝酸亚铁氰化钠法

a. 取样品制备液 5mL 于 10mL 纳氏比色管中，然后加入 1mL 4％的盐酸苯肼，3～5 滴新配的 5％亚硝酸亚铁氰化钠溶液，再加入 3～5 滴 10％氢氧化钾溶液，5min 内观察颜色变化。溶液若呈蓝色或灰蓝色，则有甲醛存在，且甲醛含量较高；溶液若呈浅蓝色，则含有甲醛，且含量较低；溶液若呈淡黄色，甲醛未检出。

b. 该方法显色时间短，应在 5min 内观察颜色变化。

以上两种方法中任何一种方法都可作为甲醛的定性测定方法，必要时两种方法同时使用。

9.7.3.2 分光光度法测定甲醛

(1) 原理　水产品中的甲醛在磷酸介质中经水蒸气加热蒸馏，冷凝后经水溶液吸收，蒸馏液与乙酰丙酮反应，生成黄色的二乙酰基二氢二甲基吡啶，用分光光度计在 413nm 处比色定量。

(2) 仪器

① 分光光度计：波长范围为 360～900nm。

② 圆底烧瓶：1000mL、2000mL、250mL；容量瓶：200mL；纳氏比色管：20mL。

③ 条纹电热套或电炉。

④ 组织捣碎机。

⑤ 蒸馏液冷凝、接收装置。

(3) 试剂

① 磷酸溶液 (1+9)：取 100mL 磷酸，加 900mL 的水，混匀。

② 乙酰丙酮溶液：称取乙酸铵 25g，溶于 100mL 蒸馏水中，加冰乙酸 3mL 和乙酰丙酮 0.4mL，混匀，储存于棕色瓶，在 2～8℃冰箱内可保存一个月。

③ 0.1mol/L 碘溶液：称取 40g 碘化钾，溶于 25mL 水中，加入 12.7g 碘，待碘完全溶解后，加水定容至 1000mL，移入棕色瓶中，暗处贮藏。

④ 1mol/L 氢氧化钠溶液。

⑤ 硫酸溶液 (1+9)。

⑥ 0.1mol/L 硫代硫酸钠标准溶液：按 GB/T5009.1 中的方法标定。

⑦ 0.5％淀粉溶液：此液需当日配制。

⑧ 甲醛标准储备溶液：吸取 0.3mL 含量为 36％～38％甲醛溶液于 100mL 容量瓶中，加水稀释至刻度，为甲醛标准储备溶液，冷藏保存两周。

⑨ 甲醛标准溶液 (5μg/mL)：根据甲醛标准储备溶液的浓度，精密吸取适量于 100mL 容量瓶中，用水稀释至刻度，混匀备用，此液需当日配制。

(4) 样品处理　将按 9.7.3.1 中取样方法所取样品用组织捣碎机捣碎，混合均匀后称取 10.00g 于 250mL 圆底烧瓶中，加入 20mL 蒸馏水，用玻璃棒搅拌均匀，浸泡 30min 后加 10mL 磷酸 (1+9) 溶液后立即通入水蒸气蒸馏。接收管下口事先插入盛有 20mL 蒸馏水且置于冰浴的蒸馏液接收装置中。收集蒸馏液至 200mL，同时做空白对照试验。

（5）操作方法

1）甲醛标准储备溶液的标定　精密吸取上述制备的甲醛标准储备溶液 10.00mL，置于 250mL 碘量瓶中，加入 25.00mL 0.1mol/L 碘溶液、7.50mL 1mol/L 氢氧化钠溶液，放置 15min；再加入 10.00mL（1+9）硫酸，放置 15min，用浓度为 0.1mol/L 的硫代硫酸钠标准溶液滴定，当滴至淡黄色时，加入 1.00mL 0.5% 淀粉指示剂，继续滴定至蓝色消失，记录所用硫代硫酸钠体积（V_1 mL）。同时用水做试剂空白滴定，记录空白滴定硫代硫酸钠体积（V_0 mL）。

甲醛标准储备溶液的浓度用式(9-6)计算。

$$X_1 = \frac{(V_0 - V_1) \times C \times 15 \times 1000}{10} \quad\quad (9\text{-}6)$$

式中　X_1——甲醛标准储备溶液中甲醛的浓度，mg/L；

　　　V_0——空白滴定消耗硫代硫酸钠标准溶液的体积，mL；

　　　V_1——滴定甲醛消耗硫代硫酸钠标准溶液的体积，mL；

　　　C——硫代硫酸钠溶液准确的浓度，mol/L；

　　　15——1mL 1mol/L 碘相当甲醛的量，mg；

　　　10——所用甲醛标准储备溶液的体积，mL。

2）标准曲线的绘制　精密吸取 5μg/mL 甲醛标准液 0mL、4mL、6mL、8mL、10mL 于 2mL 纳氏比色管中，加水至 10mL，加入 1mL 乙酰丙酮溶液，混合均匀，置沸水浴中加热 10min，取出用水冷却至室温；以空白液为参比，于波长 413nm 处，以 1cm 比色皿进行比色，测定吸光度，绘制标准曲线。

3）样品测定　根据样品蒸馏液中甲醛浓度高低，吸取蒸馏液 1～10mL，补充蒸馏水至 10mL，测定过程与标准曲线的测定操作方法相同，记录吸光度。每个样品应做两个平行测定，以其算术平均值为分析结果。

（6）结果计算　试样中甲醛含量按式(9-7)计算，计算结果保留两位小数。

$$X_2 = \frac{C_2 \times 10}{m_2 \times V_2} \times 200 \quad\quad (9\text{-}7)$$

式中　X_2——水产品中甲醛含量，mg/kg；

　　　C_2——查曲线结果，μg/mL；

　　　10——显色溶液的总体积，mL；

　　　m_2——样品质量，g；

　　　V_2——样品测定取蒸馏液的体积，mL；

　　　200——蒸馏液总体积，mL。

（7）回收率　回收率≥60%。

（8）检出限　样品中甲醛的检出限为 0.50mg/kg。

（9）精密度　在重复性条件下获得两次独立测定结果：样品中甲醛含量≤5mg/kg 时，相对偏差≤10%；样品中甲醛含量＞5mg/kg 时，相对偏差≤5%。

9.7.3.3　高效液相色谱法

（1）原理　甲醛在酸性条件下与 2,4-二硝基苯肼在 60℃ 水浴衍生化生成 2，4-二硝基苯腙，经二氯甲烷反复分离提取后，经无水硫酸钠脱水，水浴蒸干，甲醛溶解残渣。ODS-C_{18}

柱分离，紫外检测器 338nm 检测，以保留时间定性，根据峰面积定量，测定甲醛含量。

（2）仪器

① 高效液相色谱，附紫外检测器。

② 高速离心机。

③ 10mm×150mm 具塞玻璃色谱柱。

④ 恒温水浴锅。

⑤ 涡旋混合器。

⑥ 移液器：1mL；微量进样器：20μL；5mL 具塞比色管。

⑦ 0.22μm 滤膜。

（3）试剂

① 甲醇：色谱纯，经过滤、脱气后使用。

② 二氯甲烷。

③ 2,4-二硝基苯肼溶液：称取 100mg 2,4-二硝基苯肼溶于 24mL 浓盐酸中，加水定容至 100mL。

④ 甲醛标准储备溶液：配制及标定见 9.7.3.2，临用时稀释至 20μg/mL。

⑤ 无水硫酸钠：经 550℃高温灼烧，干燥器中储存冷却后使用。

（4）测定步骤

1）样品处理　取 9.7.3.2 中所制备水蒸气蒸馏液 0.1～1.0mL，置于 5mL 具塞比色管，补充蒸馏水至 1.0mL，加入 0.2mL 2,4-二硝基苯肼溶液，置 60℃水浴 15min，然后在流水中快速冷却，加入 2mL 二氯甲烷，涡旋混合器振荡萃取 1min，3000r/min，离心 2min，取上清液再用 1mL 二氯甲烷萃取两次，合并 3 次萃取的下层黄色溶液，将萃取液经无水硫酸钠柱脱水，60℃水浴蒸干，放冷，取 1.0mL 色谱纯甲醇溶解残渣，经孔径 0.22μm 滤膜过滤后做液相色谱分析。

2）色谱条件

① 色谱柱：ODS-C$_{18}$柱，5μm，4.6nm×250nm。

② 色谱柱温度：40℃。

③ 流动相：甲醇＋水（60＋40），0.5mL/min。

④ 检测器波长：338nm。

3）标准曲线的绘制　分别取 20μg/mL 的甲醛使用液 0.0mL、0.1mL、0.25mL、0.5mL、0.75mL、1.0mL（相当于 0μg、2μg、5μg、10μg、15μg、20μg）于 5mL 具塞比色管中，加蒸馏水至 1.0mL，按 9.7.3.2 中（5）中 2）所述的方法处理后取 20μL 进样。根据出现时间定性（5.1min），峰面积定量，每个浓度做两次，取平均值，用峰面积与甲醛含量作图，绘制标准曲线。取样品处理液 20μL 注入液相色谱测得积分面积后从标准曲线查得相应的浓度。

（5）结果计算　试样中甲醛含量按式(9-8)计算，计算结果保留两位小数。

$$X_3 = \frac{C_3}{M_3 \times V_3} \times 200 \tag{9-8}$$

式中　X_3——水产品中甲醛含量，mg/kg；

　　　C_3——查曲线结果，μg/mL；

　　　M_3——样品质量，g；

V_3——样品测定取蒸馏液的体积，mL；

200——蒸馏液总体积，mL。

（6）回收率　样品蒸馏液中添加甲醛标准溶液计算得到的回收率＞90％。

（7）精密度　在重复性条件下获得两次独立测定结果：样品中甲醛含量≤5mg/kg 时，相对偏差≤10％；样品中甲醛含量＞5mg/kg 时，相对偏差≤5％。

（8）检出限　样品中甲醛的检出限为 0.20mg/kg。

本章小结

本章主要介绍了常见的产生于加工过程的甲醛、氯丙醇、杂环胺、N-亚硝基化合物、苯并芘、丙烯酰胺等有害物的检测技术，通过本章学习，重点掌握不同类型化合物适应的检测技术以及每种检测技术的原理和检测步骤，了解检测技术的适用范围和优缺点。

思考题

1. 加工过程产生的有害物有哪些？可以使用哪些方法进行检测？
2. N-亚硝基化合物为什么要使用水蒸气蒸馏来提取？
3. 荧光法检测苯并 [a] 芘的原理是什么？
4. 杂环胺有哪几种检测方法，各有何优势？
5. 不同样品进行氯丙醇检测时前处理方法有何差别？
6. 丙烯酰胺使用液相色谱-质谱检测时为什么要进行衍生？
7. 甲醛比色检测的原理是什么？

参考文献

[1] 姚瑶，彭增起，邵斌等 . 加工肉制品中杂环胺的研究进展 [J]. 食品科学，2010，31，(23)：447-451.

[2] 杨斯超，张慧，汪俊涵等 . 柱前衍生化-气相色谱 -质谱法定量测定食品中丙烯酰胺的含量 [J]. 色谱，2015，5：404-408.

[3] 程威威，汪学德，刘兵戈等 . HPLC-FLD 和 GC-MS 测定芝麻油中苯并芘的方法比较 [J]. 现代食品科技，2015，31 (10).

⑩ 食品接触材料检测技术 ▶▶

10.1 概述

食品接触材料（food contact materials，FCM）是指与食品接触的材料或物品，包括包装材料、餐具、器皿、食品加工设备、容器等。此外，还包括活性和智能型食品接触材料。

活性材料或物品是指为了延长食品保质期，或保持或改善包装食品品质的材料或物品，也就是有意释放一些特定物质进入包装食品或食品周围的环境，或从包装食品或食品周围的环境吸收某些特定物质，它们是特意设计的能够向食品或其周围环境释放或被吸收的一种材料。美国、日本和澳大利亚市场上已有活性食品包装材料应用。智能材料或物品是指能够监控包装食品条件或食品周围环境的材料或物品。

根据国家标准（GB 23508—2009），食品包装容器是指用于盛装食品或食品添加剂用的制品；食品包装材料是指直接用于食品包装或制造食品包装的材料。食品包装材料和包装容器可以保证食品安全卫生，方便运输、促进销售。制作食品包装容器和材料的原料及辅助物包括纸、竹、木、金属、搪瓷、陶瓷、塑料、橡胶、天然纤维、化学纤维、玻璃制品和接触食品的涂料等。食品容器和包装材料对于食品安全有着双重意义：一是合适的包装方式和材料可以保护食品不受外界的污染，保持食品本身的水分、成分、品质等特性不发生改变；二是包装材料本身的化学成分会向食品中发生迁移，如果迁移的量超过一定界限，会影响到食品的卫生。包装材料作为食品的"贴身衣物"，其在原材料、辅料、工艺方面的安全性将直接影响食品质量，继而对人体健康产生影响。

食品接触材料中有毒有害化学物质的迁移是污染食品的重要途径之一。食品接触材料迁移是指食品包装材料接触食品时，材料本身含有的化学物质扩散至食品中，成为内装食品的"特殊添加剂"。这些物质虽然微量，但长期食用，对人体健康造成的危害却不可小觑。

我国《食品安全法》规定食品容器、包装材料和食品用工具、设备必须符合食品安全标准和相应要求。食品包装材料的检测技术对于保障包装材料安全具有重要意义。

对食品包装材料和包装容器制定的检测方法共有30多种，从检测所用的仪器看，包括化学方法、气相色谱法、液相色谱法、原子吸收分光光度法、分光光度法等。不同国家、地区、组织对食品包装材料的检测方法并不完全相同。对于包装材料出口时，往往采用出口国的检测标准和方法，进口时则采用进口国的检测标准和方法。

10.2 食品包装材质及容器

10.2.1 食品包装材质

食品包装材料很多，最常用的主要是玻璃、塑料、纸、金属、陶瓷等。

(1) 玻璃 种类很多，主要组成是二氧化硅、氧化钾、三氧化二铝、氧化钙、氧化锰等。具有良好的化学稳定性，盛放食品时重金属的溶出量一般为 0.04～0.13mg/L，比陶瓷溶出量 (0.08～2.72mg/L) 低，安全性高。

(2) 塑料 目前我国规定，可用于接触食品的塑料是聚乙烯、聚丙烯、聚苯乙烯和三聚氰胺等。用于食品包装的部分塑料中含有有毒助剂或单体，如聚氯乙烯的氯乙烯单体，聚苯乙烯的乙苯、乙烯；另外塑料产品中也会残留一些有害物质，如印刷油墨中的合成染料、重金属和有机溶剂等。食品包装用塑料一般禁止使用铅、氯化镉等稳定剂，相关标准指标中的重金属即与此有关；另外塑料易带静电，废弃物处理困难，易造成公害等。

(3) 纸 是食品行业使用最广泛的包装材料，大致可分为内包装和外包装两种。内包装主要有原纸、脱蜡纸、玻璃纸、锡纸等；外包装主要是纸板、印刷纸等。纸包装涂胶或者涂蜡处理包装用纸的蜡纯净度还有一些不能达到标准要求，经过荧光增白剂处理的包装纸及原料中都含有一定量易使食品受到污染的化学物，这些原因都会导致食品纸包装材料存在安全隐患。

(4) 金属 在食品领域，金属容器大量地被用来盛装食品罐头、饮料、糖果、饼干、茶叶等。金属容器的材料基本上可分为钢系和铝系两大类。钢系有镀锡薄钢板、镀铬薄钢板、镀锌薄钢板、低碳薄钢板等；铝系主要是铝合金薄板和铝箔。金属包装形式，从保藏食品角度看，是最好的包装形式之一。由于金属材料的化学稳定性较差，耐酸、碱能力较弱，特别易受酸性食品的腐蚀。因此，常需内涂层来保护，但内涂层在缝隙、弯曲、折叠时也可能有溶出物迁移到食品内，这是金属材料的缺点。

(5) 陶瓷 陶瓷是我国使用历史最悠久的一类包装容器材料，可制成形状各异的瓶、罐、坛等，可用于多种食品的包装。从安全角度而言，陶瓷制品在制作过程中必须上釉，而所使用釉彩含有较高浓度的铅 (Pb)、镉 (Cd) 等重金属，与食品接触时表层釉可能会有铅、镉的溶出，造成食品污染，对人体健康造成危害。陶瓷的这些缺点，在一定程度上限制了其在食品包装中的应用。

10.2.2 检测技术发展趋势

大多数情况下迁移到模拟溶剂中的物质不能完全反映真实情况下的迁移，目前国际上对食品进行了较为详细的分类和溶剂选用研究后，开始着手建立食品中迁移物的测定方法，研究包装材料中各种化学物在接触不同食品时的迁移特性，建立迁移模型等。我国积极开展食品包装材料中化学物在直接接触食品的迁移试验，如搪瓷、陶瓷制食具中重金属铅、镉向酒精性饮料迁移的研究，食品中迁移物的存在形式研究，不同食品加工方式对迁移物转移、转化影响的研究等。

除了介绍的一些食品接触材料迁移检测方法，还对复合食品包装袋、玻璃、陶瓷等各种食品接触材料制定了多个卫生和检测方法标准，但各种检测技术仍在不断的发展完善中。

10.3 食品包装材料检测技术

食品包装材料和容器的检测，是保证食品包装安全的技术基础，是贯彻执行相关包装标准的保证。为了这个目的，各国制定的食品接触材料和容器的包装标准都具有可操作性，并制定了与之配套的相应的检测方法。食品包装材料的安全指标主要包括：蒸发残渣（乙酸、乙醇、正己烷）、高锰酸钾消耗量、重金属、残留毒素等。

10.3.1　食品包装材料蒸发残渣分析

10.3.1.1　方法目的
模拟检测水、酸、酒、油等食品接触包装材料后的溶出情况。

10.3.1.2　原理
蒸发残渣是指样品经用各种浸泡液浸泡后，包装材料在不同浸泡液中的溶出量。用水、4%乙酸、65%乙醇、正己烷4种溶剂模拟水、酸、酒、油四类不同性质的食品接触包装材料后包装材料的溶出情况。

10.3.1.3　适用范围
聚乙烯、聚苯乙烯、聚丙烯为原料制作的各种食具、容器及食品包装薄膜或其他各种食品用工具、管道等制品。

10.3.1.4　试剂材料
水，4%乙酸，65%乙醇，正己烷，移液管等。

10.3.1.5　仪器设备
烘箱，干燥器，水浴锅，天平等。

10.3.1.6　分析步骤
（1）取样　每批按0.1%取样品，小批时取样数不少于10只（以容积500mL/只计；小于500mL/只，样品应相应加倍取量），样品洗净备用。用4种浸泡液分别浸泡2h。按每平方厘米接触面积加入2mL浸泡液；或在容器中加入浸泡液至2/3～4/5容积。

浸泡条件：60℃水，保温2h；60℃4%乙酸，保温2h；65%乙醇，室温下浸泡2h；正己烷，室温下浸泡2h。

（2）测定　取各浸泡液200mL，分次置于预先在100℃±5℃干燥至恒重的50mL玻璃蒸发皿或恒重过的小瓶浓缩器（为回收正己烷用）中，在水浴上蒸干，于100℃±5℃干燥2h，在干燥器中冷却0.5h后称量，再于100℃±5℃干燥1h，取出，在干燥器中冷却0.5h，称量。

10.3.1.7　结果计算

$$X = (m_1 - m_2) \times 1000/200$$

式中　X——样品浸泡液（不同浸泡液）蒸发残渣，mg/L；

　　　m_1——样品浸泡液蒸发残渣质量，mg；

　　　m_2——空白浸泡液的质量，mg。

计算结果保留3位有效数字。

10.3.1.8　方法分析与评价

①　浸泡实验实质上是对塑料制品的迁移性（migration）和浸出性（bleeding）的评价。当直接接触时包装材料中所含成分（塑料制品中残存的未反应单体以及添加剂等）向食品中迁移，浸泡试验对上述迁移进行定量的评价，即了解在不同介质下，塑料制品所含成分的迁移量的多少。

②　蒸发残渣代表向食品中迁移的总可溶性及不溶性物质的量，它反映食品包装袋在使用过程中接触到液体时析出残渣、重金属、荧光性物质、残留毒素的可能性。

③　因加热等操作，一些低沸点物质（如乙烯、丙烯、苯乙烯、苯及苯的同系物）将挥发散逸，沸点较高的物质（二聚物、三聚物，以及塑料成型加工时的各种助剂等）以蒸发残渣的形式滞留下来。应当指出，实际工作中蒸发残渣往往难以衡量。因此，仅要求在 2 次烘干后进行称量。

④　在重复条件下获得的两次独立测定结果的绝对差值不得超过算术平均值的 10%。

10.3.2　食品包装材料脱色试验分析

10.3.2.1　方法目的

以感官检验，了解着色剂向浸泡液迁移的情况。

10.3.2.2　原理

食品接触材料中的着色剂溶于乙醇、油脂或浸泡液，形成肉眼可见的颜色，表明着色剂溶出。

10.3.2.3　适用范围

适用于聚乙烯、聚氯乙烯、聚苯乙烯、聚丙烯树脂以及这些物质为原料制造的各种食具、容器及食品包装薄膜或其他各种食品用工具、用器等制品。

10.3.2.4　试剂材料

冷餐油，65%乙醇，棉花，四种浸泡液（水、4%乙酸、65%乙醇、正己烷）。

10.3.2.5　分析步骤

取洗净待测食具一个，用沾有冷餐油、乙醇（65%）的棉花，在接触食品部位的小面积内，用力往返擦拭 100 次。用四种浸泡液进行浸泡，浸泡条件：60℃水，保温 2 h；60℃的 4%乙酸，保温 2 h；65%乙醇室温下浸泡 2 h；正己烷室温下浸泡 2 h。

10.3.2.6　结果判断

棉花上不得染有颜色，否则判为不合格。四种浸泡液（水、4%乙酸、65%乙醇、正己烷）也不得染有颜色。

10.3.2.7　方法分析与评价

塑料着色剂多为脂溶性，但也有溶于 4%乙酸及水的，这些溶出物往往是着色剂中有色不纯物。着色剂迁移至浸泡液或擦拭试验有颜色脱落，均视为不符合规定。日本脱色试验是将四种浸泡液（水、4%乙酸、20%乙酸、正庚烷）置于 50mL 比色管中，在白色背景下，观察其颜色，以判断着色剂是否从聚合物迁移至食品中。

10.3.3　食品包装材料重金属分析

10.3.3.1　方法目的

模拟检测酸性物质接触包装材料后重金属的溶出情况。

10.3.3.2　原理

浸泡液中重金属（以铅计）与硫化钠作用，在酸性溶液中形成黄棕色硫化铅，如果与标准比较，颜色不深于标准，即表示重金属含量符合要求。

10.3.3.3　适用范围

适用于以聚乙烯、聚氯乙烯、聚丙烯、聚苯乙烯树脂及这些物质为原料制造的各种食具、容器及食品用包装薄膜或其他各种食用工具、用器等制品中的重金属溶出量检测。

10.3.3.4　试剂

（1）硫化钠溶液　称取 5.0g 硫化钠，溶于 10mL 水和 30mL 甘油的混合液中，或将 30mL 水和 90mL 甘油混合后分成二等份，一份加 5.0g 氢氧化钠溶解后通入硫化氢气体（硫化铁加稀盐酸）使溶液饱和后，将另一份水和甘油混合液倒入，混合均匀后装入瓶中，密塞保存。

（2）铅标准溶液　准确称取 0.0799g 硝酸铅，溶于 5mL 的 0.5% 硝酸中，移入 500mL 容量瓶内，加水稀释至刻度。此溶液相当于 $100\mu g/mL$ 铅。

（3）铅标准使用液　吸取 10mL 铅标准溶液，置于 100mL 容量瓶中，加水稀释至刻度。此溶液相当于 $10\mu g/mL$ 铅。

10.3.3.5　仪器设备

天平、容量瓶、比色管等。

10.3.3.6　分析步骤

吸取 20mL 的 4% 乙酸浸泡液于 50mL 比色管中，加水至刻度；另取 2mL 铅标准使用液加入另一 50mL 比色管中，加 20mL 的 4% 乙酸溶液，加水至刻度混匀。两比色管中各加硫化钠溶液 2 滴，混匀后，放 5min，以白色为背景，从上方或侧面观察，样品呈色不能比标准溶液更深。

10.3.3.7　结果计算

若样品管呈色深于标准管样品，重金属（以 Pb 计）报告值＞1。

10.3.3.8　方法分析与评价

① 从聚合物中迁移至浸泡液的铅、铜、汞、锑、锡、砷、镉等重金属的总量，在本试验条件下，能和硫化钠生成金属硫化物（呈现褐色）的上述重金属，均以铅计。

② 对铅而言本法灵敏度为 $10\sim20\mu g/50mL$。

③ 食品包装用塑料材料的重金属来源有两方面，首先，塑料添加剂（如稳定剂、填充剂、抗氧化剂等）使用不当。如硬脂酸铅、镉化合物，用于食品包装树脂；含重金属的化合物作为颜料或着色剂，都将使聚合物重金属增量。其次，聚合物生产过程中的污染，也能使聚合物含有较高的重金属，如管道、机械、器具的污染。

④ 食品包装材料中重金属其他分析技术可参考原子吸收光谱法和原子荧光光谱法等技术。

10.3.4　食品包装材料可溶出有机物质分析

10.3.4.1　方法目的

检测食品包装材料水浸泡后可溶出有机物质。

10.3.4.2　原理

样品经用浸泡液浸泡后，测定其高锰酸钾消耗量，表示可溶出有机物质的含量。

10.3.4.3 适用范围

橡胶、聚乙烯、聚苯乙烯、聚丙烯、三聚氰胺等为原料制作的各种食具、容器及食品包装薄膜或其他各种食品用工具、管道等制品。

10.3.4.4 试剂材料

硫酸-水（1:2），0.01mol/L 高锰酸钾标准滴定溶液，0.01mol/L 草酸标准滴定溶液。

10.3.4.5 仪器设备

电炉等，250mL 锥形瓶，10mL 滴定管，100mL。移液管。

10.3.4.6 分析步骤

（1）取样方法　每批按 0.1% 取样品，小批时取样数不少于 10 只（以容积 500mL/只计；小于 500mL/只时，样品应相应加倍取量），样品洗净备用。用 60℃水保温浸泡 2h。按每平方厘米接触面积加入 2mL 水；或在容器中加入水至 2/3～4/5 容积。

（2）锥形瓶的处理　取 100mL 水，放入 250mL 锥形瓶中，加入 5mL 硫酸-水（1:2）、5mL 高锰酸钾溶液，煮沸 5min，倒去，用水冲洗备用。

（3）滴定　准确吸取 100mL 水浸泡液（有残渣则需过滤）于上述处理过的 250mL 锥形瓶中，加 5mL 硫酸-水（1:2）及 10mL 高锰酸钾标准滴定溶液（0.01mol/L），再加玻璃珠 2 粒，准确煮沸 5min 后，趁热加入 10mL。草酸标准滴定溶液（0.01mol/L），再以高锰酸钾标准滴定溶液（0.01mol/L）滴定至微红色，记录二次高锰酸钾溶液滴定量。另取 100mL 水，按上法做试剂空白试验。

10.3.4.7 结果计算

$$X = (V_1 - V_2) \times c \times 31.6 \times 1000/100$$

式中　X——样品中高锰酸钾消耗量，mg/L；

　　　V_1——样品浸泡液滴定时消耗高锰酸钾溶液的体积，mL；

　　　V_2——试剂空白滴定时消耗高锰酸钾溶液的体积，mL；

　　　c——高锰酸钾标准滴定溶液的实际浓度，mol/L；

31.6——与 1mL 的 0.001mol/L 高锰酸钾标准滴定溶液相当的高锰酸钾的质量，mg。计算结果保留 3 位有效数字。

10.3.4.8 方法分析与评价

① 高锰酸钾消耗量，是指那些迁移到浸泡液中，能被高锰酸钾氧化的全部物质的总量。这些物质主要是有机物质，是从聚合物迁移到浸泡液（蒸馏水）中的有机物，如聚合物单体烯烃以及二聚物、三聚物等低分子量聚合体，塑料添加剂等。浸泡液的高锰酸钾消耗量指标，是从饮用水的高锰酸钾消耗量引申而来。国外饮用水的高锰酸钾消耗量：日本规定 100 mg/L 以下；WHO 规定为 10 mg/L 以下。

② 高锰酸钾标准溶液的配制中，要注意避免二氧化锰促使高锰酸钾分解，因为二氧化锰是高锰酸钾自身分解产物，因此，可先配制好高锰酸钾溶液，在暗处放置 1 周，再煮沸 15min，然后在室温下放置两天，用玻璃砂芯漏斗过滤，保存在棕色瓶中，以备标定。

③ 高锰酸钾消耗量是在酸性介质中，根据氧化还原反应原理，对高聚物中有机物迁移量进行测定。因此试验器具是否沾上还原性物质将直接影响测定结果，通常是预先用高锰酸钾处理试验器皿。

④ 试样溶液煮沸不可太快，最好是加热 5min 之后沸腾，加热时间也不宜太长，避免高锰酸钾因加热引起分解。趁热滴定，最好是在 60～80℃之间，而且滴定达到终点时，溶液

温度仍不低于 50℃，且微红色至少维持 15s 不褪。一般希望氧化还原反应到达终点时，剩余的高锰酸钾浓度应为加入量的 50％左右，否则分析误差较大。因此浸泡液中有机物较多时，可少取样液，以保持高锰酸钾有足够剩余量。

⑤ 在重复条件下获得的两次独立测定结果的绝对差值不得超过算术平均值的 10％。

10.3.5　食品包装材料中丙烯腈残留气相色谱法检测技术

食品包装材料（塑料、树脂等聚合物）中的未聚合的单体、中间体或残留物进入食品，往往造成食品的污染。丙烯腈聚合物中的丙烯腈单体，由于具有致癌作用，关于以丙烯腈（AN）为基础原料的塑料包装材料对食品包装的污染问题已受到广泛关注。有研究曾对此类包装材料中的奶酪、奶油、椰子乳、果酱等进行了分析，证明丙烯腈能从容器进入食品，并证明在这些食品中丙烯腈的分布是不均匀的。我国食品用橡胶制品安全标准中规定了接触食品的片、垫圈、管以及奶嘴制品中残留丙烯腈单体的限量。以下介绍顶空气相色谱法（HP-GC）测定丙烯腈-苯乙烯共聚物（As）和丙烯腈-丁二烯-苯乙烯共聚物（ABS）中残留丙烯腈，分别采用氮-磷检测器（NPD）法和氢火焰检测器（FID）法。

10.3.5.1　方法目的

了解气相色谱检测食品包装材料的片、垫圈、管及奶嘴制品中残留丙烯腈单体的方法。

10.3.5.2　原理

将试样置于顶空瓶中，加入含有已知量内标物丙腈（PN）的溶剂，立即密封，待充分溶解后将顶空瓶加热使气液平衡后，定量吸取顶空气进行气相色谱测定，根据内标物响应值定量。

10.3.5.3　适用范围

适用于丙烯腈-苯乙烯以及丙烯腈-丁二烯-苯乙烯树脂及其成型品中残留丙烯腈单体的测定，也适用于橡胶改性的丙烯腈-丁二烯-苯乙烯树脂及成型品中残留丙烯腈单体的测定。

10.3.5.4　试剂材料

① 溶剂 N,N-二甲基甲酰胺（DMF）或 N,N-二甲基乙酰胺（DMA），要求溶剂顶空色谱测定时，在丙烯腈（AN）和丙腈（PN）的保留时间处不得出现干扰峰。

② 丙腈、丙烯腈均为色谱级。

丙烯腈标准储备液：称取丙烯腈 0.05g，加 N,N-二甲基甲酰胺稀释定容至 50mL，此储备液每毫升相当于丙烯腈 1.0mg，储于冰箱中。

丙烯腈标准浓度：吸取储备液 0.2mL、0.4mL、0.6mL、0.8mL、1.6mL 分别移入 10mL 容量瓶中，各加 N,N-二甲基甲酰胺稀释至刻度，混匀（丙烯腈浓度 20μg/mL、40μg/mL、60μg/mL、80μg/mL、160μg/mL）。

③ 溶液 A：准备一个含有已知量内标物（PN）聚合物溶剂。用 100mL 容量瓶，事先注入适量的溶剂 DMF 或 DMA 稀释至刻度，摇匀，即得溶液 A。计算出溶液 A 中 PN 的浓度（mg/mL）。

④ 溶液 B：准确移取 15mL 溶液 A 置于 250mL 容量瓶中，用溶剂 DMF 或 DMA 稀释到体积刻度，摇匀，即得溶液 B。此液每月配制一次。按如下公式计算溶液 B 中 PN 的浓度：

$$C_B = C_A \times 15/250$$

式中　C_B——溶液 B 中 PN 浓度，mg/mL；

C_A——溶液 A 中 PN 浓度，mg/mL。

⑤ 溶液 C：在事先置有适量溶剂 DMF 或 DMA 的 50mL 容量瓶中，准确称入约 150 mg 丙烯腈（AN），用溶剂 DMF 或 DMA 稀释至体积刻度，摇匀，即得溶液 C。计算溶液 C 中 AN 的浓度（mg/mL）。此溶液每月配制 1 次。

10.3.5.5 仪器设备

气相色谱仪，配有氮-磷检测器的最好使用具有自动采集分析顶空气的装置，如人工采集和分析，应拥有恒温浴，能保持 90℃±1℃；采集和注射顶空气的气密性好的注射器；顶空瓶瓶口密封器；5.0mL 顶空采样瓶；内表面覆盖有聚四氟乙烯膜的气密性优良的丁基橡胶或硅橡胶。

10.3.5.6 气相色谱条件

色谱柱：3mm×4m 不锈钢质柱，填装涂有 15%聚乙二醇-20M 的 101 白色酸性担体（60～80 目）；柱温：130℃；汽化温度：180℃；检测器温度：200℃；氮气纯度：99.9999%；载气氮气（N_2）流速：25～30mL/min；氢气经干燥、纯化；空气经干燥、纯化。

10.3.5.7 分析步骤

（1）试样处理　称取充分混合试样 0.5g 于顶空瓶中，向顶空瓶中加 5mL 溶液 B，盖上垫片、铝帽密封后，充分振摇，使瓶中的聚合物完全溶解或充分分散。

（2）内标法校准　于 3 只顶空气瓶中各移入 5mL 溶液 B，用垫片和铝帽封口；用一支经过校准的注射器，通过垫片向每个瓶中准确注入 10μL 溶液 C，摇匀，即得工作标准液。计算工作标准液中 AN 的含量 m_i 和 PN 的含量 m_s。

$$m_i = V_C \times C_{AN}$$

式中　m_i——工作标准液中 AN 的含量，mg；

$\quad V_C$——溶液 C 的体积，mL；

C_{AN}——溶液 C 中 AN 的浓度，mg/mL。

$$m_s = V_B \times C_{PN}$$

式中　m_s——工作标准液中 PN 的含量，mg；

$\quad V_B$——溶液 B 的体积，mL；

C_{PN}——溶液 B 中 PN 的浓度，mg/mL。

取 2.0mL 标准工作液置顶空瓶进样，由 AN 的峰面积 A_i 和 PN 的峰面积 A_s，以及它们的已知量确定校正因子 R_f。

$$R_f = m_i \times A_s / (m_s \times A_i)$$

式中　R_f——校正因子；

$\quad m_i$——工作标准液中 AN 的含量，mg；

$\quad A_s$——PN 的峰面积；

$\quad m_s$——工作标准液中 PN 的含量，mg；

$\quad A_i$——AN 的峰面积。

例如：丙烯腈的质量 0.030mg，峰面积为 21633；丙腈的质量 0.030mg，峰面积为 22282。

$$R_f = 0.030 \times 22282 / (0.030 \times 21633) = 1.03$$

（3）测定　把顶空瓶置于 90℃的浴槽里热平衡 50min。用一支加过热的气体注射器，从瓶中抽取 2mL 已达气液平衡的顶空气体，立刻用气相色谱进行分析。

10.3.5.8 结果计算

$$c = m'_s \times A'_i \times R_f \times 1000/(A'_s \times m)$$

式中 c ——试样含量，mg/kg；

A'_i ——试样溶液中 AN 的峰面积或积分计数；

A'_s ——试样溶液中 PN 的峰面积或积分计数；

m'_s ——试样溶液中 PN 的量，mg；

R_f ——校正因子；

m ——试样的质量，g。

10.3.5.9 方法分析与评价

① 在重复性条件下获得的两次独立测定结果的绝对差值不得超过其算术平均值的15%。本法检出限为 0.5mg/kg。

② 取来的试样应全部保存在密封瓶中。制成的试样溶液应在 24h 内分析完毕，如超过 24h 应报告溶液的存放时间。

③ 气相色谱氢火焰检测器（FID）法分析丙烯腈可参考此方法。色谱条件为 4mm×2m 玻璃柱，填充 GDX-102(60～80 目)；柱温 170℃；汽化温度 180℃；检测器温度 220℃；载气氮气（N_2）流速 40mL/min；氢气流速 44mL/min；空气流速 500mL/min；仪器灵敏度 10^1；衰减 1。

10.4 食品接触材料评价技术

食品直接或间接接触的材料必须足够稳定，以避免有害成分向食品迁移的含量过高而威胁人类健康，或导致食品成分不可接受的变化，或引起食品感官特性的劣变。活性和智能食品接触材料和制品不应改变食品组成、感官特性，或提供有可能误导消费者的食品品质信息。评估食品接触材料的安全性，需要毒理学数据和人体暴露后潜在风险的数据。但是人体暴露数据不易获得。因此，多数情况参考迁移到食品或食品类似物的数据，假定每人每天摄入含有此种食品包装材料的食品的最大量不超过 1kg，迁移到食品中的食品包装材料越多，需要的毒理学资料越多。食品包装材料中迁移量 5～60mg/kg 为高迁移量，介于 0.05～5mg/kg 的食品包装材料为普通迁移量，迁移量小于 0.05mg/kg 食品包装材料为低迁移量。高迁移量食品包装材料通常需进行毒理学方面的安全性评价。

我国对食品及其包装材料的管理早已有法律法规和相应的安全标准，如《食品安全法》、《食品用塑料制品及原材料管理办法》、《食品用橡胶制品卫生管理方法》、《陶瓷食具容器卫生管理办法》、《搪瓷食具容器卫生管理办法》等。

由于食品接触材料中物质的迁移往往是一个漫长的过程，在真实环境下进行分析难度较大，并且也不可能总是利用真实食品来进行食品接触材料的检测，因此，国际上测定食品包装材料中化学物迁移的方法通常是根据被包装食品的特性，选用不同的模拟溶剂（也称食品模拟物），在规定的特定条件下进行试验，以物质的溶出量表示迁移量。因而，选用合适的溶剂进行实验是正确模仿包装材料中化学物迁移的前提条件。选用溶剂前，需要对食品进行分类。美国 FDA 根据食品的不同特性，将食品分为 9 类；欧盟 EC 指令根据食品的食用特性将食品分为 8 类；我国将食品分为 4 类：中性食品，酸性食品，油脂食品及酒精性饮料。

我国的食品包装接触材料标准体系中，以各种材料中有毒有害单体的含量，模拟溶剂浸泡液的高锰酸钾消耗量、蒸发残渣、重金属含量等来反映包装材料中化学物迁移的状况，以此评判食品包装材料在包装食品时的安全性能。测定的各项指标中，高锰酸钾消耗量代表包装材料中能够迁移到食品中的小分子有机物的含量；蒸发残渣反映了食品包装材料及其制品在包装酸性、醇性、油脂性食品时迁移物质的总量及重金属迁移量的高低。常用食品包装材料中，潜在迁移较为显著的材料是塑料、涂覆材料、陶瓷和玻璃。本节重点介绍总迁移量、几种特定重金属、聚乙烯、聚丙烯、聚酯、聚酰胺分析方法。

10.4.1 食品接触材料的总迁移量分析

总迁移量（overall migration）也叫全面迁移量，是指可能从食品接触材料迁移到食品中的所有物质的总和。欧盟规定，如果使用的是 82/711/EEC 和 85/572/EEC 指令规定的液态食品模拟物，对样品释放的物质总量（全面迁移量）的分析测定，可通过蒸发食品模拟物后，测定残留物重量来进行。我国国家标准中，没有明确提出"全面迁移量"这个概念，而是采用"蒸发残渣"反映食品包装材料及其制品中迁移物质的总量、重金属迁移量的高低，"蒸发残渣"量相当于欧盟食品接触材料分析的"全面迁移量"，"蒸发残渣"的分析方法也类似于欧盟 EN 1186 食品接触材料的全面迁移量分析方法，但在浸泡条件上我国采用的方法稍显简单。

总迁移限制（overall migration limit，OML）是指可能从食品接触材料迁移到食品中的所有物质的限制的最大数值，是衡量全面迁移量的一个指标。欧盟标准 EN 1186-1-2002 及 EN 13130-1-2004 中规定了全迁移试验中食品包装材料浸泡方法的通则；我国规定了总迁移试验时食品用包装材料及其制品的浸泡试验方法通则，该通则详细规定了食品种类、所采用的溶剂、迁移检测条件等。

10.4.1.1 方法目的
掌握检测食品接触材料接触不同种类食品时的总迁移量分析方法。

10.4.1.2 原理
根据食品种类选用不同的溶剂浸泡接触材料，其蒸发残渣则反映了食品接触材料及其制品在包裹食品时迁移物质的总量。对中性食品选用水作溶剂，对酸性食品采用 4％醋酸作溶剂，对油脂食品采用正己烷作溶剂，对酒类食品采用 20％或 65％乙醇水溶液作溶剂。

10.4.1.3 适用范围
适用于塑料、陶瓷、搪瓷、铝、不锈钢、橡胶等为材质制成的各种食品用具、容器、食品用包装材料，以及管道、样片、树脂粒料、板材等理化检验样品的预处理。

10.4.1.4 试剂材料
蒸馏水，4％醋酸，正己烷，20％或 65％乙醇溶液。

10.4.1.5 仪器设备
电炉、移液管、量筒、天平、烘箱等。

10.4.1.6 分析步骤
（1）采样　采样时要记录产品名称、生产日期、批号、生产厂商。所采样品应完整、平稳、无变形、画面无残缺，容量一致，没有影响检验结果的疵点。采样数量应能反映该产品的质量和满足检验项目对试样量的需要。一式 3 份，供检验、复验与备查或仲裁之用。

（2）试样的准备

1）空心制品的体积测定。将空心制品置于水平桌上，用量筒注入水至离上边缘（溢面）5 mm 处，记录其体积，精确至±2%。易拉罐内壁涂料同空心制品测定其体积。

2）扁平制品参考面积的测定。将扁平制品反扣于有平方毫米的标准计算纸上，沿制品边缘画下轮廓，记下此参考面积，以平方厘米（cm²）表示。对于圆形的扁平制品可以量取其直径，以厘米表示。参考面积计算为：

$$S=[(D/2)-0.5]^2 \times \pi$$

式中 S——面积，cm^2；

D——直径，cm；

0.5——浸泡液至边缘距离，cm。

3）不能盛放液体的制品，即盛放液体时无法留出液面至上边缘 5mm 距离的扁平制品，其面积测定同上述扁平制品。

4）不同形状的制品面积测定方法举例。

① 匙：全部浸泡入溶剂。其面积为 1 个椭圆面积加 2 个梯形面积再加 1 个梯形面积的总和的 2 倍。计算公式见下式，式中各字母意义见图 10-1。

$$S=\{(Dd\pi/4)+[2 \times (A+B) \times h_1/2]+[h_2 \times (E+F)/2]\} \times 2$$

式中 A——匙上边半圆长；

B——匙下边半圆长；

D、h_2——匙碗、匙把长度；

F、E——匙把头、尾宽度；

h_1——匙碗底宽；

d——匙内圆宽。

② 奶瓶盖：全部浸泡。其面积为环面积加圆周面积之和的 2 倍。式中字母含义见图 10-2。

$$S=2[\pi(r_1^2-r_2^2)+2\pi r_1 h]$$

③ 碗边缘：边缘有花饰者倒扣于溶剂，浸入 2 cm 深。其面积为被浸泡的圆台侧面积的 2 倍。式中各字母含义见图 10-3。

$$S=2[\pi(r_1+r_2)] \times 2=4\pi(r_1+r_2)$$

④ 塑料饮料吸管：全部浸泡。其面积为圆柱体侧面积的 2 倍。式中字母含义见图 10-4。

$$S=\pi Dh \times 2$$

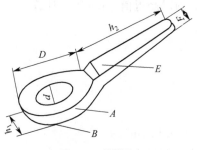

图 10-1　匙图示

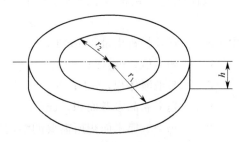

图 10-2　奶瓶盖

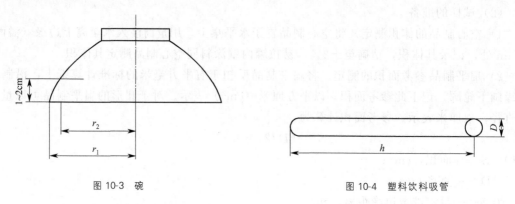

图 10-3　碗　　　　　　　　　　　　　图 10-4　塑料饮料吸管

(引自王世平《食品安全检测技术》)

（3）试样的清洗　试样用自来水冲洗后，用洗涤剂清洗，再用自来水反复冲洗后，用纯水冲 2～3 次，置烘箱中烘干。塑料、橡胶等不宜烘烤的制品，应晾干，必要时可用洁净的滤纸将制品表面水分揩吸干净，但纸纤维不得存留器具表面。清洗过的样品应防止灰尘污染，清洁的表面也不应再直接用手触摸。

（4）浸泡方法

1）空心制品：按上法测得的试样体积准确量取溶剂加入空心制品中，按该制品规定的试验条件（温度、时间）浸泡。大于 1.1 L 的塑料容器也可裁成试片进行测定。可盛放溶剂的塑料薄膜袋应浸泡无文字图案的内壁部分，可将袋口张开置于适当大小的烧杯中，加入适量溶剂依法浸泡。复合食品包装袋则按每平方厘米 2mL 计，注入溶剂依法浸泡。

2）扁平制品测得其面积后，按每平方厘米 2mL 的量注入规定的溶剂依法浸泡。或可采用全部浸泡的方法，其面积应以两面计算。

3）板材、薄膜和试片同扁平制品浸泡。

4）橡胶制品按接触面积每平方厘米加 2mL 浸泡液，无法计算接触面积的，按每克样品加 20mL 浸泡液。

5）塑制垫片能整片剥落的按每平方厘米加 2mL 浸泡液。不能整片剥落的取边缘较厚的部分剪成宽 0.3～0.5cm、长 1.5～2.5cm 的条状，称重，按每克样品加 60mL 浸泡液。

10.4.1.7　结果参考计算

（1）空心制品：以测定所得（mg/L）表示即可。

（2）扁平制品。

① 如果浸泡液用量正好是每平方厘米 2mL，则测得值即试样迁移物析出量（mg/L）。

② 如果浸泡液用量多于或少于每平方厘米 2mL，则以测得值（mg/L）计算：

$$a = c \times V / (2 \times S)$$

式中　a——迁移物析出量，mg/L；

　　　c——测得值，mg/L；

　　　V——浸泡液体积，mL；

　　　S——扁平制品参考面积，cm^2；

　　　2——每平方厘米面积所需要的溶剂体积（mL），mL/cm^2。

③ 当扁平制品的试样析出物量用 mg/dm^2 表示时，按下式计算：

$$a = c \times V / A$$

式中　a——迁移物析出量，mg/dm^2；

　　　c——测得值，mg/L；

　　　V——浸泡液体积，L；

　　　A——试样参考面积，dm^2。

（3）板材、薄膜、复合食品包装袋和试片与扁平制品计算为实测面积。

10.4.1.8　方法分析与评价

① 浸泡液总量应能满足各测定项目的需要。例如，大多数情况下，蒸发残渣的测定每份浸泡液应不少于 200mL；高锰酸钾消耗量的测定每份浸泡液应不少于 100mL。

② 用 4％乙酸浸泡时，应先将需要量的水加热至所需温度，再加入 36％乙酸，使其浓度达到 4％。

③ 浸泡时应注意观察，必要时应适当搅动，并清除可能附于样品表面上的气泡。

④ 浸泡结束后，应观察溶剂是否蒸发损失，否则应加入新鲜溶剂补足至原体积。

⑤ 食品用具：指用于食品加工的炒菜勺、切菜砧板以及餐具，如匙、筷、刀、叉等。食品容器：指盛放食品的器具，包括烹饪容器、储存器等。空心制品：指置于水平位置时，从其内部最低点至盛满液体时的溢流面的深度大于 25mm 的制品，如碗、锅、瓶。空心制品按其容量可分为大空心制品：容量大于或等于 1.1L，小于 3L 者；小空心制品：容量小于1.1L。扁平制品：置于水平位置时，从其内部最低点至盛满液体时的溢流面的深度小于或等于 25mm 的制品，如盘、碟。储存容器：容量大于或等于 3L 的制品。

10.4.2　食品接触材料中铅、镉、铬（Ⅵ）迁移量检测技术

在对食品接触材料的化学物迁移进行评价时，除了考虑总迁移量，在塑料、陶瓷、不锈钢、铝等食品接触材料中还有一些特定物质对食品安全构成威胁，该类具体物质的迁移称为特定迁移（specific migration）。特定迁移限制（specific migration limit，SML）是有关的一种物质或一组物质的特殊迁移限制，特定迁移限制往往是基于毒理学评价而确定的。譬如多个国家对不锈钢食具容器卫生标准中都规定了铅、镉、铬（Ⅵ）的迁移溶出限制。

10.4.2.1　食品接触材料中铅的迁移量原子吸收光谱法检测技术

长期摄入铅后，可引起慢性铅中毒肾病。过量铅的摄入可使中枢神经系统与周围神经系统受损，引起脑病与周围神经病，出现狂躁、头痛、记忆力丧失、幻觉等症状。因此，铅是食品接触材料一个重要的安全检测指标。

（1）方法目的　掌握原子吸收光谱分析食品接触材料中铅的迁移量的方法原理。

（2）原理　样品经浸泡溶出后，试样注入石墨管中，石墨管两端通电流升温，试样经干燥、灰化后原子化。原子化时产生的原子蒸气吸收 283.3 nm 共振线，吸收量与金属元素含量成正比，试样含量与标准系列比较定量。

（3）适用范围　适用于不锈钢、铝、陶瓷为原料制成的各种炊具、餐具、食具及其他接触食品的容器、

工具、设备等。

（4）试剂材料

① 5％磷酸二氢铵溶液：称取 5g 磷酸二氢铵（优级纯），加水溶解后，稀释至 100mL。

② 铅标准储备液：准确称取 0.1000g 金属铅（99.99％），加 2～3mL 硝酸-水（1∶1），加热溶解，移入 100mL 容量瓶，加水至刻度。此溶液每毫升含 1.0mg 铅。使用前把铅标准

储备液稀释成 1pg/mL 标准使用液。

（5）仪器设备　带石墨炉的原子吸收分光光度计；高纯度氩气；微量移液器等。所用玻璃仪器均需以硝酸-水（1∶5）浸泡过夜，用水反复冲洗，最后用去离子水冲洗干净。

（6）分析条件　共振线 283.3 nm；狭缝 0.38 nm；BGC 方式，峰值记录；内气流量 1L/min；进样量为 20μL；原子化时停气；石墨炉升温程序为：干燥 150℃/30s，灰化 500℃/30s，原子化 1600℃/7s。

（7）分析步骤

1）取样方法　对于陶瓷样品，从每批调配的釉彩花饰产品中选取试样，小批采样一般不得少于 6 个。取样前首先进行外观检查，应器形端正，内壁表面光洁，釉彩均匀，花饰无脱落现象等。对于不锈钢样品，按产品数量的 0.1% 抽取检验样品，小批量生产，每次取样不少于 6 件，分别注明产品名称、批号、钢号、取样日期。样品一半供化验用，另一半保存两个月，备作仲裁分析用。

首先将样品用浸润过微碱性洗涤剂的软布揩拭表面后，用自来水洗刷干净，再用水冲洗，晾干后备用，防止脂类及其他可能对实验有不良影响的物质干扰试验。在所测容器中加入煮沸的 4% 乙酸至距上口边缘 1cm 处（边缘有花彩者则要浸过花面），加上玻璃盖，在不低于 20℃ 的室温下浸泡 24 h。若样品为不能盛装液体的扁平器皿，其浸泡液体积以器皿表面积每平方厘米加 2mL 计算。即将器皿划分为若干简单的几何图形，计算出总面积。如将整个器皿放入浸泡液中时，则按两面计算，加入浸泡液的体积应再乘以 2。

钢或不锈钢样品：用肥皂水洗刷样品表面污物，自来水冲洗干净，再用水冲洗，晾干备用。器形规则便于测量计算表面积的食具容器，每批取 2 件成品，计算浸泡面积并注入水测量容器容积（以容积的 2/3～4/5 为宜），记下面积、容积，把水倾去，滴干。不规则、容积较大或难以测量计算表面积的制品，可取原料（板材）或同代表性批制品裁割一定面积板块作为样品，浸泡面积以总面积计，板材的总面积不要小于 50cm²，每批取样 3 块，分别放入合适体积的烧杯中，加浸泡液的量按每平方厘米 2mL 计。如两面都在浸泡液中，总面积应乘以 2。把煮沸的 4% 乙酸倒入成品容器或盛有板材的烧杯中，加玻璃盖，小火煮沸 0.5h，取下，补充 4% 乙酸至原体积，室温放置 24h。

2）测定　用微量取液器分别吸取试剂空白、标准系列和试样溶液注入石墨炉原子化器进行测定，根据峰值记录结果绘制校正曲线，从校正曲线上查出试样金属含量（μg）。

（8）结果参考计算

$$X = (m_1 - m_2) \times 1000 \times F / (V_1 \times 1000)$$
$$F = V_2 / (2S)$$

式中　X ——试样浸泡液中金属的含量，mg/L；

m_1 ——从校正曲线上查得的试样测定管中铅质量，μg；

m_2 ——试剂空白管中铅质量，μg；

V_1 ——测定时所取试样浸泡液体积，mL；

F ——折算成每平方厘米 2mL 浸泡液的校正系数；

V_2 ——试样浸泡液总体积，mL；

S ——与浸泡液接触的试样面积，cm²；

2 ——每平方厘米 2mL 浸泡液，mL/cm²。

（9）方法分析与评价

① 连续进样分析时，注意对石墨管清洗及背景值的去除，减少对后续样品分析的影响。

② 该方法分析灵敏度较高，可以达到 pg 水平。

10.4.2.2　食品接触材料中镉的迁移量原子吸收光谱法检测技术

镉是一种毒性很大的重金属，其化合物也大都属毒性物质，其在肾脏和骨骼中会取代骨中钙，使骨骼严重软化；镉还会引起胃脏功能失调，干扰人体和生物体内锌的酶系统，使锌镉比降低，而导致高血压。镉毒性是潜在性的，潜伏期可长达 10～30 年，且早期不易觉察。因此，多种食品接触材料都有镉含量限制。

（1）方法目的　测定食品接触材料中镉的迁移量。

（2）原理　把 4％乙酸浸泡液中镉离子导入原子吸收仪中被原子化以后，吸收 228.8 nm 共振线，其吸收量与测试液中的含镉量成比例关系，与标准系列比较定量。

（3）适用范围　适用于不锈钢、铝、陶瓷为原料制成的各种炊具、餐具、食具及其他接触食品的容器、工具、设备等。

（4）试剂材料

① 4％乙酸。

② 镉标准溶液：准确称敢 0.1142 g 氧化镉，加 4mL 冰乙酸，缓缓加热溶解后，冷却，移入 100mL 容量瓶中，加水稀释至刻度。此溶液每毫升相当于 1.00 mg 镉。应用时将镉标准溶液稀释至 10.0μg/mL。

（5）仪器设备　原子吸收分光光度计。

（6）测定条件　波长 228.8 nm，灯电流 7.5 mA，狭缝 0.2 nm，空气流量 7.5 L/min，乙炔气流量 1.0L/min，氘灯背景校正。

（7）分析步骤

① 取样方法同 10.4.2.1。

② 标准曲线制备。吸取 0mL、0.50mL、1.00mL、3.00mL、5.00mL、7.00mL、10.00mL 镉标准使用液，分别置于 100mL 容量瓶中，用 4％乙酸稀释至刻度，每毫升各相当于 0μg、0.05μg、0.10μg、0.30μg、0.50μg、0.70μg、1.00μg 镉，根据对应浓度的峰高，绘制标准曲线。

③ 样品浸泡液或其稀释液，直接导入火焰中进行测定，与标准曲线比较定量。

（8）结果参考计算

$$X = A \times 1000/(V \times 1000)$$

式中　X——样品浸泡液中镉的含量，mg/L；

　　　A——测定时所取样品浸泡液中镉的质量，μg；

　　　V——测定时所取样品浸泡液体积（如取稀释液应再乘以稀释倍数），mL。

（9）误差分析及评价　在重复性条件下获得的两次独立测定结果的绝对值不得超过算术平均值的 15％。

10.4.2.3　食品接触材料中铬（Ⅵ）的迁移量分光光度法检测技术

铬有二价、三价和六价化合物，其中三价和六价化合物较常见。所有铬的化合物都有毒，六价铬的毒性最大。六价铬为吞入性毒物/吸入性极毒物，皮肤接触可能导致敏感，更可能造成遗传性基因缺陷，对环境有持久危险性。

（1）方法目的　学会分光光度法测定食品接触材料中六价铬的迁移量分析原理及方法。

（2）原理 以高锰酸钾氧化低价铬为高价铬（Ⅵ），加氢氧化钠沉淀铁，加焦磷酸钠隐蔽剩余铁等，利用二苯碳酰二肼与铬生成红色络合物，与标准系列比较定量。

（3）适用范围 适用于不锈钢、铝、陶瓷为原料制成的各种炊具、餐具、食具及其他接触食品的容器、工具、设备等。

（4）试剂材料

① 2.5mol/L 硫酸：取 70mL 优级纯硫酸边搅拌边加入水中，放冷后加水至 500mL。

② 0.3%高锰酸钾溶液，20%尿素溶液，10%亚硝酸钠溶液，5%焦磷酸钠溶液，饱和氢氧化钠溶液。

③ 二苯碳酰二肼溶液：称取 0.5g 二苯碳酰二肼溶于 50mL 丙酮中，加水 50mL，临用时配制，保存于棕色瓶中，如溶液颜色变深则不能使用。

④ 铬标准溶液：称取一定量铬标准，用 4%乙酸配制成浓度为 10μg/mL。

（5）仪器设备 分光光度计，25mL 具塞比色管。

（6）分析步骤

① 取样方法同 10.4.2.1。

② 标准曲线的绘制。取铬标准使用液 0mL、0.25mL、0.50mL、1.00mL、1.50mL、2.00mL、2.50mL、3.00mL，分别移入 100mL 烧杯中，加 4%乙酸至 50mL，以下同样品操作。以吸光度为纵坐标、标准浓度为横坐标、绘制标准曲线。

③ 测定。取样品浸泡液 50mL 放入 100mL 烧杯中，加玻璃珠 2 粒、2.5mol/L 硫酸 2mL、0.3%高锰酸钾溶液数滴，混匀，加热煮沸至约 30mL（微红色消失时，再加 0.3%高锰酸钾液呈微红色），放冷，加 25mL 20%尿素溶液，混匀，滴加 10%亚硝酸钠溶液至微红色消失，加饱和氢氧化钠溶液呈碱性（pH9），放置 2h 后过滤，滤液加水至 100mL，混匀，取此液 20mL 于 25mL 比色管中，加 1mL 2.5mol/L 硫酸、1mL 5%焦磷酸钠溶液，混匀，加 2mL 0.5%二苯碳酰二肼溶液，加水至 25mL，混匀，放置 5min，待测。另取 4%乙酸溶液 100mL，同上操作，为试剂空白，于 540 nm 处测定吸光度。

（7）结果参考计算

$$X = m \times F \times 100/(50 \times 20)$$

$$F = V/(2S)$$

式中 X ——试样浸泡液中铬含量，mg/L；

m ——测定时试样中相当于铬的质量，μg；

F ——折算成每平方厘米 2mL 浸泡液的校正系数；

V ——样品浸泡液总体积，mL；

S ——与浸泡液接触的样品面积，cm²；

2 ——每平方厘米 2mL 浸泡液，mL/cm²。

（8）方法分析与评价 本方法能比较明确地确定被分析样品中元素的形态。本方法检测灵敏度略低，为 0.1mg/L。

10.4.3 食品接触材料聚乙烯检测技术

聚乙烯（polyethylene，PE）由乙烯聚合而成，因聚合方法、分子量、链结构不同细分为低密度聚乙烯（LDPE）、线性低密度聚乙烯（LLDPE）、高密度聚乙烯（HDPE）、超高聚乙烯（UWMPE）。LDPE 和 LLDPE 是薄膜生产的主要材料；HDPE 的硬度、强度、抗环境应力等性能较好，适于制造瓶、罐、盆、桶、槽、管、箱等制品和生活用品；其薄膜不透明，但韧性和阻气性能好，软化点多，可用于生产高强度包装袋及蒸煮袋等重物包装和热物包装。

聚乙烯的分析通常根据原材料和成品器具有多类分析项目，聚乙烯树脂原料，我国要求进行干燥失重、灼烧残渣、正己烷提取物检测；聚乙烯成品器具，要求检测蒸发残渣、高锰酸钾消耗量、重金属、脱色情况。其中蒸发残渣、高锰酸钾消耗量、重金属、脱色试验可参考10.3节方法内容，以下主要介绍干燥失重、灼烧残渣、正己烷提取物检测方法。

10.4.3.1　食品接触材料聚乙烯干燥失重分析

（1）方法目的　学会聚乙烯原材料的干燥失重分析原理及方法。

（2）原理　样品于90～95℃干燥失去的质量即为干燥失重，表示挥发性物质存在情况。

（3）适用范围　适用于以制作食具、容器及食品包装用薄膜或其他食品用工具的聚乙烯树脂原料的卫生指标分析。

（4）试剂材料　扁称量瓶，干燥器。

（5）仪器和设备　烘箱，分析天平。

（6）分析步骤

① 取样　每批按包数的10%取样，小批时不得少于3包。从选出的样品包用取样针等工具伸入样包深度的3/4处取样，取出样品的总量不少于2kg，将此样品迅速混匀，用四分法缩分为每份500g，装于两个清洁干燥的250mL玻塞磨口广口瓶中，标签注明生产厂名称、产品名称、批号及取样日期，一瓶送化验室分析，一瓶密封保存两个月，以备作仲裁分析用。

② 测定　精密称取1～2g样品，放于已恒量的扁称量瓶中，厚度不超过5mm，然后于90～95℃干燥至恒量，干燥失重不得超过0.15%。

（7）结果参考计算

$$X=(m_1-m_2)\times100/m_3$$

式中　X——样品的干燥失重，%；

m_1——样品加称量瓶的质量，g；

m_2——样品加称量瓶恒重后的质量，g；

m_3——样品质量，g。

（8）方法分析与评价　应注意干燥至恒重，即直到前后2次称重差不超0.2%，然后再计算，结果保留3位有效数字。

10.4.3.2　食品接触材料聚乙烯灼烧残渣分析

（1）方法目的　掌握聚乙烯接触材料的灼烧残渣分析方法。

（2）原理　样品经800℃灼烧后的残渣，表示无机物污染情况。

（3）试剂材料　坩埚，干燥器。

（4）仪器设备　天平，马弗炉等。

（5）分析步骤　精密称取1～2g样品，放于已在800℃灼烧至恒重的坩埚中，先小心炭化，再放于800℃高温炉内灼烧2h，关闭马弗炉温度降至近100℃取出，放干燥器内冷却30min，称量，再放进马弗炉内，于800℃灼烧30min，冷却称量，直至恒重。灼烧残渣不得超过0.20%。

（6）结果参考计算

$$X=(m_1-m_2)\times100/m_3$$

式中　X——样品的灼烧残渣，%；

　　　m_1——坩埚加残渣，g；

　　　m_2——空坩埚，g；

　　　m_3——样品质量，g。

结果表述：报告平均值的 3 位有效数字。

（7）方法分析与评价

① 把坩埚放入或取出马弗炉时，要在炉口停留片刻，防止因温度剧变而使坩埚破裂。

② 注意在移入干燥器前，最好将坩埚温度降至 200℃ 以下，取坩埚时要缓缓让空气流入，防止形成真空对残渣的影响。

10.4.3.3　食品接触材料聚乙烯正己烷提取物分析

（1）方法目的　掌握聚乙烯接触材料正己烷提取物的分析方法。

（2）原理　样品经正己烷提取的物质，表示能被油脂浸出的物质。

（3）适用范围　适用于以制作食具、容器及食品包装用薄膜或其他食品用工具的聚乙烯树脂原料的卫生指标分析。

（4）试剂与材料　聚乙烯树脂，正己烷，定性滤纸等。

（5）仪器与设备　250mL 全玻璃回流冷凝器，浓缩器。

（6）分析步骤　精密称取 1～2g 样品（50～100 粒）于 250mL 回流冷凝器的烧瓶中，加 100mL 正己烷，接好冷凝管，于水浴上加热回流 2h，立即用快速定性滤纸过滤，用少量正己烷洗涤滤器及样品，洗液与滤液合并。将正己烷放入已恒重的浓缩器的小瓶中，浓缩并回收正己烷，残渣于 100～105℃ 干燥 2h，在干燥器中冷却 30min，称至恒重。

（7）结果参考计算

$$X = (m_1 - m_2) \times 100 / m_3$$

式中　X——样品中正己烷的提取物，%；

　　　m_1——残渣加浓缩器的小瓶的质量，g；

　　　m_2——浓缩器的小瓶质量，g；

　　　m_3——样品质量，g。

（8）方法分析与评价

① 食品包装用聚乙烯树脂分析时，干燥失重应该≤0.15%，灼烧残渣应该≤0.20%，正己烷提取物应≤2.00%，否则判定为不合格。

② 聚乙烯的指标分析方法同样适用于聚苯乙烯、聚丙烯的分析方法。

10.4.4　食品接触材料聚丙烯检测技术

聚丙烯（polypropylene，PP）为丙烯的聚合物，可用于周转箱、食品容器、食品和饮料软包装、输水管道等。我国对聚丙烯树脂材料及其成型品的检测项目包括正己烷提取物、蒸发残渣、高锰酸钾消耗量、重金属和脱色试验，对重金属仅要求测定浸泡液中（4% 乙酸）含量，日本、美国等国家通常还需要测定材料中的含量。对聚丙烯成型品的指标检测方法同聚乙烯成型品；对聚丙烯树脂材料仅要求检测正己烷提取物。

10.4.5　食品接触材料聚酯树脂中金属元素检测技术

聚酯是指由多元醇和多元酸缩聚而得的聚合物总称，以聚对苯二甲酸乙二酯（poly-ethylene terephthalate，PET）为代表的热塑性饱和聚酯的总称，习惯上也包括聚对苯二甲酸丁二酯（polybutylene terephthalate，PBT）和聚2,6-萘甲酸乙二酯（polyethylen 2,6-naph-thalate，PEN）、聚对苯二甲酸 1,4-环己二甲醇酯（polycyclohexyl dimethylent terephthalate，PCT）及其共聚物等线形热塑性树脂。鉴于聚酯的机械强度较高、耐化学性能较好、阻隔性能较好的特点而被广泛用于食品包装。由于聚酯在醇类溶液中存在一定量的对苯二甲酸和乙二醇迁出，故用聚酯盛装酒类产品应慎重。聚酯树脂及其成型品中锗、锑含量经常作为一个卫生指标进行测定；我国对聚酯类高聚物只特别规定了PET的理化和卫生指标，包括蒸发残渣、高锰酸钾消耗量、重金属（以 Pb 计）、锑（以 Sb 计）、脱色试验等。以下主要讲述锑、锗的检测分析方法，其他元素分析方法与前述方法相同。

10.4.5.1 食品接触材料聚酯树脂中锑的石墨炉原子吸收光谱法检测技术

酯交换法合成 PET 的工艺过程分酯交换、预缩聚和高真空缩聚三个阶段，其中使用到 Sb_2O_2 作催化剂，由于 Sb 可引起内脏损害，因此 PET 树脂及其制品要测锑残留量。

（1）方法目的 对树脂材料及其成型品中的锑进行分析。

（2）原理 在盐酸介质中，经碘化钾还原后的三价锑与吡啶烷二硫代甲酸铵（APDC）络合，以 4-甲基戊酮-2（甲基异丁基酮，MIBK）萃取后，用石墨炉原子吸收分光光度计测定。

（3）适用范围 树脂材料及其成型品。

（4）试剂材料

① 4％乙酸，6 mol/L 盐酸，10％碘化溶液（用前配），4-甲基戊酮-2（MIBK）。

② 0.5％吡啶烷二硫代甲酸铵（APDC）：称取 APDC 0.5g，置 250mL 具塞锥形瓶内，加水 10mL，振摇 1min，过滤，滤液备用（用前配制）。

③ 锑标准储备液：称取 0.2500 g 锑粉（99.99％），加 25mL 浓硫酸，缓缓加热使其溶解，将此液定量转移至盛有约 100mL 水的 500mL 容量瓶中，以水稀释至刻度。此中间液 1mL 相当于 500μg 锑。取储备液 1.00mL，以水稀释至 100mL，此中间液 1mL，相当于 5μg 锑。

④ 锑标准使用液：取中间液 10mL，以水稀释至 100mL，此液 1mL 相当于 0.5μg 锑。

（5）仪器设备 原子分光光度计；石墨炉原子化器。

（6）仪器工作条件 波长：231.2nm；等电流：20mA；狭缝：0.7nm；背景校正方式：塞曼/灯；测量方式：峰面积；积分时间：5s；石墨炉工作条件见表 10-1。

表 10-1 石墨炉工作条件

步骤	温度/℃	升温时间/s	保持时间/s	气体气流/(mL/min)
干燥	120	10	10	300
灰化	1000	10	10	300
原子化	2650	3	2	0
清除	2650	1		300

（7）分析步骤

① 试样处理

a. 树脂（材质粒料）：称取 4.00g（精确至 0.01g）试样于 250mL 具回流装置的烧瓶中，加入 4％乙酸 90mL，接好冷凝管，在沸水浴上加热回流 2 h，立即用快速滤纸过滤，并用少量 4％乙酸洗涤滤渣，合并滤液后定容至 100mL 备用。

b. 成型品：按成型品表面积 1cm² 加入 2mL 的比例，以 4% 乙酸于 60℃浸泡 30min（受热容器则 95℃，30min），取浸泡液作为试样溶液备用。

② 标准曲线制作 取锑标准使用液 0.0mL、1.0mL、2.0mL、3.0mL、4.0mL、5.0mL（相当于 0.0μg、0.5μg、1.0μg、1.5μg、2.0μg、2.5μg 的锑），分别置于预先加有 4% 乙酸 20mL 的 125mL 分液漏斗中，以 4% 乙酸补足体积至 50mL，分别依次加入碘化钾溶液 2mL、6mol/L 盐酸 3mL，混匀后放置 2min，然后分别加入 APDC 溶液 10mL，混匀，各加 MIBK 10mL。剧烈振摇 1min 静置分层，弃除水相，以少许脱脂棉塞入分液漏斗下颈部，将 MIBK 层经脱脂棉滤至 10mL 具塞试管中，取有机相 20μL 按仪器工作条件（表 10-1，萃取后 4h 内完成测定），作吸收度-锑含量标准曲线。

③ 试样测定 取试样溶液 50mL，置 125mL 分液漏斗中，另取 4% 乙酸 50mL 做试剂空白，分别依次加入碘化钾溶液 2mL、6mol/L 盐酸 3mL，混匀后放置 2min，然后分别加入 APDC 溶液 10mL，混匀，各加棉塞入分液漏斗下颈部，将 MIBK 层经脱脂棉滤至 10mL 具塞试管中，取有机相 20μL 按仪器工作条件测定，在标准曲线上查得样品溶液的 Sb 含量。

（8）结果参考计算

$$X = (A - A_0) \times F / V$$

式中 X——浸泡液或回流液中锑的含量，μg/mL；

A——所取样液中锑测得量，μg；

A_0——试剂空白液中锑测得量，μg；

V——所取试样溶液的体积，mL；

F——浸泡液或回流液稀释倍数（不稀释时 $F=1$）。

（9）方法评价与分析

① 本方法是检测锑的通用方法，对陶瓷、玻璃等其他材料及成型品中的锑同样适用。Ca^{2+}、Mg^{2+}、Cl^-、SO_4^{2-}、NO^- 等在 250mg/L、400mg/L、150mg/L、100mg/L、300mg/L 的质量浓度下对锑的测定均无干扰。

② 除了原子吸收法，树脂中锑含量的检测还可采用孔雀绿分光光度法，其原理是用 4% 乙酸将样品中锑浸提出来，酸性条件下先将锑离子全部还原成三价，然后再氧化为五价锑离子，后者能与孔雀绿生成有色络合物，在一定 pH 值介质中能被乙酸异戊酯萃取，分光分析定量。

10.4.5.2 食品接触材料聚酯树脂中锗分光光度法检测技术

锗是自然界中相对丰富的元素，每天约从食物摄取 1mg 锗，不会对人体构成危害。但目前尚无科学依据确定其最大安全摄入量。

（1）方法目的 掌握食品包装用聚酯树脂及其成型品中锗的分光光度法测定。

（2）原理 聚酯树脂的乙酸浸泡液，在酸性介质中经四氯化碳萃取，然后与苯芴酮络合，在 510nm 下分光光度测定。

（3）适用范围 食品包装用聚酯树脂及其成型品。

（4）试剂材料

① 盐酸，硫酸，乙醇，四氯化碳，过氧化氢。

② 盐酸-水（1:1），硫酸-水（1:6），4% 乙酸溶液，40% 氢氧化钠溶液。

③ 8mol/L 盐酸溶液：量取 400mL 盐酸，加水稀释至 600mL。

④ 0.04% 苯芴酮溶液：称取 0.04g 苯芴酮，加 75mL 乙醇溶解，加 5mL 硫酸-水（1:

6)，微微加热使充分溶解，冷却后，加乙醇至总体积为 100mL。

⑤ 锗的储备液：在小烧杯中称取 0.050g 锗，加 2mL 浓硫酸，加 0.2mL 过氧化氢，小心加热煮沸，再补加 3mL 浓硫酸，加热至冒白烟。冷却后，加 40%氢氧化钠溶液 3mL。锗全部溶解后，小心滴加 2mL 浓硫酸，使溶液变成酸性，定量转移至 100mL 容量瓶中，并加水稀释至刻度，此溶液含锗 0.5mg/mL；取此液 1.0mL 置于 100mL 容量瓶中，加 2mL 盐酸-水（1:1），用水定容，此液含锗 5μg/mL。

（5）仪器　分光光度计。

（6）分析步骤

① 样品前处理

a. 树脂（材质粒料）：精密称取约 4g 样品于 250mL 回流装置的烧瓶中，加入 4%乙酸 90mL，接好冷凝管，在沸水浴上加热回流 2h，立即用快速滤纸过滤，并用少量 4%乙酸洗涤滤渣，合并滤液后定容至 100mL，备用。

b. 成型品：以 2mL/cm² 比例将成型品浸泡在 4%乙酸溶液中，于 60℃下浸泡 30min，取浸泡液作为试样溶液备用。

② 标准曲线制作　取标准使用液 0mL、0.5mL、1.0mL、1.5mL、2.0mL（相当于锗含量 0μg、2.5μg、5.0μg、7.5μg、10.0μg），分别置于预先已有 8mol/L 盐酸溶液 50mL 的 6 只分液漏斗中，加入 10mL 四氯化碳，充分振摇 1min，静置分层。取有机相 5mL 置于 10mL 具塞比色管中，加入 0.04%苯芴酮溶液 1mL，然后加乙醇至刻度，充分混匀后，在 510 nm 波长下测定吸光度，以锗浓度为横坐标、吸光度为纵坐标绘制标准曲线。

③ 样品测定　取处理好的试样溶液 50mL 置 100mL 瓷蒸发皿，加热蒸发至近干，用 8mol/L 盐酸溶液 50mL，分次洗残渣至分液漏斗中，然后加入 10mL 四氯化碳，充分振荡 1min，取有机相 5mL，置于 10mL 具塞比色管中，加入 0.04%苯芴酮溶液 1mL，然后加乙醇至刻度，充分混匀后，测定吸光度，从标准曲线查出相应的锗含量。

（7）结果参考计算

① 成型品

$$X = A \times F / V$$

式中　X——成型品中锗含量，mg/L；

A——测定时所取样品浸泡液中锗的含量，μg；

V——测定时所取样品浸泡液体积，mL；

F——换算成 2mL/cm² 的系数。

② 树脂：

$$X = A \times V_1 / (m \times V_2)$$

式中　X——树脂中锗的含量，mg/kg；

A——测定时所取样品浸泡液中锗的含量，μg；

m——树脂质量，g；

V_1——定容体积，mL；

V_2——测定时所取试样体积，mL。

（8）方法分析与评价

① 本方法的最低检出限为 0.020μg/mL，但苯芴酮显色剂的选择性、稳定性较差，有时选用表面活性剂进行增溶、增敏、增稳。

② 除了本法，锗的分析还可以采用原子吸收法、极谱法、荧光法等其他方法。

10.4.6 食品接触材料聚酰胺检测技术

聚酰胺俗称尼龙，英文名称 polyamide（PA），是分子主链上含有重复酰胺基团的热塑性树脂总称，包括脂肪族 PA、脂肪-芳香族 PA 和芳香族 PA。其中，脂肪族 PA 品种多，产量大，应用广泛，其命名由合成单体具体的碳原子数而定。尼龙中的主要品种是尼龙 6 和尼龙 66，占绝对主导地位。尼龙树脂大都无毒，但树脂中的单体己内酰胺含量过高时不宜长期与皮肤或食物接触，对于 50 kg 体重成人，安全摄入量为 50mg/d，食品中的允许浓度为 50mg/kg。我国允许作为食品包装的尼龙是尼龙 6，颁布了多项与尼龙 6 树脂及制品相关的标准，成型品要求进行己内酰胺单体、蒸发残渣、高锰酸钾消耗量、重金属（以 Pb 计）、脱色试验等检测项目，以下主要介绍己内酰胺单体检测方法。

（1）方法目的 掌握尼龙 6 树脂或成型品中己内酰胺单体含量的检测方法。

（2）原理 尼龙 6 树脂或成型品经沸水浴浸泡提取后，试样中己内酰胺溶解在浸泡液中，直接用液相色谱分离测定，以保留时间定性、峰高或峰面积定量。

（3）适用范围 尼龙 6 树脂或成型品。

（4）试剂材料

① 己内酰胺标准储备液：准确称取 0.100g 己内酰胺，用水溶解后稀释定容至 100mL，此溶液 1mL 含 1.0mg 己内酰胺（在冰箱内可保存 6 个月）。

② 乙腈，色谱纯。

（5）仪器 液相色谱仪，配紫外检测器。

（6）色谱分析条件 色谱柱：$4.6mm \times 150mm \times 10\mu m$，$C_{18}$ 反相柱；UV 检测器波长 210 nm；灵敏度 0.5 AUFS；流动相为 11% 乙腈水溶液；流速 1.0mL/min 或 2.0mL/min；进样体积 $10\mu L$。

（7）分析步骤

① 采样和样品前处理 按照聚乙烯采样和前处理方法进行。

② 己内酰胺标准曲线 取 1.0mg/mL 己内酰胺标准储备液，用蒸馏水稀释成 $1.0\mu g/mL$、$5.0\mu g/mL$、$10.0\mu g/mL$、$50.0\mu g/mL$、$100.0\mu g/mL$、$200.0\mu g/mL$，取 $10\mu L$ 注入色谱仪，以标准浓度为横坐标、以色谱峰面积或峰高为纵坐标绘制标准曲线。

③ 测定

a. 树脂：称取树脂试样 5.0 g，按 1 g 试样加蒸馏水 20mL，加入蒸馏水 100mL 于沸水浴浸泡 1h 后，放冷至室温，然后过滤于 100mL 容量瓶中定容至刻度，浸泡液经 $0.45\mu m$ 滤膜过滤，按标准曲线色谱条件进行分析，根据峰高或峰面积，从标准曲线上查出对应含量。

b. 成型品：丝状等成型品试样处理同树脂。其他成型品按 $1cm^2$ 加 2mL 蒸馏水计，试样处理同树脂。

（8）结果参考计算

① 树脂的己内酰胺含量

$$X = A \times V_2 \times 1000 / (m \times V_1 \times 1000)$$

式中 X——树脂样品己内酰胺含量，mg/kg；

A——试样相当标准含量，μg；

m——树脂质量，g；

V_1——进样体积，mL；

V_2——浸泡液定容体积，mL。

② 成型品的己内酰胺含量

$$X = A \times 1000/(V \times 1000)$$

式中　X——样品的己内酰胺含量，mg/L；

　　　　A——试样相当标准含量，μg；

　　　　V——进样体积，mL。

（9）方法分析与评价

① 该法最低检测浓度可达 0.5g/L。

② 己内酰胺的测定也可采用羟肟酸铁比色法，该法操作烦琐，分析时间长（沸水浴中加热 4.5h），形成的铁络合物颜色稳定性差（需 20min 内比色），灵敏度只能达到 2g/L。

本章小结

食品包装在食品工业中的地位越来越重要，包装已经成为食品产品的一个重要组成部分。包装材料会影响到食品的安全性，特别是直接接触食品的包装材料，因此了解和掌握食品包装材料中常见安全风险物质的检测方法十分重要。本章主要介绍了食品包装材料及容器的安全评价方法、食品接触材料的评价方法和相应的检测技术，通过本章的学习，需要重点掌握食品接触材料中总迁移量的分析方法及食品接触材料中铅、镉、铬等重金属迁移量的检测技术以及聚乙烯、聚丙烯、聚酯、聚酰胺等食品接触材料中有害物的检测技术。

思考题

1. 食品包装材料和容器的常见种类有哪些？
2. 蒸发残渣分析、脱色试验分析、重金属分析、高锰酸钾消耗量分析的目的是什么？
3. 试解释 OML、SML 的含义。
4. 不锈钢材料的重金属迁移量分析方法有哪些？
5. 常见塑料材料的迁移分析有哪些指标是共性的？

参考文献

[1] 王世平主编 . 食品安全检测技术 . 北京：中国农业大学出版社，2009.
[2] 张双灵，赵奎浩，郭康权，等 . 食品包装化学物迁移研究的现状及对策分析 [J] . 食品工业科技，2007，28（9）：169-172.
[3] 李晶 . 食品包装检验 . 包装工程，2006，27（6）：331-333.
[4] 吴国华 . 食品用包装及容器检测 . 北京：化学工业出版社，2006.
[5] 欧盟食品接触材料安全法规实用指南编委会 . 欧盟食品接触材料安全法规实用指南 . 北京：中国标准出版社，2005.

11 食源性致病微生物分子生物学检测技术

11.1 概述

食源性致病微生物的传统检测方法是依据国家标准 GB/T 4789—2003 中的食品微生物学检验流程进行操作。原理是依据不同病原体的化学组成不同，或产生的代谢产物不同，通过一系列的生化反应，对病原菌进行鉴定。传统方法能对食物中所携带的病原菌进行定性定量检测，是目前最常用的金标准。但此类方法一般需要增菌、选择性增菌分离、生化试验和血清学分型鉴定等步骤，完成整个检测流程通常需要一周左右，耗时长，操作繁琐，检测结果滞后，难以满足食品快速检测和食品质量快速预警通报的需求。近年来随着生物化学、分子生物学、免疫学及机械电子等技术的发展，不只根据病原微生物基本生理特征分析培养、筛选鉴定，还深入到分子水平，利用核酸杂交、抗原抗体反应等进行检测方法的研究开发，使病原微生物的检测更为灵敏、快速、方便。最具代表性的如基于聚合酶链反应（polymerase chain reaction，PCR）或核酸探针的方法、基因或蛋白质芯片等分子生物学方法，已成为食源性致病菌检测的重要工具。分子生物学检测方法与传统方法相比，能大大减少工作量，一定程度上实现了灵敏、快速和特异的检测，但是分子生物学检测的阳性样本仍然需要采用传统方法加以确证，目前尚未完全代替传统方法。

11.2 食品中有害微生物的 PCR 检测技术

11.2.1 PCR 技术概述

聚合酶链反应技术，简称 PCR 技术，是一种利用酶反应高效扩增特定的基因（DNA 片段）的分子生物学技术，在数小时内就能产生百万倍甚至千万倍的靶基因。PCR 技术具有特异性强、灵敏度高、操作简便、省时等特点，是近十几年来发展和普及最迅速的分子生物学新技术之一。近年来出现的实时荧光定量 PCR（real-time fluorescence quantitative PCR）技术实现了 PCR 从定性到定量的飞跃，以其特异性强、灵敏度高、重复性好、定量准确、速度快、全封闭反应等优点成为分子生物学研究中的重要工具。

PCR 技术不仅可用于基因克隆、核酸序列分析等基础研究，还可广泛用于各种分析检测方法。PCR 技术可以使极微量的特定 DNA 片段在几小时内迅速扩增到百万倍，在食品检测的实际应用中表现出灵敏度高、特异性强、速度快、简便、高效等特点，为食品检测技术的发展提供了有力的技术支持。PCR 在食品检测方面主要用于两个领域：微生物检测及转基因成分检测。用传统方法检测食品中的微生物需要耗费大量时间，实验过程繁琐，且无法检测难以人工培养的微生物。而应用 PCR 技术，即使待检食品中只含有几个致病菌，也仅需数小时就能检测出来。在食品转基因成分检测中，其灵敏度也非常高且检测速度快，只要其存在外源 DNA，即使没有外源蛋白的表达也能进行检测。PCR 技术尤其适用于加工过的转基因食品，这些食品中，外源基因表达的蛋白质大多在加工过程中已被破坏掉，只能通过检测其外源 DNA 序列鉴别。PCR 技术还可用于动物性食品品质和掺假快速鉴别，食品原料和产地的鉴别，食品有效成分鉴别等应用领域。

PCR 技术因其特异性强、灵敏度高、快速准确，在医学、生命科学、食品科学、农业科学等诸多领域得到了广泛应用，同时结合其他技术衍生出了许多不同类型的 PCR 技术。其中以定量 PCR 技术和多重 PCR 技术在食源性致病微生物检测中的应用最多。下面对几种常用的 PCR 技术加以介绍。

利用常规 PCR 技术检测食品中的致病菌时，首先通过离心沉淀或膜过滤等方法收集细菌细胞，然后裂解菌体，使细胞释放 DNA，纯化后经 PCR 扩增细胞靶 DNA 的特异性序列，最后通过电泳检测。应用单一的 PCR 技术检测致病菌已得到了广泛应用。

定量 PCR（quantitative PCR，Q-PCR）是在 PCR 反应中应用化学标记的引物或核酸探针，对扩增的标记产物进行定量。近年来，在食源性微生物检测中应用的定量 PCR 方法主要有：传统定量 PCR（定量竞争性 PCR、PCR-ELISA 法等）、实时定量 PCR 以及免疫捕捉 PCR 等。其中，对扩增反应可进行实时检测的实时定量 PCR 技术具有很大的发展潜力。实时 PCR（real-time PCR，RT-PCR）是 DNA 定量分析的新方法，指在 PCR 反应体系中加入荧光基团，利用荧光信号积累，实时监测整个 PCR 过程，最后通过标准曲线对未知模板进行定量分析的方法。较常用的荧光探针是 TaqMan 荧光探针和 LightCycler 双探针。

实时定量 PCR 的推出，实现了 PCR 从定性到定量的飞跃，与传统的定量 PCR 技术相比具有以下优点：①实时定量 PCR 不需要 PCR 后处理，可避免实验室污染，节省了后处理时间，样品通量大大提高；②不需内标，具有高度重复性；③有很宽的动力学范围。然而，利用实时定量 PCR 进行食品中致病微生物定量检测时需要注意：待检样品中的食品成分会抑制 PCR 中酶的活性，同时 DNA 提取方法的差异可能会影响 DNA 的产率，因此会对 DNA 检测产生干扰，影响检测准确度。

常规 PCR 技术已应用于食品中单一致病菌的检测，但食品中往往含有多种致病菌，需同时加以检测。多重 PCR（multi-PCR，M-PCR）的建立为实现多种食源性致病菌的同时检测奠定了基础。M-PCR 是指在同一个反应体系中，加入多对特异性引物，如果存在与各引物对特异性互补的模板，即可同时在同一反应管中扩增出两条以上的目标片段，实现同时检测多种致病菌的目的。多重 PCR 与常规 PCR 相比具有：①高效性，即在同一反应内可同时检出多种致病菌或对多个目的基因进行扩增分析；②系统性，即可对症状相似或易污染相同食品的一类病原菌进行分析；③方便性，即多种致病菌在同一反应中同时检出，大大节省了时间，有效避免了交叉污染，可为临床或食品安全检测提供更多更准确的信息。目前多重 PCR 技术主要应用于以下两个方面：单一致病菌的检测和多种致病菌的同时检测。对血清型较为复杂的病原细菌，常规 PCR 检测容易出现假阳性，特异性差，有一定局限性，因此多重PCR可同时选择目的病原细菌多个高度保守基因序列设计引物进行扩增。在同一PCR反应中同时加入多种病原菌的特异性引物进行多重PCR扩增，可同时实现多种病原菌的快速检测。

11.2.2　PCR技术基本原理

PCR技术源于生物遗传的重要途径——DNA的半保留复制。在生物体内亲代双链DNA分离后，每条单链均作为新链合成的模板。根据碱基互补配对原则复制，复制完成时将有两个子代DNA分子，每个分子的核苷酸序列均与亲代分子相同。在体外，DNA在高温下也会发生变性解链，当温度降低后，在 *Taq* DAN 聚合酶作用下又可以复性成为双链。因此，通过控制温度变化就可以完成特定基因的体外复制。PCR体外复制由变性—退火—延伸3步完成。变性：待扩增的双链模板DNA高温（93℃左右）解离为两条单链。退火：降低温度（55℃左右），以与靶序列两端互补的寡核苷酸设计引物，引物与单链模板DNA互补序列配对结合。延伸：在适当条件下，利用 *Taq* DAN 聚合酶，按模板加入dNTP（四种单核苷酸）延伸产生新的双链。三个步骤的重复循环，使特异的靶序列扩增放大几百万倍。PCR扩增产物可依据DNA分子的大小，通过琼脂糖凝胶电泳加以分离、鉴定。

PCR反应体系中主要有五种成分，即模板、引物、聚合酶、Mg^{2+} 和dNTP。模板即检测样品中包含的目的DNA片段，模板的纯度是PCR反应的关键。引物是可以和靶序列两端互补的寡核苷酸，理论上可以根据任何一段已知模板DNA序列设计出互补的引物，通过PCR就可将模板DNA大量扩增，引物是PCR特异性反应的关键。PCR反应中常用的酶是 *Taq* DAN 聚合酶，是一种从水生杆菌中提纯的耐高温酶。Mg^{2+} 影响PCR反应的多个方面，浓度过高会降低反应特异性，过低会降低 *Taq* DAN 聚合酶的活性，使反应产物减少。dNTP为四种单核苷酸，高浓度的dNTP会对扩增反应起抑制作用，浓度过低又会降低PCR产物的产量。

PCR反应参数包括温度、时间和循环次数。变性温度一般要求达到93～96℃，温度过高会影响酶的活性。退火反应对形成特异性的目的基因有着重要影响。降低退火温度利于引物同目的序列有效结合，但适当提高温度可提高引物和模板间的特异性结合，一般变性后温度快速冷却至50～60℃，经过30～60s可使引物和模板发生结合。延伸温度通常为72℃，接近 *Taq* DAN 聚合酶的最适反应温度。目的基因片段的长度和模板浓度决定了延伸反应时间。一般循环次数设置为25～30次，过多的循环次数会增加PCR产物中的非特异性产物。

11.2.3　PCR引物设计的原则

PCR反应首先要依据目标扩增序列设计引物，这是PCR成败最关键的因素之一。引物设计不当会产生非特异性序列甚至不能合成目的序列，有时还会产生二聚体。另外，引物还决定了退火温度、最终产物量和长度。引物是两条和靶序列两端互补的寡核苷酸序列，必须保证它们和模板上唯一的序列结合。碱基G＋C在引物中的含量应在45%～60%之间，并且要避免某种碱基的连续结构，否则会造成非特异性退火。理想的引物碱基构成比例应为G＋C含量为50%，并且核苷酸随机排列。引物的长度是退火温度和时间的决定因素之一，长度为18～24个碱基的引物最佳。熔链温度为当有一半的双链DNA变为单链时的温度，是引物的一个重要参数，两个引物的熔链温度应该接近，如果差距过大，将会降低扩增效率，甚至无法扩增。引物的碱基分布也有一定要求，由于3′端核苷退火时会首先同模板结合，最好结尾为 G 或 C，防止松散结合的 AT 引起错配。在引物 5′端和中间区设计为 G 或 C，这样会增加引物的稳定性。

目前应用于食品检测领域的 PCR 类型有多重 PCR、巢式 PCR、定量 PCR、反转录 PCR、实时荧光定量 PCR 等。

11.2.4 PCR 技术要点

11.2.4.1 PCR 定量方法

在 real-time Q-PCR 中，模板定量有两种策略：相对定量和绝对定量。相对定量指的是在一定样本中靶序列相对于另一参照样本的量的变化；绝对定量指的是用已知的标准曲线来推算未知的样本的量。由于在相对定量方法中量的表达是相对于某个参照物的量而言，因此相对定量的标准曲线比较容易制备，对于所用的标准品只要知道其相对稀释度即可。在整个实验中样本的靶序列的量来自于标准曲线，最终必须除以参照物的量，其他的样本为参照物量的 n 倍。在实验中为了标准化加入反应体系的 RNA 或 DNA 的量，往往在反应中同时扩增一内源控制物，如在基因表达研究中，内源控制物常为一些管家基因（如 $beta$-actin，3-磷酸甘油醛脱氢酶等）。

比较 C_t 法的相对定量：C_t 值是指每个反应管内的荧光信号达到设定的阈值时所经历的循环数。比较 C_t 法与标准曲线法的相对定量的不同之处在于，其运用了数学公式来计算相对量，前提是假设每个循环增加一倍的产物数量，在 PCR 反应的指数期得到 C_t 值来反映起始模板的量，一个循环（$C_t=1$）的不同相当于起始模板数 2 倍的差异。但此方法是以靶基因和内源控制物的扩增效率基本一致为前提的，效率的偏移将影响实际拷贝数的估计。

标准曲线法的绝对定量：此方法与标准曲线法的相对定量不同之处在于其标准品的量是预先可知的。质粒 DNA 和体外转入的 RNA 常用于制备绝对定量的标准品。标准品的量可根据 260 nm 的吸光度值并用 DNA 或 RNA 的分子量转换成其拷贝数来确定。

在 real-time Q-PCR 技术中，无论相对定量还是标准曲线定量方法仍存在一些问题。在标准曲线定量中，标准品的制备是必不可少的过程，但由于无统一标准，各实验室所用的生成标准曲线的样品各不相同，致使实验结果缺乏可比性。此外，用 real-time Q-PCR 来研究 mRNA 时，受到不同 RNA 样本存在不同的反转录效率的限制。在相对定量中，当假设内源控制物不受实验条件的影响，合理地选择适合的不受实验条件影响的内源控制物是实验结果可靠与否的关键。另外，与传统的 PCR 技术相比，real-time Q-PCR 的主要不足是：运用封闭的检测方式，减少了扩增后电泳的检测步骤，不能监测扩增产物的大小；由于荧光素种类以及检测光源的局限性，相对地限制了 real-time Q-PCR 多模式检测的应用能力；real-time Q-PCR 实验成本比较高，限制了其广泛应用。

11.2.4.2 PCR 荧光标记方法

实时荧光定量 PCR 的技术自产生以来，不断发展完善，到目前已相当成熟。标记方法由最初单一的染料法，发展到了特异性更高的探针法，目前实时 PCR 所使用的荧光标记方法主要有：DNA 结合染色，分子信标，水解探针，杂交探针和荧光标记引物等。

DNA 结合染色如 SYBR Green Ⅰ等荧光染料，实时 PCR 发展早期就是运用这种最简单的方法，在 PCR 反应体系中加入过量 SYBR Green Ⅰ荧光染料，这种荧光染料特异性地掺入 DNA 双链后，发射荧光信号，而不掺入链中的 SYBR Green Ⅰ染料分子不会发射任何荧光信号，从而保证荧光信号的增加与 PCR 产物的增加完全同步。荧光染料的优势在于它能监测任何 dsDNA 序列的扩增，不需要探针的设计，使检测方法变得简便，同时也降低了检测的成本。然而正是由于荧光染料能和任何 dsDNA 结合，因此它也能与非特异的 dsDNA（如引物二聚体）结合，使实验容易产生假阳性信号。

分子信标探针是一种在靶 DNA 不存在时会形成茎环结构的双标记寡核苷酸探针。分子信标的茎环结构中，环一般包括 15～30 个核苷酸，并与目标序列互补；茎一般包括 5～7 个核苷酸，并相互配对形成茎的结构；在此结构中，位于分子一端的荧光基团与分子另一端的猝灭基团紧紧靠近，荧光基团被激发后不是产生光子，而是将能量传递给猝灭剂，因此由荧光基团产生的能量会以红外而不是可见光的形式释放出来。分子信标在复性温度下，模板不存在时形成茎环结构，模板存在时则与模板配对；与模板配对后，分子信标的构象改变使得荧光基团与猝灭剂分开，当荧光基团被激发时，发出自身波长的光子。

目前使用最为广泛的水解探针为 TaqMan 探针，是一种寡核苷酸探针，它的荧光与目的序列的扩增相关。它设计为与目标序列上游引物和下游引物之间的序列配对。荧光基团连接在探针的 5′ 末端，而猝灭剂则在 3′ 末端。当完整的探针与目标序列配对时，荧光基团发射的荧光团与 3′ 端的猝灭剂接近而被猝灭。但在进行延伸反应时，聚合酶的 5′ 外切酶活性将探针进行酶切，使得荧光基团与猝灭剂分离，荧光恢复。TaqMan 探针适合于各种耐热的聚合酶。随着扩增循环数的增加，释放出来的荧光基团不断积累。因此荧光强度与扩增产物的数量呈正比关系。

LightCycler™ 双杂交探针，又叫荧光共振能量转移（FRET）探针，是由两条直线形的探针组成，其中一条的 3′ 端标记荧光激发基团（donor），另一条的 5′ 端标记荧光报告基团（reporter）。在无靶序列存在时，两条探针分开，无法进行能量的传递，检测不到荧光信号；当靶序列存在时，即在 PCR 的退火阶段，两条探针与靶序列结合，由于相互紧邻，donor 受激发所释放的能量转移给 reporter（发生荧光共振能量转移）而发出荧光。

荧光标记引物是从分子信标的概念变化而产生的一种联合分子探针系统，它把荧光基团标记的发夹结构的序列直接与 PCR 引物相结合，从而使荧光标记基团直接掺入 PCR 扩增产物中。目前主要有两种：日出引物（sunrise primers）和蝎子引物（seoion primers）。

11.3 实时 PCR 方法在食品致病菌检测中的应用

11.3.1 方法提要

在 PCR 基础上，加入一条与模板 DNA 匹配的、两端有荧光基团标记的寡核苷酸探针。PCR 每进行一次循环，合成的新链数与释放的荧光基团呈对应关系，即 PCR 产物的量与荧光信号的强度呈对应关系。当荧光信号超过所设定的阈值时，荧光信号可被检测出来，仪器检测荧光基团的增加量可以间接地体现目的片段的扩增量。

样品中的模板 DNA 进行实时 PCR 扩增，观察实时 PCR 的增幅曲线，从而对食品中的致病菌进行快速检测。

11.3.2 设备和材料

实时 PCR 仪；离心机；微量移液器和灭菌吸头：$10\mu L$，$100\mu L$，$200\mu L$，$1000\mu L$；恒

温培养箱；恒温水浴锅；天平；均质器或乳钵；灭菌三角烧瓶：500mL，250mL；灭菌吸管：10mL；灭菌平皿：90mm×15mm；灭菌试管：内径3mm，长5cm；接种棒、镍铬丝；试管架；试管篓；废液缸。

11.3.3 试剂

除另有规定外，试剂为分析纯或生化试剂，水为灭菌双蒸水。所有试剂均用无DNA酶污染的容器分装。

水：应符合GB/T 6682中一级水的规格。

Taq DNA聚合酶。

dNTP：dATP、dTTP、dCTP、dGTP。

DNA提取试剂：称取0.1 g chelex 100粉末，加入100mL灭菌蒸馏水中，摇匀即可，也可使用商业化的DNA提取试剂盒。

10×PCR缓冲液：200 mmol/L Tris-HCl（pH 8.4），200 mmol/L 氯化钾（KCl），15 mmol/L 氯化镁（$MgCl_2$）。

引物和探针：引物和探针序列见SN/T 1870—2007附录中的表A.1，其中探针的5′端标记FAM，3′端标记TAMRA。

11.3.4 检测步骤

11.3.4.1 样品制备、增菌和分离

沙门氏菌的样品制备、增菌培养和分离步骤参照SN 0170进行。金黄色葡萄球菌的样品制备、增菌培养和分离步骤参照SN 0172进行。小肠结肠炎耶尔森氏菌的样品制备、增菌培养和分离步骤参照SN 0174进行。食品中单核细胞增生李斯特氏菌的样品制备、增菌培养和分离步骤参照SN/T 0184.1进行。空肠弯曲菌的样品制备、增菌培养和分离步骤参照SN 0175进行。肠出血性大肠杆菌O157：H7的样品制备、增菌培养和分离步骤参照SN/T 0973进行。副溶血性弧菌的样品制备、增菌培养和分离步骤参照SN 0173进行。霍乱弧菌的样品制备、增菌培养和分离步骤参照SN/T 1022进行。创伤弧菌和溶藻弧菌的样品制备、增菌培养和分离步骤参照NMKL No.156进行。

11.3.4.2 模板DNA的制备

增菌液模板DNA的制备：取上述培养的相应致病菌增菌液（需二次培养的则取二次增菌液）1mL，加到1.5mL无菌离心管中，8 000 r/min离心5min，吸弃上清液；加入50μL DNA提取液（使用前室温解冻并充分混匀，快速吸取），混匀后沸水浴5min，12000r/min离心5min，取上清液保存于−20℃备用，以待检测。

可疑菌落模板DNA的制备：挑取上述培养过程中分离到的可疑菌落或菌体，加入50μL DNA提取液，再制备模板DNA，以待检测。

也可使用商业化的DNA提取试剂盒并按其说明制备模板DNA。

11.3.4.3 实时PCR检测

反应体系体积为25μL：10×PCR缓冲液2.5μL、引物对（10μmol/L）各1μL、*Taq* DNA聚合酶（5U/μL）0.5μL、水17μL、模板DNA 2 μL。

反应条件：37℃ 5min，95℃预变性3min，94℃变性5 s，60℃退火延伸40 s，同时收集FAM荧光，进行40个循环，4℃保存反应产物。

注：PCR 反应参数可根据基因扩增仪型号的不同进行适当的调整。

检测过程中分别设阳性对照、空白对照。阳性对照为扩增片段的阳性克隆分子 DNA 或阳性菌株 DNA，空白对照为无菌水。

11.3.5 结果及判断

11.3.5.1 质控标准

阴性对照：无扩增曲线，$C_t \geqslant 40$；

阳性对照：出现典型的扩增曲线，C_t 值应 <30.0。

否则，实验视为无效。

11.3.5.2 结果判定和报告

C_t 值 $\geqslant 40$，可判定样品结果为阴性，可直接报告未检出相对应致病菌；

C_t 值 $\leqslant 35.0$，可判定样品结果为阳性；

C_t 值 >35.0 而 <40，建议样本重做。重做结果 C_t 值 $\geqslant 40$ 者为阴性，否则为阳性。

对于阳性结果，应参见规范性引用文件中的方法或相关的国际权威微生物经典检验方法做进一步的生化鉴定和报告。

11.3.6 测定低限

在上述条件下，本方法对于各致病菌的测定低限见表 11-1。

表 11-1 食品中 11 种致病菌的测定低限

致病菌名称	测定低限/(CFU/mL)	致病菌名称	测定低限/(CFU/mL)
沙门氏菌	5000	肠出血性大肠杆菌 O157：H7	291
志贺氏菌	300	副溶血性弧菌	200
金黄色葡萄球菌	7000	霍乱弧菌	84
小肠结肠炎耶尔森氏菌	500	创伤弧菌	500
单核细胞增生李斯特氏菌	2500	溶藻弧菌	1000
空肠弯曲菌	500		

11.3.7 废弃物处理和防止污染的措施

检测过程中的废弃物，收集后在焚烧炉中焚烧处理。

11.3.8 生物安全措施

为了保护实验室人员的安全，应由具备资格的工作人员检测致病菌，所以培养物应小心处置。并参见 GB 19489 中的有关规定执行。

11.4 多重 PCR 方法在食品多种致病菌检测中的应用

11.4.1 方法提要

一般 PCR 仅用一对引物，通过 PCR 扩增产生一个核酸片段，而用于单一致病因子鉴定或多种病原微生物同时检测的多重 PCR（multiplex PCR），又称多重引物 PCR 或复合

PCR，是在同一 PCR 反应体系里加入两对以上引物，同时扩增出多个核酸片段的 PCR 反应，其反应原理、反应试剂和操作过程与一般 PCR 相同。多重 PCR 检测效率更高，可在同一 PCR 反应管内同时检出多种病原微生物，或对有多个型别的目的基因进行分型，特别是用一滴血就可检测多种病原体。将大大节省时间，节省试剂，节约经费开支，并能提供更多更准确的信息。

常用的多重 PCR 技术主要是通过对不同大小的目的条带进行扩增检测，目的条带大小必须区分开，才能够通过琼脂糖凝胶来检测。这就要求目的条带的扩增效率在不同引物竞争存在的条件下必须相差很小，并且目的条带也不能太长，否则不同引物之间的 PCR 反应条件很难统一，一般最大片段不超过 500bp，最长也不超过 800bp。尽管这种方法很适合定性检测，但是检测限较低。采用实时定量 PCR 技术对目的条带的检测具有极高的灵敏度和特异性，并且能够准确定量。实时定量 PCR 体系不需要后续的分析操作过程，极大地减少了产物之间交叉污染的概率，并且使得大规模检测成为可能。实时定量荧光探针 PCR 检测用于多重 PCR 反应时，需对每个探针标记不同的荧光染料，获得适合同时检测的多种染料是亟待解决的问题，且探针染料技术要求高，价格昂贵。SYBR Green Ⅰ 荧光染料是 PCR 检测中最常使用的一种非特异性荧光染料，能够和 DNA 双链的小沟紧密结合而发出荧光，最后荧光信号的强度与扩增出的目的条带的多少成正比，可解决多重荧光探针 PCR 存在的问题。SYBR Green Ⅰ 荧光 PCR 检测可通过随后的熔解曲线来检测扩增出的目的条带的特异性和目的条带的多少及强弱。尽管 SYBR Green Ⅰ 荧光 PCR 检测不能像荧光探针一样提供序列特异性的检测，但是它却可以给出每个扩增条带一个特征的熔点值。熔点值就像扩增片段的大小一样成为多重 PCR 检测的依据。这也使得依据熔点不同而建立的多重 PCR 成为可能。使用定量 PCR 自动对扩增结果进行熔解曲线分析就省去了传统 PCR 技术需要的凝胶检测过程。这种方法一旦建立就会为快速检测领域提供一种有效、可靠、低成本的检测方法。

传统的多重 PCR 需要很多高浓度的引物在一个 PCR 反应管中进行反应，常常出现竞争抑制现象，从而导致多重反应的失败。通用引物多重 PCR 检测技术则只使用一条引物来扩增几个不同大小的 PCR 片段，而设计的特异性扩增引物的浓度仅需要使用相当于原浓度的百分之一或者千分之一。该方法克服了传统多重 PCR 的缺点。目前正在被应用于微生物致病菌、转基因产品以及肉类品种的鉴定上。

11.4.2　仪器和设备

PCR 仪；电泳装置；凝胶分析成像系统；PCR 超净工作台；高速台式离心机（离心转速 12000r/min 以上）；台式离心机（离心转速 2000r/min）；微量可调移液器（$2\mu L$、$10\mu L$、$100\mu L$、$1000\mu L$）。

11.4.3　试剂和材料

除另有规定外，所有试剂均采用分析纯。

水：应符合 GB/T 6682 中一级水的规格。

DNA 提取液：主要成分是 SDS，Tris，EDTA。

$10\times$PCR 缓冲液［其中氯化钾（KCl）500 mmol/L；Tris-HCl（pH8.3）100 mmol/L；明胶 0.1%］。

PCR 反应液：含氯化镁（$MgCl_2$）的 PCR 缓冲液、dATP、dTTP、dCTP、dGTP、

dUTP、*Taq* 酶、UNG 酶。

琼脂糖。

10×上样缓冲液：含 0.25％溴酚蓝，0.25％二甲苯青 FF，30％甘油水溶液。

50×TAE 缓冲液：称取 484g Tris，量取 114.2mL 冰醋酸、200mL 0.5mol/L EDTA（pH8.0），溶于水中，定容至 2L。分装后高压灭菌备用。

DNA 分子量标记物（100～1000bp）。

Eppendorf 管和 PCR 反应管。

mL ST-Vm 肉汤：阪崎肠杆菌检测用，参见标准 SN/T 1869—2007 附录第 D.1 章。

BHI 肉汤：阪崎肠杆菌检测用，参见标准 SN/T 1869—2007 附录第 D.2 章。

常见致病菌（沙门氏菌、志贺氏菌、金黄色葡萄球菌、小肠结肠炎耶尔森氏菌、单核细胞增生李斯特氏菌、空肠弯曲菌、肠出血性大肠杆菌 O157：H7、副溶血性弧菌、霍乱弧菌和创伤弧菌）普通 PCR 检测试剂盒（试剂盒组成、功能及使用注意事项参见标准 SN/T 1869—2007 附录 B）。

BAX·沙门氏菌的 PCR 检测试剂盒（Qualicon♯17710608，试剂盒组成参见 SN/T 1869—2007 标准附录 C），5℃±3℃放置。

BAX·单核细胞增生李斯特氏菌 PCR 检测试剂盒（Qualicon♯17710609），5℃±3℃放置。

BAX·弯曲菌的 PCR 检测试剂盒（Qualicon♯17720680），5℃±3℃放置。

BAX·系统肠出血性大肠杆菌 O157：H7 多重（MP）PCR 筛选试剂盒（Qualicon♯17720673）。

BAX·系统肠出血性大肠杆菌 O157：H7（MP）PCR 快速检测增菌培养基（Qualicon♯17710678，17710679）。

BAX·阪崎肠杆菌的 PCR 检测试剂盒（Qualicon♯17720657），5℃±3℃放置。

11.4.4 检测程序

PCR 法检测程序见图 11-1。

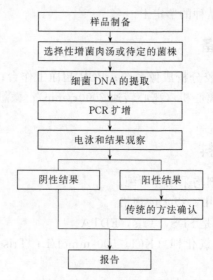

图 11-1　PCR 法检测致病菌程序

11.4.5 操作步骤

11.4.5.1 样品制备、增菌培养和分离

沙门氏菌按照 GB/T 4789.4 或 SN 0170 或 ISO 6579 或 FDA/BAM Chapter5 或 USDA/FSIS MLG4C.01 方法进行。

志贺氏菌按照 GB/T 4789.5 方法进行。

金黄色葡萄球菌可按照 GB/T 4789.10 或 SN 0172 方法进行。

小肠结肠炎耶尔森氏菌可按照 GB/T 4789.8 或 SN0174 方法进行。

单核细胞增生李斯特氏菌可按照 GB/T 4789.30 或 SN 0184 或 ISO 11290 或 FDA/BAM Chapter10 或 USDA/FSIS MLG8A.01 方法进行。

空肠弯曲菌可按照 GB/T 4789.9 或 SN 0175 方法进行。

肠出血性大肠杆菌 O157：H7 按照 GB/T 4789.6 或 SN/T 0973 或 ISO 16654 方法进行。

副溶血性弧菌按照 GB/T 4789.7 或 SN 0173 或 FDA/BAM Chapter 9 或 NMKL No. 156 方法进行。

霍乱弧菌按照 SN/T 1022 或 FDA/BAM Chapter 9 或 NMKL No. 156 方法进行。

创伤弧菌按照 FDA/BAM Chapter 9 或 NMKL No. 156 方法进行。

11.4.5.2 细菌模板 DNA 的提取

直接提取法：对于上述方法培养的增菌液，可直接取该增菌液 1mL 加到 1.5mL 无菌离心管中，8000 r/min 离心 5min，尽量吸弃上清液；加入 50μL DNA 提取液（参见标准 SN/T 1869—2007 附录 B），混匀后沸水浴 5min，12000r/min 离心 5min，去上清液保存于 —20℃ 备用，以待检测。—70℃ 可长期保存。对于分离到的可疑菌落，可直接挑取可疑菌落，加入 50μL DNA 提取液，再按照上述步骤制备模板 DNA，以待检测。

有机溶剂提纯法：取待测样品（增菌培养液或分离菌落菌悬液）1mL，加到 1.5mL 离心管中，8000r/min 离心 4min，尽量吸弃上清液；加入 750μL DNA 提取液，沸水浴 5min，加酚：三氯甲烷（1:1，体积比）700μL，振荡混匀，13000r/min 离心 5min，去上清液，70% 乙醇冲洗一次，13000 r/min 离心 5min，沉淀溶于 20μL 核酸溶解液中。保存于 —20℃ 备用。—70℃ 可长期保存。

也可使用等效的商业化的 DNA 提取试剂盒并按其说明提取制备模板 DNA。

11.4.5.3 PCR 扩增

引物的序列：见标准 SN/T 1869—2007 附录 A。

空白对照、阴性对照和阳性对照设置：空白对照设为以水代替 DNA 模板；阴性对照采用非目标菌的 DNA 作为 PCR 反应的模板；阳性对照采用含有检测序列的 DNA（或质粒）作为 PCR 反应的模板。

PCR 反应体系见表 11-2。

表 11-2 普通 PCR 反应体系

试剂	储备液浓度	25 μL 反应体系中加样体积/μL
10×PCR 缓冲液	—	2.5
氯化镁(MgCl₂)	25 mmol/L	3.0
dNTP(含 dUTP)	各 2.5 mmol/L	1.0

续表

试剂	储备液浓度	25 μL 反应体系中加样体积/μL
UNG 酶	1 U/μL	0.06
上游引物	20 pmol/μL	1.0
下游引物		1.0
Taq 酶	5 U/μL	0.5
DNA 模板	—	2.0
双蒸水	—	补至 25

注：1. 反应体系中各试剂的量可根据具体情况或不同的反应总体积进行适当调整。

2. 每个反应体系应设置两个平行反应

PCR 反应参数见标准 SN/T 1869—2007 附录 A。

11.4.6　PCR 扩增产物的电泳检测

用电泳缓冲液（1×TAE）制备 1.8%～2%琼脂糖凝胶（55～60℃时加入溴化乙锭至终浓度为 0.5μg/mL，也可在电泳后染色）。取 8～15μL PCR 扩增产物，分别和 2μL 上样缓冲液混合，进行点样，用 DNA 分子量表计量做参照。3～5V/cm 恒压电泳，电泳 20～40min，电泳检测结果用凝胶成像分析系统记录并保存。

11.4.7　结果判定和报告

在阴性对照未出现条带，阳性对照出现预期大小的扩增条带条件下，如待测样品未出现相应大小的扩增条带，则可报告该样品检验结果为阴性；如待测样品出现相应大小的扩增条带，则可判定该样品检验结果为阳性，则回到传统的检测步骤，进一步应按该致病菌对应的标准检测方法进行确认，最终结果以后者的检测结果为准。

如果阴性对照出现条带和/（或）阳性对照未出现预期大小的扩增条带，本次待测样品的结果无效，应重新做实验，并排除污染因素。

11.5　PCR-DHPLC 方法在食品常见致病菌检测中的应用

11.5.1　方法原理

变性高效液相色谱技术（DHPLC）是在高压闭合液相流路中，将 DNA 样品自动注入并在缓冲液携带下流过 DNA 分离柱，通过缓冲液的不同梯度变化，在不同柱温条件下实现对 DNA 片段的分析；由紫外或荧光检测分离的 DNA 样品，部分收集器可根据需要自动收集被分离后的 DNA 样品。

离子对反向高效液相色谱法：①在不变性的温度条件下，检测并分离分子量不同的双链 DNA 分子或分析具有长度多态性的片段；②在充分变性温度条件下，可以区分单链 DNA 或 RNA 分子，适用于寡核苷酸探针合成纯度分析和质量控制；③在部分变性的温度条件下，变异型和野生型的 PCR 产物经过变性复性过程，不仅分别形成同源双链，同时也错配形成异源双链，根据柱子保留时间的不同将同源双链和异源双链分离，从而识别变异型。

DHPLC 在微生物基因分型和鉴定中的应用：许多病菌具有不同的基因型，它们的致病性差异很大，可能具有遗传基因都非常相似的特征，使得细菌的准确分型面临很大的技术难点。在对疫情暴发控制中，从菌株水平确定病原菌是至关重要的，只有了解了致病菌株才能正确选择抗菌药物，追踪病菌的来源。DHPLC 通过对具有细微差异的 DNA 序列的分析，可以从菌株水平识别病原菌。利用通用 PCR 引物从多种细菌的 16S 核糖体 RNA 基因中扩增含有高度变异序列的片段。将这些来自不同种类细菌的扩增产物与参照菌株的扩增产物混合后进行 DHPLC 检测，会产生一个独特的色谱峰图，可以作为鉴定细菌种类的分子指纹图谱。

DHPLC 对混合微生物样品的分离鉴定：在日常的微生物的检测和鉴定工作中，常常是对混合样品中的微生物进行鉴定。比如常见的污染食物的微生物有十几种，对于一个污染的食物样本，需要对所有可能污染的病菌进行鉴定，因而需要一种简单、快速、灵敏的检测技术。DHPLC 技术在这方面显示了其良好的应用价值。利用 DHPLC 灵敏检测 DNA 序列差异的特性结合细菌 16S rDNA 基因分型的原理，在属和种的水平上进行细菌鉴定，在部分难以鉴定的菌种间，辅以其他细菌 DNA 靶点进行进一步的分析，不同的细菌显示特异的 DH-PLC 峰形，从而得到分离和鉴定。

DHPLC 分析技术是应用离子对反相高效液相色谱原理对 DNA 片段进行分离。离子对采用三乙基胺醋酸盐缓冲液（TEAA），核酸片段分子中带负电荷的磷酸根基团与 TEAA 分子中带正电荷的氨基发生静电作用相互吸引，同时 TEAA 分子中的三个乙基与固定相 C_{18} 表面的烷基发生疏水作用力而相互吸引，通过流动相中的乙腈的梯度洗脱达到将不同大小的核酸片段分离。

本方法利用 DHPLC 非变性条件下的 DNA 分离技术，灵敏地检测 PCR 扩增产物进行细菌鉴定分析，不同细菌显示特异的 DHPLC 吸收峰，从而对食品中的致病菌进行快速检测。

11.5.2 主要仪器和设备

PCR 仪；DHPLC 仪；高速离心机（离心转速 18000g）；PCR 超净工作台；微量可调移液器和灭菌吸头（2μL、10μL、100μL、200μL、1000μL）；灭菌 PCR 反应管。

11.5.3 试剂和材料

除另有规定外，所有试剂纯度为色谱纯。水为灭菌超纯水，符合 GB/T 6682 中一级水的规格、所有试剂均用无 DNA 酶污染的容器分装。

Taq DNA 聚合酶；dNTP（dATP、dTTP、dCTP、dGTP）；10 × PCR 缓冲液 [200mmol/L Tris-HCl（pH 8.4），200mmol/L 氯化钾，15mmol/L 氯化镁]；引物（引物见标准 SN/T 2641—2010 序列附录表 A.1）；TE 缓冲液；10% SDS；蛋白酶 K（20mg/mL）；氯化钠（5mol/L 和 0.7mol/L）；10% CTAB；三氯甲烷；异戊醇；酚；异丙醇；70% 乙醇。

DHPLC 缓冲液：缓冲液 A 为 50mL TEAA 和 250 μL 乙腈混合，加水定容至 1000mL；缓冲液 B 为 50mL TEAA 和 250mL 乙腈混合，加水定容至 1000mL；缓冲液 D 为 75% 乙腈。

11.5.4 检测程序

致病菌 PCR-DHPLC 检测流程见图 11-2。

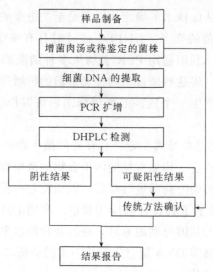

图 11-2 变性高效液相色谱法检测致病菌流程

11.5.5 操作步骤

11.5.5.1 样品制备、增菌培养和分离

参照标准 SN/T 2641—2010 附录 B 中的相关国家标准、行业标准或国际权威标准方法进行增菌和分离培养。

11.5.5.2 模板 DNA 的制备

增菌液模板 DNA 的制备：取 11.5.5.1 中培养的相应致病菌增菌液（需二次培养的则取二次增菌液）1.5mL，加到 1.5mL 无菌离心管中，13000g 离心 1min；吸弃上清液，取沉淀，加 567 μL TE 溶液（pH8.0），悬浮，加 30 μL 10% SDS 和 3 μL 蛋白酶 K（20mg/mL），混匀，65℃温浴 10min；加等体积三氯甲烷/异戊醇（体积比为 24：1），混匀，13000g 离心 10min；取上清液，加等体积酚/三氯甲烷/异戊醇（体积比为 25：24：1），混匀，13000g 离心 10min；取上清液，加 0.6 倍体积异丙醇，轻轻混匀，13000g 离心 10min；取沉淀，用 70%乙醇清洗 2 次，干燥，加 100μL TE 溶液（pH 8.0）溶解，此即为 DNA 溶液。若不能立即检测，也可使用商业化的 DNA 提取试剂盒按照说明制备模板 DNA。

可疑菌落模板 DNA 的制备：挑取 11.5.5.1 中分离到的可疑菌落或菌体，或其传代培养液 1.5mL，制备模板 DNA 以待检测。也可使用商业化的 DNA 提取试剂盒并按照其说明制备模板 DNA。

11.5.5.3 PCR 扩增

反应体系体积为 25μL：10×PCR 缓冲液 2μL、正义引物和反义引物（10μmol/L）各 1μL、dNTP（10mmol/L）2μL、Taq DNA 聚合酶（5U/L）0.2μL、水 16.8μL、模板 DNA（10～50ng/μL）2μL。

反应条件：94℃预变性 3min；94℃变性 60min，60℃退火 60s，72℃延伸 60s，进行 35 个循环；72℃延伸 7min，4℃保存反应物。

注：PCR 反应参数可根据基因扩增仪型号的不同进行适当调整。

11.5.5.4 PCR 产物的 DHPLC 检测

（1）DHPLC 分析条件　色谱柱：PS-DVB & C₁₈ DNASep 色谱柱（4.6mm×50mm，

精度 $3\mu m$）；柱温：50℃；流动相：缓冲溶液 A 浓度为 50.2%，缓冲溶液 B 浓度为 49.8%；流速：0.9mL/min。

（2）分析片段设计　起始碱基数：扩增目标的预期片段减去 100 bp；终止碱基数：扩增目标的预期片段加上 100bp。

（3）检测器　荧光检测器（光源：150W Xenon 灯；激发谱带宽：15 nm；发射谱带宽：15.3 nm；检测灵敏度：在波长 350 nm 积分 2s）。

（4）上样量　PCR 产物 5~10μL。

（5）DHPLC 分析步骤　将装有 PCR 产物的反应管放置在 DHPLC 金属般的微孔中。登录 DHPLC 分析系统，设置 DHPLC 分析条件，建立检测程序并运行。

11.5.5.5　质量对照设置

检测过程中反应分别设阳性对照和阴性对照。阳性对照为目标致病菌的标准菌株，阴性对照为非目标致病菌的标准菌株。

11.5.6　结果判定和报告

以沙门氏菌为例，DHPLC 检测图谱示例，参见标准 SN/T 2641—2010 附录 C。

检测样品无扩增吸收峰出现，可判定样品结果为阴性，直接报告未检出×××致病菌；检测样品出现典型的 PCR 产物吸收峰，且吸收峰大于 3mV 时，可判定该样品×××致病菌为可疑阳性；检测样品出现典型的 PCR 产物吸收峰，且吸收峰小于 3mV 时，建议调整 PCR 扩增参数重新进行检测，重做结果吸收峰值仍小于 3mV 则为×××致病菌阴性，否则为×××致病菌可疑阳性；对于×××致病菌可疑阳性结果，应参见标准 SN/T 2641—2010 附录 B 中的相关经典检测方法做进一步的生化鉴定和报告。

11.6 环介导恒温扩增（LAMP）法在食品致病菌检测中的应用

11.6.1　基本原理

根据大肠杆菌 O157 的 *rfbE* 基因序列（参见标准 SN/T2754.2—2011 附录 A）设计的内、外引物及环状引物各一对，特异性识别靶序列上的八个独立区域，利用 *Bst* 酶启动循环链置换反应，在 *rfbE* 基因序列启动互补链合成，在同一链上互补序列周而复始形成有很多环的花椰菜结构的茎-环 DNA 混合物；从 dNTP 析出的焦磷酸根离子与反应溶液中的 Mg^{2+} 结合，产生副产物（焦磷酸镁）形成乳白色沉淀，加入显色液，即可通过颜色变化观察判定结果。

11.6.2　仪器和设备

移液器：量程 0.5~10μL；量程 10~100μL；量程 100~1000μL。

高速台式离心机：≥7000g。

水浴锅或加热模块：65℃±1℃和 100℃±1℃。

计时器。

11.6.3　试剂和材料

除有特殊说明外，所有实验用试剂均为分析纯；实验用水符合 GB/T 6682 中一级水的要求。

引物：根据大肠杆菌 O157 属 *rfbE* 基因序列设计一套特异性引物，包括外引物 1、外引物 2 和内引物 1、内引物 2 及环状上游引物和环状下游引物。

外引物扩增片段长度：239bp。

外引物 1（F3，5′-3′）：GGTGGAATGGTTGTCACGA。

外引物 2（B3，5′-3′）：TGGACTTGTACAAGACTGTTGA。

内引物 1（FIP，5′-3′）：AACGTCATGCCAATATTGCCTATGTttttATGACAAAACACTTTATGACCGT。

内引物 2（BIP，5′-3′）：GGATGACAAATAT-CTGCGCTGCTATttttTCAGCAATTTCACGTTTTCGTGATAT。

环状上游引物（LF，5′-3′）：CAGCTAATCCTTGGCCTTTAAAATG。

环状下游引物（LB，5′-3′）：TAGCCCAGTTAGAACAAGCTGAT。

Bst DNA 聚合酶。

dNTP：dATP、dTTP、dCTP、dGTP。

DNA 提取试剂：细菌基因组 DNA 提取试剂盒。

TE 缓冲液：10mmol/L，Tris-HCl（pH 8.0）、1mmol/L EDTA（pH 8.0）。

ThermoPol 缓冲液：200mmol/L Tris-HCl、100mmol/L 氯化钾、20mmol/L 氯化镁、100mmol/L 硫酸铵、1‰Triton X-100（pH 8.8）。

硫酸镁：50mmol/L。

甜菜碱：5mol/L、

显色液：SYBR Green I 荧光染料，1000×。

阳性对照：大肠杆菌 O157 标准菌株，或含目的片段的 DNA 亦可。

1.5mL 塑料离心管。

11.6.4　检测程序

食品中大肠杆菌 O157 LAMP 检测程序见图 11-3。

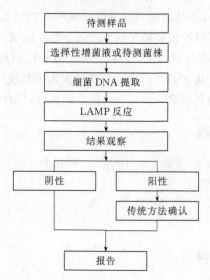

图 11-3　食品中大肠杆菌 O157 LAMP 检测程序

11.6.5　操作步骤

11.6.5.1　样品制备及增菌培养

按照 GB/T 4789.6 的方法进行样品制备和增菌。

11.6.5.2　模板 DNA 提取

（1）增菌液模板 DNA 的制备　对于获得的增菌液，采用如下方法制备模板 DNA：直接取该增菌液 1mL 加到 1.5mL 无菌离心管中，7000r/min 离心 2min，尽量吸弃上清液；加入 50μL TE，混匀后沸水浴 10min，置冰上 10min；7000r/min 离心 2min，上清液即为模板 NDA；取上清液置 -20℃可保存 6 个月备用。

（2）可疑菌落模板 DNA 的制备　对于分离到的可疑菌落，可直接挑取可疑菌落，再按照上述步骤制备模板 DNA 以待检测。

11.6.5.3　环介导恒温核酸扩增

大肠杆菌 O157 LAMP 反应体系见表 11-3。

表 11-3　大肠杆菌 O157 LAMP 反应体系

组分	工作浓度	加样量/μL	反应体系终浓度
ThermoPol 缓冲液	10×	5.0	1×
外侧上游引物（F3）	20μmol/L	0.5	0.2μmol/L
外侧下游引物（B3）	20μmol/L	0.5	0.2μmol/L
内侧上游引物（FIP）	20μmol/L	2.0	0.8μmol/L
内侧下游引物（BIP）	20μmol/L	2.0	0.8μmol/L
环状上游引物（LF）	20μmol/L	1.0	0.4μmol/L
环状下游引物（LB）	20μmol/L	1.0	0.4μmol/L
dNTP	10μmol/L	8.0	1.6mmol/L
硫酸镁	50μmol/L	2.0	2.0mmol/L
甜菜碱	5μmol/L	8.0	0.8mol/L
Bst DNA 聚合酶	8U/μL	1	0.16U/μL
DNA 模板	——	2	——
去离子水	——	17.0	——

反应过程：按表 11-3 所述配制反应体系。

65℃扩增 60min。

空白对照、阴性对照、阳性对照设置：每次反应应设置阴性对照、空白对照和阳性对照。空白对照设置为以水替代 DNA 模板。阴性对照以 TE 缓冲液代替模板 DNA。阳性对照制备：将大肠杆菌 O157 标准菌株接种于营养肉汤中，36℃±1℃培养过夜，用无菌生理盐水稀释至约 $10^6 \sim 10^8$ CFU/mL（约麦氏浊度 0.4），提取模板 DNA 作为 LAMP 反应的模板。

11.6.5.4　结果观察

在上述反应管中加入 1μL 显色液，轻轻混匀并在黑色背景下观察。

11.6.6　结果判定和报告

在空白对照和阴性对照反应管液体为橙色，阳性对照反应管液体呈绿色的条件下：待检样品反应管液体呈绿色，该样品结果为大肠杆菌 O157 初筛阳性，对样品的增菌液或可疑纯菌落进一步按 GB/T 4789.6 中操作步骤进行确认后报告结果；待检样品反应管液体呈橙色则可报告大肠杆菌 O157 检验结果为阴性。若与上述条件不符，则本次检测结果无效，应更换试剂按本方法重新检测。

11.7 基因芯片法在肉及肉制品中常见致病菌检测中的应用

11.7.1 方法提要

针对 5 种目标菌保守基因片段设计引物，提取待检样品增菌液的 DNA 为模板进行两个独立的多重 PCR 扩增。扩增产物与固定有 5 种目标致病菌特异性探针的基因芯片进行杂交，用芯片扫描仪对杂交芯片进行扫描并判定结果。阳性结果用传统方法确证。

11.7.2 设备和材料

高压灭菌锅；恒温培养箱；微需氧培养装置；高速离心机（20000g 以上）；水浴锅（37℃、42℃、70℃）；PCR 超净工作台；PCR 仪；水平式电泳仪；凝胶成像分析系统；水浴摇床；基因芯片扫描仪；基因芯片清洗仪（可选）；芯片杂交盒；微量可调移液器和灭菌吸头（2μL、10μL、100μL、200μL、1000μL）；灭菌 PCR 反应管。

11.7.3 培养基和试剂

缓冲胨水增菌液（BP）(见标准 SN/T 2651—2010 附录 A.1)；四硫黄酸盐煌绿增菌液（TTB）(见标准 SN/T 2651—2010 附录 A.2)；改良缓冲蛋白胨水（MBP）(见标准 SN/T 2651—2010 附录 A.3)；增菌培养液（EB）(见标准 SN/T 2651—2010 附录 A.4)；10%氯化钠胰蛋白胨大豆肉汤（见标准 SN/T 2651—2010 附录 A.5)；弯曲杆菌增菌肉汤（见标准 SN/T 2651—2010 附录 A.6)；改良 EC 新生霉素增菌肉汤 [m(EC)n]（见标准 SN/T 2651—2010 附录 A.7)；电泳级琼脂糖。

晶芯®食源性致病微生物检测芯片试剂盒；PCR 引物序列（参见标准 SN/T 2651—2010 附录 B）。芯片探针序列（参见标准 SN/T 2651—2010 附录 B）。

缓冲液 GA：25mmol/L EDTA 和 5% SDS，pH 8.0。

缓冲液 GB：5mmol/L 盐酸胍。

去蛋白液 GD：3mmol/L 盐酸胍。

漂洗液 PW：2mmol/L Tris 缓冲液，pH7.5。

蛋白酶 K。

吸附柱 CB3 和收集管。

RNase A 溶液。

洗脱缓冲液 TE：10mmol/L Tris 缓冲液，pH 8.0。

PCR Mix Ⅰ（组成参见标准 SN/T 2651—2010 附录 C）。

PCR Mix Ⅱ（组成参见标准 SN/T 2651—2010 附录 C）。

Taq 酶（5U/μL）。

PCR 阳性质控基因组 DNA（50ng/μL）。

GoldView（GV）。

2×PCR 载样液。

DNA 分子量标记 2000。

洗涤液 Ⅰ：2×SSC，0.2%SDS（参见标准 SN/T 2651—2010 附录 C）。

洗涤液Ⅱ：0.2×SSC（参见标准 SN/T 2651—2010 附录 C）。

检测芯片。

11.7.4　检测程序

检测流程见图 11-4。

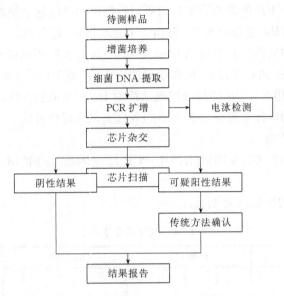

图 11-4　基因芯片法检测肉及肉制品中致病菌流程

11.7.5　操作步骤

11.7.5.1　增菌

沙门氏菌增菌按 SN 0170 要求，对样品进行增菌培养。

单核细胞增生李斯特氏菌增菌按 SN/T 0184.1 要求，对样品进行增菌培养。

金黄色葡萄球菌增菌按 SN 0172 要求，对样品进行增菌培养。

空肠弯曲杆菌增菌按 SN 0175 要求，对样品进行增菌培养。

大肠杆菌 O157：H7 增菌按 SN/T 0973 要求，对样品进行增菌培养。

11.7.5.2　细菌基因组 DNA 提取

取上述 5 种增菌培养液各 1mL 至一个 10mL 无菌离心管中混匀，从中取 1mL 至一个 1.5mL 无菌离心管中，2500r/min 离心 30s。取上清液 800μL 到另一新的离心管中，12000r/min 离心 1min。弃掉上清液，沉淀中加入 180μL 缓冲液 GA，振荡至菌体彻底悬浮。37℃作用 1～3h。加入 20μL RNase A 溶液，振荡 15s，室温放置 5min。

注：余下的混合增菌液应放入冰箱，以备后期芯片检测阳性样品的确证实验用。

向管中加入 20μL 蛋白酶 K 溶液，混匀后加入 220μL 缓冲液 GB，振荡 15s，70℃放置 20～30min。简短离心以去除管盖内壁的水珠。

加 220μL 无水乙醇，充分振荡混匀 15s。简短离心以去除管盖内壁的水珠。将全部液体转移到吸附柱中。

向吸附柱中加入 500μL 去蛋白液 GD，12000r/min 离心 30s，倒掉废液，吸附柱放入收集管中。

向吸附柱中加入 $700\mu L$ 漂洗液 PW，12000r/min 离心 30s。倒掉废液，吸附柱放入收集管中。

向吸附柱加入 $500\mu L$ 漂洗液 PW，12000r/min 离心 30s，倒掉废液。

吸附柱放回收集管中，12000r/min 离心 2min，去除吸附柱中残余漂洗液。将吸附柱置于室温或 50℃ 温箱放置 2～3min，以彻底晾干吸附材料中残余的漂洗液。

将吸附柱转入一个干净的离心管中，向吸附膜的中间部位悬空滴加 $50\mu L$ 经 65～70℃ 水浴预热的洗脱缓冲液 TE，室温放置 2～5min，12000r/min 离心 30s。

再次向吸附膜的中间部位悬空滴加 $50\mu L$ 经 65～70℃ 水浴预热的洗脱缓冲液 TE，室温放置 2min，12000r/min 离心 2min。回收得到的 DNA 产物于 −20℃ 冰箱保存备用。

DNA 结果检测：用 0.8% 琼脂糖凝胶电泳检测 DNA 提取物。细菌基因组 DNA 通过琼脂糖凝胶电泳，出现的电泳条带位置在 10000bp 以上，且清晰可见。

11.7.5.3 PCR 扩增

将提取的细菌基因组 DNA 同时用两个 PCR 反应体系进行扩增，电泳检测 PCR 扩增产物。

PCR 反应体系 I 的配制见表 11-4。

表 11-4 PCR 反应体系 I 单位：μL

反应液组成	检测反应	阳性质控	阴性质控
Mix I	8.6	8.6	8.6
$Taq(5U/\mu L)$	0.2	0.2	0.2
细菌基因组 DNA	2	—	—
阳性质控基因组 DNA	—	2	—
无核酸酶灭菌水	9.2	9.2	11.2

PCR 反应体系 II 的配制见表 11-5。

表 11-5 PCR 反应体系 II 单位：μL

反应液组成	检测反应	阳性质控	阴性质控
Mix I	7.4	7.4	7.4
$Taq(5U/\mu L)$	0.2	0.2	0.2
细菌基因组 DNA	2	—	—
阳性质控基因组 DNA	—	2	—
无核酸酶灭菌水	10.4	10.4	12.4

PCR 反应的循环参数：94℃ 预变性 5min；进入循环，94℃/30s。56℃/30s。72℃/1min40s，共 40 个循环；最后 72℃ 延伸 7min。

PCR 扩增结果检测：PCR 反应结束后取 $3\mu L$ 扩增产物加入 $3\mu L$ 2×PCR 载样液，用 1.5% 的琼脂糖凝胶电泳检测扩增结果。若在 1000～1500bp 之间出现明显的扩增条带，即可进行芯片杂交实验。

注：如果在此片段范围内无可见扩增条带，同时阳性质控也无可见扩增条带，则可能为扩增失败，建议更换另一批次的 PCR 扩增试剂，重新扩增。

11.7.5.4 芯片杂交

（1）杂交体系配制　将杂交液置 42℃水浴预热 5min，按表 11-6 配制。

表 11-6　杂交体系

组　分	体积/μL
杂交液	8
2 种 PCR 扩增产物	各 3.5
总体积	15

（2）变性　将杂交体系 95℃变性 5min，冰浴 5min。

（3）杂交　将杂交盒平放在桌面上，在杂交盒的两边凹槽内加入约 80μL 灭菌水，将固定有探针片段的芯片放入杂交盒内，芯片标签正面朝上；揭掉芯片盖片的塑料薄膜，放在芯片的黑色围栏上，凸块的一面对着芯片；然后从盖玻片的小孔缓慢注入 15μL 变性后的杂交液。不要振动盖玻片或芯片以避免破坏液膜。盖紧杂交盒盖，放入 42℃恒温水浴中，静置，杂交 2h 以上。

（4）芯片洗涤

① 手动清洗　按需要量配制好芯片洗液Ⅰ和洗液Ⅱ，并在 42℃预热 30min。取出杂交后芯片，将芯片放在预热好的洗液Ⅰ中，42℃水浴摇床振荡清洗 4min，再转入预热好的洗液Ⅱ中，42℃水浴摇床振荡清洗 4min。最后用 42℃预热好清水振荡清洗一次，清洗后的芯片经 1500r/min 离心 1min 以去除芯片表面的液体。此芯片可避光保存，在 4h 内扫描结果。

② 芯片清洗仪清洗　按需要量配制好芯片洗液Ⅰ和洗液Ⅱ。按仪器操作说明书要求将芯片清洗仪开机预热，待预热完成后将芯片放入清洗槽中开始清洗，清洗完成后，将芯片放入清洗仪器的离心腔中离心甩干。

11.7.5.5　芯片扫描及结果判读

（1）芯片杂交结果扫描　使用微阵列芯片扫描仪对洗净杂交后的芯片进行扫描分析。

（2）结果的判定标准

① 信号值≥背景信号平均值＋4×背景信号值标准差，且信号值≥阴性对照信号平均值＋4×阴性对照信号值标准差，探针杂交结果为阳性。

② 背景信号平均值＋2×背景信号值标准差＜信号值＜背景信号平均值＋4×背景信号值标准差，且阴性对照信号平均值＋2×阴性对照信号值标准差＜信号值＜阴性对照信号平均值＋4×阴性对照信号值标准差，探针杂交结果为疑似。

③ 信号值≤背景信号平均值＋2×背景信号值标准差，且信号值≤阴性对照信号平均值＋2×阴性对照信号值标准差，探针杂交结果为阴性。

11.7.6　结果报告

芯片检测结果为阴性，则结果报告为相应的微生物阴性；若检测结果为阳性或者疑似，则分别按照下列标准进行进一步确证：

——SN 0170；

——SN/T 0184.1；

——SN 0172；

——SN 0175；

——SN/T 0973。

本章小结

　　食源性致病微生物检测是重要的食品安全检测技术。本章重点介绍了分子生物学的检测方法，对聚合酶链反应、变性高效液相色谱技术、多重聚合酶链反应、实时荧光定量PCR方法、环介导恒温扩增方法、基因芯片法等方法的技术要点和在不同致病微生物检测中的技术要点进行了介绍。虽然分子生物学检测方法实现了灵敏、快速和特异的检测，但是目前尚未完全代替传统方法。

思考题

1. 分子生物学检测技术与传统检测方法相比有何优势？
2. 聚合酶链反应的基本原理是什么？如何检测致病微生物？
3. 多重聚合酶链反应与普通PCR相比有何优势？
4. 实时荧光定量PCR方法在致病微生物检测上有何优势？
5. 环介导恒温扩增方法的原理是什么？

参考文献

[1]　王世平. 食品安全检测技术. 北京：中国农业大学出版社，2009.
[2]　师邱毅，纪其雄，许莉勇. 食品安全快速检测技术及应用. 北京：化学工业出版社，2010.
[3]　SN/T 1870—2007 食品中致病菌检测方法　实时PCR方法.
[4]　SN/T 1869—2007 食品中多种致病菌快速检测方法　PCR法.
[5]　SN/T 2641—2010 食品中常见致病菌检测 PCR-DHPLC法.
[6]　SN/T 2651—2010 肉及肉制品中常见致病菌检测方法　基因芯片法.
[7]　SN/T 2754.2—2011 出口食品中致病菌环介导恒温扩增（LAMP）检测方法　第2部分：大肠杆菌O157.

⑫ 转基因食品检测技术

12.1 概述

转基因技术（genetically modified，GM）是指利用分子生物学方法将基因片段转入生物中获取具有特定遗传性状个体的技术，与基因工程、遗传工程、遗传转化意思相近。当前，转入生物体的目的基因片段主要有两种来源：一种是特定生物体基因组目的基因，另一种是人工合成的特定序列基因片段。当目的基因片段被转入特定生物后与其自身基因组进行重组，再将重组体进行数代人工选育，获得具有渴望遗传性状的个体。

转基因技术是现代分子生物学发展的产物。当 20 世纪 50 年代 DNA 双螺旋结构被发现之后，人们开始真正从分子水平认识基因，也开启了科学家通过直接改造基因来改造生物体的设想。1970 年，美国微生物学家 N. Daniel 和 H. O. Smith 在细胞中发现了限制性核酸内切酶和 DNA 连接酶，为干扰生物体的遗传物质，改造生物体的遗传特性提供了必要的手段和工具。1972 年，P. Berg 等人成功地将不同来源的基因片段在体外进行了重组，并对基因工程的可行性进行了初探。随后，外源基因克隆、表达载体、受体细胞及转基因途径、外源基因的人工合成技术、基因调控网络人工设计的发展，使 21 世纪的转基因技术向着转基因系统生物技术方向发展。

按照转基因技术的过程途径可分为人工转基因和自然转基因。人工转基因的转化效率高，目的性强；自然转基因是自然条件下动物、植物或微生物通过花粉或细菌病毒感染等方式形成的转基因现象，自然条件下基因的转化概率小，转的基因不明。按照转基因对象的不同可分为植物转基因技术、动物转基因技术和微生物转基因技术。

目前，转基因技术的应用主要集中在改良植物的抗虫性、抗逆性、高产性等性状的培育方面，如转苏云金杆菌基因的抗虫棉、抗除草剂的转基因大豆等。另外，该技术在医学方面为遗传疾病、恶性肿瘤、艾滋病等疾病的治疗提供了出路；也为获得性状更好的转基因动物提供了技术手段。

对转基因食品（genetically modified food，GMF）的界定，不同国家有不同规定。欧盟对转基因食品的定义为："含有转基因生物或其成分的食品，或由转基因生物或其成分生产的食品。"美国的规定为只要食品中转基因成分的含量低于 5％即可贴上"非转基因食品"的标签。我国 2002 年卫生部发布的《转基因食品卫生管理办法》总则中规定："转基因食品指利用基因工程技术改变基因组构成的动物、植物和微生物生产的食品和食品添加剂，包括转基因动植物、微生物产品；转基因动植物、微生物直接加工品；以转基因动植物、微生物或其直接加工品为原料生产的食品和食品添加剂。"

据国际农业生物技术应用服务组织（ISAAA）发布的《全球生物技术/转基因作物使用情况研究》报告，2014 年全球转基因作物种植面积为 1.815 亿公顷，美国的转基因作物种植面积位居世界第一，主要为转基因玉米、转基因棉花、转基因大豆和转基因甜菜等；我国转基因作物种植面积位列第六，主要为转基因棉花和转基因木瓜等（图 12-1）。

图 12-1　转基因玉米和木瓜

研究表明转基因食品在表达插入基因的特定性状外，还可能获得或丢失其他的品质性状，这可能对生态和人类造成潜在危害。如转基因"金米"在提高 β-胡萝卜素含量的同时也增加了叶黄素含量，转基因大豆在增加赖氨酸含量的同时脂肪含量降低了等。目前对转基因食品安全性的担忧主要为：潜在毒性、过敏反应、抗药风险、生态和环境问题等。

12.2 转基因食品的检测

转基因技术在满足食品供应、提高食品质量方面充分展示了科学技术的先进性。转基因食品已悄然走上了人们的餐桌，但是转基因食品的安全性一直是人们争论的焦点。所以，研究转基因食品的检测技术有重要意义。

目前，针对转基因食品的检测技术主要有 3 种：外源蛋白质的测定，外源 DNA 的测定，检测插入外源基因对载体基因表达的影响。其中，前 2 种检测技术应用较多，第 3 种检测方法因检测成本高、所需时间长，在实际检测工作中应用较少。下面就外源蛋白质和外源 DNA 测定方法加以介绍。

12.2.1　外源蛋白质测定

外源蛋白质检测是针对外源基因的表达产物蛋白质进行检测的方法，最常见的为酶联免疫吸附测定法（ELISA）。利用这种方法在进行转基因产品检测时，首先必须制备出针对新表达的外源蛋白质具有特异性的抗体，其次是待测样品中的抗原（新表达的蛋白质）不能被降解和破坏。因此，该方法适合检测鲜活植物组织和原料。

免疫法检测外源蛋白质具有快速、灵敏度高、特异性好等特点。但是该方法亦有局限性，如食品中的酚类物质、脂肪酸、皂角苷等物质可能抑制抗原-抗体反应；重组或经修饰的 DNA 并不是全部都可以表达新的蛋白质，或者表达水平在植物不同生长期和不同组织部位的表达量不同。

【实例】　双抗夹心荧光免疫吸附测定法定量检测转基因玉米中 Bt 蛋白

（1）材料与试剂　苏云金芽孢杆菌（*Bacillus thuringiensis*）HD-1 菌株、转基因玉米 Bt176、非转基因玉米、鼠抗 Bt 单克隆抗体 McAb、羊抗兔 IgG 量子点标记物、N-羟基琥珀酰亚胺（NHS）、碳二亚胺（EDC）。

（2）培养基和缓冲液

① PGSM 培养基：细菌蛋白胨 7.5g，葡萄糖 1g，KH_2PO_4 3.4g，K_2HPO_4 4.35g，加蒸馏水定容至 1L，调 pH 值 7.2，高温灭菌。

② 盐溶液：$FeSO_4$ 0.40g，$MnSO_4$ 0.04g，$ZnSO_4$ 0.28g，$MgSO_4$ 2.46g，蒸馏水定容到 100mL，过滤除菌。

③ $CaCl_2$ 溶液：$CaCl_2$ 3.66g 溶于 100mL 蒸馏水，调 pH 值 7.2，过滤除菌。

④ 包被缓冲液：Na_2CO_3 1.59g，$NaHCO_3$ 2.93g，加蒸馏水定容至 1000mL，调 pH 值 9.6。

⑤ PBST 缓冲液：KH_2PO_4 0.2g，NaCl 8.0g，KCl 0.2g，Na_2HPO_4 2.9g，Tween-20 0.5mL，用蒸馏水定容至 1L，调 pH 7.4。

⑥ 封闭缓冲液：BSA 0.1g 溶于 100mL PBST 缓冲液。

⑦ 样品提取液：1g PVP 加入到 100mL PBST 缓冲液。

（3）Bt 蛋白提取　将储存于 −70℃ 冰箱中的菌株划到 LB 平板（含有红霉素）上 30℃ 生长过夜，挑单菌落到 10mL 的 LB 培养基（含 10μg/mL 的红霉素）于 30℃ 振荡培养过夜。再将过夜培养的菌液加入 200mL 的 PGSM 培养基（加入 1mL 盐溶液、1mL $CaCl_2$ 溶液和终浓度为 10μg/mL 的红霉素）中于 30℃ 振荡培养 3～4d 后，在显微镜下观察细胞可以看到裂解的细胞。然后 4℃，4000r/min 离心 15min 收集培养物，用冰冷的 0.1mol/L NaCl 洗涤沉淀一次，4℃，4000r/min 离心 15min 收集培养物，再用冰冷的双蒸水洗涤沉淀一次，在 4℃，4000r/min 离心 15min 收集培养物，将沉淀悬浮于 15mL 冰冷的纯水中。再将溶液于 4℃，4000r/min 离心 15min 收集沉淀，沉淀即 Bt 晶体蛋白，悬浮于 0.1mol/L NaOH 中 15min，使 Bt 晶体蛋白完全溶解，马上用 1mol/L Tris 溶液调节溶液的 pH 至 7.0，12000r/min 离心 10min 后，取上清液用 100 倍体积的 PBS 溶液透析 3 次。将透析后的上清液用 10%SDS-PAGE 电泳分析后确定 Bt 蛋白的纯度。测定其浓度采用 Bradford 法。

（4）Bt 抗体制备与纯化　将 1mL Bt 晶体蛋白碱溶解液（约 0.2mg）与等量弗氏完全佐剂混合、乳化，多点皮下注射免疫大白兔；然后用弗氏不完全佐剂代替完全佐剂，分别于第 7 天、第 14 天和第 30 天强化免疫；用琼脂糖双扩散法测定效价达 1∶100 以上时，采血获兔抗 Bt 蛋白血清，并用吸附法纯化抗体。

（5）sFLISA 法检测玉米 Bt 蛋白方法的建立　在酶标板孔中加入包被缓冲液稀释的鼠抗 Bt 单克隆抗体 McAb（10μg/mL），每孔 100μL，4℃ 冰箱孵育过夜，次日 PBST 缓冲液洗板 3 次，每次 5min；拍干后加封闭缓冲液，每孔 200μL，37℃ 1h，之后 PBST 洗涤 3 次，每次 5min；将 Bt 蛋白标准溶液经 PBS 稀释一系列浓度梯度后（200pg/mL，100pg/mL，50pg/mL，25pg/mL，12.5pg/mL，6pg/mL）加于包被孔中，每孔 100μL，并设阴性对照（非 Bt 蛋白）和空白对照（PBST），37℃ 1h；之后 PBST 洗涤 3 次，每次 5min；将兔抗 Bt 多克隆抗体 PcAb（Ⅰ 抗）1∶1000 稀释后加于包被孔内，每孔 100μL，37℃ 1h，之后 PBST 洗涤 3 次，每次 5min；将量子点标记的羊抗兔 IgG（Ⅱ 抗）经 PBS 1∶500 稀释后加入包被孔内，每孔 100μL，37℃ 1h，之后 PBST 快速洗涤，用荧光检测仪在 605nm 处测量相对荧光强度值。以 Bt 蛋白溶液浓度为自变量，以对应 Bt 蛋白相对荧光强度值减去空白对照相对荧光强度值为应变量，绘制标准曲线。

（6）Bt 蛋白提取　将玉米粒用粉碎机磨碎成粉状后，从中称取 0.5g 于 5mL 试管中，加入 2mL 样品提取液，室温下微振荡 4h，然后 5000r/min 离心 5min，吸取上清液 100μL 进行 sFLISA 法测定。测定结果根据步骤（5）中的标准曲线求出。

12.2.2　外源 DNA 的测定

外源 DNA 测定是通过检测调控基因或目的基因的存在与否确定是否是转基因食品，分别有分子杂交技术和 PCR 技术。分子杂交技术主要包括 Southern 和 Northerm 杂交，分别从整合、转录水平检测外源基因，准确度高、特异性强，但需要转膜及杂交，操作复杂、费用高，不适合大批量样品检测，一般只是对 PCR 结果进行验证。

转基因食品重组 DNA 包括启动子、目的基因、终止子和标记基因。据统计，已商业化的转基因作物中 80%～90% 使用了 CaMV35S、FMV35S 启动子，90% 以上使用了 NOS 终止子与 NPTⅡ标记基因，目的基因如抗虫基因 Cry1A，抗除草剂基因 EPSPS 和 PAT 等。检测时可首先用转基因食品中最常用的转录启动子、转录终止子和 NPTⅡ三个序列设计引物进行 PCR 反应，对阳性结果再检测目的基因。

12.2.2.1　PCR 反应原理

首先将目标基因序列高温变性成为单链，然后在适宜的条件下根据模板序列设计的两条引物分别与模板 DNA 两条链上相应的一段互补序列发生退火而相互结合，在 DNA 聚合酶的作用下以四种脱氧核糖核酸为底物，使引物延伸，然后不断重复变性、退火和延伸三个步骤循环。

12.2.2.2　PCR 检测方法

PCR 检测方法主要有：PCR-凝胶电泳、PCR-ELISA、PCR-GeneScan、实时荧光 PCR、定量竞争 PCR、基因芯片等。

（1）PCR-凝胶电泳　PCR-凝胶电泳是经典 DNA 检测方法，但是该方法只能粗略判断产物的大小，不能鉴别产物的特异性，故电泳分离得到的 PCR 扩增产物还必须通过酶切、DNA 测序、分子杂交等试验确定 PCR 扩增产物的特异性。

（2）PCR-ELISA 法　PCR-ELISA 法是将 PCR 的高效性与 ELISA 的高特异性结合在一起的检测技术，分为固相杂交 ELISA 检测和液相杂交 ELISA。PCR-ELISA 的基本原理：首先，固相引物通过共价方式交联在 PCR 管壁上，在 *Taq* 酶作用下以目标核酸为模板进行扩增，扩增产物经洗涤后大部分交联在管壁上为固相产物，然后将固相产物变性后以适当比例和生物素或地高辛标记探针进行杂交，再加入碱性磷酸酯酶标记的抗生素或抗地高辛抗体，最后加入底物溶液显色，通过酶标仪读数测定。该方法不需要电泳确定 PCR 反应产物，提高了方法的特异性。

（3）PCR-GeneScan　PCR-GeneScan 法是指经 PCR 扩增后，以 DNA 测序仪中基因扫描功能代替琼脂糖凝胶电泳对 PCR 产物进行分析，该方法的分辨率为 5～6 个碱基对。

（4）实时荧光定量 PCR 技术　实时荧光定量 PCR 技术是在常规 PCR 基础上兴起的定量检测技术，该技术在 PCR 反应体系中加入荧光基团，利用荧光信号积累实时监测整个 PCR 进程，最后通过标准曲线对未知模板进行定量分析的方法。荧光定量 PCR 中的荧光基团有荧光探针和荧光染料两种。下面以 TaqMan 荧光探针和 SYBR 荧光染料为例说明。

TaqMan 荧光探针为一寡聚核苷酸，两端分别标记一个报告荧光基团和一个猝灭荧光基团，探针完整时报告基团发射的荧光信号被猝灭基团吸收，不产生荧光信号。该探针与PCR 扩增加入的一对引物同时加入，PCR 扩增时，*Taq* 酶的 5′-3′ 外切酶活性将探针酶切降解，使报告荧光基团和猝灭荧光基团分离，从而荧光监测系统可接收到荧光信号，即每扩增一条 DNA 链，就有一个荧光分子形成，实现了荧光信号的累积与 PCR 产物形成完全同步。

SYBR 荧光染料：在 PCR 反应体系中，加入过量 SYBR 荧光染料，SYBR 荧光染料非特异性地掺入 DNA 双链后，发射荧光信号，而不掺入链中的 SYBR 染料分子不会发射任何荧光信号，从而保证荧光信号的增加与 PCR 产物的增加完全同步。

(5) 基因芯片技术　基因芯片技术检测转基因食品的步骤为：根据转基因食品原料的来源选择不同的检测片段，根据这些基因片段设计扩增引物，经 PCR 扩增得到探针，将探针纯化、浓缩后点样于固相支持物上；转基因食品 DNA 提取；目的片段的扩增和标记；杂交和洗涤；杂交结果检测。

随着科学技术的发展和创新，转基因食品的检测方法不断更新和完善，如色谱技术、毛细管电泳技术、近红外波谱技术等。

12.3 转基因食品安全检测应用实例

【实例 1】　PCR-凝胶电泳法检测转基因大豆油

(1) 材料　市售大豆色拉油，品牌有：北鹰（2011.5.15）、红灯（2011.7.12）、金龙鱼（2001.6.12）、元宝（2001.9.3）、火鸟（2011.10.9）、绿宝（2011.8.4）、四海（2001.8.27）、福临门（2001.7.11）、大满贯（2001.7.19）、贝特力（2011.7.27），中昌转基因大豆油作为阳性对照。

(2) 试剂　*Taq* DNA 聚合酶及其缓冲液，dNTP，磷酸盐缓冲液（PBS）[NaCl（138mmol/L），KCl（2.7mmol/L），Na_2HPO_4（10mmol/L），NaH_2PO_4（1.8mmol/L）]，大豆油提取试剂盒。

(3) PCR 引物　见表 12-1。

表 12-1　35S、EPSPS 和 Nos 基因的引物及产物大小

基　因	引　物　序　列	产物片段大小
35S	5′CgCAAgCTTgATATCATggAgCACgACACTC 3′ 5′ATCTgCAgTCCATTgTTAgAgAgATAgATTTgTAgAgAg 3′	500
EPSPS	5′CCTTCATgTTCggCggTCTCg 3′ 5′gCgTCATgATCggCTCgATg 3′	493
Nos	5′TTA AgATTgAATCCTgTTgCCg 3′ 5′TAATTTATCCTAgTTTgCgCg 3′	192
Lectin	5′GCC CTC TAC TCC ACC CCC ATC C 3′ 5′GCC CAT CTG CAA GCC TTT TTG TG 3′	118

(4) PCR 反应条件　PCR 反应体系为 $50\mu L$；模板 DNA 为 1～100ng；PCR 反应缓冲液浓度为：50mmol/L KCl，10mmol/L Tris-Cl（pH8.3），2～4mmol/L $MgCl_2$，0.2mmol/L dNTP，$0.1\mu mol/L$ 引物，1～2U *Taq* DNA 聚合酶。

EPSPS 引物反应条件：95℃ 3min，（94℃ 1min，56℃ 1min，72℃ 1min）×35 个循环，

72℃10min。

NOS 引物反应条件：95℃ 3min，（94℃ 1min，56℃ 1min，72℃ 1min）×35 个循环，72℃10min。

Lectin 引物反应条件：95℃ 2min，（94℃ 30s，62℃ 30s，72℃ 30s）×35 个循环，72℃10min。

（5）大豆油 DNA 提取方法

① 人工提取法　取 500mL 精炼大豆油加入 500mL 正己烷，磁力搅拌充分混匀 4h 后，加入 1000mL PBS 缓冲溶液，继续搅拌 6h，然后 12000g 离心 20min，小心取出下层水相，加入 $(NH_4)_2SO_4$ 沉淀过夜。次日，12000g 离心 10min，取上清液，加入二倍体积的无水乙醇，4℃20min，12000g 离心 10min，保留沉淀，自然风干后加入 50μL 水溶解沉淀。

② 离心柱法　取 10mL 精炼大豆油，加入 10mL 正己烷，在磁力搅拌器中充分混匀 2h；加入 20mL PBS，在磁力搅拌器中充分混匀 2～3h；12000g 离心 20min，小心取出下层水相；加入等体积的异丙醇，混匀，常温置 10min 后，12000g 离心 10min，去上清液，保留沉淀；加入 1mL H_2O 溶解沉淀，加入 1mL 异丙醇，混匀，常温置 10min 后，12000g 离心 10min，去上清液，保留沉淀；在沉淀中加入 60μL H_2O，充分溶解沉淀，5min 后过离心柱，分别加入配套试剂，最后离心获得的溶液即可作为 PCR 反应的模板，建议一个 PCR 反应使用 1μL DNA，其余样品保存在−20℃。

（6）结果　提取的 DNA 经 PCR 扩增凝胶电泳分离（图 12-2）后结果如表 12-2、图 12-3。

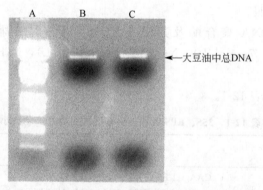

图 12-2　大豆油提取 DNA 电泳图
A—λDNA/$Hind$Ⅲ＋EcoRⅠ；B—人工提取法；C—离心柱法

表 12-2　不同引物和不同品牌大豆油 PCR 扩增结果

	贝特力	北鹰	元宝	绿宝	福临门	大满贯	火鸟	红灯	四海	金龙鱼	转基因大豆	非转基因大豆
35S	−	+	+	−	+	+	+	+	+	+	+	−
Partly-EPSPS	+	+	+	+	+	+	+	−	+	+	+	−
Nos	+	−	+	−	+	+	−	−	+	+	+	−
Lectin	+	+	+	+	+	+	+	+	+	+	+	+

注：+表示阳性，含有这个基因；−表示阴性，不含有这个基因。

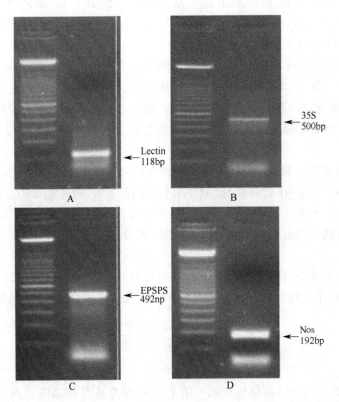

图 12-3 转基因大豆油中 Lectin 基因、 35S 启动子、 EPSPS 基因和 Nos 终止子的 PCR 检测结果

【实例 2】 实时荧光 PCR 定量检测转基因玉米 MON863

（1）原理 通过玉米内源基因和外源基因边界序列特异性引物和 Taqman-MGB 探针，验证内源基因的物种特异性和外源基因边界序列的品种特异性。利用已知转基因百分含量的 MON863 玉米作为标准品，进行荧光定量反应，建立定量标准曲线定量分析。

（2）材料 3％Bt11；5％MON810；10％MON863 转基因玉米标准品；Roundup Ready 转基因大豆、转基因棉花标准品；非转基因玉米、大豆、番茄、辣椒等样品。

（3）试剂 基因组 DNA 提取试剂盒；*Taq* DNA 聚合酶等。

（4）PCR 引物 见表 12-3。

表 12-3 转基因玉米 MON863 特异性检测的引物和探针序列

检测基因		引物序列	产物片段大小
外源基因边界 序列 tahsp17/ mazie DNA	F-prinmer	5′gCgATgAATAAATgAgAAATAA 3′	147bp （2137～2283）
	R-prinmer	5′TAAATggAACTTTTgTCACTATg3′	
	探针	5′FAM-TgTTCTgATTTTGAGT 3′	
内源基因 zSSIIb （AF019297）	F-prinmer	5′CCAATCCTTTgACATCTgCTCC 3′	114bp （353～466）
	R-prinmer	5′gATCAgCTTTgggTCCggA 3′	
	探针	5′FAM-AgCAAAgTCAgAgCgCTgCAATgCA-TAMRA 3′	

（5）实时荧光定量 PCR 反应条件　反应体系（25μL）含 10×PCR 缓冲液 2.5μL；dNTP（400μmol/L）0.5μL；探针（10μmol/L）0.5μL；500U Taq DNA 聚合酶 0.25μL；DNA 模板 4μL；ddH$_2$O14.75μL。

实时荧光 PCR 反应在 ABI 7500 定量 PCR 仪上运行，反应参数：95℃预变性 3min；95℃变性 30s，60℃退火/延伸 1min，共计 40 个循环。

（6）DNA 提取方法　称取干重样品 20mg，按照基因组 DNA 提取试剂盒说明书进行操作，加入 50μL 灭菌双蒸馏水洗脱 2 次。用核酸蛋白分析仪检测 DNA 提取的纯度和浓度，计算拷贝数。

（7）建立标准曲线　提取 10％转基因玉米 MON863 标准品基因组 DNA，按照 5 倍浓度稀释 5 个梯度：44.00ng/μL、8.80ng/μL、1.76ng/μL、0.35ng/μL、0.070ng/μL，稀释介质为灭菌双蒸馏水。根据玉米的单倍体基因组长度为 2504Mbp（2.5pg）计算稀释后标准品浓度分别为 17600 拷贝/μL、3520 拷贝/μL、704 拷贝/μL、141 拷贝/μL、28 拷贝/μL。每个浓度 3 个重复。

（8）计算转基因成分含量　根据标准曲线上获得的 C_t 值，分别计算出内源基因 zSSIIb 和 MON863 特异性序列拷贝数，代入下式计算转基因玉米 MON863 的转基因成分含量。

$$转基因成分含量 = \frac{外源基因拷贝数}{内源基因拷贝数} \times 100\%$$

（9）结果

① 内源基因和外源基因特异性检测　图 12-4 中内源基因 zSSIIb 检测结果表明只有以玉米样品中的 DNA 为模板进行实时荧光定量 PCR 显示除了指数型扩增曲线，证明内源基因的选择具有物种特异性；玉米品种中只有玉米 MON863 样品的总 DNA 中有外源基因边界序列的 PCR 扩增，证明 MON863 外源基因边界序列引物探针的设计具有品系特异性。

② 标准曲线　以拷贝数的自然对数值为横坐标，以 C_t 值为纵坐标做标准曲线。

内源基因标准方程：$y = 3.23\rho(\mu g/L) + 27.81$　　　$R^2 = 0.994$

外源基因标准方程：$y = -3.41\rho(\mu g/L) + 26.39$　　　$R^2 = 0.992$

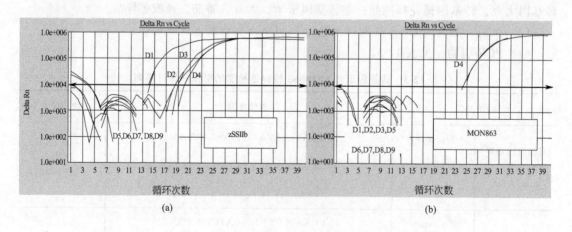

图 12-4　玉米内源基因 zSSIIb 和外源基因边界序列的检测

D1—非转基因玉米；D2—Bt11 玉米；D3—MON810 玉米；D4—MON863；D5—转基因棉花；

D6—转基因大豆；D7—非转基因辣椒；D8—非转基因香梨；D9—非转基因番茄

本章小结

　　转基因食品的主要检测技术包括外源蛋白质的测定、外源 DNA 的测定、检测插入外源基因对载体基因表达的影响。本章需要重点掌握转基因食品检测方法的基本原理，并结合实例了解外源蛋白的 sFLISA 检测方法和外源 DNA 的 PCR 检测方法的主要步骤及注意事项。

思考题

　　1. 什么是转基因食品？
　　2. 转基因食品的检测技术包括哪些？
　　3. PCR 反应的原理是什么？
　　4. PCR 检测方法可分为哪些？
　　5. PCR 检测转基因食品的原理是什么？
　　6. 酶联免疫检测转基因食品和分子生物学检测方法的原理有何异同？

参考文献

[1]　吕选忠. 现代转基因技术. 北京：中国环境科学出版社，2005.
[2]　敖金霞. 主要粮食作物深加工制品转基因检测技术研究. 哈尔滨：东北农业大学，2008.
[3]　James C. 2014 年全球生物技术/转基因作物商业化发展态势. 中国生物工程杂志，2015，35（1）：1-14.
[4]　周小宁. 转基因食品的潜在风险与伦理探析. 广州：中共广东省委党校，2013.
[5]　杨铭铎，张春梅，华庆，等. 转基因食品快速检测技术的研究进展. 食品科学，2004，25（11）：424-427.
[6]　朱晓雷，巴吐尔. 双抗夹心荧光免疫吸附测定法（sFLISA）定量检测转基因玉米中 Bt 蛋白. 新疆农业大学学报，2009，32（2）：54-57.
[7]　曹际娟. 建立转基因作物及产品外源抗性基因检测技术体系的研究. 沈阳：沈阳农业大学，2004.
[8]　张丽. 转基因产品检测标准物质研究. 北京：中国农业科学院，2012.
[9]　程红梅，彭于发，金芜军，等. 一种快速、简便提取大豆油 DNA 的方法及转基因大豆油的检测. 中国农业科学，2007，40（5）：1069-1072.
[10]　王凤君，冯俊丽，张祥林，等. TaqMan-MGB 实时荧光 PCR 定量检测转基因玉米 MON863. 分析试验室，2012，31（12）：5-8.

13 食品掺伪鉴别技术

13.1 概述

食品的品种丰富，加工手段多样化以及食品添加剂的广泛使用，造成食品真实性、品质鉴定和质量安全等问题日渐凸现。如何快速鉴别食品的真、伪、优、劣和品质成为食品市场管理的重点和难点。由于食品中所含化学成分易受产地、气候和采收时间等因素的影响，食品化学成分非常复杂，大多数食品经过了破碎、搅拌、高温、高压、化学以及生物反应等多种多样的加工过程，并且掺杂到食品中的物质又多是与其组成比较接近或某些性状比较接近的物质，通常难以用一般化学方法直接鉴别物质真伪；尤其是现在的食品掺伪水平和手段越来越高明，使许多检测鉴别掺伪的传统方法已无法测定。随着科技的发展，假冒伪劣的手段也在不断提高，仿真度极高的劣质产品给检验工作带来了巨大的困难。因此，食品真伪检测鉴别技术已成为食品安全领域的关注热点，也是新时期食品安全的战略制高点之一。

食品掺伪是指人为地、有目的地向食品中加入一些非其所固有的成分，以增加其重量或体积，从而降低成本；或改变其某种质量，以低劣色、香、味来迎合消费者心理的行为。食品掺伪主要包括掺假、掺杂和伪造，三者之间没有明显界限。食品掺假是指向食品中非法掺入与其物理性状或形态相似的物质（小麦粉中掺入滑石粉；味精中掺入食盐；油条中掺入洗衣粉；食醋中掺入游离矿酸等）。食品掺杂是指在粮油食品中非法掺入非同一种类或同种类劣质物质（大米中掺入沙石；糯米中掺入大米等）。食品伪造是指人为地用一种或几种物质进行加工仿造，冒充某种食品在市场销售的违法行为（工业酒精兑制白酒；用黄色素、糖精及小麦粉仿制蛋糕等）。食品鉴伪则是针对上述人为地、有目的地向食品中加入一些非固有的成分或改变某种质量的掺伪手段，通过各种检测检验方法来识别掺假、掺杂、伪造食品的行为。针对形形色色掺伪手段的鉴伪工作主要集中在种类鉴别、掺假鉴定、违禁成分检测和溯源（原产地保护）四大方面。

凡具有下列情况之一，均属伪劣食品：

① 失效、质变的；

② 危及人体安全和健康的；

③ 所标明的指标与实际不符合的；

④ 冒用优质或认证标志和伪造许可证标志的；

⑤ 掺杂使假、以假冒真或以旧充新的；

⑥ 国家有关法律法规明令禁止生产、销售的；

⑦ 无检验合格证或无有关单位允许证明的；

⑧ 未用中文标明商品名称、生产者或产地的；

⑨ 限时使用而未标明失效时间的；

⑩ 实施生产（制造）许可证管理而未标明许可证编号和有效日期的；

⑪ 按有关规定应用中文标明规格、等级、主要技术指标或成分、含量而未标明的。

食品掺伪的目的是为了非法赢利。多数都是以低价值的成分代替高价值成分，其中有些对消费者健康不构成危害，但绝大多数掺伪都在不同程度上不符合该食品应该具备的感官性质和营养价值的要求。近些年来，随着食品工业不断发展，掺伪手段也日趋复杂、巧妙，掺入的成分和数量也不尽相同，加之手段更为隐蔽，为掺伪鉴别增加了困难。目前，食品掺伪主要有植物源食品掺伪和动物源食品掺伪（见表 13-1 和表 13-2）。

表 13-1　植物源食品掺伪现状

食品种类	掺伪情况	食品种类	掺伪情况
粮食	(1)新粮中掺陈粮 (2)掺霉变米 (3)小米加色素 (4)糯米中掺大米 (5)面粉中掺滑石粉、大白粉、石膏 (6)面条、粉丝中掺荧光增白剂 (7)挂面中掺吊白块 (8)粮食中掺砂石 (9)粉条中掺塑料	酒类	(1)蒸馏酒用兑制酒冒充 (2)工业酒精兑制酒 (3)散白酒兑水 (4)白酒加糖 (5)伪造啤酒
豆及豆制品	(1)大豆粉中掺玉米粉 (2)豆粕冒充大豆制豆腐 (3)干豆腐中掺豆渣、玉米面 (4)干豆腐中加色素、姜黄、地板黄	饮料类	(1)使用非使用色素 (2)掺漂白粉、掺洗衣粉 (3)伪造果汁、可乐、咖啡、茶叶 (4)加非使用防腐剂
油脂	(1)植物油中掺动物油 (2)香油掺伪 (3)掺酸败油 (4)掺矿物油 (5)掺米汤 (6)毛油冒充精炼油	糕点	(1)加色素 (2)掺异物 (3)假绿豆粉制绿豆糕 (4)凉糕用滑石粉防黏合 (5)用酸败油制作糕点 (6)酸败霉变糕点充好糕点
蔬菜、水果	(1)滥用催熟剂 (2)蔬菜注水 (3)西瓜注水、糖精、色素	调料及调味料	(1)假八角、姜粉、花椒 (2)加色素、玉米面调料 (3)酱油掺水、假酱油 (4)非法发酵法合成醋、掺矿酸 (5)味精加石膏或小苏打
干菜类	(1)加盐卤、硫酸镁、淀粉、食盐、糖、矾、化肥、河泥、铁屑、沥青 (2)伪造发菜	其他	(1)食品中加尿素 (2)用人尿生豆芽

表 13-2   动物源食品掺伪现状

食品种类	掺 伪 情 况	食品种类	掺 伪 情 况
肉及肉制品	(1)用不新鲜肉 (2)以低价肉冒充高价肉 (3)用病死畜禽肉冒充好肉 (4)肉中注水 (5)加色素 (6)香肠中加过量淀粉	蜂蜜	(1)掺蔗糖、淀粉、食盐、化肥、人工转化糖、发酵蜜、毒蜜 (2)用非蜂蜜原料伪造
乳及乳制品	(1)牛奶中掺水、中和剂、米汤、豆浆、淀粉、盐、碱、防腐剂 (2)加白广告色、人畜尿、洗衣水、石灰水、药物、化肥	鱼贝类	(1)掺变质鱼贝 (2)鱼体注水 (3)水发加碱 (4)干海米加色素 (5)掺假海蜇 (6)虾酱掺伪、虾油掺水 (7)掺食用琼脂
		蛋类	(1)假皮蛋 (2)臭蛋充好蛋

13.2 食品掺伪鉴别检验的方法

　　纵观目前不法分子的造假手段，虽说多种多样，归纳起来主要集中在三个方面对真品进行仿制。

　　(1) 形态　用其他材料仿造外形、质地，如燕窝、鱼翅、雪蛤油制品等人们对其天然外形不甚了解的贵重食品原料。

　　(2) 口味　模仿真品的味道，如天然果汁、鳖精等。

　　(3) 成分　以别的物质替代食品中的一些成分，以蒙混质量检测，如酱油用毛发水解液替代发酵液，奶粉用水解植物蛋白来替代等，这类伪劣品在常规的氨基态氮、蛋白质含量的指标检测中很难鉴别。对于第一种手段，鉴别起来比较简单，行家用肉眼或结合显微观察即可分辨，也可采用一些化学分析方法。由于大多数食品经过了破碎、搅拌、高温、高压和化学和生物反应等加工过程，形态鉴别已毫无意义，因此对第二、三种的伪劣品鉴别有较大的难度，必须依靠现代分析技术。

　　从鉴伪方法来看，有感官评定法、化学剂量法、仪器检测法、流变学法、数学模型法、同位素法、免疫法、分子生物学法等。从鉴伪手段来看，可概括为基因表达的结果（表现型）和 DNA 水平两方面。以基因表达的结果（表现型）为基础的分子检测鉴别技术，包括色谱技术、电泳技术、人工神经网络技术、蛋白质芯片-飞行质谱技术、微流控技术等；以 DNA 水平为基础的分子检测鉴别技术，包括 PCR 技术、RFLP 技术、RAPD 技术、AFLP 技术、SSR 和 ISSR 技术、多位点小卫星 DNA 指纹技术和微卫星标记技术、基因芯片技术以及 DNA 序列分析技术等。

13.2.1　感官评定法

　　食品的感官检验是在心理学、生理学和统计学的基础上发展起来的一种检验方法，是通过人的感觉——味觉、嗅觉、视觉、触觉，以及语言、文字、符号作为分析数据，对食品的色泽、风味、气味、组织状态、硬度等外部特征进行评价的方法。食品质量的优劣最直接地表现在它的感官性状上，通过感官指标来鉴别食品的优劣和真伪，不仅简便易行，而且灵敏度高，直观而实用。通过食品的感官检验，可对食品的可接受性及质量进行最基本的判断，感官上不合格则不必进行理化检验。优点在于简便易行、灵敏度高、直观而实用。因而它也是食品生产、销售、管理人员所必须掌握的一门技能。

13.2.2　物化分析法

物理分析法通过测定密度、黏度、折射率、旋光度等物质特有的物理性质来求出被测组分的含量。如密度法可测定饮料中糖分的浓度，酒中酒精的含量，检验牛乳中是否掺水、脱脂等。折光法可测定果汁、番茄制品、蜂蜜、糖浆等食品的固性物含量和牛乳中乳糖的含量等。旋光法可测定饮料中蔗糖的含量、谷类食品中淀粉的含量等。化学分析法是以物质的化学反应为基础，使被测成分在溶液中与试剂作用，由生成物的量或消耗试剂的量来确定组分及其含量的方法。

13.2.3　仪器检测法

依据不同食品在化学成分上的差别，选择特征性的一种或几种成分进行鉴别。常规化学分析如检测固形物、糖、酸、灰分等指标的色谱分析包括薄层、气相、高效液相等色谱方法。光谱及波谱分析包括紫外、红外、荧光原子吸收、核磁共振等方法，其中紫外原子吸收是食品理化成分分析中常用的技术。目前在国内的掺伪检测中，气相色谱法是应用最为普遍的方法，也已制定了相关的国家标准。红外光谱法和拉曼光谱法易于操作，检测成本较低，有着良好的应用前景。但是，这些技术很大程度上会受到品种、产地、收获季节、原料环境、加工条件、贮运包装方式等很多因素的影响，而且食品品种林林总总，掺假方式变化多端，这些技术或多或少具有一定的局限性。例如定性能力最强的色谱-质谱联用技术，由于有机化合物中存在大量的质谱谱图相似的同分异构体，因此鉴定同分异构体十分困难，这就需要其他分析方法配合进行定性。而且，影响理化或仪器鉴伪技术取样代表性的因素非常多，要保证其方法的可靠性，就需要大量的检测样本和科学的数理模型分析技术。

13.2.4　分子生物鉴伪技术

以 DNA 水平为基础的分子检测鉴别技术，包括 PCR 技术、RFLP 技术、RAPD 技术、AFLP 技术、SSR 和 ISSR 技术、多位点小卫星 DNA 指纹技术和微卫星标记技术、基因芯片技术以及 DNA 序列分析技术等。从基因水平分析食品原料和产品的特性及来源，其方法灵敏度高，特异性强，为食品种类鉴别、产品溯源等鉴伪研究注入了新鲜血液。但从食品中提取 DNA 的方法难度相对较大，也是在食品中应用分子生物学手段时常遇到的棘手的问题。如多酚等物质会使 DNA 氧化成棕褐色，多糖的许多理化性质与 DNA 很相似，很难将它们分开，多糖、单宁等物质与 DNA 会结合成黏稠的胶状物，获得的 DNA 常出现产量低、质量差、易降解，影响了 DNA 质量和纯度，不能被限制性内切酶酶切，严重的甚至不能作为模板进行 DNA 扩增。加工食品要经过若干加工工序，理化性质发生很大变化，营养成分重新搭配并且分割很细。由于加工原料的 DNA 在加工过程中会遭受不同程度的破坏，而且加工中出现的某些物理、化学变化或者酶因子也会影响 DNA 的质量。因此，在分子生物鉴伪技术 DNA 提取方法中，DNA 纯化及杂质去除尤为重要。

13.3 动物源食品掺伪的鉴别检验

肉、禽、蛋及水产品富含人体所需蛋白质、脂肪、碳水化合物、矿物质和维生素等主要的营养物质，是典型的动物源性食品，在我国食品产业中占有重要地位。一些不法企业和商贩为了牟取暴利，掺杂、掺假和伪造的非法行为屡有发生。"红心鸭蛋"、"注水肉"、"三聚氰胺奶粉"等事件时有报道，严重地影响了消费者的利益及食品产业的健康发展。目前动物源食品主要包括肉、禽、蛋、水产品及其制品等，其质量标准主要有感官指标和理化指标。

13.3.1 感官检验

动物源食品的感官指标包括色泽、组织状态（弹性）、黏度、气味。在实际检验中，可通过质量标准对肉、禽等及其制品的优劣进行初步辨别。下面以鲜、冻牛肉为代表，介绍其质量标准及感官检验方法。鲜、冻牛肉的感官指标见表 13-3。

表 13-3 鲜、冻牛肉的感官指标

项目	指标	
	鲜牛肉	冻牛肉
色泽	肌肉有光泽，色鲜红或深红；脂肪呈白色或淡黄色	肌肉色鲜红，有光泽；脂肪呈乳白色或微黄色
黏度	外表微干或有风干膜，不黏手	外表微干或有风干膜，或外表湿润，不黏手
弹性	指压后的凹陷立即恢复	肌肉结构紧密，有坚实感，肌纤维韧性强，
气味	具有鲜牛肉正常的气味	具有牛肉正常的气味
煮沸后的肉汤	透明、澄清，脂肪团聚于表面，具特有香味	透明、澄清，脂肪团聚于表面，具有牛肉汤固有的香味和鲜味

13.3.2 理化检验

对掺伪的肉、禽等动物源食品及其制品的检验，先进行真伪鉴别，识别出掺伪食品，判断掺伪物质，然后以掺伪食品为检验对象，以掺伪物质为检验目标，选择正确的检验方法进行分析检验，根据某种或某些物质的存在或某成分的含量，对掺伪食品做出科学、正确的坚定结论，确定食品中掺入物质的量和明确仿冒物成分。用于检验的理化指标包括 pH、挥发性盐基氮、硫化氢、水分、蛋白质、淀粉、亚硝酸盐、农兽药及非法添加物等。

挥发性盐基氮是指动物性食物由于酶和细菌的作用，在腐败过程中，使蛋白质分解而产生氨以及胺类含氮物质，此类物质具有挥发性，在碱性溶液中蒸出后，用标准酸液滴定从而计算含量，根据此原理，在半微量检测方法的基础上改良，使检测更简易、快捷。

肉制品中挥发性盐基氮的测定如下。

（1）原理 利用弱碱性试剂氧化镁使试样中碱性含氮物质游离而被蒸馏出来，用硼酸吸收，再用标准酸滴定，计算出含氮量。

（2）试剂

① 0.1mol/L 盐酸标准溶液（无水碳酸钠标定）：吸取分析纯盐酸 8.3mL，用蒸馏水定容至 1000mL。

② 0.01mol/L 盐酸标准溶液：用 0.1mol/L 盐酸标准溶液稀释获得。

③ 2％硼酸溶液：分析纯硼酸 2g 溶于 100mL 水配成 2％溶液。

④ 混合指示剂：甲基红 0.1％乙醇溶液，溴甲酚绿 0.5％乙醇溶液，两溶液等体积混合，阴凉处保存期三个月以内。

⑤ 1％氧化镁溶液：化学纯氧化镁 1.0g 溶于 100mL 蒸馏水振荡成混悬液。

（3）测定

① 称取 1～5g 试样（精确到 0.001g）于 250mL 具塞锥形瓶中，加蒸馏水 100mL，振荡摇匀 30min 后静置，上清液为样液。

② 取 20mL 的 2％硼酸溶液于 150mL 锥形瓶中，加混合指示剂 2 滴，使半微量蒸馏装置的冷凝管末端浸入此溶液。

③ 蒸馏装置的蒸汽发生器的水中应加甲基红指示剂数滴、硫酸数滴，且保持此溶液为橙红色，否则补加硫酸。

④ 准确移取 10mL 样液注入蒸馏装置的反应室中，用少量蒸馏水冲洗进样入口，塞好入口玻璃塞，再加入 10mL 的 1％氧化镁溶液，小心提起玻璃塞使流入反应室，将玻璃塞塞好，且在入口处加水封好，防止漏气，蒸馏 10min，使冷凝管末端离开吸收液面，再蒸馏 1min，用蒸馏水洗冷凝管末端，洗液均流入吸收液。

⑤ 吸收氨后的吸收液立即用 0.01mol/L 盐酸标准液滴定，溶液由蓝绿色变为灰红色为终点，同时进行试剂空白测定。

（4）测定结果计算

$$X_1 = [(V_1 - V_2) \times C_1 \times 14/(M_1 \times V_3/V)] \times 100$$

式中　X_1——样品挥发性盐基氮的含量，mg/100g；

$\quad\quad V_1$——定试样时所需盐酸标准溶液体积，mL；

$\quad\quad V_2$——滴定空白时所需盐酸标准溶液体积，mL；

$\quad\quad C_1$——盐酸标准溶液浓度，mol/L；

$\quad\quad M_1$——试样质量，g；

$\quad\quad V_3$——试样分解液蒸馏用体积，mL；

$\quad\quad V$——样液总体积，mL；

$\quad\quad 14$——与 1.00mL 盐酸标准滴定溶液 $[C_{(HCl)} = 1.000mol/L]$ 相当的氮的质量，mg。

（5）重复性　每个试样取两个平行样进行测定，以其算术平均值为结果。允许相对偏差为 5％。

13.3.3　肉质鉴伪技术

目前，我国已将 PCR 检测技术作为鉴定肉类的标准方法，国家先后出台了牛、羊、猪、鹿、狗、马、驴、兔、骆驼肉的国家检测标准；农业部也出台了牛、猪和羊肉的检测标准。出入境出台的 PCR 技术检测肉类的行业标准最为全面，包括鸡、牛、山羊、绵羊、鸭、火鸡、鹅、狐狸、猪、狗、貂、鸽子、猫、马、驴、鹌鹑、鲫鱼、鱿鱼、黄鱼、金枪鱼、安康鱼、石斑鱼、鳖鱼、河豚等。PCR 检测技术具有简单、特异性好、灵敏度高等优点，但其缺点是可能会产生假阳性、假阴性等问题，并且存在检测成本高、技术要求高等局限性。在生物技术飞速发展的今天，该领域内各项新技术如基因芯片、蛋白质芯片等不断涌现，将其与 PCR 技术有机结合，必能在肉类掺假检测领域得到更多的应用。

色谱法既是一种分离方法又是一种分析方法，因其具有分离效率高、分析速度快、灵敏度高、能够进行定量检测等优点，能够实现自动化而广泛应用在分析化学、有机化学、生物化学等领域。相对 PCR 技术而言，色谱技术不存在假阳性，且检测限更低，定量更准确，应用范围也更广泛。目前，常用的色谱技术包括气相色谱、液相色谱、凝胶色谱和离子色谱等。在肉类检测中，应用最广泛的则是高效液相色谱。

色谱分析主要是通过对肉类氨基酸、蛋白质、肽类等成分的分析而鉴定其种类。目前，利用阳离子交换色谱分析了肉类提取物中的肌肽、鹅肌肽和鲸肌肽等组分，可成功地鉴定肉类的种源。利用高效液相色谱对特异性的短肽类物质进行分离分析，成功地鉴定了动物性成分的来源。采用高效液相色谱检测猪肉和牛肉中的肌红蛋白，通过图谱上的差异确定区分猪肉和牛肉的色谱分离组分，并以特征组分的色谱峰面积变化识别牛肉中掺入猪肉成分的含量。利用高效液相色谱与质谱联用对鸡肉的一种特异的小肽进行检测，可以在混合肉类中鉴定出鸡肉成分，其灵敏度非常高，只要混合物中含有 0.5% 的鸡肉成分就可以被检出。

13.4 植物源食品掺伪的鉴别检验

凡从植物中获得的食品及其制品，都属于植物源食品，包括了粮食、果蔬、植物油、酒、饮料、调味料等。植物源食品是人类的主要食材，也是我国食品加工业的主要原料，因此在我国人民生活中占有重要的地位，其品质的优劣与人民的身体健康息息相关。在一些食品生产中，存在着以次充好或添加非食用物质的现象，如在面食中添入"吊白块"、在大米中添滑石粉、用化肥催生豆芽等。

13.4.1 感官检验

感官检验粮食、植物油、饮料等植物源食品时，一般依据其色泽、透明度、气味、滋味、杂质等进行综合评价。通过观察食品的饱满度、完整度和均匀度，感受其质地的松紧程度，参考本身固有的正常色泽以及是否含有杂物状态，对食品质量进行初步判断。以粮食中稻谷为例，介绍其感官指标（表 13-4）及检验方法。

表 13-4　稻谷的感官指标

指　标	特　征
形态	颗粒饱满、完整，无虫害、无霉变、无杂质
色泽	外壳呈黄色、浅黄色或金黄色，颜色鲜艳，有光泽
气味	具有纯正的稻香味，无霉味、无异味
滋味	无酸味、苦味和其他异味

稻谷的质量鉴别如下。

（1）色泽

① 良质稻谷：外壳呈黄色、浅黄色或金黄色，色泽鲜艳一致，具有光泽，无黄颗粒。

② 次质稻谷：色泽灰暗无光泽，黄粒米超 2%。

③ 劣质稻谷：色泽变暗或外壳呈褐色、黑色，肉眼可见霉菌菌丝。有大量黄粒米或褐

色米粒。

（2）外观

① 良质稻谷：颗粒饱满、完整，大小均匀，无虫害及霉变，无杂质。

② 次质稻谷：有未成熟颗粒，少量虫蚀粒、生芽粒及病斑粒，大小不均，有杂质。

③ 劣质稻谷：有大量虫蚀粒、生芽粒、霉变颗粒，有结团、结块现象。

（3）气味

① 良质稻谷：具有纯正的稻香味，无其他任何异味。

② 次质稻谷：稻香味微弱，稍有异味。

③ 劣质稻谷：有霉味、酸臭味、腐败味等不良气味。

13.4.2　理化检验

植物源食品来源于土壤，内含物复杂，将土壤中有可能存在的农兽药、重金属等有害物质转移到食品中，且其掺伪物质及功能更为多样，这些都为植物源食品的掺伪检测增加了难度。通过理化分析，可对特定食品中的酸度、灰分、折射率、熔点等指标进行检验，可判断食品的纯度，从而判断食品质量；利用碘量法、氯仿沉淀实验等经典的化学分析方法，可实现特定物质的快速检测。

我国 GB 2760—1996《食品添加剂使用卫生标准》明确规定，过氧化苯甲酰可作为面粉改良剂，并规定了最大使用量为 0.3g/kg（指稀释品）。但一些生产企业为了提高面粉的白度，增加经济效益，增白剂的使用量有的高达 0.1%，严重超标，因此对于面粉增白剂过氧化苯甲酰的测定是十分必要的。

13.4.2.1　快速检测法

（1）原理　在酸性条件下过氧化苯甲酰被还原为苯甲酸，参与化学反应的冰乙酸溶液的量的多少表征于溶液的颜色变化。

（2）试剂　3%冰乙酸石油醚溶液。

（3）测定方法　取 5g 面粉，放入具塞三角瓶中，倒入冰乙酸石油醚溶液 30mL，盖上瓶塞，轻轻摇动三角瓶 3～5min，静置观察上清液颜色（冬天实验时需将三角瓶置于 30℃水中浸泡摇荡）。

（4）结果判定　上清液若呈淡黄绿色，则试样中过氧化苯甲酰含量较少或没有；若是无色，则试样中过氧化苯甲酰含量肯定超标。

13.4.2.2　碘量法测定面粉中过氧化苯甲酰含量

（1）原理　过氧化苯甲酰以三氯甲烷-甲醇溶解，过氧化苯甲酰与 KI 反应，生成的碘被硫代硫酸钠标准溶液滴定。

（2）试剂　三氯甲烷-甲醇混合液（1+1）；10%柠檬酸甲醇溶液；50%碘化钾溶液；0.02mol/L $Na_2S_2O_3$ 溶液（0.02mol/L 1mL $Na_2S_2O_3$ 溶液≈12.112mg 过氧化苯甲酰）。

（3）测定方法　称取面粉 10.0g 置于碘量瓶中，加三氯甲烷-甲醇溶液 50mL，振荡摇晃 10min 后过滤。取 40mL 滤液置于另一碘量瓶中，加柠檬酸甲醇溶液 0.5mL 及碘化钾溶液 2mL，立即塞严，不断振摇下放置暗处 15min，以空白作对照，用 0.02mol/L $Na_2S_2O_3$ 溶液滴定至黄色时，记录其用量，计算过氧化苯甲酰的含量。

（4）计算

$$过氧化苯甲酰含量(mg/L) = \frac{F(V_2 - V_1)}{10} \times 1000$$

式中　V_1——空白滴定消耗 $Na_2S_2O_3$ 标液的体积，mL；

　　　V_2——标品滴定消耗 $Na_2S_2O_3$ 标液的体积，mL；

　　　F——与 $Na_2S_2O_3$ 标液相当的过氧化苯甲酰的质量（0.02mol/L 硫代硫酸钠标液 1mL≈12.112mg 过氧化苯甲酰），mg。

本章小结

本章主要介绍了目前食品中主要的掺假物质和易被掺假的食品，针对这些掺假物和食品介绍了主要的检测方法。目前掺假物检测方法主要是快速检测和仪器分析，快速检测主要以理化检测和免疫检测方法为主，仪器分析可以用色谱、光谱、质谱、色质联用等技术。但是由于掺假物具有不确定性，因此检测技术需要不断发展以满足监管的需要。

思考题

1. 食品中主要的掺假物检测技术有哪些？
2. 肉类掺假的检测技术有哪些？基本技术原理是什么？
3. 植物性食品掺假可以用哪些方法检测？
4. 过氧化苯甲酰的检测原理是什么？

参考文献

[1] 陈颖，董文，吴亚君等. 食品鉴伪技术体系的研究与应用 [J]. 食品工业科技，2008，7：245-250.

[2] 陈颖，葛毅强，吴亚君等. 现代食品真伪检测鉴别技术 [J]. 食品与发酵工业，2007，7：102-106.

[3] 陈涓涓，赵晨，宋帆等. 牛肉及其制品中肉类掺假的荧光 PCR 鉴别体系优化 [J]. 福州大学学报，2015，5：688-695.

[4] 冯永巍，王琴. 肉类掺假检验技术研究进展 [J]. 食品与机械，2013，29（4）：237-240.

[5] 高琳，徐幸莲，周光宏. PCR 技术用于食品中原料肉物种鉴别的研究进展 [J]. 肉类研究，2006，92（10）：19-21.

[6] 陈颖，吴亚君. 基因检测技术在食品物种鉴定中的应用 [J]. 色谱，2011，29（7）：594-600.